Análise de séries temporais

Política editorial do Projeto Fisher

O Projeto Fisher, uma iniciativa da Associação Brasileira de Estatística (ABE) e tem como finalidade publicar textos básicos de estatística em língua portuguesa.

A concepção do projeto se fundamenta nas dificuldades encontradas por professores dos diversos programas de bacharelado em Estatística no Brasil em adotar textos para as disciplinas que ministram.

A inexistência de livros com as características mencionadas, aliada ao pequeno número de exemplares em outro idioma existente em nossas bibliotecas impedem a utilização de material bibliográfico de uma forma sistemática pelos alunos, gerando o hábito de acompanhamento das disciplinas exclusivamente pelas notas de aula.

Em particular, as áreas mais carentes são: amostragem, análise de dados categorizados, análise multivariada, análise de regressão, análise de sobrevivência, controle de qualidade, estatística bayesiana, inferência estatística, planejamento de experimentos etc. Embora os textos que se pretende publicar possam servir para usuários da estatística em geral, o foco deverá estar concentrado nos alunos do bacharelado.

Nesse contexto, os livros devem ser elaborados procurando manter um alto nível de motivação, clareza de exposição, utilização de exemplos preferencialmente originais e não devem prescindir do rigor formal. Além disso, devem conter um número suficiente de exercícios e referências bibliográficas e apresentar indicações sobre implementação computacional das técnicas abordadas.

A submissão de propostas para possível publicação deverá ser acompanhada de uma carta com informações sobre o objetivo de livro, conteúdo, comparação com outros textos, pré-requisitos necessários para sua leitura e disciplina onde o material foi testado.

Associação Brasileira de Estatística (ABE)

Blucher

Análise de séries temporais

Pedro A. Morettin
Clélia M. C. Toloi

Instituto de Matemática e Estatística
Universidade de São Paulo

3ª edição

Volume 1
Modelos lineares univariados

Análise de séries temporais, vol. 1: Modelos lineares univariados
© 2004 Pedro A. Morettin
         Clélia M. C. Toloi
Editora Edgard Blücher Ltda.

3ª edição – 2018
1ª reimpressão – 2019

Blucher

Rua Pedroso Alvarenga, 1245, 4º andar
04531-934 – São Paulo – SP – Brasil
Tel.: 55 11 3078-5366
contato@blucher.com.br
www.blucher.com.br

Segundo o Novo Acordo Ortográfico, conforme 5. ed.
do *Vocabulário Ortográfico da Língua Portuguesa*,
Academia Brasileira de Letras, março de 2009.

É proibida a reprodução total ou parcial por quaisquer
meios sem autorização escrita da editora.

Todos os direitos reservados pela Editora
Edgard Blücher Ltda.

Dados Internacionais de Catalogação na Publicação (CIP)
Angélica Ilacqua CRB-8/7057

Pedro A. Morettin
   Análise de séries temporais / Pedro A. Morettin,
Clélia M. C. Toloi. – 3. ed. – São Paulo : Blucher, 2018.
   474 p. : il.

   Bibliografia
   ISBN 978-85-212-1351-2

   1. Análise de séries temporais I. Título. II. Toloi,
Clélia M. C.

18-1347   CDD 519.55

Índice para catálogo sistemático:
1. Séries temporais : matemática

 ABE - PROJETO FISHER

Livros já publicados

ANÁLISE DE SOBREVIVÊNCIA APLICADA
Enrico Antônio Colosimo
Suely Ruiz Giolo

ELEMENTOS DE AMOSTRAGEM
Heleno Bolfarine
Wilton O. Bussab

INTRODUÇÃO À ANÁLISE DE DADOS CATEGÓRICOS COM APLICAÇÕES
Suely Ruiz Giolo

Conteúdo

Prefácio à terceira edição   xiii

Prefácio à segunda edição   xv

Prefácio à primeira edição   xvii

1 Preliminares   **1**
     1.1   Considerações gerais 1
     1.2   Notação 2
     1.3   Objetivos da análise de séries temporais 3
     1.4   Estacionariedade 5
     1.5   Modelos e procedimentos de previsão 6
     1.6   Transformações 8
     1.7   Objetivo e roteiro 11
     1.8   Aspectos computacionais 12
     1.9   Algumas séries temporais reais 12
     1.10 Problemas 22

2 Modelos para séries temporais   **25**
     2.1   Introdução 25
     2.2   Processos estocásticos 25
     2.3   Especificação de um processo estocástico 27
     2.4   Processos estacionários 29
     2.5   Função de autocovariância 31
     2.6   Exemplos de processos estocásticos 34
     2.7   Tipos de modelos 40
         2.7.1   Modelos de erro ou de regressão 41
         2.7.2   Modelos ARIMA 43

viii *Conteúdo*

	2.7.3	Modelos de espaço de estados	44
	2.7.4	Modelos não lineares	45
2.8		Problemas	45

3 Tendência e sazonalidade   51

3.1		Introdução	51
3.2		Tendências	52
	3.2.1	Tendência polinomial	52
	3.2.2	Suavização	55
	3.2.3	Diferenças	63
	3.2.4	Testes para tendência	66
3.3		Sazonalidade	68
	3.3.1	Sazonalidade determinística – método de regressão	70
	3.3.2	Sazonalidade estocástica – método de médias móveis	75
	3.3.3	Testes para sazonalidade determinística	77
	3.3.4	Comentários finais	81
3.4		Problemas	83

4 Modelos de suavização exponencial   89

4.1		Introdução	89
4.2		Modelos para séries localmente constantes	89
	4.2.1	Médias móveis simples (MMS)	90
	4.2.2	Suavização exponencial simples (SES)	93
4.3		Modelos para séries que apresentam tendência	98
	4.3.1	Suavização exponencial de Holt (SEH)	98
4.4		Modelos para séries sazonais	101
	4.4.1	Suavização exponencial sazonal de Holt-Winters (HW)	101
4.5		Problemas	105

5 Modelos ARIMA   111

5.1		Introdução	111
5.2		Modelos lineares estacionários	113
	5.2.1	Processo linear geral	113
	5.2.2	Modelos autorregressivos	116
	5.2.3	Modelos de médias móveis	126
	5.2.4	Modelos autorregressivos e de médias móveis	131
	5.2.5	Função de autocorrelação parcial	138
	5.2.6	Sobre o uso do R	142
5.3		Modelos não estacionários	142
	5.3.1	Introdução	142
	5.3.2	Modelos ARIMA	144

Conteúdo

ix

	5.3.3 Formas do modelo ARIMA	145
5.4	Termo constante no modelo	148
5.5	Problemas	149

6 Identificação de modelos ARIMA — 159
6.1 Introdução — 159
6.2 Procedimento de identificação — 161
6.3 Exemplos de identificação — 164
6.4 Formas alternativas de identificação — 172
    6.4.1 Métodos baseados em uma função penalizadora — 173
6.5 Problemas — 182

7 Estimação de modelos ARIMA — 185
7.1 Introdução — 185
7.2 Método de máxima verossimilhança — 185
    7.2.1 Procedimento condicional — 186
    7.2.2 Procedimento não condicional — 188
    7.2.3 Função de verossimilhança exata — 191
7.3 Estimação não linear — 194
7.4 Variâncias dos estimadores — 195
7.5 Aplicações — 196
7.6 Resultados adicionais — 198
7.7 Problemas — 201

8 Diagnóstico de modelos ARIMA — 203
8.1 Introdução — 203
8.2 Testes de adequação do modelo — 203
    8.2.1 Teste de autocorrelação residual — 204
    8.2.2 Teste de Box-Pierce-Ljung — 204
    8.2.3 Teste da autocorrelação cruzada — 205
    8.2.4 Teste do periodograma acumulado — 208
8.3 Uso dos resíduos para modificar o modelo — 210
8.4 Aplicações — 210
8.5 Problemas — 215

9 Previsão com modelos ARIMA — 221
9.1 Introdução — 221
9.2 Previsão de EQM mínimo — 222
9.3 Formas básicas de previsão — 223
    9.3.1 Formas básicas — 223
    9.3.2 Equação de previsão — 226

9.4	Atualização das previsões	229
9.5	Intervalos de confiança	232
9.6	Transformações e previsões	233
9.7	Aplicações	234
9.8	Problemas	237

10 Modelos sazonais — 245

10.1	Introdução	245
10.2	Sazonalidade determinística	245
	10.2.1 Identificação	246
	10.2.2 Estimação	247
	10.2.3 Previsão	247
10.3	Sazonalidade estocástica	250
	10.3.1 Identificação, estimação e verificação	256
10.4	Problemas	277

11 Processos com memória longa — 283

11.1	Introdução	283
11.2	Modelo ARFIMA	284
11.3	Identificação	290
11.4	Estimação de modelos ARFIMA	291
	11.4.1 Estimação de máxima verossimilhança	291
	11.4.2 Método de regressão utilizando o periodograma	294
11.5	Previsão de modelos ARFIMA	298
11.6	Problemas	302

12 Análise de intervenção — 307

12.1	Introdução	307
12.2	Efeitos da intervenção	308
12.3	Exemplos de intervenção	311
	12.3.1 Intervenção e meio-ambiente	312
	12.3.2 Intervenção e leis de trânsito	312
	12.3.3 Intervenção e previsão de vendas	312
	12.3.4 Intervenção e epidemiologia	312
	12.3.5 Intervenção e economia agrícola	313
	12.3.6 Outras referências	313
12.4	Estimação e teste	314
12.5	Valores atípicos	315
	12.5.1 Modelos para valores atípicos	316
	12.5.2 Estimação do efeito de observações atípicas	317
	12.5.3 Detecção de observações atípicas	320

Conteúdo   xi

12.6 Aplicações 321
12.7 Problemas 332

13 Análise de Fourier   **335**
13.1 Introdução 335
13.2 Modelos com uma periodicidade 335
    13.2.1 Estimadores de MQ: frequência conhecida 336
    13.2.2 Estimadores de MQ: frequência desconhecida 340
    13.2.3 Propriedades dos estimadores 345
13.3 Modelos com periodicidades múltiplas 347
13.4 Análise de Fourier ou harmônica 348
13.5 Problemas 351

14 Análise espectral   **357**
14.1 Introdução 357
14.2 Função densidade espectral 357
14.3 Representações espectrais 362
14.4 Estimadores do espectro 367
    14.4.1 Transformada de Fourier discreta 367
    14.4.2 O Periodograma 369
    14.4.3 Estimadores suavizados do espectro 373
    14.4.4 Alguns núcleos e janelas espectrais 378
14.5 Testes para periodicidades 380
14.6 Filtros lineares 384
    14.6.1 Filtro convolução 385
    14.6.2 Ganho e fase 388
    14.6.3 Alguns tipos de filtros 389
    14.6.4 Filtros recursivos 392
    14.6.5 Aplicação sequencial de filtros 394
14.7 Problemas 396

Apêndice A: Equações de diferenças   **403**

Apêndice B: Raízes unitárias   **411**

Apêndice C: Testes de normalidade e linearidade   **421**

Apêndice D: Distribuições normais multivariadas   **425**

Apêndice E: Teste para memória longa   **429**

Referências   **433**

Índice 451

Prefácio à terceira edição

Nesta edição fizemos algumas modificações no sentido de adequar o texto a práticas recentes na análise e previsão de séries temporais. Por exemplo, não tem mais sentido falar sobre o cálculo de estimadores preliminares (momentos) para o método de máxima verossimilhança, pois os pacotes computacionais atuais não necessitam desses estimadores.

Nesta edição também implementamos um uso maior de pacotes do Repositório R, além dos pacotes usados em edições anteriores. Em particular, o Capítulo 12, sobre Análise de Intervenção, sofreu alterações substanciais, relativamente à segunda edição.

Também, dado o tamanho do livro, resolvemos deixar para um segundo volume, em elaboração, os Capítulos 13 (Modelos de Espaço de Estados) e 14 (Modelos Não Lineares). O Volume 2 contemplará, também, Modelos Lineares Multivariados, Processos Cointegrados e Análise Espectral Multivariada.

Na página do livro, o leitor encontrará um roteiro para diversas disciplinas que podem ser ministradas usando o texto.

São Paulo, agosto de 2018.

Pedro A. Morettin e Clélia M. C. Toloi

Prefácio à segunda edição

Esta segunda edição difere da anterior em dois aspectos: primeiro, a ordem dos capítulos foi alterada, a partir do Capítulo 11, baseando-nos em sugestões de colegas e de nossa própria observação de que esta alteração é a mais adequada. Em segundo lugar, fizemos correções de erros constantes no livro, introduzimos um novo apêndice e comentários em algumas seções.

Muitas pessoas nos escreveram a respeito de respostas e soluções dos problemas constantes do texto. Respostas a problemas selecionados estão sendo incluídas na página do livro: http://www.ime.usp.br/~ pam/ST.html. Futuramente, soluções serão incluídas, com acesso restrito a professores cadastrados.

Queremos agradecer aos diversos colegas e alunos que apontaram erros e omissões, bem como sugestões para a melhoria do texto. Com probabilidade um, novos erros serão constatados e aguardamos a colaboração dos leitores para que possamos fazer as devidas correções. Os e-mails dos autores são aqueles constantes do prefácio da primeira edição.

São Paulo, dezembro de 2005.

Pedro A. Morettin e Clélia M. C. Toloi

Prefácio à primeira edição

Este livro é uma versão substancialmente revisada de nosso texto anterior *"Previsão de Séries Temporais"* (Atual Editora, 1987, abreviadamente PST). Dado que muito material novo foi adicionado, resolvemos também mudar o título do livro.

Em relação a PST, os Capítulos 11 a 16 são novos. Nos demais, houve uma revisão substancial, com eliminação e adição de tópicos. Com os avanços computacionais que ocorreram nos últimos anos e a disponibilidade de programas estatísticos genéricos (como o MINITAB e SPlus) ou específicos (como o SCA, STAMP e EVIEWS), foi possível a inclusão de muitos exemplos e aplicações a séries reais.

Os Capítulos 1 e 2 introduzem a notação, processos estocásticos e séries temporais, exemplos de séries e de modelos estocásticos. O Capítulo 3 estuda os modelos de decomposição de uma série em suas componentes de tendência, sazonal e irregular e os procedimentos para estimar estas componentes. O Capítulo 4 trata de procedimentos simples de previsão (os alisamentos ou suavizações), e que apresentam bom desempenho na prática e são de fácil aplicação.

Os Capítulos 5 a 11 constituem uma parte importante do livro, devotada aos modelos ARIMA (auto-regressivos, integrados e de médias móveis), de larga utilização na modelagem de séries estacionárias e não-estacionárias integradas. O Capítulo 12 introduz a classe dos modelos da família ARCH (*autoregressive conditional heteroskedasticity*), de fundamental importância na análise de séries temporais financeiras, que apresentam características distintas, como caudas longas e agrupamentos de volatilidades.

O Capítulo 13 estuda os chamados modelos de espaço de estados, que englobam várias classes de modelos e que podem ser implementados eficientemente com o uso do Filtro de Kalman, aliado a métodos de estimação como o algoritmo EM. Os Capítulos 14 e 15 tratam da análise de Fourier de séries temporais, uma ferramenta importante notadamente em áreas físicas, como oceanografia, meteorologia, hidrologia etc. Finalmente, o Capítulo 16 traz uma introdução aos processos de memória longa, de grande importância atual em hidrologia, economia, finanças e outras áreas.

Possíveis roteiros de utilização do livro são dados a parte. Embora o livro cubra uma parte substancial da área, vários tópicos não foram abordados, como a análise de séries multivariadas e o tratamento bayesiano de vários dos temas estudados. Esperamos que nossos colegas bayesianos cubram esta lacuna em futuro não muito distante.

Gostaríamos de agradecer às várias pessoas que fizeram sugestões e apontaram erros ou omissões tanto no texto PST como em versões prévias deste livro e que continuamente nos indagavam quando a revisão iria sair. Comentários podem ser enviados aos endereços eletrônicos dos autores, pam@ime.usp.br, clelia@ime.usp.br. Os dados usados no texto podem ser obtidos na página do livro em http://www.ime.usp.br/~ pam.

São Paulo, maio de 2004.

Pedro A. Morettin e Clélia M. C. Toloi

CAPÍTULO 1

Preliminares

1.1 Considerações gerais

Uma série temporal é qualquer conjunto de observações ordenadas no tempo. São exemplos de séries temporais:

(i) valores diários de poluição na cidade de São Paulo;

(ii) valores mensais de temperatura na cidade de Cananéia-SP;

(iii) índices diários da Bolsa de Valores de São Paulo;

(iv) precipitação atmosférica anual na cidade de Fortaleza;

(v) número médio anual de manchas solares;

(vi) registro de marés no porto de Santos.

Nos exemplos (i) – (v) temos séries temporais *discretas*, enquanto(vi) é um exemplo de uma série *contínua*. Muitas vezes, uma série temporal discreta é obtida através da amostragem de uma série temporal contínua em intervalos de tempos iguais, Δt. Assim, para analisar a série (vi) será necessário amostrá-la (em intervalos de tempo de uma hora, por exemplo), convertendo a série contínua, observada no intervalo $[0, T]$, digamos, em uma série discreta com N pontos, onde $N = \frac{T}{\Delta t}$. Em outros casos, como para as séries (iv) ou (v), temos que o valor da série num dado instante é obtido acumulando-se (ou agregando-se) valores em intervalos de tempos iguais.

Há, basicamente, dois enfoques usados na análise de séries temporais. Em ambos, o objetivo é construir modelos para as séries, com propósitos determinados. No primeiro enfoque, a análise é feita no *domínio temporal* e os modelos propostos são *modelos paramétricos* (com um número finito de parâmetros). No

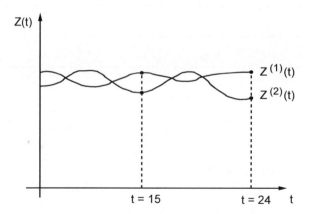

Figura 1.1: Temperatura do ar, de dado local, durante 24 horas

segundo, a análise é conduzida no *domínio de frequências* e os modelos propostos são *modelos não paramétricos*.

Dentre os modelos paramétricos temos, por exemplo, os modelos ARIMA, que serão estudados com detalhes a partir do Capítulo 5.

No domínio de frequências, temos a *análise espectral* , que tem inúmeras aplicações em ciências físicas e engenharia, e que consiste em decompor a série dada em componentes de frequência, onde a existência do *espectro* é a característica fundamental. Este tipo de análise será apresentado nos Capítulos 13 e 14.

1.2 Notação

As definições formais de processo estocástico e série temporal serão dadas no Capítulo 2. No momento, para motivar a discussão, considere o exemplo a seguir. Suponha que queiramos medir a temperatura do ar, de dado local, durante 24 horas; podemos obter um gráfico semelhante ao da Figura 1.1.

Vamos designar por $Z(t)$ a temperatura no instante t (dado em horas, por exemplo). Notamos que para dois dias diferentes obtemos duas curvas que não são, em geral, as mesmas. Estas curvas são chamadas *trajetórias* do processo físico que está sendo observado e este (o *processo estocástico*) nada mais é do que o conjunto de todas as possíveis trajetórias que poderíamos observar. Cada trajetória é também chamada uma *série temporal* ou *função amostral*. Designando-se por $Z^{(1)}(15)$ o valor da temperatura no instante $t = 15$, para a primeira trajetória (primeiro dia de observação), teremos um número real; para o segundo dia, teremos outro número real, $Z^{(2)}(15)$. Em geral, denotaremos uma trajetória qualquer

1.3. OBJETIVOS DA ANÁLISE DE SÉRIES TEMPORAIS

por $Z^{(j)}(t)$. Para cada t *fixo*, teremos os valores de uma *variável aleatória* $Z(t)$, que terá certa distribuição de probabilidades.

Na realidade, o que chamamos de série temporal é uma *parte* de uma trajetória, dentre muitas que poderiam ter sido observadas. Em algumas situações (como em Oceanografia, por exemplo), quando temos dados experimentais, é possível observar algumas trajetórias do processo sob consideração, mas na maioria dos casos (como em Economia ou Astronomia), quando não é possível fazer experimentações, temos uma só trajetória para análise.

Temos referido o parâmetro t como sendo o tempo, mas a série $Z(t)$ poderá ser função de algum outro parâmetro físico, como espaço ou volume.

De modo bastante geral, uma série temporal poderá ser um vetor $\mathbf{Z(t)}$, de ordem $r \times 1$, onde, por sua vez, $\mathbf{t}$ é um vetor $p \times 1$. Por exemplo, considere a série

$$\mathbf{Z(t)} = [Z_1(\mathbf{t}), Z_2(\mathbf{t}), Z_3(\mathbf{t})]',$$

onde as três componentes denotam, respectivamente, a altura, a temperatura e a pressão de um ponto do oceano e $\mathbf{t} = $ (tempo, latitude, longitude). Dizemos que a série é *multivariada* $(r = 3)$ e *multidimensional* $(p = 3)$. Como outro exemplo, considere $\mathbf{Z(t)}$ como sendo o número de acidentes ocorridos em rodovias do estado de São Paulo, por mês. Aqui, $r = 1$ e $p = 2$, com $\mathbf{t} = $ (mês, rodovia).

1.3 Objetivos da análise de séries temporais

Obtida a série temporal $Z(t_1), \ldots, Z(t_n)$, observada nos instantes $t_1, \ldots, t_n$, podemos estar interessados em:

(a) investigar o mecanismo gerador da série temporal; por exemplo, analisando uma série de alturas de ondas, podemos querer saber como estas ondas foram geradas;

(b) fazer previsões de valores futuros da série; estas podem ser a curto prazo, como para séries de vendas, produção ou estoque, ou a longo prazo, como para séries populacionais, de produtividade etc.;

(c) descrever apenas o comportamento da série; neste caso, a construção do gráfico, a verificação da existência de tendências, ciclos e variações sazonais, a construção de histogramas e diagramas de dispersão etc., podem ser ferramentas úteis;

(d) procurar periodicidades relevantes nos dados; aqui, a análise espectral, mencionada anteriormente, pode ser de grande utilidade.

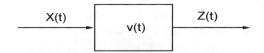

Figura 1.2: Sistema dinâmico.

Em todos os casos, *modelos probabilísticos* ou *modelos estocásticos* são construídos, no domínio temporal ou de frequências. Estes modelos devem ser simples e parcimoniosos (no sentido que o número de parâmetros envolvidos deve ser o menor possível) e, se possível, sua utilização não deve apresentar dificuldades às pessoas interessadas em manipulá-los.

Muitas situações em ciências físicas, engenharia, ciências biológicas e humanas envolvem o conceito de *sistema dinâmico*, caracterizado por uma série de entrada $X(t)$, uma série de saída $Z(t)$ e uma *função de transferência* $v(t)$ (Figura 1.2).

De particular importância são os *sistemas lineares*, onde a saída é relacionada com a entrada através de um funcional linear envolvendo $v(t)$. Um exemplo típico é

$$Z(t) = \sum_{\tau=0}^{\infty} v(\tau) X(t-\tau). \tag{1.1}$$

Problemas de interesse aqui são:

(a) *estimar a função de transferência* $v(t)$, conhecendo-se as séries de entrada e saída;

(b) *fazer previsões* da série $Z(t)$, com o conhecimento de observações da série de entrada $X(t)$;

(c) estudar o comportamento do sistema, *simulando-se* a série de entrada;

(d) *controlar* a série de saída $Z(t)$, de modo a trazê-la o mais próximo possível de um valor desejado, ajustando-se convenientemente a série de entrada $X(t)$; este controle é necessário devido a perturbações que normalmente afetam um sistema dinâmico.

A equação (1.1) é também chamada *modelo de função de transferência*. Para detalhes, a referência é Box et al. (1994).

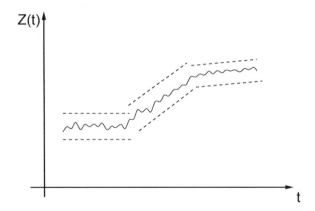

Figura 1.3: Série não estacionária quanto ao nível e inclinação.

1.4 Estacionariedade

Uma das suposições mais frequentes que se faz a respeito de uma série temporal é a de que ela é estacionária, ou seja, ela se desenvolve no tempo aleatoriamente ao redor de uma média constante, refletindo alguma forma de equilíbrio estável. Todavia, a maior parte das séries que encontramos na prática apresentam alguma forma de não estacionariedade. Assim, as séries econômicas e financeiras apresentam em geral *tendências*, sendo o caso mais simples aquele em que a série flutua ao redor de uma reta, com inclinação positiva ou negativa (tendência linear). Podemos ter, também, uma forma de não estacionariedade explosiva, como o crescimento de uma colônia de bactérias.

Uma série pode ser estacionária durante um período muito longo, como a série (vi) da seção 1.1, mas pode ser estacionária apenas em períodos muito curtos, mudando de nível e/ou inclinação. A classe dos modelos ARIMA, já mencionados antes, será capaz de descrever de maneira satisfatória séries estacionárias e séries não estacionárias, mas que não apresentem comportamento explosivo. Este tipo de não estacionariedade é chamado *homogêneo*; a série pode ser estacionária, flutuando ao redor de um nível, por certo tempo, depois mudar de nível e flutuar ao redor de um novo nível e assim por diante, ou então mudar de inclinação, ou ambas as coisas. A Figura 1.3 ilustra esta forma de não estacionariedade.

Como a maioria dos procedimentos de análise estatística de séries temporais supõe que estas sejam estacionárias, será necessário transformar os dados originais, se estes não formam uma série estacionária. A transformação mais comum consiste em tomar *diferenças* sucessivas da série original, até se obter uma série estacionária. A primeira diferença de $Z(t)$ é definida por

$$\Delta Z(t) = Z(t) - Z(t-1), \tag{1.2}$$

a segunda diferença é

$$\Delta^2 Z(t) = \Delta[\Delta Z(t)] = \Delta[Z(t) - Z(t-1)], \tag{1.3}$$

ou seja,

$$\Delta^2 Z(t) = Z(t) - 2Z(t-1) + Z(t-2). \tag{1.4}$$

De modo geral, a n-ésima diferença de $Z(t)$ é

$$\Delta^n Z(t) = \Delta[\Delta^{n-1} Z(t)]. \tag{1.5}$$

Em situações normais, será suficiente tomar uma ou duas diferenças para que a série se torne estacionária. Voltaremos a este assunto mais tarde.

A Figura 1.4 apresenta a série de índices mensais do Ibovespa, de julho de 1994 a agosto de 2001 (veja o Exemplo 1.9), acompanhada do logaritmo de sua primeira diferença (chamada de log-retorno), agora estacionária. Na figura, temos, ainda, o histograma e o gráfico quantil-quantil, mostrando que esses retornos são aproximadamente normais.

1.5 Modelos e procedimentos de previsão

Vimos que um modelo é uma descrição probabilística de uma série temporal e cabe ao usuário decidir como utilizar este modelo tendo em vista seus objetivos. Na Seção 1.3, vimos quais são os principais objetivos ao analisar uma série temporal. Um propósito deste livro é estudar certos procedimentos ou métodos de previsão. Embora estas duas palavras sejam usadas livremente no texto, o termo 'método' não é de todo correto. Segundo Priestley (1979), *"não há algo chamado 'método' de previsão ou algo chamado 'método' de previsão ARMA (ou Box e Jenkins). Há algo chamado método de previsão de 'mínimos quadrados', e este, de fato, fornece a base para virtualmente todos os estudos teóricos."* Além disso, "todos os métodos" de previsão são simplesmente diferentes procedimentos computacionais para calcular a mesma quantidade, a saber, a previsão de mínimos quadrados de um valor futuro a partir de combinações lineares de valores passados.

Um modelo que descreve uma série não conduz, necessariamente, a um procedimento (ou fórmula) de previsão. Será necessário especificar uma função perda,

1.5. MODELOS E PROCEDIMENTOS DE PREVISÃO

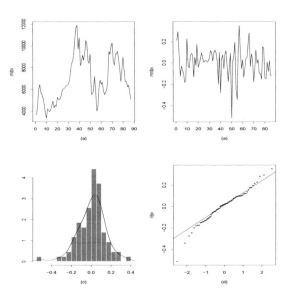

Figura 1.4: (a) Índices mensais do Ibovespa (b) Log-retorno do Ibovespa. (c) Histograma (d) Gráfico $Q \times Q$

além do modelo, para se chegar ao procedimento. Uma função perda, que é utilizada frequentemente é o *erro quadrático médio*, embora em algumas ocasiões outros critérios ou funções perdas sejam mais apropriados.

Suponhamos que temos observações de uma série temporal até o instante t e queiramos prever o valor da série no instante $t + h$ (Figura 1.5).

Diremos que $\hat{Z}_t(h)$ é a *previsão* de $Z(t+h)$, de *origem* t e *horizonte* h. O erro quadrático médio de previsão é

$$E[Z(t+h) - \hat{Z}_t(h)]^2. \tag{1.6}$$

Então, dado o modelo que descreve a série temporal até o instante t e dado que queremos minimizar (1.6), obteremos uma fórmula para $\hat{Z}_t(h)$.

Etimologicamente (*prae e videre*), a palavra previsão sugere que se quer ver uma coisa antes que ela exista. Alguns autores preferem a palavra *predição*, para indicar algo que deverá existir no futuro. Ainda outros utilizam o termo *projeção*. Neste texto, iremos usar consistentemente a palavra previsão, com o sentido indicado acima.

É importante salientar que a previsão não constitui um fim em si, mas apenas

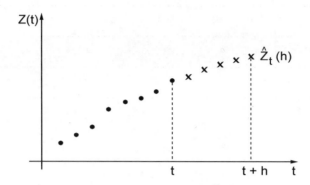

Figura 1.5: **Observações de uma série temporal com previsões de origem** t **e horizonte** h, **com** $h = 5$.

um meio de fornecer informações para uma consequente tomada de decisões, visando a determinados objetivos.

Os procedimentos de previsão utilizados na prática variam muito, podendo ser simples e intuitivos ou mais quantitativos e complexos. No primeiro caso, pouca ou nenhuma análise de dados é envolvida, enquanto no segundo caso esta análise pode ser considerável.

Em Economia há dois procedimentos predominantes: econométrico e de séries temporais. No primeiro, o analista se baseia fortemente na teoria econômica para construir um modelo, incluindo muitas variáveis, enquanto que no segundo, não há esta limitação, dado que o estatístico deixa "os dados falarem por si" para construir seu modelo, estando preparado para usar um modelo que não se harmonize com a teoria econômica, desde que produza melhores previsões.

Neste trabalho nos restringiremos aos procedimentos estatísticos de análise e previsão de séries temporais, ou seja, a procedimentos que conduzem a um modelo obtido diretamente dos dados disponíveis, sem recorrer a uma possível teoria subjacente.

Ashley e Granger (1979) sugerem adotar um enfoque híbrido, contudo a conclusão de vários autores é que os modelos econométricos se ajustam melhor aos dados, enquanto que certos modelos, como aqueles da classe ARIMA, fornecem melhores previsões. Veja Bhattacharyya (1980).

1.6 Transformações

Há, basicamente, duas razões para se transformar os dados originais: estabilizar a variância e tornar o efeito sazonal aditivo (veja o Capítulo 3). É comum

1.6. TRANSFORMAÇÕES

em séries econômicas e financeiras a existência de tendências e pode ocorrer um acréscimo da variância da série (ou de suas diferenças) à medida que o tempo passa. Neste caso, uma transformação logarítmica pode ser adequada.

Entretanto, Nelson (1976) conclui que transformações não melhoram a qualidade da previsão. Makridakis e Hibon (1979) verificaram que os dados transformados têm pouco efeito na melhoria da previsão e, sob bases mais teóricas, Granger e Newbold (1976) mostram que as previsões dos antilogaritmos dos dados transformados são estimadores viesados e deveriam, portanto, serem ajustados, mas isto não é feito em alguns programas de computador, o que significa que, depois que os dados são transformados, um viés é introduzido nas previsões, decorrente de tal transformação. Além disso, Granger e Newbold observam que a heteroscedasticidade não afeta a adequação da previsão, pois ela não implica em estimadores viesados, como no caso de regressão múltipla.

Quando se tem um conjunto de dados que apresenta um padrão sazonal qualquer, é muito comum fazer um ajustamento sazonal dos dados e depois usar um modelo não sazonal para se fazer a previsão. Plosser (1979) analisa este problema para o caso de modelos ARIMA e conclui que "parece ser preferível fazer a previsão usando diretamente o modelo sazonal ao invés de ajustar sazonalmente a série e depois utilizar um modelo não sazonal".

Vimos, na Seção 1.4, que para tornar uma série estacionária podemos tomar diferenças. No caso de séries econômicas e financeiras poderá ser necessário aplicar antes, à série original, alguma transformação não linear, como a logarítmica ou, em geral, uma transformação da forma

$$Z_t^{(\lambda)} = \begin{cases} \frac{Z_t^\lambda - c}{\lambda}, & \text{se } \lambda \neq 0, \\ \log Z_t, & \text{se } \lambda = 0, \end{cases} \tag{1.7}$$

chamada *transformação de Box-Cox* (1964).

Aqui, λ e c são parâmetros a serem estimados. A transformação logarítmica é apropriada se o desvio padrão da série (ou outra medida de dispersão) for proporcional à média.

Os autores supuseram que exista algum λ para o qual $Z_t^{(\lambda)}$ seja aproximadamente normal com variância constante e satisfazendo um modelo de regressão linear. Contudo, na prática, esse raramente será o caso e outras alternativas foram sugeridas, como a de Manly (1976)

$$Z_t^{(\lambda)} = \begin{cases} \frac{e^{\lambda Z_t} - 1}{\lambda}, & \text{se } \lambda \neq 0, \\ Z_t, & \text{se } \lambda = 0, \end{cases} \tag{1.8}$$

e Bickel and Doksum (1981)

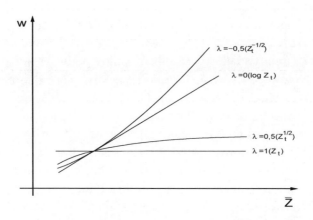

Figura 1.6: Gráficos amplitude × média, ilustrando alguns valores possíveis de λ.

$$Z_t^{(\lambda)} = \frac{|Z_t|^\lambda \operatorname{sgn}(Y) - 1}{\lambda}, \qquad (1.9)$$

para $\lambda > 0$.

Para se ter uma ideia do tipo de transformação que é adequada, pode-se utilizar um gráfico que traz, no eixo das abscissas, médias de subconjuntos de observações da série original e, no eixo das ordenadas, a amplitude de cada um desses subconjuntos; se $Z_1, \ldots, Z_k$ for um tal subconjunto com k observações, calculamos

$$\overline{Z} = \frac{1}{k}\sum_{i=1}^{k} Z_{t_i},$$
$$w = max(Z_{t_i}) - min(Z_{t_i}),$$

que são medidas de posição e variabilidade, respectivamente; o par $(\overline{Z}, w)$ será um ponto do gráfico. O número de elementos em cada subsérie pode ser igual ao período, no caso de séries sazonais.

Se w independer de $\overline{Z}$, obteremos pontos espalhados ao redor de uma reta paralela ao eixo das abscissas, e neste caso não haverá necessidade de transformação. Se w for diretamente proporcional a $\overline{Z}$, a transformação logarítmica é apropriada.

A Figura 1.6, extraída de Jenkins (1979), dá uma ideia dos tipos de gráficos que podem ocorrer e os respectivos valores de λ.

Uma outra razão para efetuar transformações é obter uma distribuição para os dados mais simétrica e próxima da normal.

1.7. OBJETIVO E ROTEIRO

Hinkley (1977) sugere que se calcule a média, mediana e um estimador de escala (desvio padrão ou algum estimador robusto) e, então, para a transformação $Z_t^{(\lambda)}$ e λ tomando valores $\ldots, -2, -1, -1/2, -1/4, 0, 1/4, 1/2, 1, 2, \ldots$, escolha-se o valor de λ que minimize

$$d_\lambda = \frac{|\text{média} - \text{mediana}|}{\text{medida de escala}}, \qquad (1.10)$$

que pode ser vista como uma medida de assimetria; numa distribuição simétrica, $d_\lambda = 0$.

1.7 Objetivo e roteiro

Como já dissemos, um objetivo do texto é apresentar os principais métodos de análise e previsão de séries temporais. Os métodos de previsão podem ser divididos em duas categorias:

a) automáticos: que são aplicados diretamente com utilização de um computador;

b) não automáticos: exigem a intervenção de pessoal especializado para serem aplicados.

Dos métodos utilizados, a modelagem ARIMA mereceu grande destaque em relação aos demais, dada a sua ampla divulgação e utilização, dificuldade de aplicação (não automática) e aparente superioridade em várias situações.

Contudo, muitas séries econômicas e financeiras apresentam heteroscedasticidade condicional, ou seja, a variância condicional varia com o tempo. Tais séries necessitarão de modelos específicos para descrever a evolução da volatilidade no tempo e a classe dos modelos ARCH (*autoregressive conditional heteroscedasticity*) é adequada para tal fim. Abordaremos esse tópico no Volume 2.

Um outro objetivo é introduzir noções sobre análise de uma série temporal no domínio de frequências, que descreve o comportamento da série como uma "soma" de senóides em diferentes frequências. Na literatura, essa abordagem é denominada Análise de Fourier.

O plano do livro é descrito a seguir.

No Capítulo 2 introduzimos algumas definições básicas, necessárias para a melhor compreensão do texto, e apresentamos os modelos mais utilizados para séries de tempo. No Capítulo 3 apresentamos o modelo clássico, que consiste em decompor uma série temporal em componentes de tendência, sazonal e aleatória, devido à sua utilidade, notadamente em Economia. O Capítulo 4 traz os principais métodos de suavização exponencial.

Os modelos ARIMA são discutidos nos Capítulos 5 a 10. No Capítulo 11 discutimos os processos de memória longa, que têm tido grande utilização recente. No Capítulo 12 apresentamos a análise de intervenção usando modelos ARIMA e discutimos a detecção de valores atípicos. Nos Capítulos 13 e 14 abordamos, de forma introdutória, a análise no domínio de frequências.

1.8 Aspectos computacionais

No decorrer do trabalho foram utilizados vários programas para efetuar as análises de séries temporais reais ou simuladas, descritos a seguir.

(a) SPLUS;

(b) MINITAB;

(c) O repositório de pacotes R, que podem ser obtidos livremente em *Comprehensive R Archive Network*, CRAN, no site http://CRAN.R-project.org.

   Usaremos as seguintes bibliotecas do R:

   astsa, forecast, tpp, fracdiff, GeneCycle, moments, Rcmdr, stats, TSA, tseries, tsoutliers, TTR, urca, fArma.

(d) A planilha Excel, embora não seja um aplicativo estatístico, pode ser usada para algumas aplicações, como análise de dados, geração de números aleatórios etc.

1.9 Algumas séries temporais reais

Nesta seção vamos apresentar algumas séries que serão utilizadas para ilustrar as técnicas a serem desenvolvidas. As observações de cada série estão disponíveis na página do primeiro autor.

Colocamos, abaixo, entre parênteses, o nome pelo qual a série será referenciada no texto. Cada série está disposta em uma coluna, em formato texto ou Excel. Quando houver mais de uma série sob o mesmo nome (Chuva, por exemplo), teremos várias colunas no arquivo, na ordem em que aparecem na descrição abaixo. D indica dados diários, M, mensais e A, anuais.

Exemplo 1.1. (Temperatura). A Figura 1.7 mostra a série de temperaturas médias mensais, em graus centígrados, de janeiro de 1976 a dezembro de 1985,

1.9. ALGUMAS SÉRIES TEMPORAIS REAIS

nas cidades de Cananéia e Ubatuba, ambas no estado de São Paulo. Vemos que as séries apresentam uma sazonalidade com período aproximado de 12 meses.

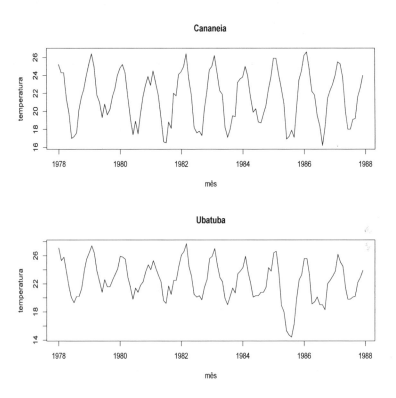

Figura 1.7: Séries de temperaturas mensais em Cananéia e Ubatuba.

Exemplo 1.2. (Manchas). Na Figura 1.8 temos a série de número de manchas solares de J. R. Wolf (1816-1893), observações anuais de 1749 a 1924. Esta série tem sido analisada extensivamente em livros e artigos, tanto usando modelos no domínio do tempo como no domínio da frequência. Em várias citações, aparece o nome H. A. Wolfer (1854-1931), mas parece que o crédito da origem e desenvolvimento subsequente da série deve ser dado a Wolf. Veja Izenman (1983) para uma nota histórica sobre essa série. Notamos que os valores mínimos estão aproximadamente alinhados, mas os valores máximos variam bastante, mostrando que a atividade solar aumenta ou diminui a cada 22 anos, aproximadamente. Este é um exemplo de uma série não linear e não gaussiana. Veja o Volume 2, Capítulo 6.

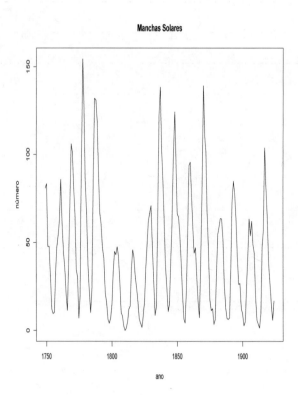

Figura 1.8: Série de Manchas Solares de Wolf.

Exemplo 1.3. (Chuva): As séries de precipitações atmosféricas anuais em Fortaleza, CE, de 1849 a 1997, e mensais em Lavras, MG, de janeiro de 1966 a dezembro de 1997, são mostradas na Figura 1.9. A série de precipitações em Fortaleza foi analisada por vários autores e, aparentemente, não apresenta periodicidades marcantes. Estudos de Morettin et al. (1985) e Harvey e Souza (1987) indicam uma periodicidade de aproximadamente 13 anos.

Exemplo 1.4. (Ozônio). A Figura 1.10 mostra os valores mensais de concentração de ozônio em Azuza, Califórnia, EUA, de janeiro de 1956 a dezembro de 1970. Novamente, notamos uma sazonalidade de 12 meses.

Exemplo 1.5. (Energia). Apresentamos, na Figura 1.11, valores mensais do consumo de energia elétrica no estado do Espírito Santo, de janeiro de 1968 a setembro de 1979. A série apresenta um comportamento não estacionário, com uma tendência crescente não linear.

1.9. ALGUMAS SÉRIES TEMPORAIS REAIS

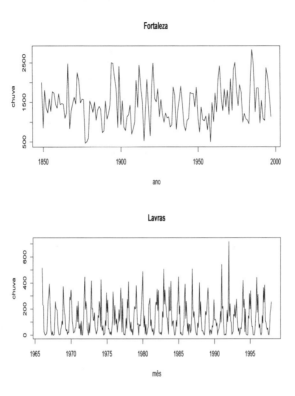

Figura 1.9: Séries de precipitações anuais em Fortaleza e mensais em Lavras.

Exemplo 1.6. (Poluição). Aqui temos três séries relativas a emissão diária de poluentes na cidade de São Paulo, de 1º de janeiro a 31 de dezembro de 1997:

(a) CO: gás carbônico;

b) NO_2: dióxido de nitrogênio;

(c) PM_{10}: material particulado.

Os gráficos estão na Figura 1.12. As séries apresentam um comportamento aparentemente estacionário, mas com um aumento de valores em torno de julho-agosto de 1997, período de inverno, sem muita chuva e nos quais os níveis de poluição aumentam.

Exemplo 1.7. (Atmosfera): Na Figura 1.13 temos as séries de temperaturas (°C) e umidade relativa do ar (%) ao meio dia, na cidade de São Paulo, observações diárias de 1º de janeiro a 31 de dezembro de 1997. A série de temperaturas diminui ao longo dos meses junho-agosto, período de inverno, enquanto a umidade

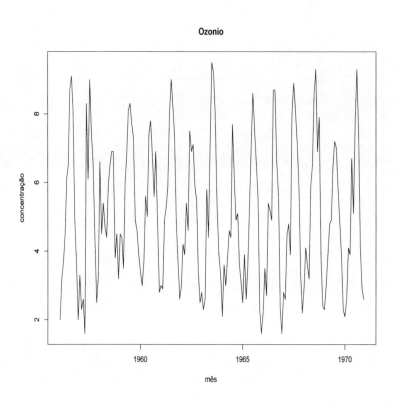

Figura 1.10: Série de concentração de ozônio em Azuza, Califórnia.

1.9. ALGUMAS SÉRIES TEMPORAIS REAIS

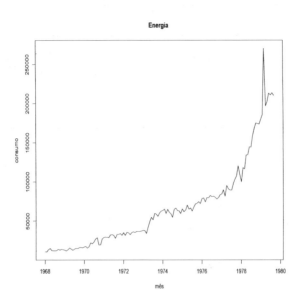

Figura 1.11: Série de consumo de energia elétrica no Espírito Santo.

apresenta uma variabilidade maior nesses meses.

Exemplo 1.8. (Índices): Na Figura 1.14 temos diversos índices de atividade industrial no Brasil, a saber:

(a) A-PIB: Produto Interno Bruto do Brasil; observações anuais de 1861 a 1986;
(b) M-IPI: Produção Física Industrial. Produtos Alimentares (base média de 1991=100), observações mensais de janeiro de 1985 a julho de 2000;
(c) M-PD: Produção Física Industrial. Produtos Duráveis (base média de 1991=100), observações mensais de janeiro de 1991 a julho de 2000;
(d) M-Bebida: Produção Física Industrial. Alimentação e Bebidas elaboradas para Indústria (base média de 1991=100), observações mensais de janeiro de 1985 a julho de 2000.

O PIB tem uma tendência crescente, exceto nos últimos anos, onde há uma pequena queda e depois retoma o crescimento. A série de produção de alimentos apresenta uma sazonalidade de 12 meses, com uma leve tendência crescente. As duas outras séries mostram tendências crescentes.

Exemplo 1.9 (Mercado Financeiro): A Figura 1.15 apresenta várias séries tem-

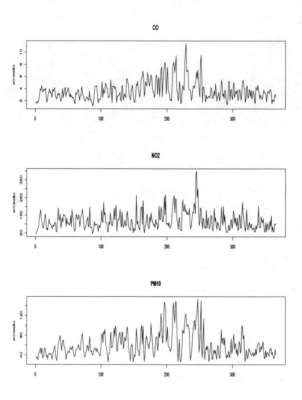

Figura 1.12: Séries de poluentes: **CO**, NO_2 e PM_{10} **em São Paulo.**

1.9. ALGUMAS SÉRIES TEMPORAIS REAIS

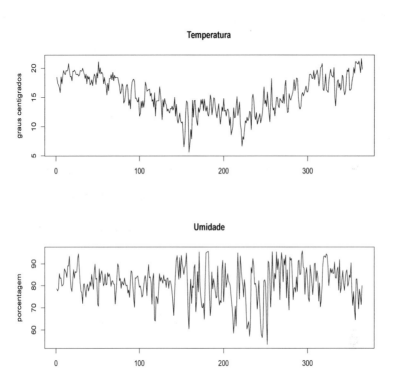

Figura 1.13: Séries diárias de temperaturas e umidade em São Paulo.

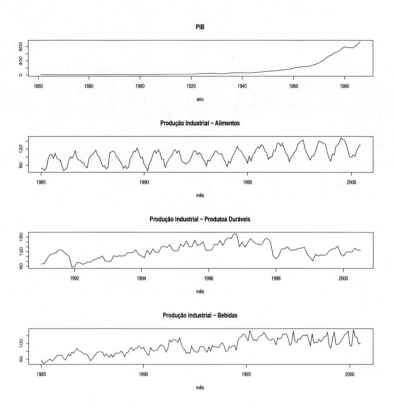

Figura 1.14: Séries de diversos índices de atividade industrial no Brasil.

1.9. ALGUMAS SÉRIES TEMPORAIS REAIS

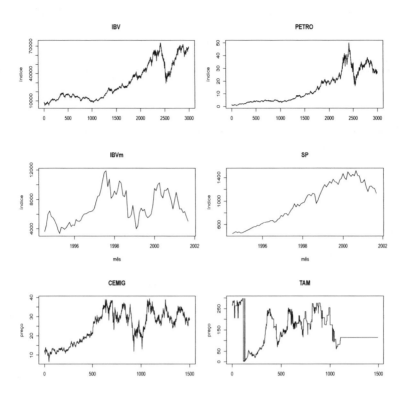

Figura 1.15: Várias séries temporais financeiras .

porais financeiras:

(a) D-IBV: Índice diário da Bolsa de Valores de São Paulo, de 18/08/1998 a 29/09/2010;
(b) D-PETRO: Preços diários das ações da Petrobrás PN, de 18/08/1998 a 29/09/2010;
(c) M-IBV: Índice mensal da Bolsa de Valores de São Paulo, de junho de 1994 a agosto de 2001;
(d) M-SP: Índice mensal do S&P 500 (*Standard and Poor's Five Hundred*), índice de ações norte-americano, de julho de 1994 a agosto de 2001;
(e) D-CEMIG: Preços diários das ações da CEMIG, de 03/01/1995 a 27/12/2000;
(f) D-TAM: Preços diários das ações da TAM, de 10/01/1995 a 27/12/2000.

As cinco primeiras séries apresentam um comportamento não estacionário,

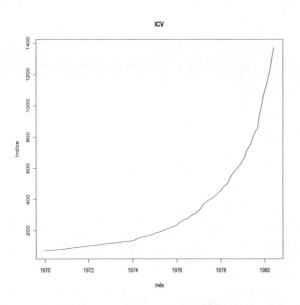

Figura 1.16: Série mensal do índice de custo de vida em São Paulo.

globalmente crescentes, mas com quedas em diferentes períodos, onde alguma crise aconteceu, especialmente a crise da *subprime* nos EUA em 2007-2008. A série da companhia aérea TAM apresenta dois instantes, onde houve algum tipo de fusão de lotes de ações.

Exemplo 1.10 (M-ICV): O Índice de Custo de Vida no Município de São Paulo, observações mensais de janeiro de 1970 a junho de 1980, é mostrado na Figura 1.16. Neste período de inflação alta, a série apresenta um crescimento exponencial.

Exemplo 1.11 (Consumo): A Figura 1.17 traz o consumo na região metropolitana de São Paulo, observações mensais, de janeiro de 1984 a outubro de 1996. A série, não estacionária, apresenta um crescimento até 1987 e, depois, decresce, mas, em ambos os casos, com períodos de alta e baixa.

1.10 Problemas

1. Classifique as séries a seguir (discreta ou contínua, univariada ou multivariada, unidimensional ou multidimensional). Especifique $\mathbf{Z}(\mathbf{t})$, $\mathbf{t}$, r, p:

1.10. PROBLEMAS

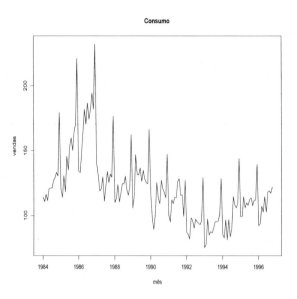

Figura 1.17: Série mensal de vendas na região metropolitana de São Paulo.

(a) índices diários da Bolsa de Valores de São Paulo, de janeiro de 1960 a dezembro de 2001;

(b) registro de marés no porto de Santos, através de um aparelho medidor (marégrafo), durante 30 dias;

(c) medidas da pressão uterina e pressão sanguínea de uma mulher durante o parto;

(d) número de ocorrências de meningite por mês e por município de São Paulo;

(e) medidas das três componentes de velocidade de um fluxo turbulento (como o oceano) durante certo intervalo de tempo.

2. Considere a série M–ICV:

(a) Faça o gráfico da série; ela é estacionária?

(b) Obtenha a primeira diferença da série e faça o gráfico correspondente; a diferença é estacionária?

(c) Mesmas questões de (b) para a segunda diferença.

24   *CAPÍTULO 1. PRELIMINARES*

3. Considere a série Temperatura–Ubatuba:

   (a) A série é estacionária?

   (b) Obtenha ΔZ_t e $\Delta^2 Z_t$; estas séries são estacionárias?

4. Considere a série Energia:

   (a) A série é estacionária? Tem tendência?

   (b) Considere a série diferença ΔZ_t; é estacionária?

   (c) Tome agora $\log Z_t$; a série é estacionária?

   (d) Investigue se a série $\Delta \log Z_t$ é estacionária ou não.

5. Responda as questões (a) – (d) do Problema 4 para a série D–PETRO.

6. Responda as questões (a) – (d) do Problema 4 para a série M–IBV.

CAPÍTULO 2

Modelos para séries temporais

2.1 Introdução

Os modelos utilizados para descrever séries temporais são processos estocásticos, isto é, processos controlados por leis probabilísticas.

Qualquer que seja a classificação que façamos para os modelos de séries temporais, podemos considerar um número muito grande de modelos diferentes para descrever o comportamento de uma série particular. A construção destes modelos depende de vários fatores, tais como o comportamento do fenômeno ou o conheci-

mento *a priori* que temos de sua natureza e do objetivo da análise. Na prática, depende, também, da existência de métodos apropriados de estimação e da disponibilidade de programas (*software*) adequados.

2.2 Processos estocásticos

No capítulo anterior introduzimos informalmente a noção de processo estocástico ou função aleatória. Vamos dar, agora, a definição precisa.

Definição 2.1. Seja $\mathcal{T}$ um conjunto arbitrário. Um *processo estocástico* é uma família $Z = \{Z(t), t \in \mathcal{T}\}$, tal que, para cada $t \in \mathcal{T}$, $Z(t)$ é uma variável aleatória.

Nestas condições, um processo estocástico é uma família de variáveis aleatórias (v.a.), que supomos definidas num mesmo espaço de probabilidades $(\Omega, \mathcal{A}, \mathcal{P})$. O conjunto $\mathcal{T}$ é normalmente tomado como o conjunto dos inteiros $\mathbb{Z} = \{0, \pm 1, \ldots\}$ ou o conjunto dos reais $\mathbb{R}$. Também, para cada $t \in \mathcal{T}$, $Z(t)$ será uma v.a. real.

Como, para $t \in \mathcal{T}$, $Z(t)$ é uma v.a. definida sobre Ω, na realidade $Z(t)$ é uma função de dois argumentos, $Z(t, \omega)$, $t \in \mathcal{T}$, $\omega \in \Omega$. A Figura 2.1 ilustra esta interpretação de um processo estocástico.

25

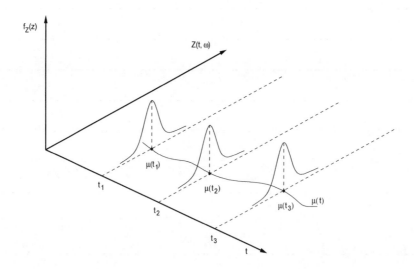

Figura 2.1: Um processo estocástico interpretado como uma família de variáveis aleatórias.

Vemos, na figura, que para cada $t \in \mathcal{T}$, temos uma v.a. $Z(t,\omega)$, com uma distribuição de probabilidades; é possível que a função densidade de probabilidade (fdp) no instante t_1 seja diferente da fdp no instante t_2, para dois instantes t_1 e t_2 quaisquer, mas a situação usual é aquela em que a fdp de $Z(t,\omega)$ é a mesma, para todo $t \in \mathcal{T}$.

Por outro lado, para cada $\omega \in \Omega$ fixado, obteremos uma função de t, ou seja, uma *realização* ou *trajetória* do processo, ou ainda, uma *série temporal*.

Vamos designar as realizações de $Z(t,\omega)$ por $Z^{(1)}(t)$, $Z^{(2)}(t)$, etc. O conjunto de todas estas trajetórias é chamado o "ensemble". Observemos que cada realização $Z^{(j)}(t)$ é uma função do tempo t não aleatória e, para cada t fixo, $Z^{(j)}(t)$ é um número real. Uma maneira de encarar a distribuição de probabilidades de $Z(t,\omega)$, para um t fixado, é considerar a proporção de trajetórias que passam por uma "janela" de amplitude Δ. Tal proporção será $f_Z(z) \cdot \Delta$, se $f_Z(z)$ for a fdp de $Z(t,\omega)$. Veja a Figura 2.2.

O conjunto dos valores $\{Z(t), t \in \mathcal{T}\}$ é chamado *espaço dos estados*, $\mathcal{E}$, do processo estocástico, e os valores de $Z(t)$ são chamados *estados*.

Se o conjunto $\mathcal{T}$ for finito ou enumerável, como $\mathcal{T} = \{1, 2, \ldots, N\}$ ou $\mathcal{T} = \mathbb{Z}$, o conjunto de todos os inteiros, o processo diz-se com *parâmetro discreto*. Se $\mathcal{T}$ for um intervalo de $\mathbb{R}$ obtemos um processo com *parâmetro contínuo*. O espaço dos estados, $\mathcal{E}$, também pode ser discreto ou contínuo. No primeiro caso, $Z(t)$ pode representar uma contagem, como, por exemplo, o número de chamadas telefônicas

2.3. ESPECIFICAÇÃO DE UM PROCESSO ESTOCÁSTICO

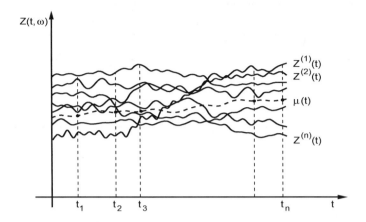

Figura 2.2: Um processo estocástico interpretado como uma família de trajetórias.

que chegam a uma central durante um período de duas horas. No segundo caso, $Z(t)$ representa uma medida que varia continuamente, como temperatura, preço de um ativo financeiro, altura de ondas etc.

Em nossas considerações futuras teremos para estudo uma série temporal $Z^{(j)}(t)$ (uma realização de um processo estocástico), que denotaremos simplesmente $Z(t)$ e observações feitas em instantes discretos e equiespaçados no tempo, que denotaremos $Z_1, Z_2, \ldots, Z_N$. Em algumas situações usaremos a notação vetorial, $\mathbf{Z} = (Z_1, \ldots, Z_N)'$.

2.3 Especificação de um processo estocástico

Sejam $t_1, t_2, \ldots, t_n$ elementos quaisquer de $\mathcal{T}$ e consideremos

$$F(z_1, \ldots, z_n; t_1, \ldots, t_n) = P\{Z(t_1) \leq z_1, \ldots, Z(t_n) \leq z_n\}. \tag{2.1}$$

Então, o processo estocástico $Z = \{Z(t), t \in \mathcal{T}\}$ estará especificado se conhecermos as *distribuições finito-dimensionais* (2.1), para todo $n \geq 1$. Isto significa que, para $n = 1$, nós conhecemos as distribuições unidimensionais da v.a. $Z(t_1)$, $t_1 \in \mathcal{T}$, para $n = 2$, nós conhecemos as distribuições bidimensionais da v.a. $(Z(t_1), Z(t_2))$, $t_1, t_2 \in \mathcal{T}$, e assim por diante. As funções de distribuição (f.d.) (2.1) devem satisfazer as duas condições seguintes:

(i) (Condição de Simetria) para qualquer permutação $j_1, \ldots, j_n$, dos índices $1, 2, \ldots, n$, temos:

$$F(z_{j_1}, \ldots, z_{j_n}; t_{j_1}, \ldots, t_{j_n}) = F(z_1, \ldots, z_n; t_1, \ldots, t_n) \tag{2.2}$$

28   CAPÍTULO 2. MODELOS PARA SÉRIES TEMPORAIS

(ii) (Condição de Compatibilidade) para $m < n$,

$$F(z_1, \ldots, z_m, +\infty, \ldots, +\infty; t_1, \ldots, t_m, t_{m+1}, \ldots, t_n)$$
$$= F(z_1, \ldots, z_m; t_1, \ldots, t_m). \tag{2.3}$$

O membro esquerdo de (2.3) deve ser entendido como

$$\lim F(z_1, \ldots, z_m, z_{m+1}, \ldots, z_n; t_1, \ldots, t_n),$$

para $z_{m+1} \to +\infty, \ldots, z_n \to +\infty$.

Pode-se demonstrar que qualquer conjunto de f.d. da forma (2.1) satisfazendo as condições (2.2) e (2.3) define um processo estocástico Z sobre $\mathcal{T}$.

Contudo, em termos práticos, não conhecemos todas essas distribuições finito-dimensionais. O que se faz, então, é estudar certas características associadas a (2.1) e que sejam simples de calcular e interpretar.

Uma maneira comumente utilizada para estudar o processo Z seria determinar todos os momentos produtos de ordem $(r_1, \ldots, r_n)$ das v.a. $Z(t_1), \ldots, Z(t_n)$, para qualquer $n \geq 1$. Ou seja, determinar

$$\mu(r_1, \ldots, r_n; t_1, \ldots, t_n) = E\left\{Z^{r_1}(t_1) \cdots Z^{r_n}(t_n)\right\}$$
$$= \int_{-\infty}^{\infty} \int_{-\infty}^{\infty} z_1^{r_1} \cdots z_n^{r_n} f(z_1, \ldots, z_n; t_1, \ldots, t_n) \mathrm{d}z_1 \cdots \mathrm{d}z_n \tag{2.4}$$

onde $f(z_1, \ldots, z_n; t_1, \ldots, t_n)$ é a fdp correspondente a (2.1), suposta existir, por simplicidade.

O que se faz, no entanto, é restringir o estudo a momentos de baixa ordem. Em particular, para uma classe de processos que vão nos interessar, os chamados processos estacionários de segunda ordem, consideraremos somente os momentos de primeira e segunda ordem.

A *função média*, ou simplesmente *média*, de Z é:

$$\mu(1; t) = \mu(t) = E\{Z(t)\} = \int_{-\infty}^{\infty} z f(z; t) \mathrm{d}z, \tag{2.5}$$

enquanto a *função de autocovariância* (facv) de Z é:

$$\mu(1, 1; t_1, t_2) - \mu(1; t_1)\mu(1; t_2) = \gamma(t_1, t_2)$$
$$= E\{Z(t_1)Z(t_2)\} - E\{Z(t_1)\}E\{Z(t_2)\}, \quad t_1, t_2, \in \mathcal{T}. \tag{2.6}$$

Observe que $\mu(t)$ é uma função de $t \in \mathcal{T}$ e que $\gamma(t_1, t_2)$ depende de dois argumentos, t_1 e t_2. Em particular, se $t_1 = t_2 = t$, (2.6) nos dá

$$\gamma(t, t) = \mathrm{Var}\{Z(t)\} = E\{Z^2(t)\} - E^2\{Z(t)\}, \tag{2.7}$$

2.4. PROCESSOS ESTACIONÁRIOS

que é a (função) *variância* do processo Z e será indicada por $V(t)$.

Voltemos à Figura 2.1. Para cada t, temos uma v.a. $Z(t)$, que tem uma média $\mu(t)$ e uma variância $V(t)$. Na figura, estão indicadas as médias $\mu(t_1)$, $\mu(t_2)$ e $\mu(t_3)$. A facv $\gamma(t_1, t_2)$ dá a covariância entre as duas v.a. $Z(t_1)$ e $Z(t_2)$, para quaisquer $t_1, t_2 \in \mathcal{T}$. A função $\mu(t)$ é obtida "unindo-se" todos os pontos $\mu(t)$, $t \in \mathcal{T}$.

Consideremos, agora, a Figura 2.2. Para cada $t \in \mathcal{T}$, temos um conjunto de valores $Z^{(1)}(t)$, $Z^{(2)}(t), \ldots$, correspondentes às várias realizações do processo. A função $\mu(t)$ é obtida determinando-se, para cada t, a média dos valores $Z^{(j)}(t)$, média esta calculada em relação a j.

Resumindo, os parâmetros importantes a considerar serão a média e a função de autocovariância,

$$\mu(t) = E\{Z(t)\}, \quad \gamma(t_1, t_2) = \text{Cov}\{Z(t_1), Z(t_2)\}. \tag{2.8}$$

Quando houver possibilidade de confusão, usaremos as notações $\mu_Z(t)$, para a média, e $\gamma_Z(t_1, t_2)$ para a facv de Z. Observemos também que, na prática, teremos que estimar as quantidades $\mu(t)$ e $\gamma(t_1, t_2)$, bem como $V(t)$. Veremos mais adiante como fazer isso.

2.4 Processos estacionários

Naquelas situações em que se pretende utilizar modelos para descrever séries temporais, é necessário introduzir suposições simplificadoras, que nos conduza a analisar determinadas classes de processos estocásticos. Assim, podemos ter:

(a) processos estacionários ou não estacionários, de acordo com a independência ou não relativamente à origem dos tempos;

(b) processos normais (Gaussianos) ou não normais, de acordo com as fdp que caracterizam os processos;

(c) processos Markovianos ou não Markovianos, de acordo com a independência dos valores do processo, em dado instante, de seus valores em instantes precedentes.

Intuitivamente, um processo Z é estacionário se ele se desenvolver no tempo de modo que a escolha de uma origem dos tempos não é importante. Em outras palavras, as características de $Z(t + \tau)$, para todo τ, são as mesmas de $Z(t)$. As medidas das vibrações de um avião em regime estável de vôo horizontal, durante seu cruzeiro, constituem um exemplo de um processo estacionário. Também, as várias formas de "ruídos" podem ser consideradas processos estacionários.

CAPÍTULO 2. MODELOS PARA SÉRIES TEMPORAIS

Tecnicamente, há duas formas de estacionariedade: fraca (ou ampla, ou de segunda ordem) e estrita (ou forte).

Definição 2.2. Um processo estocástico $Z = \{Z(t), t \in \mathcal{T}\}$ diz-se *estritamente estacionário* se todas as distribuições finito-dimensionais (2.1) permanecem as mesmas sob translações no tempo, ou seja,

$$F(z_1, \ldots, z_n; t_1 + \tau, \ldots, t_n + \tau) = F(z_1, \ldots, z_n; t_1, \ldots, t_n), \tag{2.9}$$

para quaisquer $t_1, \ldots, t_n, \tau$ de $\mathcal{T}$.

Isto significa, em particular, que todas as distribuições unidimensionais são invariantes sob translações do tempo. No caso em que essas distribuições unidimensionais têm momentos finitos, teremos em particular que a média $\mu(t)$ e a variância $V(t)$ são constantes finitas, isto é,

$$\mu(t) = \mu, \quad V(t) = \sigma^2, \tag{2.10}$$

para todo $t \in \mathcal{T}$. Mas podemos ter distribuições, como as estáveis, em que os momentos não são finitos.

Do mesmo modo, todas as distribuições bidimensionais dependem de $t_2 - t_1$. De fato, como $\gamma(t_1, t_2) = \gamma(t_1 + t, t_2 + t)$, fazendo $t = -t_2$ vem que

$$\gamma(t_1, t_2) = \gamma(t_1 - t_2, 0) = \gamma(\tau), \tag{2.11}$$

para $\tau = t_1 - t_2$. Logo, $\gamma(t_1, t_2)$ é uma função de um só argumento, no caso do processo ser estritamente estacionário. Fazendo $t = -t_1$, vemos que na realidade $\gamma(t_1, t_2)$ é função de $|t_1 - t_2|$.

Genericamente, de (2.9) segue-se que os momentos de ordem n dependem apenas das diferenças $|t_j - t_1|$ e são funções de $n - 1$ argumentos.

Como dissemos anteriormente, estaremos interessados em caracterizar os processos estocásticos por meio de um número pequeno de fd (2.1) ou de momentos. Desta maneira, restringindo-nos aos momentos de primeira e segunda ordens, somos levados à seguinte

Definição 2.3. Um processo estocástico $Z = \{Z(t), t \in \mathcal{T}\}$ diz-se *fracamente estacionário* ou estacionário de segunda ordem (ou em sentido amplo) se e somente se

(i) $E\{Z(t)\} = \mu(t) = \mu$, constante, para todo $t \in \mathcal{T}$;

(ii) $E\{Z^2(t)\} < \infty$, para todo $t \in \mathcal{T}$; $\tag{2.12}$

(iii) $\gamma(t_1, t_2) = \text{Cov}\{Z(t_1), Z(t_2)\}$ é uma função de $|t_1 - t_2|$.

2.5. FUNÇÃO DE AUTOCOVARIÂNCIA

A partir de agora estaremos interessados somente nesta classe de processos, que denominaremos simplesmente de *processos estacionários*. Note-se que, se Z for estritamente estacionário, ele não necessitará ser fracamente estacionário, pois (2.12)-(ii) acima pode não estar satisfeita. Um processo Z tal que (ii) esteja satisfeita diz-se um *processo de segunda ordem*.

Há diversos tipos de não estacionariedade, mas como já salientamos no Capítulo 1, iremos tratar de modelos que são apropriados para os chamados processos não estacionários *homogêneos*, isto é, processos cujo nível e/ou inclinação mudam com o decorrer do tempo. Tais processos (ver Figura 1.3) podem tornar-se estacionários por meio de diferenças sucessivas.

Os processos estocásticos não estacionários, que apresentam um comportamento evolucionário tal como crescimento de bactérias, são denominados processos *explosivos*.

Definição 2.4. Um processo estocástico $Z = \{Z(t), t \in \mathcal{T}\}$ diz-se *Gaussiano* se, para qualquer conjunto $t_1, t_2, \ldots, t_n$ de $\mathcal{T}$, as v.a. $Z(t_1)$, ..., $Z(t_n)$ têm distribuição normal n-variada.

Se um processo for Gaussiano (ou normal) ele será determinado pelas médias e covariâncias; em particular, se ele for estacionário de segunda ordem, ele será estritamente estacionário. Veja o Problema 18. Veja também o Apêndice E para mais informação sobre distribuições normais multivariadas.

Vamos estabelecer, agora, uma notação que será usada no decorrer do livro. Se o conjunto $\mathcal{T} = \mathbb{Z}$, escreveremos $\{Z_t, t \in \mathbb{Z}\}$, ao passo que se $\mathcal{T} = \mathbb{R}$, escreveremos $\{Z(t), t \in \mathbb{R}\}$

2.5 Função de autocovariância

Seja $\{X_t, t \in \mathbb{Z}\}$ um processo estacionário real com tempo discreto, de média zero e facv $\gamma_\tau = E\{X_t X_{t+\tau}\}$.

Proposição 2.1. A facv γ_τ satisfaz as seguintes propriedades:

(i) $\gamma_0 > 0$,

(ii) $\gamma_{-\tau} = \gamma_\tau$,

(iii) $|\gamma_\tau| \leq \gamma_0$,

(iv) γ_τ é não negativa definida, no sentido que

$$\sum_{j=1}^{n} \sum_{k=1}^{n} a_j a_k \gamma_{\tau_j - \tau_k} \geq 0, \tag{2.13}$$

32 CAPÍTULO 2. MODELOS PARA SÉRIES TEMPORAIS

para quaisquer números reais $a_1, \ldots, a_n$, e $\tau_1, \ldots, \tau_n$ de $\mathbb{Z}$.

Prova. As propriedades (i) e (ii) decorrem imediatamente da definição de γ_τ. A propriedade (iii) segue do fato que

$$E\{X_{t+\tau} \pm X_t\}^2 = E\{X_{t+\tau}^2 \pm 2X_{t+\tau}X_t + X_t^2\} \geq 0.$$

Mas o segundo membro é igual a

$$\sigma^2 \pm 2\gamma_\tau + \sigma^2 \geq 0,$$

ou seja,

$$2\gamma_0 \pm 2\gamma_\tau \geq 0$$

e (iii) fica demonstrada. Quanto a (iv) temos que

$$\sum_{j=1}^{n}\sum_{k=1}^{n} a_j a_k \gamma_{\tau_j - \tau_k} = \sum_{j=1}^{n}\sum_{k=1}^{n} a_j a_k E\{X_{\tau_j} X_{\tau_k}\}$$
$$= E\{\sum_{j=1}^{n} a_j X_{\tau_j}\}^2 \geq 0. \quad \square$$

Observação. A recíproca da propriedade (iv) também é verdadeira, isto é, dada uma função γ_τ tendo a propriedade (2.13), existe um processo estocástico X_t tendo γ_τ como facv. Na realidade, X_t pode ser tomado como Gaussiano. Para a demons- tração deste fato, ver Cramér and Leadbetter(1967, pag. 80).

Tipicamente, a facv de um processo estacionário tende a zero, para $|\tau| \to \infty$. A Figura 2.3 mostra este comportamento, além da verificação de (i)-(iii) acima.

A *função de autocorrelação* do processo é definida por

$$\rho_\tau = \frac{\gamma_\tau}{\gamma_0}, \quad \tau \in \mathbb{Z}, \tag{2.14}$$

e tem as propriedades de γ_τ, exceto que agora $\rho_0 = 1$.

Continuidade de um processo estocástico definido na reta real tem que ser definida de maneira apropriada.

Definição 2.5. Seja $\{X(t), t \in \mathbb{R}\}$ um processo de segunda ordem. Dizemos que $X(t)$ é *contínuo em média quadrática no ponto* t_0 se e somente se

$$\lim_{t \to t_0} E\{|X(t) - X(t_0)|^2\} = 0. \tag{2.15}$$

2.5. FUNÇÃO DE AUTOCOVARIÂNCIA

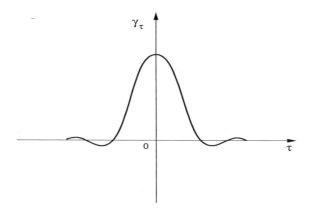

Figura 2.3: Função de autocovariância típica.

Escreveremos $X(t) \to X(t_0)$ mq.

Continuidade em mq de $X(t)$ está relacionada com continuidade da facv $\gamma(\tau)$.

Proposição 2.2. Continuidade de $\gamma(\tau)$ para $\tau = 0$ implica em continuidade de $\gamma(\tau)$ para todo τ.

Prova. Usando a desigualdade de Schwarz para duas v.a. temos

$$|E\{[X(\tau+h) - X(\tau)][X(0)]\}|^2 \leq E\{|X(\tau+h) - X(\tau)|^2\} E\{|X(0)|^2\}$$

que desenvolvida resulta

$$|\gamma(\tau+h) - \gamma(\tau)|^2 \leq 2\gamma(0)[\gamma(0) - \gamma(h)]$$

e se $\gamma(\tau)$ for contínua na origem vem que, para $h \to 0$, o primeiro termo tende a zero e $\gamma(\tau)$ é contínua para todo τ. □

Proposição 2.3. Se $\gamma(\tau)$ for contínua, então $X(t)$ é contínuo em média quadrática.

Prova. Temos que

$$E\{|X(t+h) - X(t)|^2\} = 2\gamma(0) - 2\gamma(h)$$

e para $h \to 0$, obtemos o resultado. □

Observação. Continuidade de um processo em mq não implica que as trajetórias do processo sejam contínuas. Um exemplo é o Processo de Poisson.

Dadas observações $X_1, \ldots, X_N$, a fac ρ_j é estimada por

$$r_j = \frac{c_j}{c_0}, \quad j = 0, 1, \ldots, N-1, \tag{2.16}$$

34   *CAPÍTULO 2. MODELOS PARA SÉRIES TEMPORAIS*

onde c_j é a estimativa da função de autocovariância γ_j,

$$c_j = \frac{1}{N} \sum_{t=1}^{N-j} [(X_t - \overline{X})(X_{t+j} - \overline{X})], \quad j = 0, 1, \ldots, N-1, \qquad (2.17)$$

sendo $\overline{X} = \frac{1}{N} \sum_{t=1}^{N} X_t$ a média amostral. Aqui, colocamos $c_{-j} = c_j$ e $r_{-j} = r_j$. Voltaremos a este assunto no Capítulo 6.

2.6 Exemplos de processos estocásticos

Apresentaremos, nesta seção, alguns exemplos de processos estocásticos que são utilizados com frequência.

Exemplo 2.1. *Sequência aleatória*

Consideremos $\{X_n, n = 1, 2, \ldots\}$ uma sequência de v.a. definidas no mesmo espaço amostral Ω. Aqui, $\mathcal{T} = \{1, 2, \ldots\}$ e temos um processo com parâmetro discreto, ou uma sequência aleatória. Para todo $n \geq 1$, podemos escrever

$$P\{X_1 = a_1, \ldots, X_n = a_n\} = P\{X_1 = a_1\} P\{X_2 = a_2 | X_1 = a_1\}$$
$$\times \ldots \times P\{X_n = a_n | X_1 = a_1, \ldots, X_{n-1} = a_{n-1}\}.$$

Aqui, os a_j's representam estados do processo e o espaço dos estados pode ser tomado como o conjunto dos reais. O caso mais simples é aquele em que temos uma sequência $\{X_n, n \geq 1\}$ de v.a. *mutuamente independentes* e neste caso temos

$$P\{X_1 = a_1, \ldots, X_n = a_n\} = P\{X_1 = a_1\} \ldots P\{X_n = a_n\}. \qquad (2.18)$$

Se as v.a. $X_1, X_2, \ldots$ tiverem todas a mesma distribuição, teremos, então, uma sequência de v.a. independentes e identicamente distribuidas(*i.i.d.*, brevemente). Neste caso, o processo X_n é estacionário. Se $E\{X_n\} = \mu, \mathrm{Var}\{X_n\} = \sigma^2$, para todo $n \geq 1$, então

$$\gamma_\tau = \mathrm{Cov}\{X_n, X_{n+\tau}\} = \begin{cases} \sigma^2, & \text{se } \tau = 0 \\ 0, & \text{se } \tau \neq 0. \end{cases} \qquad (2.19)$$

Segue-se que $\rho_\tau = 1$, para $\tau = 0$ e $\rho_\tau = 0$, caso contrário.

Definição 2.6. Dizemos que $\{\varepsilon_t, t \in \mathbb{Z}\}$ é *um ruído branco discreto* se as v.a. ε_t são não correlacionadas, isto é, $\mathrm{Cov}\{\varepsilon_t, \varepsilon_s\} = 0, t \neq s$.

Tal processo será estacionário se $E\{\varepsilon_t\} = \mu_\varepsilon$ e $\mathrm{Var}\{\varepsilon_t\} = \sigma_\varepsilon^2$, para todo t. Segue-se que a facv de ε_t é dada por (2.19).

2.6. EXEMPLOS DE PROCESSOS ESTOCÁSTICOS

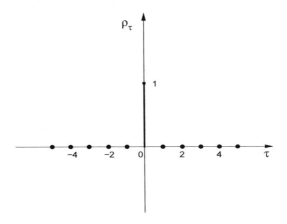

Figura 2.4: Fac de um ruído branco.

Obviamente, se as v.a. ε_t são independentes, elas também serão não correlacionadas. Uma sequência de v.a. *i.i.d*, como definida acima, é chamada um *processo puramente aleatório*.

Ilustramos na Figura 2.4 a função de autocorrelação (fac) de um ruído branco. De agora em diante iremos supor que $\mu_\varepsilon = 0$. Escreveremos, brevemente,

$$\varepsilon_t \sim \text{RB}(0, \sigma_\varepsilon^2).$$

No caso de um processo puramente aleatório, escreveremos

$$\varepsilon_t \sim \text{i.i.d.} \ (0, \sigma_\varepsilon^2).$$

Exemplo 2.2. *Passeio aleatório*

Considere uma sequência aleatória $\{\varepsilon_t, t \geq 1\}$, de v.a. *i.i.d.* $(\mu_\varepsilon, \sigma_\varepsilon^2)$. Defina a sequência

$$X_t = \varepsilon_1 + \ldots + \varepsilon_t. \tag{2.20}$$

Segue-se que $E(X_t) = t\mu_\varepsilon$ e $\text{Var}(X_t) = t\sigma_\varepsilon^2$, ou seja, ambas dependem de t. Não é difícil mostrar que

$$\gamma_X(t_1, t_2) = \sigma_\varepsilon^2 \min(t_1, t_2)$$

e portanto a autocovariância de X_t depende de t_1 e t_2. O processo (2.20) é chamado de *passeio aleatório* ou *casual* e à medida que o tempo passa X_t tende a oscilar ao redor de $t\mu_\varepsilon$ com amplitude crescente. O processo é claramente não estacionário.

Observemos que $X_t = X_{t-1} + \varepsilon_t$, logo dado o valor de X_{t-1}, o valor de X_t depende apenas de ε_t. Como $\varepsilon_t = X_t - X_{t-1}$, este processo tem *incrementos ortogonais* ou *não correlacionados*.

Passeios aleatórios têm grande importância em econometria e finanças. Uma suposição usual é que os preços de ativos financeiros sigam um passeio casual, ou seja,

$$P_t = \mu + P_{t-1} + \sigma\varepsilon_t, \quad \varepsilon_t \sim i.i.d. \, \mathcal{N}(0,1). \tag{2.21}$$

Note que a distribuição condicional de P_t dado P_{t-1} é normal, com média μ e variância σ^2. Esse modelo é pouco realista, pois preços terão probabilidade não nula de serem negativos, logo, costuma-se modificá-lo e considerar que $p_t = \log(P_t)$ é que segue o modelo (2.21), ou seja,

$$\log\left(\frac{P_t}{P_{t-1}}\right) = \mu + \sigma\varepsilon_t, \tag{2.22}$$

ou ainda, com a nomenclatura e notação do Capítulo 1,

$$r_t = \mu + \sigma\varepsilon_t, \quad \varepsilon_t \sim i.i.d. \, \mathcal{N}(0,1). \tag{2.23}$$

Este modelo supõe que a variância seja constante. Uma suposição mais realista é admitir que a variância (volatilidade) dos preços varie com o tempo. Além disso, parece ser razoável admitir que os log-retornos tenham média zero, de modo que um modelo adotado por várias organizações financeiras é da forma

$$r_t = \sigma_t\varepsilon_t, \quad \varepsilon_t \sim i.i.d. \, \mathcal{N}(0,1). \tag{2.24}$$

Na Figura 2.4, temos 500 valores simulados do modelo

$$p_t = 0,005 + p_{t-1} + \varepsilon_t,$$

sendo $\varepsilon_t \sim \mathcal{N}(0,1)$, $p_0 = 0$.

Um dos problemas importantes para avaliar, por exemplo, o VaR (valor em risco) de uma carteira de investimentos é estimar a volatilidade σ_t^2, para cada instante de tempo t.

Exemplo 2.3. *Movimento browniano*

No Apêndice B, quando tratarmos do problema de raízes unitárias em modelos ARIMA, necessitaremos usar um processo não estacionário particular, o

2.6. EXEMPLOS DE PROCESSOS ESTOCÁSTICOS

movimento browniano.

Definição 2.7. Chamaremos de *Movimento Browniano Padrão* ao processo contínuo $\{W(t), 0 \leq t \leq 1\}$ tal que:

(a) $W(0) = 0$;

(b) para quaisquer instantes $0 \leq t_1 \leq t_2 \leq \ldots \leq t_k \leq 1$, as v.a's $W(t_2) - W(t_1), W(t_3) - W(t_2), \ldots, W(t_k) - W(t_{k-1})$ são independentes e $W(s) - W(t) \sim \mathcal{N}(0, s-t)$;

(c) para quaisquer s, t e τ no intervalo $[0, 1]$, as v.a's $W(t) - W(s)$ e $W(t+\tau) - W(s+\tau)$ têm a mesma distribuição;

(d) para todo $0 \leq t \leq 1$, $W(t) \sim \mathcal{N}(0, t)$;

(e) as trajetórias de $W(t)$ são contínuas com probabilidade um.

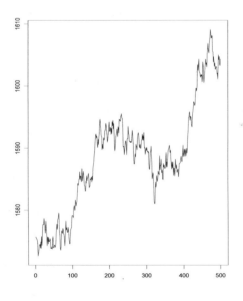

Figura 2.5: Passeio aleatório simulado.

Segue-se que o movimento browniano padrão (MBP) tem incrementos independentes e estacionários, com função de covariância $\gamma(s, t) = \min(s, t)$. Outra

parti-
cularidade do MBP é que quase todas as trajetórias de $W(t)$ não são deriváveis
em nenhum ponto.

Se considerarmos o processo $X(t) = \sigma W(t)$, então $X(t)$ terá incrementos
independentes e $X(t) \sim \mathcal{N}(0, \sigma^2 t)$.

Um resultado importante e que também será usado posteriormente é o teorema limite central (TLC) funcional, que passamos a apresentar.

Se $Y_1, Y_2, \ldots$ é uma sequência de v.a. i.i.d., com média μ e variância σ^2, e
considerarmos a média $\overline{Y}_N = 1/N \sum_{t=1}^{N} Y_t$, então o TLC usual nos diz que

$$\sqrt{N}(\overline{Y}_N - \mu) \xrightarrow{\mathcal{D}} \mathcal{N}(0, \sigma^2). \tag{2.25}$$

Passemos, agora, a tomar médias de uma proporção r dos dados, $0 \le r \le 1$.
Por exemplo, com N observações, calculemos a média da primeira metade dos
dados,

$$\overline{Y}_{[N/2]} = \frac{1}{[N/2]} \sum_{t=1}^{[N/2]} Y_t. \tag{2.26}$$

Então, mais uma vez, usando o TLC,

$$\sqrt{[N/2]}(\overline{Y}_{[N/2]} - \mu) \xrightarrow{\mathcal{D}} \mathcal{N}(0, \sigma^2). \tag{2.27}$$

De modo geral, seja

$$Y_N(r) = \frac{1}{N} \sum_{t=1}^{[Nr]} Y_t, \tag{2.28}$$

para $0 \le r \le 1$, que é proporcional à média das primeiras $100r\%$ observações.
Aqui, estamos indicando por $[x]$ o maior inteiro menor ou igual a x. É fácil
verificar que

$$Y_N(r) = \begin{cases} 0, & 0 \le r < 1/N, \\ Y_1/N, & 1/N \le r < 2/N, \\ (Y_1 + Y_2)/N, & 2/N \le r < 3/N, \\ \cdots \\ (Y_1 + \ldots + Y_N)/N, & r = 1. \end{cases} \tag{2.29}$$

Podemos escrever

$$\sqrt{N} Y_N(r) = \frac{1}{\sqrt{N}} \sum_{t=1}^{[Nr]} Y_t = \frac{\sqrt{[Nr]}}{\sqrt{N}} \frac{1}{\sqrt{[Nr]}} \sum_{t=1}^{[Nr]} Y_t,$$

2.6. EXEMPLOS DE PROCESSOS ESTOCÁSTICOS 39

na qual

$$\sqrt{[Nr]}\frac{1}{[Nr]}\sum_{t=1}^{[Nr]}Y_t \xrightarrow{\mathcal{D}} \mathcal{N}(0,\sigma^2),$$

pelo TLC e $\sqrt{[Nr]}/\sqrt{N} \to \sqrt{r}$, logo obtemos

$$\sqrt{N}Y_N(r) \xrightarrow{\mathcal{D}} \sqrt{r}\mathcal{N}(0,\sigma^2) = \mathcal{N}(0,r\sigma^2), \qquad (2.30)$$

da qual segue, finalmente,

$$\sqrt{N}\frac{Y_N(r)}{\sigma} \xrightarrow{\mathcal{D}} \mathcal{N}(0,r). \qquad (2.31)$$

Observamos, também, que considerando-se médias baseadas em observações de $[Nr_1]$ a $[Nr_2]$, com $r_1 < r_2$, teremos

$$\sqrt{N}\left[\frac{Y_N(r_2) - Y_N(r_1)}{\sigma}\right] \xrightarrow{\mathcal{D}} \mathcal{N}(0, r_2 - r_1),$$

independentemente de (2.31), se $r < r_1$, do que concluímos que a sequência de funções aleatórias $\{\frac{\sqrt{N}Y_N(\cdot)}{\sigma}, N = 1, 2, \ldots\}$ tem uma distribuição limite que é o MBP:

$$\frac{\sqrt{N}Y_N(\cdot)}{\sigma} \xrightarrow{\mathcal{D}} W(\cdot). \qquad (2.32)$$

Ou ainda, para cada $0 \le r \le 1$, a v.a. $\{\frac{\sqrt{N}Y_N(r)}{\sigma}\}$ tem como distribuição limite uma v.a. $\mathcal{N}(0,r)$, como dado em (2.31).

Em (2.32) temos o TLC funcional. Se $r = 1$, $Y_N(1) = \frac{1}{N}\sum_{t=1}^{N}Y_t$, e temos como resultado o TLC usual, a distribuição limite sendo a $\mathcal{N}(0,1)$.

Um resultado importante em convergência de variáveis aleatórias diz que, se $X_N \xrightarrow{\mathcal{D}} X$ e se g for contínua, então $g(X_N) \xrightarrow{\mathcal{D}} g(X)$.

No caso de processos estocásticos, este resultado pode ser generalizado, considerando agora $g(\cdot)$ um funcional contínuo. Para tanto, precisamos modificar a definição de convergência em distribuição para processos estocásticos.

Definição 2.8. Dizemos que $S_N(\cdot) \xrightarrow{\mathcal{D}} S(\cdot)$ se:

(i) para quaisquer $0 \le r_1 \le \ldots \le r_k \le 1$,

$$y_N = \begin{bmatrix} S_N(r_1) \\ \cdots \\ S_N(r_k) \end{bmatrix} \xrightarrow{\mathcal{D}} y = \begin{bmatrix} S(r_1) \\ \cdots \\ S(r_k) \end{bmatrix};$$

40 CAPÍTULO 2. MODELOS PARA SÉRIES TEMPORAIS

(ii) para todo $\varepsilon > 0, P\{|S_N(r_1) - S(r_2)| > \varepsilon\} \to 0$, uniformemente em N, para todo r_1, r_2 tais que $|r_1 - r_2| < \delta$, $\delta \to 0$;

(iii) $P\{|S_N(0)| > \lambda\} \to 0$, uniformemente em T, quando $\lambda \to \infty$.

Nestas condições, se $S_N(\cdot) \overset{\mathcal{D}}{\to} S(\cdot)$ e g for um funcional contínuo, então $g(S_N(\cdot)) \overset{\mathcal{D}}{\to} g(S(\cdot))$.

Por exemplo, vimos que $\sqrt{N} Y_N(\cdot) \overset{\mathcal{D}}{\to} \sigma W(\cdot)$. Considerando-se o funcional $S_N(r) = [\sqrt{N} Y_N(r)]^2$, então $S_N(\cdot) \overset{\mathcal{D}}{\to} \sigma^2 [W(\cdot)]^2$.

2.7 Tipos de modelos

Podemos classificar os modelos para séries temporais em duas classes, segundo o número de parâmetros envolvidos:

(a) *modelos paramétricos*;

(b) *modelos não paramétricos*.

Na classe de modelos paramétricos, a análise é feita no domínio do tempo. Dentre estes modelos os mais frequentemente usados são os modelos de erro (ou de regressão), os modelos autorregressivos e de médias móveis (ARMA), os modelos autorregressivos integrados e de médias móveis (ARIMA), modelos de memória longa (ARFIMA), modelos estruturais e modelos não lineares.

Os modelos não paramétricos mais utilizados são a função de autocovariância (ou autocorrelação) e sua transformada de Fourier, o espectro. Do ponto de vista matemático, estas funções são pares de Fourier e portanto equivalentes. A vantagem de se descrever a série no domínio de frequências está no fato de se eliminar o problema da correlação serial, pois na análise espectral os componentes são ortogonais.

Se $Z = \{Z_t, t \in \mathbb{Z}\}$ for um processo estacionário com tempo discreto e se $\sum_{\tau=-\infty}^{\infty} |\gamma_\tau| < \infty$ definimos o *espectro* de Z como

$$f(\lambda) = \frac{1}{2\pi} \sum_{\tau=-\infty}^{\infty} \gamma_\tau e^{-i\lambda\tau}, \quad -\pi \le \lambda \le \pi. \tag{2.33}$$

Segue-se que

$$\gamma_\tau = \int_{-\pi}^{\pi} e^{i\omega\tau} f(\omega) d\omega, \quad \tau \in \mathbb{Z}. \tag{2.34}$$

2.7. TIPOS DE MODELOS   41

As relações (2.33) e (2.34) mostram o espectro e a função de autocovariância como pares de Fourier.

Embora importante para a construção de modelos, especialmente em engenharia e física, a análise espectral tem se mostrado mais relevante em estudos de resposta de frequências e na área de planejamento de experimentos para otimizar o desempenho de processos industriais. Nos Capítulo 13 e 14, iremos estudar propriedades de $f(\lambda)$ e como estimá-lo.

A função de autocovariância desempenha um papel importante na análise de modelos paramétricos, notadamente dos modelos ARMA, ARIMA e ARFIMA, como veremos nos Capítulos 5 a 11.

Uma outra possibilidade é escrever uma série temporal observada na forma

$$Z_t = f(t) + a_t, \quad t = 1, \ldots, N, \tag{2.35}$$

onde $f(t)$ é chamada *sinal* e a_t *ruído*.

De acordo com as hipóteses feitas sobre $f(t)$ e a_t, podemos ter várias classes de modelos dentre elas: modelos de erro, modelos ARIMA, modelos estruturais e modelos não lineares.

Se supusermos que $f(t)$ pertença a uma classe particular de funções e quisermos estimar essa função, para todo t, teremos um modelo *semiparamétrico*, pois além de f, teremos que estimar a variância do ruído $\{a_t\}$. Normalmente, esse problema é denominado de *regressão não paramétrica*.

2.7.1   Modelos de erro ou de regressão

Aqui o sinal $f(t)$ é uma função do tempo completamente determinada (parte *sistemática* ou *determinística*) e a_t é uma sequência aleatória, independente de $f(t)$. Além disso, supõe-se que as v.a. a_t sejam não correlacionadas, tenham média zero e variância constante, isto é,

$$E(a_t) = 0, \ \forall t, \ E(a_t^2) = \sigma_a^2, \ \forall t, \ E(a_t a_s) = 0, \ s \neq t. \tag{2.36}$$

Desta maneira, qualquer efeito do tempo influencia somente a parte determinística $f(t)$ e modelos para os quais Z_t depende funcionalmente de $Z_{t-1}, Z_{t-2}, \ldots$, não estão incluídos em (2.35), com estas suposições.

Como vimos, a série a_t, satisfazendo (2.36), é um ruído branco.

Segue-se que, neste modelo, as observações são não correlacionadas. Este modelo é clássico e foi, talvez, um dos primeiros a serem utilizados notadamente em Astronomia e Física. No primeiro caso, o interesse era determinar a posição de um planeta em dado momento do tempo e é claro que o erro obtido ao estimar a posição num instante não terá influência na posição do planeta em instantes posteriores. Por outro lado, o modelo (2.35) é bastante utilizado em Física, quando, por exemplo, os a_t representam erros de mensuração de uma quantidade Q. O modelo reduz-se ao caso mais simples

$$Z_t = Q + a_t, \quad t = 1, \ldots, N, \tag{2.37}$$

onde Q é constante.

Além do modelo (2.37), dito de média constante, outros exemplos são:

(i) **Modelo de tendência linear**:

$$Z_t = \alpha + \beta t + a_t, \quad t = 1, \ldots, N, \tag{2.38}$$

com $f(t) = \alpha + \beta t$, que é uma função linear dos parâmetros.

(ii) **Modelo de regressão**:

$$Z_t = \alpha + \beta x_t + a_t, \quad t = 1, \ldots, N, \tag{2.39}$$

com $f(t) = \alpha + \beta x_t$, sendo x_t uma quantidade (fixa) observável. Novamente, $f(t)$ é uma função linear dos parâmetros.

Nestes casos, onde $f(t)$ é uma função linear dos parâmetros, estes podem ser estimados usando-se o método de mínimos quadrados.

(iii) **Modelo de curva de crescimento**:

$$Z_t = \alpha \cdot e^{\beta t + a_t} \quad \text{ou} \quad \log Z_t = \log \alpha + \beta t + a_t. \tag{2.40}$$

Neste caso, $f(t)$ não é uma função linear dos parâmetros, embora $\log(Z_t)$ o seja.

Dois tipos importantes de funções para $f(t)$ em (2.35) são:

1) Polinômio em t, em geral de grau baixo, da forma

$$f(t) = \beta_0 + \beta_1 t + \cdots + \beta_m t^m, \tag{2.41}$$

de modo que a componente sistemática se move lenta, suave e progressivamente no tempo; $f(t)$ representa uma *tendência polinomial determinística de grau m*. Resulta que o processo Z_t será não estacionário, se $m > 0$.

2) Polinômio harmônico, ou seja, uma combinação linear de senos e cossenos com coeficientes constantes, da forma

$$f(t) = \sum_{n=1}^{p} \{\alpha_n \cos \lambda_n t + \beta_n \mathrm{sen} \lambda_n t\}, \tag{2.42}$$

com $\lambda_n = 2\pi n/p$, se $f(t)$ tiver período p.

2.7. TIPOS DE MODELOS

O modelo de erro é clássico para a análise de séries econômicas, onde $f(t)$ é composta da adição ou multiplicação de ambos os tipos de função: (2.41) representará a tendência e (2.42) as flutuações cíclicas e as variações sazonais. Ou seja,

$$f(t) = \mu_t + S_t, \tag{2.43}$$

de modo que

$$Z_t = \mu_t + S_t + a_t. \tag{2.44}$$

Normalmente, μ_t é a componente ciclo-tendência incluindo as flutuações cíclicas de longo período, que não podem ser detectadas com os dados disponíveis, enquanto S_t é a componente sazonal ou anual. O modelo (2.44), chamado de *modelo com componentes não observadas*, será estudado com algum detalhe no Capítulo 3.

2.7.2 Modelos ARIMA

A hipótese de erros não correlacionados introduz sérias limitações na validade dos modelos do tipo (2.35), para descrever o comportamento de séries econômicas e sociais, onde os erros observados são autocorrelacionados e influenciam a evolução do processo.

Para estes casos, os modelos ARIMA são úteis para os propósitos que temos em vista. Três classes de processos podem ser descritos pelo modelos ARIMA:

(i) *Processos lineares estacionários*, passíveis de representação na forma:

$$Z_t - \mu = a_t + \psi_1 a_{t-1} + \psi_2 a_{t-2} + \cdots = \sum_{k=0}^{\infty} \psi_k a_{t-k}, \quad \psi_0 = 1. \tag{2.45}$$

Em (2.45) a_t é ruído branco, $\mu = E(Z_t)$ e $\psi_1, \psi_2, \ldots$ é uma sequência de parâmetros tal que

$$\sum_{k=0}^{\infty} \psi_k^2 < \infty.$$

Existem três casos particulares do modelo (2.45) que serão muito utilizados a seguir:

1. processo autorregressivo de ordem p: AR(p);

2. processo de médias móveis de ordem q: MA(q);

3. processo autorregressivo e de médias móveis de ordens p e q: ARMA(p, q).

44 CAPÍTULO 2. MODELOS PARA SÉRIES TEMPORAIS

(ii) *Processos lineares não estacionários homogêneos*. Constituem uma generalização dos processos lineares estacionários que supõem que o mecanismo gerador da série produz erros autocorrelacionados e que as séries sejam não estacionárias em nível e/ou em inclinação. Estas séries podem tornar-se estacionárias por meio de um número finito (geralmente um; dois em poucos casos) de diferenças.

(iii) *Processos de memória longa*. São processos estacionários que possuem uma função de autocorrelação com decaimento muito lento (hiperbólico) e cuja análise necessitará de uma diferença fracionária $(0 < d < 0,5)$. Veja o Capítulo 11.

Esses processos são descritos de maneira adequada pelos chamados modelos autorregressivos integrados e de médias móveis de ordens p, d e q: ARIMA(p, d, q), que podem ser generalizados pela inclusão de um operador sazonal.

2.7.3 Modelos de espaço de estados

A natureza determinística das componentes de nível, tendência e sazonalidade do modelo de decomposição clássica (2.44) é bastante indesejável do ponto de vista prático. Uma maneira natural de contornar esse problema é permitir uma variabilidade nessas componentes, considerando-se os *modelos de espaço de estados* ou modelos estruturais.

Um dos modelos estruturais mais simples é obtido quando introduzimos uma aleatoriedade na quantidade Q do modelo de erro (2.37), isto é,

$$Z_t = Q_t + a_t, \qquad (2.46)$$
$$Q_{t+1} = Q_t + \varepsilon_t,$$

com a_t e ε_t ruídos brancos não correlacionados de médias zero, variâncias σ_a^2 e σ_ε^2, respectivamente, e $Q_1 = q$.

O modelo (2.46) é denominado *modelo de nível local*. Esse modelo pode ser facilmente estendido para incorporar outras componentes como, por exemplo, uma tendência localmente linear (μ_t) com uma inclinação estocástica, β_t, no instante t. Nesse caso, temos o modelo

$$Z_t = Q_t + a_t,$$
$$Q_{t+1} = Q_t + \beta_t + \varepsilon_t, \qquad (2.47)$$
$$\beta_{t+1} = \beta_t + \eta_t,$$

onde a_t, ε_t e η_t são ruídos brancos não correlacionados com variâncias σ_a^2, σ_ε^2 e σ_η^2, respectivamente.

2.8. PROBLEMAS

O modelo (2.47) é denominado *modelo de tendência linear local*.

Podemos, também, adicionar ao modelo (2.47) uma componente sazonal, determinística ou estocástica, como veremos no Volume 2.

2.7.4 Modelos não lineares

Em muitas situações uma série temporal pode exibir comportamentos incompatíveis com a formulação de um processo linear. Tais comportamentos incluem, por exemplo, mudanças repentinas, variância (condicional) evoluindo no tempo (volatilidade) e irreversibilidade no tempo.

Abordaremos, no Volume 2, alguns tipos de modelos não lineares, como os modelos da família ARCH-GARCH e os modelos de volatilidade estocástica. Faremos, também, uma breve menção a outros modelos não lineares, como os modelos bilineares e modelos TAR (*threshold autoregressive*).

Para finalizar, devemos observar que, algumas vezes, o sinal $f(t)$ no modelo (2.35) não pode ser aproximado por uma função simples do tempo, como (2.41). Para estimar a tendência temos que utilizar, então, procedimentos não paramétricos de suavização, e estes serão estudados no Capítulo 3.

Por suavização ou alisamento entendemos um procedimento que transforma a série Z_t, no instante t, em uma série Z_t^*, dada, por exemplo, por

$$Z_t^* = \sum_{k=-n}^{n} b_k Z_{t+k}, \quad t = n+1, \ldots, N-n. \tag{2.48}$$

Dessa maneira, usamos $2n+1$ observações ao redor do instante t para estimar a tendência naquele instante. Observe que perdemos n observações no início da série e outras n no final da série; (2.48) diz-se um *filtro linear* e usualmente

$$\sum_{k=-n}^{n} b_k = 1.$$

Há procedimentos de suavização mais complicados. No Capítulo 3 apresentamos alguns desses procedimentos como, por exemplo, o *lowess*.

2.8 Problemas

1. Use (2.5)-(2.7) para provar que, se $Z(t)$ é estacionário, então $\mu(t)$ e $V(t)$ são constantes.

2. Prove que o passeio aleatório, definido em (2.20), tem facv dada por $\gamma(t_1, t_2)$ $= \sigma_\varepsilon^2 \min(t_1, t_2)$.

CAPÍTULO 2. MODELOS PARA SÉRIES TEMPORAIS

3. Seja $Z(t) = \sum_{j=1}^{n}(A_j \cos \lambda_j t + B_j \text{sen} \lambda_j t)$, onde $t = 0, \pm 1, \ldots$ e $\lambda_1, \ldots, \lambda_n$ são constantes positivas e A_j, B_j são v.a. independentes, independentes entre si, com médias 0 e variâncias $\sigma_j^2 = \text{Var}(A_j) = \text{Var}(B_j)$, $j = 1, \ldots, n$. O processo $Z(t)$ é estacionário? Encontre a média e a facv de $Z(t)$.

4. Considere o modelo (2.35), com a_t satisfazendo (2.36) e suponha que

$$Z_t^* = \sum_{k=-n}^{n} b_k Z_{t+k}, \quad t = n+1, \ldots, N-n.$$

   (a) Escrevendo $Z_t^* = f^*(t) + a_t^*$, dê as expressões para $f^*(t)$ e a_t^*.
   (b) Calcule $\text{Var}(a_t^*)$; é possível escolher os b_i de modo que $\text{Var}(a_t^*) < \text{Var}(a_t)$? Como?
   (c) Prove que:

$$\text{Cov}(a_t^*, a_{t+h}^*) = \begin{cases} \sigma_a^2 \sum_{k=-n+h}^{n} b_k b_{k-h}, & h = 0, 1, \ldots, 2n, \\ 0, & h = 2n+1, \ldots \end{cases}$$

5. Responda as questões do Problema 4 para o caso em que:

$$b_k = \frac{1}{2n+1}, \quad \text{para todo } k.$$

6. Considere as observações:

t	1961	1962	1963	1964	1965	1966	1967
Z_t	15	19	13	17	22	18	22

   Calcule c_k e r_k, $k = 0, 1, \ldots, 6$.

7. Considere o modelo (2.35) com as suposições (2.36) e com $f(t) = \alpha + \beta t$. Obtenha os estimadores de mínimos quadrados de α e β para os dados do Problema 6.

8. Suponha $f(t)$ dada por (2.41), com $m = 2$. Obtenha $\Delta^2 f(t)$ e $\Delta^3 f(t)$. De modo geral, para um m qualquer, calcular $\Delta^d f(t)$, isto é, a d-ésima diferença de $f(t)$, d um inteiro qualquer.

9. Obtenha os valores suavizados Z_t^* definidos no Problema 4, para os dados do Problema 6. Faça um gráfico para Z_t e Z_t^*. Use $n = 1$ e $b_k = \frac{1}{3}$, para todo k.

10. Para o problema anterior, supondo $\text{Var}(a_t) = \sigma_a^2 = 1$, obtenha $\text{Var}(a_t^*)$ e $\text{Cov}(a_t^*, a_{t+h}^*)$.

2.8. PROBLEMAS

11. Considere os dados da Série M–ICV. Calcule a média amostral $\overline{Z}$, c_0, c_1, c_2, c_3, c_4, r_0, r_1, r_2, r_3, r_4 e faça o gráfico de r_j, $j = 0, 1, \ldots, 4$.

12. Considere o processo estocástico $Z_t = a_t$, onde a_t é ruído branco, com $t \in \mathbb{Z}$ e

$$a_t = \begin{cases} +1, & \text{com probabilidade } 1/2; \\ -1, & \text{com probabilidade } 1/2. \end{cases}$$

   (a) Obtenha a média do processo Z_t;

   (b) Calcule $\gamma(\tau)$, $\tau \in \mathbb{Z}$

   (c) Calcule $\rho(\tau)$, $\tau \in \mathbb{Z}$ e faça o seu gráfico.

13. Prove que $\Delta^r Z_t = \sum_{j=0}^{r} (-1)^j \binom{r}{j} Z_{t-j}$.

14. Suponha $\{a_t,\ t = 1, 2, \ldots\}$ uma sequência de v.a. independentes e identicamente distribuídas, com:

$$P(a_t = 0) = P(a_t = 1) = \frac{1}{2}.$$

   (a) O processo $a_1 + a_2 \cos t$ é estacionário?

   (b) O processo $a_1 + a_2 \cos t + a_3 \cos t + \operatorname{sen} t$ é estacionário?

15. Se $\{X_t,\ t \in \mathcal{T}\}$ e $\{Y_t,\ t \in \mathcal{T}\}$ são estacionários e independentes, $\{aX_t + bY_t,\ t \in \mathcal{T}\}$ será estacionário?

16. Seja $\{Z_t\}$ um processo estacionário com média μ_Z e função de autocovariância γ_Z. Um novo processo é definido por $Y_t = Z_t - Z_{t-1}$. Obtenha a média e a função de autocovariância de $\{Y_t\}$ em termos de μ_Z e γ_Z. Mostre que $\{Y_t\}$ é um processo estacionário.

17. Prove que, se $\{Z(t),\ t \in \mathbb{R}\}$ for Gaussiano e estacionário de segunda ordem, então ele será estritamente estacionário.

18. Use um programa computacional para calcular:

   (a) a média amostral;

   (b) c_k e r_k, para $k = 1, \ldots, 36$;

   das séries Ozônio e Energia. Faça os gráficos das séries e de r_k. Comente quanto à presença de tendências, sazonalidades, ciclos. Comente a natureza dos gráficos de r_k para cada série.

48   CAPÍTULO 2. MODELOS PARA SÉRIES TEMPORAIS

19. Use um programa computacional e a série dos log-retornos mensais do IBO-VESPA (Série M–IBV) para calcular:

(a) média e variância amostrais, coeficientes de assimetria e curtose, máximo e mínimo, histograma;

(b) autocorrelações amostrais.

20. Considere $\{a_t, t \in \mathbb{Z}\}$ obtido de uma sequência $u_t \sim \mathcal{N}(0,1)$ independentes, da seguinte forma:

$$a_t = \begin{cases} u_t, & t \text{ par}, \\ 2^{-1/2}(u_{t-1}^2 - 1), & t \text{ ímpar}, \end{cases}$$

$\{a_t\}$ é um processo estacionário?

21. A função $\gamma(\tau) = \text{sen}(\tau)$ é uma possível função de autocovariância? Justifique sua resposta.

22. Quais das seguintes funções definidas em $\mathbb{Z}$ são funções de autocovariância de um processo estacionário?

(a) $\gamma(h) = \begin{cases} 1, & \text{se } h = 0, \\ \frac{1}{h}, & \text{se } h \neq 0; \end{cases}$

(b) $\gamma(h) = (-1)^{|h|}$

(c) $\gamma(h) = 1 + \cos \frac{\pi h}{2} + \cos \frac{\pi h}{4}$

(d) $\gamma(h) = 1 + \cos \frac{\pi h}{2} - \cos \frac{\pi h}{4}$

(e) $\gamma(h) = \begin{cases} 1, & \text{se } h = 0, \\ 0,4, & \text{se } h = \pm 1, \\ 0, & \text{se } h \neq 0, \pm 1. \end{cases}$

23. Mostre que, se uma série estacionária satisfaz a equação de diferenças

$$Y_t - Y_{t-1} = e_t, \quad e_t \sim \mathcal{N}(0, \sigma_e^2) \text{ independentes},$$

então $\text{Var}(e_t) = 0$.

24. Seja $Z_t = a_t + ca_{t-1} + \cdots + ca_1$, $t \geq 1$, onde c é uma constante e $a_t \sim RB(0, \sigma_a^2)$.

(a) Encontre a média e a autocovariância de Z_t. Ela é estacionária?

(b) Encontre a média e a autocovariância de $(1-B)Z_t$. Ela é estacionária?

2.8. PROBLEMAS

25. Suponha que $\{X_t, t \in \mathbb{Z}\}$ seja uma sequência de variáveis aleatórias independentes, todas com a mesma distribuição, com $E\{X_t\} = \mu$, $\forall t$, $\text{Var}\{X_t\} = \sigma^2$, $\forall t$. Considere o processo $\{Y_t, t \in \mathbb{Z}\}$, onde $Y_t = \frac{1}{2}X_t + \frac{1}{4}X_{t-1} + \frac{1}{8}X_{t-2}$. O processo $\{Y_t\}$ é estacionário? Calcule $E(Y_t)$, $\text{Var}(Y_t)$ e $\text{Cov}\{Y_t, Y_s\}$.

26. Dado o processo X_t, definimos a primeira diferença como $\Delta X_t = X_t - X_{t-1}$ e, sucessivamente, $\Delta^2 X_t = \Delta(\Delta X_t)$, $\Delta^3 X_t = \Delta(\Delta^2 X_t)$, etc. Suponha que $Y_t = \alpha + \beta t + \gamma t^2 + X_t$, onde α, β e γ são constantes e X_t é estacionário com função de autocovariância $\gamma_X(t)$. Mostre que $\Delta^2 Y_t$ é estacionário e encontre sua função de autocovariância.

27. Suponha que $\{\varepsilon_t\}$ seja $RB(0, \sigma_\varepsilon^2)$. Defina o processo

$$X_t = \begin{cases} \varepsilon_0, & t = 0, \\ X_{t-1} + \varepsilon_t, & t = 1, 2, \ldots \end{cases}$$

O processo X_t é estacionário?

28. Suponha $X_t \sim RB(0, \sigma^2)$ e seja $Y_t = X_t \cos(2\pi f_0 t + \phi)$, $0 < f_0 < \frac{1}{2}$ fixada.

(a) Mostre que, se ϕ é uma constante, Y_t não é estacionário;

(b) Mostre que, se ϕ for uma v.a. uniformemente distribuída sobre o intervalo $[-\pi, \pi]$ e independente de X_t, então Y_t é um ruído branco.

CAPÍTULO 3

Tendência e sazonalidade

3.1 Introdução

Consideremos as observações $\{Z_t, t = 1, \ldots, N\}$ de uma série temporal. Vimos que um modelo de decomposição consiste em escrever Z_t como uma soma de três componentes não observáveis,

$$Z_t = T_t + S_t + a_t, \tag{3.1}$$

na qual T_t e S_t representam tendência e sazonalidade, respectivamente, enquanto a_t é uma componente aleatória, de média zero e variância constante σ_a^2. Se $\{a_t\}$ for um ruído branco, então $E(a_t a_s) = 0$, $s \neq t$; mas poderemos, eventualmente, relaxar esta suposição, tomando $\{a_t\}$ como um processo estacionário. Segue-se que $\{Z_t\}$ será, em geral, uma série não estacionária.

O interesse principal em considerar um modelo do tipo (3.1) será o de estimar S_t e construir a série livre de sazonalidade ou sazonalmente ajustada. Isto é, se $\hat{S}_t$ for uma estimativa de S_t,

$$Z_t^{SA} = Z_t - \hat{S}_t \tag{3.2}$$

será a série sazonalmente ajustada. Há várias razões para considerar este procedimento de ajustamento sazonal. As componentes T_t e S_t são, em geral, bastante relacionadas e a influência da tendência sobre a componente sazonal pode ser muito forte, por duas razões (Pierce, 1979):

(a) métodos de estimação de S_t podem ser bastante afetados se não levarmos em conta a tendência;

(b) a especificação de S_t depende da especificação de T_t.

Por isso, não poderemos isolar uma das componentes sem tentar isolar a outra. Estimando-se T_t e S_t e subtraindo de Z_t obteremos uma estimativa da componente aleatória a_t.

3.2 Tendências

Inicialmente, vamos supor que a componente sazonal S_t não esteja presente. O modelo que consideraremos será

$$Z_t = T_t + a_t, \tag{3.3}$$

onde a_t é ruído branco, com variância σ_a^2.

Há vários métodos para estimar T_t. Os mais utilizados consistem em:

(i) ajustar uma função do tempo, como um polinômio, uma exponencial ou outra função suave de t;

(ii) suavizar (ou filtrar) os valores da série ao redor de um ponto, para estimar a tendência naquele ponto;

(iii) suavizar os valores da série através de sucessivos ajustes de retas de mínimos quadrados ponderados ("lowess").

Estimando-se a tendência por meio de $\hat{T}_t$, podemos obter a série ajustada para tendência ou livre de tendência,

$$Y_t = Z_t - \hat{T}_t.$$

Um procedimento que é também utilizado para eliminar a tendência de uma série é aquele de tomar diferenças, como foi definido na seção 1.4. Normalmente, para séries econômicas, por exemplo, a primeira diferença

$$\Delta Z_t = Z_t - Z_{t-1}$$

é livre de tendência.

3.2.1 Tendência polinomial

Um procedimento muitas vezes utilizado é ajustar uma curva aos valores observados da série para estimar T_t e fazer previsões. Tradicionalmente, são utilizados vários tipos de funções, como a exponencial e a logística, mas vamos nos limitar a descrever brevemente o ajuste de um polinômio. O problema mais sério que se encontra ao estimar T_t através de um polinômio é que, embora ele possa ajustar-se bem ao conjunto de valores observados, extrapolações futuras podem não ser tão boas.

Suponha, então que

$$T_t = \beta_0 + \beta_1 t + \cdots + \beta_m t^m, \tag{3.4}$$

3.2. TENDÊNCIAS

onde o grau m do polinômio é bem menor que o número de observações N. Para estimar os parâmetros β_j utilizamos o método dos mínimos quadrados, ou seja, minimizamos

$$f(\beta_0, \ldots, \beta_m) = \sum_{t=1}^{N} (Z_t - \beta_0 - \beta_1 t - \cdots - \beta_m t^m)^2, \qquad (3.5)$$

obtendo-se os estimadores de mínimos quadrados usuais $\hat{\beta}_0$, $\hat{\beta}_1, \ldots, \hat{\beta}_m$. Este é um assunto conhecido (ver, por exemplo, Draper e Smith, 1998) e não será discutido mais aqui. Assim, como no problema usual de regressão, também aqui é possível transformar as "variáveis independentes" $1, t, t^2, \ldots, t^m$ em "variáveis independentes ortogonais". Veja Anderson (1971) para detalhes.

Exemplo 3.1. Na Tabela 3.1, apresentamos parte dos dados da série Energia. São 24 observações, referentes aos anos 1977 e 1978 e arredondadas. Notamos que, *para este período*, um polinômio de primeiro grau é adequado para representar T_t.

Tabela 3.1: Série Energia - Consumo de Energia Elétrica no Espírito Santo, jan./1977 a dez./1978

t	Z_t	t	Z_t
1	84,6	13	100,3
2	89,9	14	118,1
3	81,9	15	116,5
4	95,4	16	134,2
5	91,2	17	134,7
6	89,8	18	144,8
7	89,7	19	144,4
8	97,9	20	159,2
9	103,4	21	168,2
10	107,6	22	175,2
11	120,4	23	174,5
12	109,6	24	173,7

Fonte: Série Energia

O modelo (3.4) reduz-se a

$$Z_t = \beta_0 + \beta_1 t + a_t \qquad (3.6)$$

e minimizando a soma dos quadrados dos resíduos obtemos

$$\hat{\beta}_0 = \overline{Z} - \hat{\beta}_1 \overline{t}, \tag{3.7}$$

$$\hat{\beta}_1 = \frac{\sum_{t=1}^{N} t Z_t - \left[\left(\sum_{t=1}^{N} t \right) \left(\sum_{t=1}^{N} Z_t \right) \right] / N}{\sum_{t=1}^{N} t^2 - \left(\sum_{t=1}^{N} t \right)^2 / N} \tag{3.8}$$

sendo

$$\overline{Z} = \frac{1}{N} \sum_{t=1}^{N} Z_t$$

a média amostral das $N = 24$ observações e

$$\overline{t} = \frac{1}{N} \sum_{t=1}^{N} t.$$

Levando em conta que

$$\sum_{t=1}^{N} t = \frac{N(N+1)}{2} = 300, \quad \sum_{t=1}^{N} Z_t = 2.905,2, \quad \overline{Z} = 121,05, \quad \overline{t} = 12,5,$$

$$\sum_{t=1}^{N} t^2 = \frac{N(N+1)(2N+1)}{6} = 4.900, \quad \sum_{t=1}^{N} t Z_t = 41.188,6,$$

obtemos

$$\hat{\beta}_0 = 68,076, \quad \hat{\beta}_1 = 4,238.$$

Logo, um estimador de T_t é

$$\hat{T}_t = 68,076 + 4,238t. \tag{3.9}$$

Utilizando o modelo (3.9) podemos prever valores futuros da série. Na Tabela 3.2, temos os valores reais e previstos para janeiro, fevereiro, março e abril de 1979. Observe que o valor para março de 1979 é bastante atípico e o erro de previsão, neste caso, é grande.

De modo geral, o valor previsto h passos à frente, dadas as observações até o instante $t = N$, é $\hat{Z}_N(h)$, e o erro de previsão correspondente é

$$e_N(h) = Z_{N+h} - \hat{Z}_N(h). \tag{3.10}$$

Por sua vez,

$$\hat{Z}_N(h) = \hat{T}_{N+h}, \tag{3.11}$$

para $h = 1, 2, 3, \ldots$

3.2. TENDÊNCIAS

Tabela 3.2: Valores reais e previstos para a Série Energia, janeiro a março de 1979.

h	Z_t	$\hat{Z}_N(h)$	erro de previsão $(e_N(h))$
1	179,8	174,0	5,8
2	185,8	178,3	7,5
3	270,3	182,5	87,8
4	196,9	186,7	10,2

Na Figura 3.1 temos os gráficos de Z_t e de $\hat{T}_t$, dada por (3.9).

3.2.2 Suavização

Quando supomos que a tendência possa ser representada por um polinômio de baixo grau, isto implica que usamos *todas* as observações Z_t, $t = 1, \ldots, N$, para estimar o polinômio, que representará T_t sobre todo o intervalo de tempo considerado.

A ideia de se usar algum tipo de suavização é que a tendência num instante t pode ser estimada usando-se observações Z_s, com s ao redor de t, por exemplo, usamos as observações $Z_{t-n}, Z_{t-n+1}, \ldots, Z_{t+n}$ para estimar T_t.

Existem vários métodos de suavização; iremos apresentar três deles.

Médias Móveis

O que fazemos é usar um *filtro linear*, ou seja, uma operação que transforma a série Z_t na série Z_t^*:

$$Z_t^* = \mathcal{F}[Z_t], \quad t = 1, \ldots, N. \tag{3.12}$$

Dado o modelo (3.3), transformando-o por meio de $\mathcal{F}$, obtemos

$$Z_t^* = T_t^* + a_t^*, \tag{3.13}$$

onde $T_t^* = \mathcal{F}[T_t], a_t^* = \mathcal{F}[a_t]$. Queremos que $\mathcal{F}$ seja tal que $T_t^* \approx T_t$ e $E(a_t^*) = 0$, de modo que, suavizando-se as observações Z_t, obtenhamos $\mathcal{F}[Z_t] = Z_t^* \approx T_t$.

Dadas as observações $Z_1, \ldots, Z_N$, o filtro $\mathcal{F}$ comumente utilizado é da forma

$$Z_t^* = \sum_{j=-n}^{n} c_j Z_{t+j}, \quad t = n+1, \ldots, N-n, \tag{3.14}$$

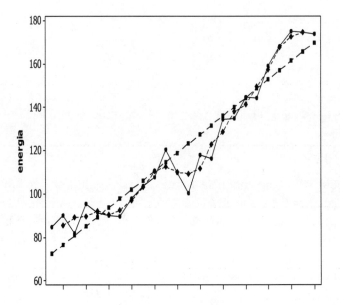

Figura 3.1: **Gráfico de** Z_t **(linha cheia),** Z_t^* **(linha pontilhada) e** $\hat{T}_t$ **(linha tracejada).**

onde $\sum_{j=-n}^{n} c_j = 1$. Observe que perdemos n observações no início e n no final da série original. Z_t^* será uma estimativa da tendência no instante t e também dizemos que (3.14) é um filtro de *médias móveis*. O caso mais simples é aquele em que $c_j = 1/(2n+1)$, para todo j, de modo que

$$Z_t^* = \frac{1}{2n+1} \sum_{j=-n}^{n} Z_{t+j}. \tag{3.15}$$

De (3.14), temos

$$Z_t^* = \sum_{j=-n}^{n} c_j Z_{t+j} = \sum_{j=-n}^{n} c_j [T_{t+j} + a_{t+j}] = \sum_{j=-n}^{n} c_j T_{t+j} + \sum_{j=-n}^{n} c_j a_{t+j},$$

3.2. TENDÊNCIAS 57

ou seja,

$$Z_t^* = \sum_{j=-n}^{n} c_j T_{t+j} + a_t^*, \tag{3.16}$$

na qual

$$a_t^* = \sum_{j=-n}^{n} c_j a_{t+j}. \tag{3.17}$$

Como $E(a_t^*) = 0$, pois $E(a_t) = 0$, para todo t, segue-se que

$$E(Z_t^*) = \sum_{j=-n}^{n} c_j T_{t+j} \approx \sum_{j=-n}^{n} c_j T_t = T_t = E(Z_t), \tag{3.18}$$

dado que $T_{t+j} \approx T_t$, supondo-se a tendência "suave". Assim, a série original e a série suavizada têm praticamente a mesma média, para cada t. Por outro lado,

$$\mathrm{Var}(a_t^*) = \sigma_a^2 \sum_{j=-n}^{n} c_j^2, \tag{3.19}$$

dado que $\mathrm{Var}(a_t) = \sigma_a^2$, constante. Como $\mathrm{Var}(Z_t) = \sigma_a^2$ e $\mathrm{Var}(Z_t^*) = \mathrm{Var}(a_t^*)$, segue-se de (3.19) que a série suavizada terá uma variância menor se $\sum_{j=-n}^{n} c_j^2 < 1$, $\forall j$. Entretanto, o filtro (3.14) introduz uma correlação nos resíduos. De fato, nossa suposição era que $E(a_t, a_s) = 0$, $s \neq t$. É fácil ver (Problema 4 do Capítulo 2) que

$$E(a_t^* a_{t+h}^*) = \begin{cases} \sigma_a^2 \sum_{j=-n+h}^{n} c_j c_{j-h}, & h = 0, 1, \ldots, 2n, \\ 0, & h = 2n+1, \ldots \end{cases} \tag{3.20}$$

A série livre de tendência será $Z_t - Z_t^*$ e $E(Z_t - Z_t^*)$ representa o viés de estimação, dado por

$$v(t) = T(t) - \sum_{j=-n}^{n} c_j T_{t+j}, \tag{3.21}$$

e como vimos, $v(t) \approx 0$, já que $E(Z_t^*) \approx E(Z_t)$.

O erro quadrático médio do estimador é

$$E(T_t - Z_t^*)^2 = \mathrm{Var}(Z_t^*) + v^2(t) = \sigma_a^2 \sum_{j=-n}^{n} c_j^2 + v^2(t). \tag{3.22}$$

A ideia é escolher n (dado que σ_a^2 é conhecido) de modo que (3.22) seja o menor possível; todavia, o viés $v(t)$ e a variância de Z_t^* variam de modo oposto em relação a n (por quê?). Desta maneira, cabe ao usuário selecionar o valor

58   CAPÍTULO 3.   TENDÊNCIA E SAZONALIDADE

de n adequado; para dados mensais usualmente tomamos médias móveis de 12 observações sucessivas.

Segundo Anderson (1971), há três desvantagens principais neste processo de suavização:

(i) inferências estatísticas derivadas do método são limitadas, dado que ele não é baseado em nenhum modelo probabilístico;

(ii) não podemos obter as estimativas da tendência nos instantes $t = 1, \ldots, n$ e $t = N - n + 1, \ldots, N$;

(iii) não fornece um meio de fazer previsões.

Exemplo 3.2. Para ilustrar o procedimento, consideremos os dados da Tabela 3.1 e $n = 1$ em (3.15), ou seja, teremos médias móveis centradas de três termos

$$Z_t^* = \frac{1}{3} \sum_{j=-1}^{1} Z_{t+j}, \quad t = 2, 3, \ldots, 23.$$

Assim,

$$Z_2^* = \frac{1}{3}(Z_1 + Z_2 + Z_3) = \frac{84,6 + 89,9 + 81,9}{3} = 85,5, \text{ etc.}$$

Os valores estimados estão na Tabela 3.3, juntamente com a série $Y_t = Z_t - Z_t^*$, livre de tendência. Dado o modelo (3.3), essa série deveria ser um ruído branco. Verifique se isto acontece.

Os valores de Z_t^* estão na Figura 3.1; observe que o gráfico de Z_t^* é mais suave que Z_t, dando uma ideia melhor da existência de tendência na série.

Se o número de termos que entram na média móvel for par, então estaremos estimando a tendência para um valor T_t cujo índice não coincide com um dos instantes de tempo considerado. Assim, considerando-se a média dos quatro primeiros valores, estaremos estimando a tendência T_t para $t = (2 + 3)/2 = 2, 5$. Para centrar em um instante de tempo dado, considera-se cada termo da média móvel como uma média móvel de médias de duas observações sucessivas.

Por exemplo, para médias móveis de doze observações, tomamos

$$Z_t^{(12)} = \frac{1}{24} \left\{ Z_{t-6} + 2Z_{t-5} + \cdots + 2Z_{t+5} + Z_{t+6} \right\},$$

$t = 7, 8, \ldots, 12p + 6$, sendo a série observada durante $(p + 1)$ anos.

3.2. TENDÊNCIAS

Exemplo 3.3. Para ilustrar o procedimento, consideremos novamente os dados da Tabela 3.1. Neste caso, a primeira média móvel de doze observações é

$$
\begin{aligned}
Z_7^{(12)} &= \frac{1}{12}\left\{\frac{Z_1 + Z_2}{2} + \frac{Z_2 + Z_3}{2} + \cdots + \frac{Z_{11} + Z_{12}}{2} + \frac{Z_{12} + Z_{13}}{2}\right\} \\
&= \frac{1}{24}\left\{Z_1 + 2Z_2 + 2Z_3 + \cdots + 2Z_{12} + Z_{13}\right\}
\end{aligned}
$$

e a última é dada por $Z_{18}^{(12)}$. Os valores de $Z_t^{(12)}$, $t = 7, \ldots, 18$, estão na Tabela 3.3.

Neste caso, perdemos seis observações em cada extremo da série observada. Estimativas da tendência para os instantes iniciais e finais podem ser obtidas por uma extensão do método exposto. Não trataremos deste assunto aqui. Veja Kendall (1973) para detalhes.

Medianas Móveis

Em vez de tomar médias móveis, dadas por (3.14), podemos calcular medianas móveis. Assim, o valor suavizado $Z_t^{(n)}$ será

$$
Z_t^{(n)} = \text{mediana}(Z_{t-n}, Z_{t-n+1}, \ldots, Z_{t+n}). \tag{3.23}
$$

Se Z_t seguir o modelo (3.3), então $Z_t^{(n)}$ será uma estimativa da tendência no instante t e é denominada mediana móvel centrada de ordem $2n + 1$.

Exemplo 3.4. Para ilustrar o procedimento, vamos calcular medianas móveis utilizando os dados da Tabela 3.1 e $n = 5$. A primeira mediana móvel é

$$
Z_6^{(5)} = \text{mediana}(Z_1, Z_2, Z_3, \ldots, Z_{10}, Z_{11}) = 91, 2.
$$

Os valores de $Z_t^{(5)}$, $t = 6, \ldots, 19$ estão na Tabela 3.3. Podemos observar a perda de cinco observações em cada extremo da série.

Lowess

A sigla *lowess* significa *locally weighted regression scatter plot smoothing*. Isso significa que a suavização é feita através de sucessivos ajustes de retas de mínimos quadrados ponderados a subconjuntos de dados, como explicado a seguir.

Suponha que queiramos obter o par $(x_j, \hat{Z}_j)$, onde $\hat{Z}_j$ é o valor suavizado de Z_j; no caso de uma série temporal $Z_1, \ldots, Z_N$, os pares são representados por $(t_j, \hat{Z}_j)$ onde t_j é o instante em que Z_j é observado. A Figura 3.2 ilustra o procedimento. Consideramos uma faixa vertical centrada em (t_j, Z_j), contendo

q pontos (na figura, $q = 9$). De modo geral, escolhemos $q = [pN]$, onde p é a proporção de pontos na faixa, $0 < p < 1$. Quanto maior o valor de p, mais suave será o ajustamento.

Definimos pesos para os pontos vizinhos de (t_j, Z_j), dentro da faixa, de modo que este tenha o maior peso e os vizinhos tenham pesos decrescentes, à medida que t se afasta de t_j. Usamos uma função peso simétrica ao redor de t_j, denominada tricúbica, dada por

$$h(u) = \begin{cases} (1 - |u|^3)^3, & \text{se } |u| < 1 \\ 0, & \text{caso contrário} \end{cases} \quad (3.24)$$

e o peso atribuído a (t_k, Z_k) será

$$h_j(t_k) = h\left(\frac{t_j - t_k}{d_j}\right), \quad (3.25)$$

onde d_j é a distância de t_j ao seu vizinho mais afastado dentro da faixa, veja a Figura 3.3. Ajustamos então uma reta aos q pontos, $Z = a + bt + \varepsilon$, onde a e b são estimados pelos valores que minimizam

$$\sum_{k=1}^{N} h_j(t_k)(Z_k - a - bt_k)^2.$$

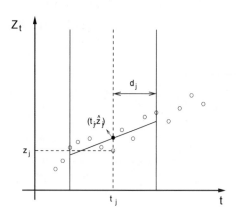

Figura 3.2: O procedimento *lowess*.

O valor suavizado de Z_j é

$$\hat{Z}_j = \hat{a} + \hat{b}t_j, \quad j = 1, \ldots, N. \quad (3.26)$$

3.2. TENDÊNCIAS

Tabela 3.3: Estimativas da tendência (Z_t^*) e da série livre de tendência, para os dados da Tabela 3.1, utilizando o método de suavização. ΔZ_t é a primeira diferença, $Z_t^{(12)}$ é a média móvel centrada de 12 meses e $Z_t^{(5)}$ é a mediana móvel centrada de 11 meses.

t	Z_t	Z_t^*	Y_t	$Z_t^{(12)}$	$Z_t^{(5)}$	ΔZ_t
1	84,6	-	-	-	-	-
2	89,9	85,5	4,4	-	-	5,3
3	81,9	89,1	-7,2	-	-	-8,0
4	95,4	89,5	5,9	-	-	13,5
5	91,2	92,1	-0,9	-	-	-4,2
6	89,8	90,2	-0,4	-	91,2	-1,4
7	89,7	92,5	-2,8	97,4	95,4	-0,1
8	97,9	97,0	0,9	99,3	97,9	8,2
9	103,4	103,0	0,4	101,9	100,3	5,5
10	107,6	110,5	-2,9	104,9	103,4	4,2
11	120,4	112,5	7,9	108,4	107,6	12,8
12	109,6	110,1	-0,5	112,5	109,6	-10,8
13	100,3	109,3	-9,0	117,0	116,5	-9,3
14	118,1	111,6	6,5	121,9	118,1	17,8
15	116,5	122,9	-6,4	127,1	120,4	-1,6
16	134,2	128,5	5,7	132,7	134,2	17,7
17	134,7	137,9	-3,2	137,7	134,7	0,5
18	144,8	141,3	3,5	142,6	144,4	10,1
19	144,4	149,5	-5,1	-	144,8	-0,4
20	159,2	157,3	1,9	-	-	14,8
21	168,2	167,5	0,7	-	-	9,0
22	175,2	172,6	2,6	-	-	7,0
23	174,5	174,5	0,0	-	-	-0,7
24	173,7	-	-	-	-	-0,8

Se tivermos valores discrepantes (*outliers*), podemos utilizar um procedimento "robusto". Calculamos os resíduos

$$r_i = Z_i - \hat{Z}_i, \quad i = 1, \ldots, N,$$

e um gráfico de dispersão destes resíduos no tempo mostrará os valores discrepantes. Definimos novos pesos, baseados nos valores dos resíduos, de modo que pontos com resíduos grandes tenham pesos pequenos e vice-versa. Estes novos pesos robustos são dados pela função biquadrática

$$g(u) = \begin{cases} (1 - |u|^2)^2, & \text{se } |u| < 1 \\ 0, & \text{caso contrário.} \end{cases} \qquad (3.27)$$

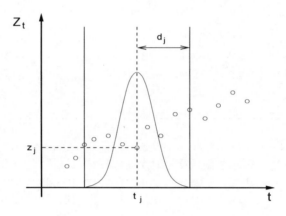

Figura 3.3: Associação de peso a (t_j, Z_j)

Seja m a mediana dos valores absolutos dos resíduos, $|r_i|$. O peso robusto atribuído a (t_k, r_k) é

$$g(t_k) = g\left(\frac{r_k}{6m}\right). \qquad (3.28)$$

Note que se r_i for muito menor do que $6m$, o peso será próximo de um e será próximo de zero, caso contrário. A razão de se utilizar $6m$ está no fato de que se os resíduos fossem normais, então $m \approx 2/3$ e $6m \approx 4\sigma$, ou seja, para dados normais, raramente teremos pesos pequenos.

Finalmente, ajustamos uma nova reta aos q pontos, atribuindo a (t_k, Z_k) o peso $h_j(t_k)g(t_k)$. Segue-se que se (t_k, Z_k) for discrepante, r_k será grande e o peso final será pequeno. O procedimento deve ser repetido duas ou mais vezes (em geral, procedimentos robustos envolvem iterações).

Na Figura 3.4 temos os gráficos das funções $h(u)$ e $g(u)$ dadas por (3.24) e (3.27), respectivamente.

Para mais detalhes veja Cleveland (1979) e Chambers et al. (1983).

3.2. TENDÊNCIAS

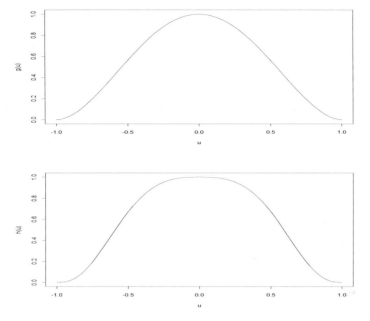

Figura 3.4: (a) função biquadrática; (b) função tricúbica

Exemplo 3.5. A Figura 3.5 mostra os valores suavizados para os dados da Tabela 3.1 (Energia) usando a função lowess da biblioteca stats do Repositório R, com $f = 2/3$ e $1/3$, iter=3. Esta rotina executa o procedimento robusto com três iterações ("default").

3.2.3 Diferenças

Considere T_t representada por um polinômio; então, tomando-se um número apropriado de diferenças obteremos uma constante. Por exemplo, se

$$\begin{aligned} T_t &= \beta_0 + \beta_1 t, \\ \Delta T_t &= T_t - T_{t-1} = (\beta_0 + \beta_1 t) - [\beta_0 + \beta_1(t-1)] = \beta_1. \end{aligned}$$

Ou seja, uma diferença elimina uma tendência linear.

É fácil ver que se T_t for dada por (3.4), então

$$\Delta^d T_t = \begin{cases} d!\beta_d &, \text{ se } m = d \\ 0 &, \text{ se } m < d. \end{cases} \tag{3.29}$$

Ou seja, dado o modelo (3.3), tomando-se d diferenças, obtemos

$$\Delta^d Z_t = \Delta^d T_t + \Delta^d a_t, \tag{3.30}$$

onde $\Delta^d T_t$ é dado por (3.29) se T_t for um polinômio de grau m. Temos que, neste caso,

$$E(\Delta^d Z_t) = \begin{cases} \Delta^d T_t = \text{ constante}, & \text{se } m = d \\ 0, & \text{se } m < d, \end{cases} \quad (3.31)$$

pois $E(\Delta^d a_t) = 0$ (por quê?).

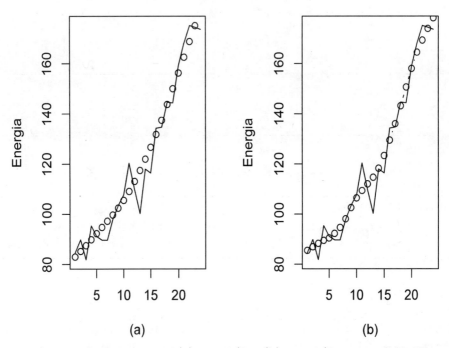

Figura 3.5: Uso do *lowess* com (a) $p = 2/3$ e (b) $p = 1/3$ para a Série Energia. Série (linha cheia), *lowess* (círculos)

Consideremos, por exemplo,

$$Z_t = \beta_0 + \beta_1 t + a_t,$$

onde a_t é ruído branco. Então,

$$\Delta Z_t = \beta_1 + a_t - a_{t-1}.$$

Segue-se que esta série é estacionária (por quê?), mas há um problema aqui: ela não é "invertível", no sentido que será explicado no Capítulo 5, Seção 5.2.1.

3.2. TENDÊNCIAS 65

Se o número de diferenças for menor que m, então ainda resultará um processo com tendência, que será não estacionário. Por exemplo, se

$$
\begin{aligned}
Z_t &= \beta_0 + \beta_1 t + \beta_2 t^2 + a_t, \\
\Delta Z_t &= \beta_1 - \beta_2 + 2\beta_2 t + a_t - a_{t-1} = \beta_0' + \beta_1 t + a_t - a_{t-1},
\end{aligned}
$$

que tem uma tendência linear. A segunda diferença $\Delta^2 Z_t$ será estacionária.

Chamando $a_t^* = \Delta^d a_t$, pode-se demonstrar (veja Anderson, 1971) que

$$
\text{Var}(a_t^*) = \sigma_a^2 \binom{2d}{d} = \sigma_a^2 \frac{(2d)!}{(d!)^2}, \tag{3.32}
$$

$$
\text{Cov}(a_t^*, a_{t+s}^*) = \begin{cases} \sigma_a^2(-1)^s \binom{2d}{d+s} & , s = 0, 1, \ldots, d, \\ 0 & , s = d + 1, \ldots \end{cases} \tag{3.33}
$$

o que mostra que, tomando-se diferenças, introduz-se correlação nos resíduos.

Concluímos que, tomando-se uma diferença, elimina-se uma tendência linear, se o modelo for aditivo (e elimina-se uma tendência exponencial, se o modelo for multiplicativo, da forma $Z_t = T_t a_t$). Como séries econômicas geralmente têm um crescimento exponencial, frequentemente o procedimento mais adequado para estas séries é tomar

$$
\Delta Z_t^* = \Delta \log Z_t, \tag{3.34}
$$

isto é, a diferença do logaritmo da série original.

Se a série temporal sob consideração não tiver um comportamento explosivo (sua não estacionariedade for do tipo homogêneo, como definido anteriormente), uma ou duas diferenças será suficiente para se obter estabilidade ou estacionariedade.

Exemplo 3.6. Retomemos o Exemplo 3.1 e calculemos a série de diferenças, ou seja, $\Delta Z_t = Z_t - Z_{t-1}$. Os valores estão na Tabela 3.3 e o gráfico de ΔZ_t na Figura 3.6. Observe-se o caráter "mais estacionário" de ΔZ_t.

Notemos que, tomando-se uma diferença da série Z_t, estamos na realidade utilizando um filtro do tipo descrito na seção anterior, onde os coeficientes c_j são dados por

$$
c_j = \begin{cases} -1 & , j = -1 \\ 1 & , j = 0 \\ 0 & , \text{para os demais valores de } j. \end{cases}
$$

O mesmo pode ser dito de $\Delta^2 Z_t$ e, em geral, de $\Delta^d Z_t$, para um d inteiro positivo qualquer.

3.2.4 Testes para tendência

Como já salientamos antes, um primeiro passo na análise de uma série temporal é a construção de seu gráfico, que revelará características importantes, como tendência, sazonalidade, variabilidade, observações atípicas ("outliers") etc.

Além dessa inspeção gráfica, é possível utilizar testes de hipóteses estatísticos para verificar se existe tendência na série. Isto pode ser feito de duas maneiras: (a) antes da estimação de T_t; (b) depois que se obtém uma estimativa de T_t.

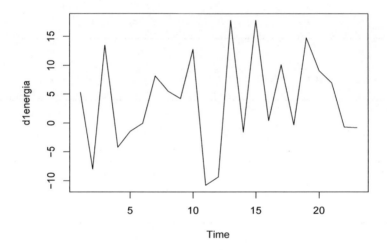

Figura 3.6: Primeira diferença da Série Energia, jan./77 a dez./78.

No segundo caso, é possível efetuar testes formais somente no caso do ajuste polinomial, pois aqui temos uma teoria desenvolvida para os estimadores de mínimos quadrados. Desta maneira, podemos obter intervalos de confiança para os parâmetros β_j do polinômio, bem como testar hipóteses a respeito destes parâmetros.

Assim, no Exemplo 3.1, podemos testar a hipótese $\beta_1 = 0$, ou seja, que não existe tendência, contra a alternativa que $\beta_1 > 0$, ou seja, existe uma tendência crescente. Este teste é amplamente conhecido e não será discutido aqui.

Todavia, é aconselhável estabelecer se existe componente de tendência na série *antes* de aplicar qualquer procedimento para sua estimação.

Se existisse outra componente (como S_t) na série, além de T_t, teríamos de eliminá-la antes de testar a presença de T_t. Esta observação também vale para o caso em que quisermos testar a presença de S_t: teremos de eliminar, antes, T_t. Esse assunto será tratado no final deste capítulo.

3.2. TENDÊNCIAS

Existem alguns testes não paramétricos que são úteis para se testar se há tendência em um conjunto de observações. Contudo, estes em geral se baseiam em hipóteses que podem não estar verificadas para o caso de uma série temporal; em particular, uma suposição comum é que as observações constituem uma amostra de uma população e assim elas são independentes.

Deste modo, estes testes devem ser utilizados com cautela e, em geral, são pouco poderosos para detectar alternativas de interesse. Vamos apresentar somente um teste, o de sequências. Podemos ter, ainda, o teste do sinal (Cox-Stuart) e o teste baseado no coeficiente de correlação de Spearman. Veja Conover (1980) para detalhes.

Teste de sequências (Wald-Wolfowitz)

Considere as N observações Z_t, $t = 1, \ldots, N$, de uma série temporal e seja m a mediana destes valores. Atribuímos a cada valor Z_t o símbolo A, se ele for maior ou igual a m, e B se ele for menor que m. Teremos, então, $N = (n_1 \text{ pontos } A) + (n_2 \text{ pontos } B)$.

As hipóteses a serem testada são:

$$H_0: \text{ não existe tendência,}$$
$$H_1: \quad \text{existe tendência,}$$

e a estatística usada no teste é

$$T_1 = \text{ número total de sequências (isto é, grupos de símbolos iguais)}$$

Rejeitamos a hipótese nula H_0 se há poucas sequências, ou seja, se T_1 for pequeno. Para um dado α, rejeitamos H_0 se $T_1 < w_\alpha$, onde w_α é o α-quantil da distribuição de T_1, que é tabelado. Veja, por exemplo, Tabela 23 de Conover (1980).

Para n_1 ou n_2 maior que 20 podemos usar a aproximação normal, isto é, $T_1 \sim \mathcal{N}(\mu, \sigma^2)$, onde

$$\mu = \frac{2n_1 n_2}{N} + 1,$$
$$\sigma = \sqrt{\frac{2n_1 n_2 (2n_1 n_2 - N)}{N^2 (N-1)}}.$$

Exemplo 3.5. Vamos considerar o teste de sequências para os dados da Tabela 3.1. A mediana é $m = 113,4$, $n_1 = n_2 = 12$ e $T_1 = 4$. Consultando uma tabela, encontramos $w_\alpha = 8$, logo rejeitamos H_0.

3.3 Sazonalidade

Nesta seção nosso objetivo será ajustar uma série para a componente sazonal, ou seja, estimar S_t e subtrair a série estimada de Z_t no modelo (3.1),

$$Z_t = T_t + S_t + a_t, \quad t = 1, 2, \ldots, N.$$

Desta maneira, um *procedimento de ajustamento sazonal* consiste em:

(a) obter estimativas $\hat{S}_t$ de S_t;

(b) calcular

$$Z_t^{SA} = Z_t - \hat{S}_t. \tag{3.35}$$

Se o modelo for multiplicativo, da forma

$$Z_t = T_t S_t a_t, \tag{3.36}$$

a série sazonalmente ajustada será

$$Z_t^{SA} = Z_t | \hat{S}_t. \tag{3.37}$$

Como já salientamos, o modelo (3.36) é muitas vezes adequado para séries econômicas, que apresentam um crescimento exponencial. Tomando-se logaritmos, obtemos o modelo aditivo (3.1) para os logaritmos.

Ao se estimar S_t estaremos, em geral, cometendo um erro de ajustamento sazonal, dado por

$$\delta_t = S_t - \hat{S}_t.$$

Dizemos que um procedimento de ajustamento sazonal é ótimo se minimizar $E(\delta_t^2)$.

A importância de se considerar procedimentos de ajustamento sazonal pode ser ilustrada pelo seguinte trecho, extraído de Pierce (1980):

Tem havido no passado um interesse em se ter dados disponíveis sobre fenômenos importantes, sociais e econômicos, para os quais a variação sazonal foi removida. As razões relacionam-se, geralmente, com a idéia que nossa habilidade em reconhecer, interpretar ou reagir a movimentos importantes não sazonais numa série (tais como pontos de mudança e outros eventos cíclicos, novos padrões emergentes, ocorrências não esperadas para as quais causas possíveis são procuradas) é perturbada pela presença dos movimentos sazonais.

Além disso, é difícil definir, tanto do ponto de vista conceitual como estatístico, o que seja sazonalidade.

3.3. SAZONALIDADE

Empiricamente, consideramos como sazonais os fenômenos que ocorrem regularmente de ano para ano, como um aumento de vendas de passagens aéreas no verão, aumento da produção de leite no Brasil nos meses de novembro, dezembro e janeiro, aumento de vendas no comércio na época do Natal etc.

Consideremos a Série Temperatura – Cananéia. Vemos que a série tem um comportamento aproximadamente periódico, havendo semelhança a cada $s = 12$ meses. Chamaremos s de *período*, mesmo que o padrão não seja exatamente periódico. Aqui, podemos formar uma tabela com s $(= 12)$ colunas, uma para cada mês, e p linhas, sendo p o número de anos. Há dois intervalos de tempo que são importantes, mês e ano. O que se observa em séries sazonais é que ocorrem relações:

(a) entre observações para meses sucessivos em um ano particular;

(b) entre as observações para o mesmo mês em anos sucessivos.

Assim, a observação Z_t correspondente a janeiro de 1980 é relacionada com os demais meses de 1980, bem como com os demais meses de janeiro de 1979, 1981 etc.

Notemos a semelhança com Análise de Variância, os meses representando "tratamentos" e os anos representando as "réplicas". Assim, Z_t é relacionada com Z_{t-1}, $\qquad\qquad\qquad\qquad\qquad\qquad\qquad\qquad\qquad Z_{t-2}, \ldots,$ mas também com Z_{t-s}, Z_{t-2s}, $\ldots$ Isto implica que séries sazonais são caracterizadas por apresentarem correlação alta em "lags sazonais", isto é, lags que são múltiplos do período s. Um procedimento de ajustamento sazonal será tal que esta correlação será destruída (ou pelo menos removida em grande parte).

Sem perda de generalidade consideremos o caso que temos dados mensais e o número total de observações, N, é um múltiplo de 12, isto é, $N = 12p$, $p = $ número de anos, de modo que os dados podem ser representados como na Tabela 3.4.

A notação da Tabela 3.4 é padrão, com

$$\overline{Z}_{i\cdot} = \frac{1}{12} \sum_{j=1}^{12} Z_{ij}, \quad i = 1, \ldots, p, \tag{3.38}$$

$$\overline{Z}_{\cdot j} = \frac{1}{p} \sum_{i=1}^{p} Z_{ij}, \quad j = 1, \ldots, 12, \tag{3.39}$$

$$\overline{Z} = \frac{1}{12p} \sum_{i=1}^{p} \sum_{j=1}^{12} Z_{ij} = \frac{1}{N} \sum_{t=1}^{N} Z_t. \tag{3.40}$$

Vemos, pois, que é conveniente reescrever o modelo (3.1) na forma

$$Z_{ij} = T_{ij} + S_j + a_{ij}, \quad i = 1, \ldots, p, \quad j = 1, \ldots, 12. \tag{3.41}$$

CAPÍTULO 3. TENDÊNCIA E SAZONALIDADE

Tabela 3.4: Observações mensais de uma série temporal com p anos

| Anos | Meses | | | | | Médias |
| | jan | fev | mar | $\cdots$ | dez | |
	1	2	3		12	
1	Z_{11}	Z_{12}	Z_{13}	$\cdots$	$Z_{1,12}$	$\overline{Z}_{1\cdot}$
2	Z_{21}	Z_{22}	Z_{23}	$\cdots$	$Z_{2,12}$	$\overline{Z}_{2\cdot}$
$\vdots$	$\vdots$	$\vdots$	$\vdots$		$\vdots$	$\vdots$
p	Z_{p1}	Z_{p2}	Z_{p3}	$\cdots$	$Z_{p,12}$	$\overline{Z}_{p\cdot}$
Médias	$\overline{Z}_{\cdot1}$	$\overline{Z}_{\cdot2}$	$\overline{Z}_{\cdot3}$	$\cdots$	$\overline{Z}_{\cdot12}$	$\overline{Z}$

No modelo (3.41), temos que o padrão sazonal não varia muito de ano para ano, e pode ser representado por doze constantes.

No caso de sazonalidade não constante, o modelo ficaria

$$Z_{ij} = T_{ij} + S_{ij} + a_{ij}, \quad i = 1, \ldots, p, \quad j = 1, \ldots, 12. \tag{3.42}$$

Existem vários procedimentos para se estimar S_t, sendo que os mais usuais são: (a) método de regressão e (b) método de médias móveis.

Um outro enfoque é incorporar a variação sazonal e a tendência em um modelo SARIMA, a ser estudado no Capítulo 10, ou a um modelo de espaço de estados, a ser estudado no Volume 2.

3.3.1 Sazonalidade determinística – método de regressão

Os métodos de regressão são ótimos para séries que apresentam *sazonalidade determinística*, ou seja, que pode ser prevista perfeitamente a partir de meses anteriores.

No modelo (3.1), temos que

$$T_t = \sum_{j=0}^{m} \beta_j t^j; \tag{3.43}$$

$$S_t = \sum_{j=1}^{12} \alpha_j d_{jt}, \tag{3.44}$$

onde $\{d_{jt}\}$ são variáveis periódicas (senos, cossenos ou variáveis sazonais "dummies") e a_t é ruído branco, com média zero e variância σ_a^2.

3.3. SAZONALIDADE

Como estamos supondo sazonalidade constante, α_j não depende de t. Podemos ter, por exemplo,

$$d_{jt} = \begin{cases} 1, & \text{se o período } t \text{ corresponde ao mês } j, \ j = 1, \ldots, 12, \\ 0, & \text{caso contrário.} \end{cases} \tag{3.45}$$

Neste caso,

$$d_{1t} + d_{2t} + \cdots + d_{12,t} = 1, \quad t = 1, \ldots, N, \tag{3.46}$$

de modo que a matriz de regressão não é de posto completo, mas de posto $m+12$ (observe que temos $m+13$ parâmetros: $\alpha_1, \ldots, \alpha_{12}, \beta_0, \beta_1, \ldots, \beta_m$).

Impondo-se a restrição adicional

$$\sum_{j=1}^{12} \alpha_j = 0, \tag{3.47}$$

obtemos um modelo de posto completo

$$Z_t = \sum_{j=0}^{m} \beta_j t^j + \sum_{j=1}^{11} \alpha_j D_{jt} + a_t, \tag{3.48}$$

onde agora

$$D_{jt} = \begin{cases} 1, & \text{se o período } t \text{ corresponde ao mês } j, \\ -1, & \text{se o período } t \text{ corresponde ao mês } 12, \\ 0, & \text{caso contrário,} \quad j = 1, \ldots, 11. \end{cases} \tag{3.49}$$

Desse modo, podemos utilizar a teoria usual de mínimos quadrados e obter os estimadores de α_j e β_j, ou seja, para uma amostra $Z_1, \ldots, Z_N$, obtemos o modelo

$$\mathbf{Z} = \mathbf{C}\boldsymbol{\beta} + \mathbf{D}\boldsymbol{\alpha} + \mathbf{a}, \tag{3.50}$$

onde

$$\mathbf{Z}_{N \times 1} = \begin{bmatrix} Z_1 \\ \vdots \\ Z_N \end{bmatrix}, \quad \mathbf{C}_{N \times (m+1)} = \begin{bmatrix} 1 & 1 & \cdots & 1 \\ 1 & 2 & \cdots & 2^m \\ \vdots & & & \vdots \\ 1 & N & \cdots & N^m \end{bmatrix},$$

$$\boldsymbol{\beta}_{(m+1) \times 1} = \begin{bmatrix} \beta_0 \\ \beta_1 \\ \vdots \\ \beta_m \end{bmatrix}, \quad \mathbf{D}_{N \times 11} = \begin{bmatrix} D_{11} & D_{21} & \cdots & D_{11,1} \\ D_{12} & D_{22} & \cdots & D_{11,2} \\ \vdots & & & \vdots \\ D_{1N} & D_{2N} & \cdots & D_{11,N} \end{bmatrix}, \quad (3.51)$$

$$\boldsymbol{\alpha}_{11 \times 1} = \begin{bmatrix} \alpha_1 \\ \alpha_2 \\ \vdots \\ \alpha_{11} \end{bmatrix}, \quad \mathbf{a}_{N \times 1} = \begin{bmatrix} a_1 \\ a_2 \\ \vdots \\ a_N \end{bmatrix}.$$

A equação (3.50) pode ser escrita na forma

$$\mathbf{Z} = \mathbf{X}\boldsymbol{\gamma} + \mathbf{a}, \tag{3.52}$$

onde

$$\mathbf{X} = [\mathbf{C} : \mathbf{D}] \quad \text{e} \quad \boldsymbol{\gamma} = \begin{bmatrix} \beta \\ \cdots \\ \alpha \end{bmatrix},$$

de modo que

$$\hat{\boldsymbol{\gamma}} = [\mathbf{X}'\mathbf{X}]^{-1}\mathbf{X}'\mathbf{Z} \tag{3.53}$$

são os estimadores usuais de mínimos quadrados.

Exemplo 3.6. Na Tabela 3.5, apresentamos a série de Índice de Produto Industrial do Brasil, que neste exemplo será considerada de janeiro de 1973 a dezembro de 1976.

Analisando o gráfico da série (Figura 3.7) resolveu-se considerar o modelo (3.41) com uma tendência linear, ou seja,

$$Z_t = \beta_0 + \beta_1 t + \sum_{j=1}^{11} \alpha_j D_{jt} + a_t. \tag{3.54}$$

Utilizando-se um programa de regressão para resolver (3.53), com $\mathbf{D}$ dada abaixo, obtemos:

$$\hat{\boldsymbol{\beta}} = \begin{bmatrix} \hat{\beta}_0 \\ \hat{\beta}_1 \end{bmatrix} = \begin{bmatrix} 12558 \\ 92,16 \end{bmatrix}, \tag{3.55}$$

$$\hat{\boldsymbol{\alpha}} = \begin{bmatrix} \hat{\alpha}_1 \\ \cdot \\ \cdot \\ \cdot \\ \cdot \\ \cdot \\ \cdot \\ \cdot \\ \cdot \\ \cdot \\ \hat{\alpha}_{11} \end{bmatrix} = \begin{bmatrix} -856,0 \\ -1446,2 \\ -488,4 \\ -618,3 \\ -132,2 \\ 81,9 \\ 866,7 \\ 886,8 \\ 556,4 \\ 1403,7 \\ 176,8 \end{bmatrix} \tag{3.56}$$

3.3. SAZONALIDADE

de modo que a constante sazonal para dezembro será $-431,2$, devido a (3.47).

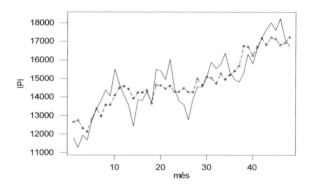

Figura 3.7: Valores de Z_t (linha cheia) e Z_t^{SA} (linha pontilhada) para a Série IPI.

Tabela 3.5: Série de Índice de Produto Industrial do Brasil (IPI)

Ano	Jan.	Fev.	Mar.	Abr.	Mai.	Jun.	Jul.	Ago.	Set.	Out.	Nov.	Dez.
1969	7.780	7.351	8.317	8.036	8.424	8.300	8.985	8.589	8.564	8.614	8.102	8.044
1970	8.209	7.738	8.828	9.150	8.960	9.282	9.934	9.546	9.572	10.272	9.991	9.537
1971	8.761	8.501	9.642	9.058	9.256	9.799	10.828	11.063	10.652	11.278	10.661	10.500
1972	9.759	9.876	10.664	10.110	11.055	11.615	11.730	12.587	12.046	12.852	12.259	12.214
1973	11.798	11.278	11.945	11.695	12.734	13.405	13.836	14.388	14.069	15.519	14.680	14.104
1974	13.577	12.451	13.856	13.812	14.280	13.692	15.502	15.423	14.947	16.031	14.462	13.791
1975	13.608	12.794	13.889	14.555	14.545	15.114	15.886	15.541	15.770	16.375	15.386	14.927
1976	14.829	15.297	16.330	15.807	16.623	17.196	17.691	18.012	17.625	18.244	17.102	16.744
1977	15.385	15.062	17.896	16.262	17.820	17.911	17.818	18.410	17.658	18.273	17.922	16.987
1978	16.681	15.886	18.281	17.478	18.412	18.849	19.023	20.372	19.262	20.570	19.304	18.407
1979	18.633	17.497	19.470	18.884	20.308	20.146	20.258	21.614	19.717	22.133	20.503	18.800
1980	19.577	18.992	21.022	19.064	21.067	21.553	22.513	–	–	–	–	–

Fonte: Fundação Instituto Brasileiro de Geografia e Estatística

$$\mathbf{D}_{139\times11} = \begin{bmatrix} 1 & 0 & 0 & 0 & 0 & 0 & 0 & 0 & 0 & 0 & 0 \\ 0 & 1 & 0 & 0 & 0 & 0 & 0 & 0 & 0 & 0 & 0 \\ 0 & 0 & 1 & 0 & 0 & 0 & 0 & 0 & 0 & 0 & 0 \\ 0 & 0 & 0 & 1 & 0 & 0 & 0 & 0 & 0 & 0 & 0 \\ 0 & 0 & 0 & 0 & 1 & 0 & 0 & 0 & 0 & 0 & 0 \\ 0 & 0 & 0 & 0 & 0 & 1 & 0 & 0 & 0 & 0 & 0 \\ 0 & 0 & 0 & 0 & 0 & 0 & 1 & 0 & 0 & 0 & 0 \\ 0 & 0 & 0 & 0 & 0 & 0 & 0 & 1 & 0 & 0 & 0 \\ 0 & 0 & 0 & 0 & 0 & 0 & 0 & 0 & 1 & 0 & 0 \\ 0 & 0 & 0 & 0 & 0 & 0 & 0 & 0 & 0 & 1 & 0 \\ 0 & 0 & 0 & 0 & 0 & 0 & 0 & 0 & 0 & 0 & 1 \\ -1 & -1 & -1 & -1 & -1 & -1 & -1 & -1 & -1 & -1 & -1 \\ \vdots & \vdots & \vdots & \vdots & \vdots & \vdots & \vdots & \vdots & \vdots & \vdots & \vdots \\ -1 & -1 & -1 & -1 & -1 & -1 & -1 & -1 & -1 & -1 & -1 \end{bmatrix} \begin{matrix} \rightarrow \text{ jan. 73} \\ \\ \\ \\ \\ \\ \\ \\ \\ \\ \\ \rightarrow \text{ dez. 73} \\ \\ \rightarrow \text{ dez. 76} \end{matrix}$$

Na Tabela 3.6 temos as previsões para os meses de janeiro a maio de 1977 utilizando (3.56), com os coeficientes substituídos por suas estimativas, dadas em (3.57) e (3.58).

Por exemplo,

$$\hat{Z}_{48}(1) = 12.558 + (92,16)(49) - 856,0 = 16.217,84,$$

enquanto que

$$\hat{Z}_{48}(5) = 12558 + (92,16)(53) - 132,2 = 17.310,28.$$

Os valores estimados $\hat{\alpha}_j$ são chamados *médias mensais* ou *constantes sazonais*.

Tabela 3.6: Previsões para a Série IPI de janeiro a maio de 1977

	mês	h	$\hat{Z}(h)$
1977	janeiro	1	16.217,84
	fevereiro	2	15.719,80
	março	3	16.769,76
	abril	4	16.732,02
	maio	5	17.310,28

Exemplo 3.7. Séries econômicas em geral apresentam um crescimento exponencial, daí o uso de modelos mutiplicativos; tomando logaritmos e uma diferença, obtemos, em geral, uma série estacionária.

3.3. SAZONALIDADE

Donde, se $Z_t^* = \log Z_t$, um modelo adequado para um grande número de séries econômicas é

$$\Delta Z_t^* = \beta + \sum_{j=1}^{12} \alpha_j d_{jt}^* + a_t^*, \qquad (3.57)$$

onde $d_{jt}^* = \Delta d_{jt}$ e $a_t^* = \Delta a_t$. A equação (3.59) também pode ser escrita

$$\Delta Z_t^* = \beta + \sum_{j=1}^{12} \delta_j d_{jt} + a_t^*, \qquad (3.58)$$

onde

$$\begin{aligned} \delta_j &= \alpha_j - \alpha_{j-1}, \quad j = 2, \ldots, 12, \\ \delta_1 &= \alpha_1 - \alpha_{12}. \end{aligned} \qquad (3.59)$$

3.3.2 Sazonalidade estocástica – método de médias móveis

Na seção 3.2.2 vimos como estimar T_t no modelo

$$Z_t = T_t + a_t,$$

por meio de um filtro linear, ou seja,

$$\hat{T}_t = \sum_{j=-n}^{n} c_j Z_{t+j}, \quad t = n+1, \ldots, N-n. \qquad (3.60)$$

A série $Z_t - \hat{T}_t$ estimará, então, a série residual a_t.

Agora, além de T_t, temos a componente S_t, que queremos estimar. O procedimento a ser utilizado é semelhante: dado o modelo (3.1), estimamos T_t através de (3.62) e consideramos

$$Y_t = Z_t - \hat{T}_t. \qquad (3.61)$$

Esta série fornecerá meios para estimar S_t.

O método de médias móveis é apropriado quando temos uma série temporal cuja componente sazonal varia com o tempo, ou seja, para séries cuja sazonalidade é *estocástica*.

Todavia, este procedimento é aplicado usualmente mesmo para padrão sazonal constante. Pode-se demonstrar (veja Pierce, 1979) que este procedimento é ótimo para a classe dos modelos ARIMA, e como já salientamos, embora esse procedimento seja mais apropriado para o caso de sazonalidade estocástica, vamos considerá-lo aqui para o caso em que temos um padrão sazonal constante. No Capítulo 10 voltaremos a tratar de modelos ARIMA sazonais.

Dado que a tendência é estimada por (3.62), as componentes sazonais supostas constantes, são estimadas num segundo estágio.

A partir de (3.63), tomamos médias dos meses: janeiros, fevereiros etc.:

$$\overline{Y}_{\cdot j} = \frac{1}{n_j} \sum_{i=1}^{n_j} Y_{ij}, \quad j = 1, \ldots, 12, \tag{3.62}$$

usando a notação referente à Tabela 3.5.

Como a soma dos $\hat{Y}_{\cdot j}$ em geral não é zero, tomamos como estimativas das constantes sazonais

$$\hat{S}_j = \overline{Y}_{\cdot j} - \overline{Y}, \tag{3.63}$$

onde

$$\overline{Y} = \frac{1}{12} \sum_{j=1}^{12} \overline{Y}_{\cdot j}. \tag{3.64}$$

O modelo pode ser escrito como

$$Z_t = T_t + S_j + a_t, \tag{3.65}$$

com $t = 12i + j$, $i = 0, 1, \ldots, p - 1$, $j = 1, \ldots, 12$, havendo p anos. Então, (3.64) pode ser escrita como

$$
\begin{aligned}
\overline{Y}_{\cdot j} &= \frac{1}{p-1} \sum_{i=1}^{p-1} Y_{12i+j}, \quad j = 1, \ldots, 6, \\
&= \frac{1}{p-1} \sum_{i=0}^{p-2} Y_{12i+j}, \quad j = 7, \ldots, 12.
\end{aligned} \tag{3.66}
$$

A série livre de sazonalidade é

$$Z_t^{SA} = Z_t - \hat{S}_t. \tag{3.67}$$

É possível demonstrar que, para o modelo aditivo, não é necessário estimar T_t para obter os $\hat{S}_j$. Ou seja, é possível obter as médias mensais $\overline{Y}_{\cdot j}$ diretamente dos desvios das médias mensais da série original em relação à média geral da série, mais um termo de correção dependendo somente do primeiro e últimos doze termos da série. Veja Durbin (1962) e Problema 18.

Se o modelo for multiplicativo, obtemos $Y_t = Z_t / \hat{T}_t$, $\overline{Y}_{\cdot j}$, $\overline{Y}$ como antes e estimamos S_j por

$$\hat{S}_j = \overline{Y}_{\cdot j} / \overline{Y}. \tag{3.68}$$

Também,

$$Z_t^{SA} = Z_t / \hat{S}_t. \tag{3.69}$$

3.3. SAZONALIDADE

Exemplo 3.7. Consideremos, novamente, os dados referentes às Séries IPI (Exemplo 3.8). A estimativa da tendência é calculada utilizando uma média móvel centrada de 12 meses,

$$\hat{T}_t = \frac{1}{24} \left[Z_{t-6} + 2 \sum_{j=-5}^{5} Z_{t+j} + Z_{t+6} \right], \quad t = 7, 8, \ldots, 42. \tag{3.70}$$

É fácil ver que este procedimento gera uma série que não contém componente sazonal; veja o Problema 16.

A Tabela 3.7 mostra os resíduos $Y_t = Z_t - \hat{T}_t$ e os valores $\overline{Y}_{\cdot j}$, $j = 1, \ldots, 12$. Segue-se que

$$\overline{Y} = \frac{1}{12} \sum_{j=1}^{12} \overline{Y}_{\cdot j} = \frac{417,84}{12} = 34,75.$$

A última coluna fornece as estimativas das constantes, $\hat{S}_j$, $j = 1, \ldots, 12$, com $\hat{S}_j = \overline{Y}_{\cdot j} - \overline{Y}$. Observe que $\sum_{j=1}^{12} \hat{S}_j = 0,04$, devido aos arredondamentos.

A Tabela 3.8 mostra a série livre da componente sazonal, isto é, $Z_t^{SA} = Z_t - \hat{S}_t$. As séries Z_t e Z_t^{SA} estão ilustradas na Figura 3.7.

3.3.3 Testes para sazonalidade determinística

Dado o modelo (3.48), existe sazonalidade determinística se os α_j não são todos nulos. Se

$$H_0 : \alpha_1 = \cdots = \alpha_{11} = 0 \tag{3.71}$$

não for rejeitada, não será necessário ajustar a série para efeito sazonal.

É claro que supondo os a_t ruídos brancos e normalmente distribuídos, as suposições do modelo linear geral estão satisfeitas e os testes usuais podem ser aplicados para testar H_0. Veja Draper e Smith (1998), por exemplo.

Como usamos o procedimento de médias móveis como um modo alternativo de estimar a componente sazonal (embora não seja o mais adequado para sazonalidade determinística), seria interessante que tivéssemos algum teste formal para verificar a existência de sazonalidade na série.

Podemos usar aqui dois enfoques, paramétrico e não paramétrico, e antes de usar qualquer um deles é conveniente eliminar a tendência, se ela estiver presente na série. Assim, o teste será aplicado aos resíduos $Y_t = Z_t - \hat{T}_t$, no caso do modelo aditivo.

Considere, pois, a Tabela 3.5, na qual os Z_{ij} são substituídos por $Y_{ij} = Z_{ij} - \hat{T}_{ij}$, $i = 1, \ldots, p$, $j = 1, \ldots, 12$, $p = $ número de anos.

Testes não paramétricos

Uma possibilidade é usar o teste de Kruskal-Wallis. Aqui, cada coluna da Tabela 3.5 é suposta uma amostra de uma população, isto é, temos k (igual a 12, no caso) amostras, de tamanho n_j (iguais a p, para a Tabela completa 3.5), ou seja, as observações são

$$Y_{ij}, \quad j = 1, \ldots, k, \ i = 1, \ldots, n_j, \ N = \sum_{j=1}^{k} n_j.$$

As observações Y_{ij} são substituídas por seus postos R_{ij}, obtidos ordenando-se *todas* as N observações. Seja $R_{\cdot j}$ a soma dos postos associados à j-ésima amostra (coluna),

$$R_{\cdot j} = \sum_{i=1}^{n_j} R_{ij}, \quad j = 1, \ldots, k.$$

A hipótese H_0 de não existência de sazonalidade é rejeitada se a estatística

$$T_1 = \frac{12}{N(N+1)} \sum_{j=1}^{k} \frac{R_{\cdot j}^2}{n_j} - 3(N+1) \tag{3.72}$$

for maior ou igual ao valor crítico T_{1c}, onde T_{1c} é tal que $P_H(T_1 \geq T_{1c}) = \alpha$, α sendo o nível de significância do teste. Para n_j suficientemente grande, ou $k \geq 4$, sob H_0, a distribuição de T_1 pode ser aproximada por uma variável χ^2 com $k-1$ graus de liberdade (11 no caso de dados mensais).

Tabela 3.7: Resíduos $Y_t = Z_t - \hat{T}_t$ e estimativas das constantes sazonais da Série IPI.

Mês	1973	1974	1975	1976	Totais	$\overline{Y}_{\cdot j}$	$\hat{S}_j$
Janeiro	-	-514,42	-925,58	-1.076,97	-2.516,79	-838,93	-873,68
Fevereiro	-	-1.752,96	-1.760,50	-786,96	-4.300,42	-1.433,47	-1.468,22
Março	-	-408,92	-723,46	65,79	-1.066,59	-355,53	-390,28
Abril	-	-492,08	-124,83	-612,37	-1.229,28	-409,76	-444,51
Maio	-	-36,33	-187,67	54,25	-169,75	-56,88	-91,63
Junho	-	-602,21	295,50	480,04	173,33	57,78	23,03
Julho	474,29	1.219,54	969,29	-	2.663,12	887,71	852,96
Agosto	903,29	1.132,96	469,13	-	2.505,38	835,13	800,38
Setembro	455,79	633,29	492,13	-	1.581,21	527,07	492,32
Outubro	1.737,96	1.684,96	943,25	-	4.366,17	1.455,39	1.420,64
Novembro	746,33	73,96	-184,50	-	635,79	211,93	177,18
Dezembro	93,96	-667,33	-816,83	-	-1.390,20	-463,40	-498,15

3.3. SAZONALIDADE

Tabela 3.8: Série IPI livre de componente sazonal, de janeiro de 1973 a dezembro de 1976

Mês	1973	1974	1975	1976
Janeiro	12.671,68	14.450,68	14.481,68	15.702,68
Fevereiro	12.746,22	13.919,22	14.262,22	16.765,22
Março	12.335,28	14.246,28	14.279,28	16.720,28
Abril	12.139,51	14.256,51	14.999,51	16.248,51
Maio	12.825,63	14.371,63	14.636,63	16.714,63
Junho	13.381,97	13.668,97	15.090,97	17.172,97
Julho	12.983,04	14.649,04	15.033,04	16.838,04
Agosto	13.587,62	14.622,62	14.740,62	17.211,62
Setembro	13.576,68	14.454,68	15.277,68	17.132,68
Outubro	14.098,38	14.610,36	14.954,36	16.823,36
Novembro	14.502,32	14.284,82	15.208,82	16.924,82
Dezembro	14.602,15	14.289,15	15.425,15	17.242,15

Uma crítica à aplicação do teste de Kruskal-Wallis é que uma de suas suposições diz que as variáveis dentro de cada amostra são independentes e que as amostras são independentes entre si, o que evidentemente não ocorre no caso em questão: há dependência entre observações de um mesmo mês, para diferentes anos, e entre observações de vários meses, dentro de um mesmo ano.

Outra possibilidade é aplicar o Teste de Friedman para amostras relacionadas. Neste caso, os meses são considerados "tratamentos" e os anos são considerados "blocos". A ordenação é feita dentro de cada bloco em vez de ordenar todas as N observações. Mas mesmo aqui, os blocos são considerados independentes, ou seja, as observações de um ano são independentes das observações de outro ano qualquer.

A estatística de Friedman é

$$T_2 = \frac{12}{pk(k+1)} \sum_{j=1}^{k} R_{\cdot j}^{*2} - 3p(k+1).$$

(3.73)

onde p = número de blocos = número de anos, k = número de tratamentos = 12 e $R_{\cdot j}^{*}$ denota a soma dos postos da j-ésima coluna, isto é,

$$R_{\cdot j}^{*} = \sum_{i=1}^{p} R_{ij}^{*},$$

onde R_{ij}^{*} = posto de Y_{ij} dentro do bloco i, de 1 até k. A distribuição de T_2 pode ser aproximada por um χ^2 com $k - 1$ graus de liberdade.

CAPÍTULO 3. TENDÊNCIA E SAZONALIDADE

Testes paramétricos

Podemos utilizar um teste F rotineiro a uma análise de variância. O modelo subjacente é

$$Y_{ij} = S_j + e_{ij}, \quad i = 1, \ldots, n_j, \quad j = 1, \ldots, k,$$

e supondo $e_{ij} \sim \mathcal{N}(0, \sigma^2)$, independentes. Sob a hipótese nula $H_0 : S_1 = \cdots = S_k$, a estatística

$$T_3 = \frac{N - k}{k - 1} \frac{\sum_{j=1}^{k} n_j (\overline{Y}_{\cdot j} - \overline{Y})^2}{\sum_{j=1}^{k} \sum_{i=1}^{n_j} (Y_{ij} - \overline{Y}_{\cdot j})^2}$$

tem distribuição $F(k - 1, N - k)$.

Vemos, pois, que condições para se aplicar este teste incluem a validade do modelo aditivo e normalidade dos resíduos.

A conclusão é que devemos ser cautelosos ao utilizarmos estes testes, devido às suposições envolvidas para sua aplicação e a possibilidade das mesmas não serem válidas para o modelo sob consideração. Neste sentido, o uso do modelo de regressão (3.50) oferece vantagens, já que podemos usar toda a teoria estatística disponível para o modelo linear geral. Para o método de médias móveis não há uma teoria desenvolvida, de modo que propriedades dos estimadores $\hat{S}_1, \ldots, \hat{S}_k$ não são conhecidas, exceto o trabalho de Durbin (1962), no qual são obtidas variâncias de $\hat{S}_j$, $j = 1, \ldots, 12$, para o caso de médias móveis centradas de 12 meses.

Exemplo 3.8. Vamos considerar os testes acima para a série de Temperaturas em São Paulo, na Tabela 3.9. Na Tabela 3.10 apresentamos os cálculos necessários para obtenção das estatísticas T_1, T_2 e T_3.

Teste Kruskal-Wallis

$$N = 60, \quad k = 12, \quad n_j = 5, \quad \sum_{j=1}^{12} R_{\cdot j}^2 = 361.291,50 \quad \text{e} \quad T_1 = 53,91.$$

Consultando uma tabela encontramos $\chi^2_{11;0,05} = 19,675$, logo rejeitamos a hipótese de não existência de sazonalidade.

Teste de Friedman

$$p = 5, \quad k = 12, \quad \sum_{j=1}^{12} R_{\cdot j}^{*2} = 16.027,50 \quad \text{e} \quad T_2 = 51,57.$$

Comparando com o mesmo valor tabelado para o teste anterior, rejeitamos a hipótese de não existência de sazonalidade.

3.3. SAZONALIDADE

Tabela 3.9: Série de temperaturas em São Paulo - média de 24 leituras diárias

mês ano	jan.	fev.	mar.	abr.	mai.	jun.	jul.	ago.	set.	out.	nov.	dez.
	(51)	(45)	(48)	(27)	(21,5)	(9)	(6)	(23)	(15)	(32)	(40,5)	(44)
1952	20,8	20,1	20,5	17,1	16,7	15,2	14,8	16,8	15,9	18,0	19,1	19,8
	(12)	(10)	(11)	(6)	(4)	(2)	(1)	(5)	(3)	(7)	(8)	(9)
	(57,5)	(49,5)	(52)	(33,5)	(24,5)	(10,5)	(1)	(14)	(31)	(36)	(38,5)	(42)
1953	21,9	20,7	20,9	18,1	16,9	15,5	13,3	15,8	17,8	18,4	18,6	19,4
	(12)	(10)	(11)	(6)	(4)	(2)	(1)	(3)	(5)	(7)	(8)	(9)
	(59)	(56)	(53)	(35)	(19)	(17)	(12,5)	(16)	(29,5)	(29,5)	(37)	(43)
1954	22,1	21,5	21,0	18,3	16,5	16,3	15,7	16,2	17,7	17,7	18,5	19,6
	(12)	(11)	(10)	(7)	(4)	(3)	(1)	(2)	(5,5)	(5,5)	(8)	(9)
	(54)	(57,5)	(49,5)	(38,5)	(12,5)	(7)	(5)	(10,5)	(20)	(18)	(24,5)	(46)
1955	21,1	21,9	20,7	18,6	15,7	14,9	14,7	15,5	16,6	16,4	16,9	20,2
	(11)	(12)	(10)	(8)	(4)	(2)	(1)	(3)	(6)	(5)	(7)	(9)
	(60)	(55)	(47)	(33,5)	(8)	(2)	(4)	(3)	(28)	(26)	(21,5)	(40,5)
1956	23,4	21,2	20,3	18,1	15,1	13,5	14,0	13,6	17,6	17,0	16,7	19,1
	(12)	(11)	(10)	(8)	(4)	(1)	(3)	(2)	(6)	(7)	(5)	(9)

Obs.: Canto superior direito refere-se à ordenação geral das observações (R_{ij}).
Canto inferior direito refere-se à ordenação dentro de cada ano (R_{ij}^*).

Análise de variância

$$\sum_{j=1}^{12} 5(\overline{Y}_{\cdot j} - \overline{Y})^2 = 325,56,$$

$$\sum_{j=1}^{12} \sum_{i=1}^{5} (Y_{ij} - \overline{Y}_{\cdot j})^2 = 34,052,$$

$$T_3 = 41,71.$$

Comparando com o valor tabelado $F_{11,48;0,05} \approx 2,08$, também rejeitamos a hipótese de não existência de sazonalidade.

3.3.4 Comentários finais

Apresentamos, neste capítulo, alguns procedimentos que têm sido utilizados para o ajustamento sazonal de uma série temporal. Evidentemente, muito se omitiu e o leitor interessado poderá consultar as referências mencionadas para outros desenvolvimentos nesta importante área de aplicações. Em particular, são de importância os trabalhos de Jørgenson (1964), Cleveland e Tiao (1976), Durbin e Murphy (1975), Nerlove (1964), Stephenson e Farr (1972).

CAPÍTULO 3. TENDÊNCIA E SAZONALIDADE

Tabela 3.10: Estatísticas necessárias ao cálculo de T_1, T_2 e T_3

j	$R_{\cdot j}$	$R^*_{\cdot j}$	$Y_{\cdot j}$
1	281,50	59	109,30
2	263,00	54	105,30
3	249,50	52	103,40
4	167,50	35	90,20
5	85,50	20	80,90
6	45,50	8	75,40
7	28,50	7	72,50
8	66,50	15	77,90
9	123,50	25,5	85,60
10	141,50	31,5	87,50
11	162,00	36	89,80
12	215,50	45	98,10

Dois excelentes artigos que fazem uma resenha sobre o assunto são Pierce (1978) e Pierce (1980). Veja também Gait (1975). Uma estratégia para construir modelos para uma série temporal, em particular para tratar de tendências e sazonalidades, é apresentada por Parzen (1978). Os anais de uma importante reunião sobre ajustamento sazonal realizada em Washington, em 1976, aparecem em Zellner (1979).

Um método de ajustamento sazonal que foi bastante utilizado nas décadas de 60 e 70 é o X-11 do Bureau of Census dos EUA (veja Shiskin, Young e Musgrave, 1967). Cleveland (1972a) mostrou que o método X-11, embora planejado sem referência consciente a um modelo subjacente, é consistente com um modelo para Z_t da família ARIMA.

Em 1980, surgiu o método X-11-ARIMA, desenvolvido no Statistics Canada que, além de preservar toda a capacidade do X-11, introduziu melhoramentos importantes que incluem, dentre outros:

(i) a extensão da série por meio de previsões de valores futuros e de valores passados ("backforecasting"), utilizando modelos ARIMA, antes de fazer o ajustamento sazonal. Tal extensão eliminou a impossibilidade de estimação da tendência no início e fim da série.

(ii) diagnósticos para verificar a qualidade do ajustamento sazonal.

Para mais detalhes, veja Dagum (1988) e Cleveland (1983).

Em 1996, foi lançado o novo programa do Bureau of Census dos EUA, denominado X-12-ARIMA, que inclui toda a capacidade dos programas mencionados anteriormente e incorpora vários melhoramentos, dentre eles:

3.4. PROBLEMAS

(i) mais possibilidades de escolha de modelos para ajustar as observações com a inclusão de modelos de regressão com erros ARIMA;

(ii) novas opções de ajustamento sazonal;

(iii) diversos testes de diagnóstico, incluindo a estimação do espectro para detectar efeitos sazonais e "trading-day";

(iv) possibilidade de interface com outros aplicativos, possibilitando o processamento de um grande número de séries.

Veja Findley et al. (1998) para informações detalhadas sobre o X-12-ARIMA.

Atualmente, há o programa X-13-ARIMA-SEATS, distribuído pelo Bureau of Census, dos EUA.

3.4 Problemas

1. Prove que se $T_t = \beta_0 + \beta_1 t$, então os estimadores de mínimos quadrados são dados por (3.7).

2. Obtenha (3.7) e (3.8).

3. Usando o modelo encontrado no Exemplo 3.1, encontre previsões $\hat{Z}_N(h)$ para $h = 1, 2, \ldots, 9$. Encontre o erro quadrático médio de previsão.

4. Prove a relação (3.29).

5. Para os dados da Tabela 3.1, obtenha um estimador suavizado de T_t, utilizando médias móveis de quatro termos.

6. Obtenha a série $\Delta^2 Z_t$, para os dados da Tabela 3.1. Faça seu gráfico e compare com ΔZ_t.

7. Considere a série M–ICV:

   (a) teste a existência de tendência, usando o teste de sequências;

   (b) estime T_t, no modelo (3.3), supondo $T_t = \beta_0 e^{\beta_1 t}$;

   (c) quais serão as previsões da série para 07/80 e 08/80, usando $\hat{T}_t$?

   (d) obtenha uma estimativa de T_t, utilizando médias móveis de três termos;

   (e) calcule ΔZ_t e verifique se é estacionária.

84　　CAPÍTULO 3.　TENDÊNCIA E SAZONALIDADE

8. Uma sequência $\{D_t\}$ é chamada *determinística* se existir uma função de valores passados e presentes, $g_t = g(D_{t-j},\ j = 0, 1, 2, \ldots)$ tal que $E\{(D_{t+1} - g_t)^2\} = 0$. Se g_t for linear, então $\{D_t\}$ diz-se *determinística linear*. Prove que $D_t = ae^{bt}$, b conhecido e $D_t = \sum_{j=0}^{n} \beta_j t^j$, β_j conhecidos, são determinísticas lineares.

9. Suponha que o modelo seja da forma $Z_t = g(t) + h(t) + a_t$, onde $g(t)$ é periódica de período T e $h(t)$ representa tendência, por exemplo. Admita que $\sum_{t=1}^{T} g(t) = 0$. Mostre que uma média móvel com T termos e coeficientes iguais eliminará $g(t)$, isto é,

$$E\left(\frac{1}{T}\sum_{j=1}^{T} Z_{t+j}\right) = \frac{1}{T}\sum_{j=1}^{T} h(t+j).$$

10. Prove as relações (3.32) e (3.33).

11. Considere as observações de Importações em milhões de dólares feitas pelo Brasil, Tabela 3.11 (Boletim do Banco Central do Brasil).

   (a) Faça um gráfico das observações;

   (b) Estime e tendência por meio da utilização de um polinômio de segunda ordem;

   (c) Estime a tendência da série por meio de uma média móvel de 12 elementos.

   (d) Faça um gráfico da série livre de tendência, utilizando os dois métodos acima.

Tabela 3.11: Importações feitas pelo Brasil (em milhões de dólares)

Ano	Jan.	Fev.	Mar.	Abr.	Mai.	Jun.	Jul.	Ago.	Set.	Out.	Nov.	Dez.
1968	133,8	124,9	122,8	135,8	164,8	168,5	168,4	187,3	156,1	164,2	170,4	164,3
1969	153,4	140,6	142,7	157,9	169,9	165,5	163,5	200,4	173,8	168,0	156,4	201,1
1970	172,0	132,0	177,0	164,0	171,0	195,0	200,0	214,0	226,0	259,0	306,0	291,0
1971	239,4	230,7	277,4	251,4	260,2	282,3	278,0	291,4	288,0	297,0	252,9	296,8
1972	258,6	292,4	332,2	312,1	361,6	385,0	338,6	404,0	347,0	397,9	400,4	400,5
1973	370,7	390,3	405,3	418,2	479,2	436,9	534,1	588,7	520,1	696,7	626,4	725,6
1974	773,5	827,6	923,2	907,4	1.212,5	988,2	1.191,3	1.228,0	1.102,0	1.223,0	1.136,1	1.128,5

12. Utilize o método *lowess*, com $p = 0,3$ e $0,6$, para estimar a tendência das séries Temperatura e Umidade do Ar na Cidade de São Paulo.

13. Refaça o Problema 12 utilizando médias móveis de 7 e 14 observações (uma e duas semanas, respectivamente). Compare graficamente com os resultados do Problema 12.

3.4. PROBLEMAS

14. Estime a tendência da série anual de Produto Interno do Brasil (Série PIB) utilizando um método apropriado. Faça um gráfico da tendência estimada.

15. Para os dados da Tabela 3.7, verificar a existência de sazonalidade por meio de de um teste paramétrico e um não paramétrico.

16. Considere as médias mensais (3.64) e a média geral (3.66). Defina médias mensais e geral da série original Z_t, $\overline{Z}_{\cdot j}$ e $\overline{Z}$, respectivamente, como nestas relações. Prove que

$$\overline{Y}_{\cdot j} = \overline{Z}_{\cdot j} - \overline{Z} + \frac{1}{24p} \left\{ Z_{j+6} + 2 \sum_{i=7}^{j+5} (Z_i - Z_{12p+i}) - Z_{12p+j+6} \right\},$$
$$j = 1, \ldots, 6$$
$$= \overline{Z}_{\cdot j} - \overline{Z} + \frac{1}{24p} \left\{ -Z_{j-6} + 2 \sum_{i=j-5}^{6} (-Z_i + Z_{12p+i}) + Z_{12p+j-6} \right\},$$
$$j = 7, \ldots, 12.$$

17. Prove que se $\sum_{t=1}^{12} S_t = 0$, então S_t pode ser escrita na forma

$$S_t = \alpha_1 d_{1t} + \cdots + \alpha_{12} d_{12,t} = \sum_{j=1}^{6} (\gamma_j \cos \lambda_j t + \gamma'_j \operatorname{sen} \lambda_j t),$$

onde $\lambda_j = \frac{2\pi j}{12}$. Relacione os γ_j, γ'_j e α_j.

18. Considere os dados da Tabela 3.12 e o modelo (3.1):

    (a) estime a tendência por meio de uma média móvel centrada de quatro termos;

    (b) obtenha a série livre de tendência e faça seu gráfico;

    (c) obtenha estimativas das constantes sazonais $S_1, \ldots, S_4$ e a série sazonalmente ajustada;

    (d) obtenha os resíduos $a_t^* = Z_t - \hat{T}_t - \hat{S}_t$; há evidência de que eles não sejam aleatórios?

19. Considere a série Temperatura–Ubatuba:

    (a) baseado em uma inspeção visual da série, sugira um modelo para Z_t;

    (b) estime as componentes que forem postuladas no modelo;

    (c) teste a existência destas componentes.

CAPÍTULO 3. TENDÊNCIA E SAZONALIDADE

Tabela 3.12: Dados trimestrais hipotéticos.

Trimestre		Z_t	Trimestre		Z_t
1962	1	3	1964	1	6
	2	2		2	3
	3	4		3	5
	4	6		4	8
1963	1	3	1965	1	4
	2	5		2	9
	3	4		3	10
	4	7		4	8

20. Para os dados da Tabela 3.12, obtenha estimativas de T_t e S_t usando o modelo

$$Z_t = \beta_0 + \beta_1 t + \sum_{j=1}^{4} \alpha_j d_{jt} + a_t.$$

Obtenha previsões para os quatro trimestres de 1966.

21. (*Teste para modelo aditivo*) Vimos que a estrutura de uma série temporal é aditiva se S_t independer de T_t e é multiplicativa se existir uma dependência entre estas duas componentes. Um teste para verificar se o modelo é aditivo ou multiplicativo baseia-se em um gráfico da amplitude sazonal contra a tendência anual, definidas a seguir (Morry, 1975). Cada ano da série é representado por um ponto neste gráfico (Figura 3.8).

Se a reta ajustada a estes pontos for paralela ao eixo das abcissas, há uma indicação de que a amplitude sazonal não depende da tendência e o modelo é aditivo. Se a reta tem inclinação diferente de zero, temos uma dependência de S_t sobre T_t e o modelo é multiplicativo. Além do gráfico, podemos encontrar a reta de mínimos quadrados e testar a hipótese de que a inclinação é zero (o que pode ser questionável, pois o teste t usado nesta situação é baseado na suposição de normalidade dos dados).

A tendência anual é definida por

$$\hat{t}_i = \frac{1}{n} \sum_{j=1}^{n} \hat{T}_{ij}, \quad i = 1, \ldots, p,$$

p = número de anos, $n = 12$ para dados mensais e $n = 4$ para dados trimestrais; a amplitude sazonal é definida por

$$\hat{s}_i = \frac{1}{n} \sum_{j=1}^{n} |Z_{ij} - \hat{T}_{ij}|.$$

Em ambas as fórmulas $\hat{T}_{ij}$ é uma estimativa para a tendência do ano i, mês j. No caso de estimar T_{ij} por meio de uma média móvel de 12 meses, há problemas em obter $\hat{t}_i$ e $\hat{s}_i$ para os primeiros e últimos meses. Neste caso, definimos:

para o primeiro ano:

$$\hat{t}_1 = \frac{1}{6}\sum_{j=7}^{12}\hat{T}_{1j}, \quad \hat{s}_1 = \frac{1}{6}\sum_{j=7}^{12}|Z_{1j} - \hat{T}_{1j}|;$$

para o último ano, p:

$$\hat{t}_p = \frac{1}{6}\sum_{j=1}^{6}\hat{T}_{pj}, \quad \hat{s}_p = \frac{1}{6}\sum_{j=1}^{6}|Z_{pj} - \hat{T}_{pj}|.$$

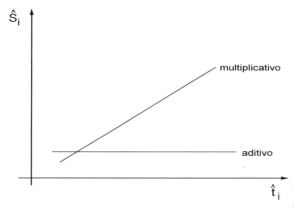

Figura 3.8: Gráfico da amplitude sazonal × tendência anual

(a) Para o Exemplo 3.6, verifique se o modelo é aditivo ou multiplicativo.

(b) Idem para a série da Tabela 3.13.

22. Considere a série de Consumo de Gasolina da Tabela 3.13:

   (a) baseado em uma inspeção visual da série, sugira um modelo apropriado para Z_t;

   (b) estime as componentes que forem postuladas no modelo;

   (c) teste a existência dessas componentes.

23. Considere a série Índices mensais do S & P 500.

   (a) Faça um gráfico da série.

(b) Sugira um modelo para a série e estime a(s) componente(s) do modelo adotado.

(c) Considere a série de retornos simples do S & P 500. Esta série apresenta tendência? Se P_t indicar o índice no instante t, o retorno simples no instante t é calculado via $R_t = (P_t - P_{t-1})/P_{t-1}$.

(d) Obtenha as autocorrelações amostrais da série e dos retornos simples.

Tabela 3.13:   Consumo trimestral de gasolina na Califórnia

	(milhões de galões)			
trimestre ano	$1^{\underline{o}}$	$2^{\underline{o}}$	$3^{\underline{o}}$	$4^{\underline{o}}$
1960	1.335	1.443	1.529	1.447
1961	1.363	1.501	1.576	1.495
1962	1.464	1.450	1.611	1.612
1963	1.516	1.660	1.738	1.652
1964	1.639	1.754	1.839	1.736
1965	1.699	1.812	1.901	1.821
1966	1.763	1.937	2.001	1.894
1967	1.829	1.966	2.068	1.983
1968	1.939	2.099	2.201	2.081
1969	2.008	2.232	2.299	2.204
1970	2.152	2.313	2.393	2.278
1971	2.191	2.402	2.450	2.387
1972	2.391	2.549	2.602	2.529
1973	2.454	2.647	2.689	2.549

CAPÍTULO 4

Modelos de suavização exponencial

4.1 Introdução

A maioria dos métodos de previsão baseia-se na ideia de que observações passadas contêm informações sobre o padrão de comportamento da série temporal. O propósito dos métodos é distinguir o padrão de qualquer ruído que possa estar contido nas observações e então usar esse padrão para prever valores futuros da série.

Uma grande classe de métodos de previsão, que tenta tratar ambas as causas de flutuações em séries de tempo, é a das suavizações. Técnicas específicas desse tipo assumem que os valores extremos da série representam a aleatoriedade e, assim, por meio da suavização desses extremos, pode-se identificar o padrão básico.

Como veremos a seguir, a grande popularidade atribuída aos métodos de suavização é devida à simplicidade, à eficiência computacional e à sua razoável precisão.

Na seção 4.2, estudamos alguns métodos adequados a séries localmente constantes; na seção 4.3, os adequados para séries que apresentam tendência e; finalmente, na seção 4.4 apresentamos alguns métodos adequados a séries sazonais.

4.2 Modelos para séries localmente constantes

Vamos considerar, nesta seção, o caso de uma série temporal $Z_1, \ldots, Z_N$, localmente composta de seu nível mais um ruído aleatório, isto é,

$$Z_t = \mu_t + a_t, \quad t = 1, \ldots, N, \tag{4.1}$$

90 CAPÍTULO 4. MODELOS DE SUAVIZAÇÃO EXPONENCIAL

onde $E(a_t) = 0$, $\mathrm{Var}(a_t) = \sigma_a^2$ e μ_t é um parâmetro desconhecido, que pode variar lentamente com o tempo.

4.2.1 Médias móveis simples (MMS)

A: Procedimento

A técnica de média móvel consiste em calcular a média aritmética das r observações mais recentes, isto é,

$$M_t = \frac{Z_t + Z_{t-1} + \cdots + Z_{t-r+1}}{r} \qquad (4.2)$$

ou

$$M_t = M_{t-1} + \frac{Z_t - Z_{t-r}}{r}. \qquad (4.3)$$

Assim, M_t é uma estimativa do nível μ_t que não leva em conta (ou não pondera) as observações mais antigas, o que é razoável devido ao fato do parâmetro variar suavemente com o tempo.

O nome média móvel é utilizado porque, a cada período, a observação mais antiga é substituída pela mais recente, calculando-se uma média nova.

B: Previsão

A previsão de todos os valores futuros é dada pela última média móvel calculada, isto é,

$$\hat{Z}_t(h) = M_t, \quad \forall h > 0, \qquad (4.4)$$

ou de (4.3)

$$\hat{Z}_t(h) = \hat{Z}_{t-1}(h+1) + \frac{Z_t - Z_{t-r}}{r}, \quad \forall h > 0. \qquad (4.5)$$

A equação (4.5) pode ser interpretada como um mecanismo de atualização de previsão, pois a cada instante (ou a cada nova observação) corrige a estimativa prévia de Z_{t+h}.

A média e o EQM de previsão são, respectivamente, dados por

$$
\begin{aligned}
E(\hat{Z}_t(h)) &= E\left(\frac{1}{r}\sum_{k=0}^{r-1} Z_{t-k}\right) = \frac{1}{r}\sum_{k=0}^{r-1} \mu_{t-k}, \qquad (4.6)\\
EQM(\hat{Z}_t(h)) &= E(Z_{t+h} - \hat{Z}_t(h))^2\\
&= E\left(Z_{t+h} - \sum_{k=0}^{r-1} \frac{Z_{t-k}}{r}\right)^2 = E\left(Z_t - \sum_{k=0}^{r-h-1} \frac{Z_{t-h-k}}{r}\right)^2
\end{aligned}
$$

4.2. MODELOS PARA SÉRIES LOCALMENTE CONSTANTES 91

$$= E(Z_t^2) - \frac{2}{r} \sum_{k=0}^{r-h-1} E(Z_t Z_{t-h-k})$$

$$+ \frac{1}{r^2} \sum_{k=0}^{r-h-1} \sum_{j=0}^{r-h-1} E(Z_{t-h-k} Z_{t-h-j}), \tag{4.7}$$

onde $E(Z_t^2) = \sigma_a^2 + \mu_t^2$, $\sigma_a^2 = \text{Var}(Z_t) = \text{Var}(a_t) = \text{constante}$,

$$E(Z_t Z_{t-h-k}) = \text{Cov}(Z_t, Z_{t-h-k}) + \mu_t \mu_{t+h-k}.$$

Uma maneira de tornar a expressão (4.7) mais compacta é substituir $E(Z_t Z_{t-h})$ por $\gamma_t(h)$, $\forall h$. Assim,

$$EQM = \gamma_t(0) - \frac{2}{r} \sum_{k=0}^{r-h-1} \gamma_t(h+k) + \frac{1}{r^2} \sum_{k=0}^{r-h-1} \sum_{j=0}^{r-h-1} \gamma_{t-h-j}(j-k). \tag{4.8}$$

C: Determinação de r

As propriedades do método dependem do número de observações utilizadas na média (valor de r). Um valor grande de r faz com que a previsão acompanhe lentamente as mudanças do parâmetro μ_t; um valor pequeno implica numa reação mais rápida. Existem dois casos extremos:

(i) se $r = 1$, então o valor mais recente da série é utilizado como previsão de todos os valores futuros (este é o tipo de previsão mais simples que existe e é denominado "método ingênuo");

(ii) se $r = N$, então a previsão será igual à média aritmética de todos os dados observados. Este caso só é indicado quando a série é altamente aleatória (aleatoriedade de a_t predominando sobre a mudança de nível).

Assim, o valor de r deve ser proporcional à aleatoriedade de a_t.

Um procedimento objetivo é selecionar o valor de r que forneça a "melhor previsão" a um passo das observações já obtidas ("backforecasting"), ou seja, encontrar o valor de r que minimize

$$S = \sum_{t=\ell+1}^{N} (Z_t - \hat{Z}_{t-1}(1))^2 \tag{4.9}$$

onde ℓ é escolhido de tal modo que o valor inicial utilizado em (4.3) não influencie a previsão.

92　　CAPÍTULO 4. MODELOS DE SUAVIZAÇÃO EXPONENCIAL

D: Vantagens e desvantagens do método

As principais vantagens são:

(i) simples aplicação;

(ii) é aplicável quando se tem um número pequeno de observações;

(iii) permite uma flexibilidade grande devido à variação de r de acordo com o padrão da série;

e as desvantagens são:

(i) deve ser utilizado somente para prever séries estacionárias, caso contrário a precisão das previsões obtidas será muito pequena, pois os pesos atribuídos às r observações são todos iguais e nenhum peso é dado às observações anteriores a esse período;

(ii) necessidade de armazenar pelo menos $(r-1)$ observações; e

(iii) dificuldade em determinar o valor de r.

Na prática, o método de médias móveis não é utilizado frequentemente, pois o Método de Suavização Exponencial Simples, que veremos logo a seguir, possui todas as vantagens anteriores e mais algumas, que o tornam mais atraente.

E: Aplicação

Exemplo 4.1. Vamos aplicar o método de MMS à série Poluição–CO, no período de $1^{\underline{o}}$ de janeiro a 30 de abril de 1997. A Figura 4.1 apresenta os ajustamentos utilizando médias móveis de 7, 14 e 21 observações, correspondentes a uma, duas e três semanas, respectivamente. A Tabela 4.1 apresenta as últimas 15 observações da série, juntamente com as médias móveis. As previsões para a primeira semana de maio de 1997, bem como os valores reais, encontram-se na Tabela 4.2, onde, para $r = 7$,

$$\hat{Z}_{120}(h) = \frac{Z_{114} + Z_{115} + Z_{116} + \cdots + Z_{120}}{7} = 3,8942.$$

Na Tabela 4.3, refazemos os cálculos dessas previsões, mudando a origem a cada nova observação.

Obtemos de (4.2), (4.3) e (4.4), para $r = 7$,

$$
\begin{aligned}
\hat{Z}_{120}(1) &= 3,8942, \\
\hat{Z}_{121}(1) &= \hat{Z}_{120}(2) + \frac{Z_{121} - Z_{114}}{7}
\end{aligned}
$$

4.2. MODELOS PARA SÉRIES LOCALMENTE CONSTANTES 93

$$= 3,8942 + \frac{4,0286 - 3,3229}{7} = 3,9950,$$

$$\vdots$$

$$\hat{Z}_{124}(1) = \hat{Z}_{123}(2) + \frac{Z_{124} - Z_{117}}{7}$$

$$= 3,8851 + \frac{1,7433 - 1,7610}{7} = 3,8827.$$

A análise foi realizada com a utilização do software MINITAB. Também podemos usar o pacote TTR e a função SMA do R.

Tabela 4.1:   Últimos 15 valores do ajustamento pelo método de MMS – série Poluição–CO de $1^{\underline{o}}$ de janeiro a 30 de abril de 1997

Período	Valor Real	$r = 7$	$r = 14$	$r = 21$
t	Z_t	$\hat{Z}_{t-1}(1)$	$\hat{Z}_{t-1}(1)$	$\hat{Z}_{t-1}(1)$
$106 \to 16$ abr.	3,4371	3,5747	3,2287	3,0234
107	4,9329	3,9243	3,2689	3,1670
108	4,6571	4,0085	3,2800	3,3123
109	4,0743	3,8512	3,3631	3,4520
110	4,0457	4,0616	3,5308	3,5633
111	2,4914	3,8435	3,5496	3,5337
112	2,5914	3,7471	3,5713	3,4511
113	2,7029	3,6422	3,6085	3,8665
114	3,3229	3,4122	3,6668	3,3167
115	5,4240	3,5218	3,7652	3,3606
116	3,5767	3,4507	3,6510	3,3923
117	1,7600	3,1242	3,5929	3,5953
118	4,3857	3,3948	3,6191	3,4980
119	4,3286	3,6430	3,6951	3,5952
$120 \to 30$ abr.	4,4614	3,8942	3,7682	3,7037
$EQM_{\text{ajustamento}}$		0,6944	0,7178	0,7179

4.2.2   Suavização exponencial simples (SES)

A: Procedimento

A SES pode ser descrita matematicamente por

$$\overline{Z}_t = \alpha Z_t + (1 - \alpha)\overline{Z}_{t-1}, \quad \overline{Z}_0 = Z_1, \quad t = 1, \ldots, N, \tag{4.10}$$

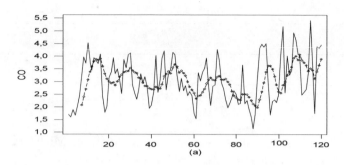

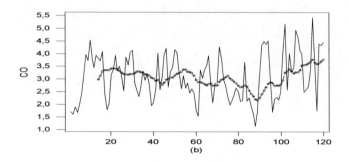

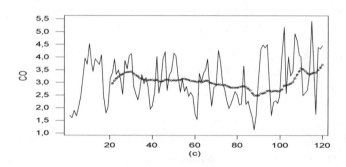

Figura 4.1: Ajustamento pelo método de MMS - série Poluição–CO, de 1º de janeiro a 30 de abril de 1977. (a) $r = 7$, (b) $r = 14$ e (c) $r = 21$.

ou

$$\overline{Z}_t = \alpha \sum_{k=0}^{t-1}(1-\alpha)^k Z_{t-k} + (1-\alpha)^t \overline{Z}_0, \quad t = 1, \ldots, N, \qquad (4.11)$$

4.2. MODELOS PARA SÉRIES LOCALMENTE CONSTANTES 95

onde $\overline{Z}_t$ é denominado valor exponencialmente suavizado e α é a constante de suavização, $0 \leq \alpha \leq 1$.

Tabela 4.2:   Previsão utilizando MMS, com origem em 30 de abril de 1997 - série Poluição–CO, $h = 1, \ldots, 5$ e $r = 7$

t	Valor Real Z_t	Previsão $\hat{Z}_{120}(h)$
$121 \rightarrow 1^{\underline{o}}$ mai.	4,0286	3,8942
122	4,3114	3,8942
123	3,9200	3,8942
124	1,7433	3,8942
$125 \rightarrow 5$ mai.	2,7117	3,8942

Tabela 4.3:   Previsão atualizada a cada nova observação utilizando MMS - série Poluição–CO, $r = 7$

Previsão t	Valor Real Z_t	Previsão $\hat{Z}_{t-1}(1)$
121	4,0286	3,8942
122	4,3114	3,9950
123	3,9210	3,8361
124	1,7433	3,8851
125	2,7117	3,8827

A equação (4.11) pode ser obtida de (4.3) substituindo Z_{t-r} por $\overline{Z}_{t-1}$ e $\frac{1}{r}$ por α. Efetuando a expansão de (4.11), temos que

$$\overline{Z}_t = \alpha Z_t + \alpha(1 - \alpha)Z_{t-1} + \alpha(1 - \alpha)^2 Z_{t-2} + \cdots \qquad (4.12)$$

o que significa que a SES é uma média ponderada que dá pesos maiores às observações mais recentes, eliminando uma das desvantagens do método de MMS.

B: Previsão

A previsão de todos os valores futuros é dada pelo último valor exponencialmente suavizado, isto é,

$$
\begin{aligned}
\hat{Z}_t(h) &= \overline{Z}_t, \quad \forall h > 0, & (4.13) \\
\hat{Z}_t(h) &= \alpha Z_t + (1 - \alpha)\hat{Z}_{t-1}(h + 1), & (4.14)
\end{aligned}
$$

que pode ser interpretada como uma equação de atualização de previsão, quando tivermos uma nova observação. Além disso, a previsão feita de acordo com (4.14) reduz o problema de armazenagem de observações, pois pode ser calculada utilizando apenas a observação mais recente, a previsão imediatamente anterior e o valor de α.

Para $h = 1$, pode-se demonstrar que (4.14) se reduz a

$$\hat{Z}_t(1) = \alpha e_t + \hat{Z}_{t-1}(1), \tag{4.15}$$

onde $e_t = Z_t - \hat{Z}_{t-1}(1)$ é o erro de previsão a um passo. Assim, a nova previsão pode ser obtida da anterior, adicionando-se um múltiplo do erro de previsão, indicando que a previsão está sempre alerta a mudanças no nível da série, revelada pelo erro de previsão.

O cálculo da média e do EQM de previsão é feito de modo análogo ao do método MMS e fornece os resultados:

$$E(\hat{Z}_t(h)) = \alpha \sum_{k=0}^{t-1} (1-\alpha)^k \mu_{t-k}, \tag{4.16}$$

$$EQM(\hat{Z}_t(h)) = \gamma_t(0) - 2\alpha \sum_{k=0}^{t-h-1} (1-\alpha)^k \gamma_t(h+k)$$

$$+ \alpha^2 \sum_{k=0}^{t-h-1} \sum_{j=0}^{t-h-1} (1-\alpha)^{k+j} \gamma_{t-h}(j-k). \tag{4.17}$$

Demonstra-se que o método de SES é ótimo (no sentido de fornecer erros de previsão que são ruídos brancos) se Z_t for gerado por um processo ARIMA$(0,1,1)$. Veja Granger e Newbold (1977) e Capítulo 5.

C: Determinação da constante α

Quanto menor for o valor de α mais estáveis serão as previsões finais, uma vez que a utilização de baixo valor de α implica que pesos maiores serão dados às observações passadas e, consequentemente, qualquer flutuação aleatória, no presente, exercerá um peso menor no cálculo da previsão. Em geral, quanto mais aleatória for a série estudada, menores serão os valores da constante de suavização. O efeito de α grande ou pequeno é completamente análogo (em direção oposta) ao efeito do parâmetro r no método MMS.

Brown (1962) faz alguns comentários sobre a determinação dessa constante, de acordo com alguns critérios, tais como tipo de autocorrelação entre os dados e custo de previsão. Um procedimento mais objetivo é selecionar o valor que fornece a "melhor previsão" das observações já obtidas, como foi especificado no método MMS, seção 4.2.1, expressão (4.12).

4.2. MODELOS PARA SÉRIES LOCALMENTE CONSTANTES

A constante α pode ser obtida utilizando o pacote TTR e a função decompose do R, com o argumento beta=FALSE e gamma=FALSE.

D: Vantagens e desvantagens da SES

A SES é um método muito utilizado devido às seguintes vantagens:

(i) fácil entendimento;

(ii) aplicação não dispendiosa;

(iii) grande flexibilidade permitida pela variação da constante de suavização α;

(iv) necessidade de armazenar somente Z_t, $\overline{Z}_t$ e α; e

(v) o valor de $\alpha = 2/(r - 1)$ fornece previsões semelhantes ao método MMS com parâmetro r (Montgomery e Johnson, 1976).

E: Aplicação

Exemplo 4.2. Vamos aplicar o método SES à série Poluição–NO_2, no período de 1º de janeiro a 30 de abril de 1997.

Utilizando o pacote estatístico MINITAB, verificamos que o valor de α que minimiza a soma de quadrados de ajustamento, dada por (4.9), é $\alpha = 0,5502$.

A Tabela 4.4 apresenta as dez últimas observações da série e os respectivos valores suavizados. A Figura 4.2 apresenta a série original e a série suavizada.

As previsões para os cinco primeiros dias de maio, com origem em 30 de abril ($t = 120$), são dadas por

$$\hat{Z}_{120}(h) = \hat{Z}_{120} = 161,20, \quad h = 1, \ldots, 5,$$

que podem ser atualizadas a cada nova observação. Assim, de acordo com (4.14), temos

$$\begin{aligned} \hat{Z}_{121}(1) &= \hat{Z}_{121} = \alpha Z_{121} + (1 - \alpha)\hat{Z}_{120} \\ &= 0,5502 \times 123,46 + 0,4498 \times 161,20 \\ &= 140,44, \end{aligned}$$

que é a previsão atualizada para o dia 2 de maio, utilizando a nova observação de 1º de maio de 1997.

A Tabela 4.5 apresenta as previsões atualizadas.

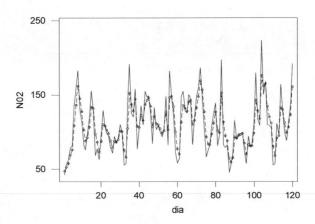

Figura 4.2: Suavização pelo método SES aplicado à série Poluição–NO$_2$, de 1º de janeiro a 30 de abril de 1997, $\alpha = 0,5502$.

4.3 Modelos para séries que apresentam tendência

As técnicas vistas anteriormente não são adequadas para analisar séries temporais que apresentem tendência.

Consideremos, agora, o caso de uma série temporal não sazonal, que é composta localmente da soma de nível, tendência e resíduo aleatório com média zero e variância constante (σ_a^2), isto é,

$$Z_t = \mu_t + T_t + a_t, \quad t = 1, \ldots, N. \quad (4.18)$$

4.3.1 Suavização exponencial de Holt (SEH)

A: Procedimento

O método de SES quando aplicado a uma série que apresenta tendência linear positiva (ou negativa), fornece previsões que subestimam (ou superestimam) continuamente os valores reais. Para evitar esse erro sistemático, um dos métodos aplicáveis é a SEH. Esse método é similar, em princípio, à SES; a diferença é que em vez de suavizar só o nível, ele utiliza uma nova constante de suavização para "modelar" a tendência da série.

Os valores do nível e da tendência da série, no instante t, serão estimados por

$$\overline{Z}_t = AZ_t + (1-A)(\overline{Z}_{t-1} + \hat{T}_{t-1}), \quad 0 < A < 1 \text{ e } t = 2, \ldots, N, \quad (4.19)$$

$$\hat{T}_t = C(\overline{Z}_t - \overline{Z}_{t-1}) + (1-C)\hat{T}_{t-1}, \quad 0 < C < 1 \text{ e } t = 2, \ldots, N, \quad (4.20)$$

4.3. MODELOS PARA SÉRIES QUE APRESENTAM TENDÊNCIA 99

respectivamente. A e C são denominadas constantes de suavização. As fórmulas (4.19) e (4.20) como em todos os métodos de suavização, modificam estimativas prévias quando uma nova observação é obtida.

Tabela 4.4: Últimos valores suavizados da série Poluição–NO_2 de 1º de janeiro a 30 de abril de 1997, utilizando SES com $\alpha = 0,5502$.

Período	Valor Real	Valor Ajustado	Período	Valor Real	Valor Ajustado
t	Z_t	$\hat{Z}_t$	t	Z_t	$\hat{Z}_t$
$111 \to 21/04$	57,47	67,94	116	98,23	112,48
112	111,52	91,92	117	88,05	99,04
113	96,77	94,59	118	112,89	106,66
114	164,33	132,96	119	137,22	123,48
115	127,41	129,90	120	192,03	161,20

Tabela 4.5: Previsão atualizada da série Poluição–NO_2, utilizando SES, $\alpha = 0,5502$.

Período	Valor Real	Valor Ajustado
t	Z_t	$\hat{Z}_{t-1}(1)$
121	123,46	140,44
122	171,57	157,57
123	207,49	185,04
124	57,43	114,83
125	105,89	109,91

B: Previsão

A previsão para o valor Z_{t+h}, com origem em t é dada por

$$\hat{Z}_t(h) = \overline{Z}_t + h\hat{T}_t, \quad \forall h > 0, \tag{4.21}$$

ou seja, a previsão é feita adicionando-se ao valor básico $(\overline{Z}_t)$ a tendência multiplicada pelo número de passos à frente que se deseja prever (h).

As equações (4.19) e (4.20) podem ser utilizadas para atualização da previsão, tendo-se uma nova observação Z_{t+1}. Assim,

$$\begin{aligned}
\overline{Z}_{t+1} &= AZ_{t+1} + (1-A)(\overline{Z}_t + \hat{T}_t), \\
\hat{T}_{t+1} &= C(\overline{Z}_{t+1} - \overline{Z}_t) + (1-C)\hat{T}_t
\end{aligned}$$

100   *CAPÍTULO 4. MODELOS DE SUAVIZAÇÃO EXPONENCIAL*

e a nova previsão para o valor Z_{t+h} será

$$\hat{Z}_{t+1}(h-1) = \overline{Z}_{t+1} + (h-1)\hat{T}_{t+1}. \tag{4.22}$$

Para que as equações acima possam ser utilizadas, temos que fazer hipóteses sobre os seus valores iniciais. O procedimento mais simples é colocar $\hat{T}_2 = Z_2 - Z_1$ e $\overline{Z}_2 = Z_2$. Prova-se, veja Morettin e Toloi (1981), que (4.22) fornece previsões ótimas se Z_t for gerado por um processo ARIMA$(0, 2, 2)$.

C: Determinação das constantes de suavização

O procedimento é análogo ao de determinação da constante de suavização de uma SES, só que em vez de escolhermos o valor de α que torna a soma dos erros quadráticos de previsão ("backforecasting") mínimo, escolhemos o valor do vetor (A, C) tal que isto ocorra. Para maiores detalhes, veja Granger e Newbold (1977) e Winters (1960).

Pode-se utilizar o R com o pacote forecast e a função HoltWinters com o argumento gamma=FALSE. A previsão pode ser feita usando o mesmo pacote e a função forecast.HoltWinters.

D: Vantagens e desvantagens

As vantagens são semelhantes às do método anterior. A desvantagem principal é a dificuldade em determinar os valores mais apropriados das duas constantes de suavização, A e C.

E: Aplicação

Exemplo 4.3. Aplicamos a SEH à série M–ICV, no período de janeiro de 1970 $(t = 1)$ a junho de 1979 $(t = 114)$, ou seja, isolamos as 12 últimas observações com o objetivo de comparar as previsões com os respectivos valores reais.

As 20 observações iniciais são utilizadas para eliminar o efeito dos valores iniciais, necessários para se fazer o ajustamento. O vetor (A, C) que fornece a menor soma de quadrados, igual a 1.628,2691, é $(0, 90; 0, 30)$. Tais somas foram calculadas, com a utilização de um computador, para todo par de valores entre 0,1 e 0,9, com incremento 0,1.

As previsões para os meses subsequentes a junho de 1979 são apresentadas na Tabela 4.6 e são calculadas por meio da fórmula (4.21). Temos:

$$\begin{aligned}
\hat{Z}_{114}(h) &= \overline{Z}_{114} + h\hat{T}_{114}, \\
\hat{Z}_{114}(h) &= 777,04 + 24,11h, \quad h = 1, 2, \dots
\end{aligned}$$

Atualizando as previsões a cada observação, obtemos os valores da Tabela 4.7.

4.4. MODELOS PARA SÉRIES SAZONAIS

Outros métodos utilizados para séries que apresentam tendência são a Suavização Exponencial Linear de Brown (tendência linear) e a Suavização Quadrática de Brown (tendência quadrática). Para mais detalhes, veja Morettin e Toloi (1981) e também Montgomery e Johnson (1976).

4.4 Modelos para séries sazonais

Para séries temporais que apresentam um padrão de comportamento mais complexo, existem outras formas de suavização, tais como os métodos de Holt-Winters e o método de suavização exponencial geral (ou suavização direta).

4.4.1 Suavização exponencial sazonal de Holt-Winters (HW)

A: Procedimento

Existem dois tipos de procedimentos cuja utilização depende das características da série considerada. Tais procedimentos são baseados em três equações com constantes de suavização diferentes, que são associadas a cada uma das componentes do padrão da série: nível, tendência e sazonalidade.

Tabela 4.6:   Previsão utilizando SEH, com origem em junho de 1979, série M–ICV

Período	Valor Real	Previsão
t	Z_t	$\hat{Z}_{114}(h)$, $h = 1, \dots, 12$
115	812,00	801,15
116	840,00	825,26
117	894,00	849,37
118	936,00	873,49
119	980,00	897,60
120	1.049,00	921,71
121	1.096,00	945,83
122	1.113,00	969,94
123	1.182,00	994,05
124	1.237,00	1.081,16
125	1.309,00	1.042,28
126	1.374,00	1.066,39

(a) Série Sazonal Multiplicativa

102 CAPÍTULO 4. MODELOS DE SUAVIZAÇÃO EXPONENCIAL

Considere uma série sazonal com período s. A variante mais usual do método HW considera o fator sazonal F_t como sendo multiplicativo, enquanto a tendência permanece aditiva, isto é,

$$Z_t = \mu_t F_t + T_t + a_t, \quad t = 1, \ldots, N. \tag{4.23}$$

As três equações de suavização são dadas por

$$\hat{F}_t = D\left(\frac{Z_t}{\overline{Z}_t}\right) + (1 - D)\hat{F}_{t-s}, \ 0 < D < 1, t = s + 1, \ldots, N, \tag{4.24}$$

$$\overline{Z}_t = A\left(\frac{Z_t}{\hat{F}_{t-s}}\right) + (1 - A)(\overline{Z}_{t-1} + \hat{T}_{t-1}), 0 < A < 1, t = s+1, \ldots, N, \tag{4.25}$$

$$\hat{T}_t = C(\overline{Z}_t - \overline{Z}_{t-1}) + (1 - C)\hat{T}_{t-1}, 0 < C < 1, t = s+1, \ldots, N, \tag{4.26}$$

e representam estimativas do fator sazonal, do nível e da tendência, respectivamente; A, C e D são as constantes de suavização.

(b) Série Sazonal Aditiva

O procedimento anterior pode ser modificado para tratar com situações onde o fator sazonal é aditivo,

$$Z_t = \mu_t + T_t + F_t + a_t. \tag{4.27}$$

As estimativas do fator sazonal, nível e tendência da série são dadas por

$$\hat{F}_t = D(Z_t - \overline{Z}_t) + (1 - D)\hat{F}_{t-s}, \ 0 < D < 1, \tag{4.28}$$
$$\overline{Z}_t = A(Z_t - \hat{F}_{t-s}) + (1 - A)(\overline{Z}_{t-1} + \hat{T}_{t-1}), \ 0 < A < 1, \tag{4.29}$$
$$\hat{T}_t = C(\overline{Z}_t - \overline{Z}_{t-1}) + (1 - C)\hat{T}_{t-1}, \ 0 < C < 1, \tag{4.30}$$

respectivamente; A, C e D são as constantes de suavização.

A estimativa das constantes do modelo podem ser obtidas utilizando o pacote forecast e a função HoltWinters do R.

B: Previsão

As previsões dos valores futuros da série para os dois procedimentos são dadas a seguir.

(a) Série Sazonal Multiplicativa

$$\hat{Z}_t(h) = (\overline{Z}_t + h\hat{T}_t)\hat{F}_{t+h-s}, \ h = 1, 2, \ldots, s,$$
$$\hat{Z}_t(h) = (\overline{Z}_t + h\hat{T}_t)\hat{F}_{t+h-2s}, \ h = s + 1, \ldots, 2s, \tag{4.31}$$
$$\vdots \qquad \vdots$$

4.4. MODELOS PARA SÉRIES SAZONAIS   103

onde $\overline{Z}_t$, $\hat{F}_t$ e $\hat{T}_t$ são dados por (4.31), (4.30) e (4.32), respectivamente.

Tabela 4.7:   Previsão atualizada a cada nova observação, utilizando Holt, série M–ICV

Período	Valor Real	Previsão
t	Z_t	$\hat{Z}_{t-1}(1)$, $t = 114,\ldots,125$
115	812,00	801,15
116	840,00	837,96
117	894,00	867,39
118	936,00	926,12
119	980,00	972,46
120	1.049,00	1.018,73
121	1.096,00	1.093,63
122	1.113,00	1.144,06
123	1.182,00	1.156,02
124	1.237,00	1.226,33
125	1.309,00	1.285,74
126	1.374,00	1.362,76

Para fazermos atualizações das previsões, quando temos uma nova observação Z_{t+1}, utilizamos as equações (4.24), (4.25) e (4.26). Assim,

$$\hat{F}_{t+1} = D\left(\frac{Z_{t+1}}{\overline{Z}_{t+1}}\right) + (1-D)\hat{F}_{t+1-s},$$

$$\overline{Z}_{t+1} = A\left(\frac{Z_{t+1}}{\hat{F}_{t+1-s}}\right) + (1-A)(\overline{Z}_t + \hat{T}_t),$$

$$\hat{T}_{t+1} = C(\overline{Z}_{t+1} - \overline{Z}_t) + (1-C)\hat{T}_t$$

e a nova previsão para a observação Z_{t+h} será

$$\hat{Z}_{t+1}(h-1) = (\overline{Z}_{t+1} + (h-1)\hat{T}_{t+1})\hat{F}_{t+1+h-s}, h=1,2,\ldots,s+1,$$
$$\hat{Z}_{t+1}(h-1) = (\overline{Z}_{t+1} + (h-1)\hat{T}_{t+1})\hat{F}_{t+1+h-2s}, h=s+2,\ldots,2s+1, \qquad (4.32)$$

etc.

Os valores iniciais das equações de recorrência são calculados por meio das seguintes fórmulas:

$$\hat{F}_j = \frac{Z_j}{\left(\frac{1}{s}\right)\sum_{k=1}^{s} Z_k}, \; j = 1, 2, \ldots, s; \quad \overline{Z}_s = \frac{1}{s}\sum_{k=1}^{s} Z_k; \quad \hat{T}_s = 0.$$

(b) Série Sazonal Aditiva

104   CAPÍTULO 4.   MODELOS DE SUAVIZAÇÃO EXPONENCIAL

Neste caso, as equações (4.31) são modificadas para

$$
\begin{aligned}
\hat{Z}_t(h) &= \overline{Z}_t + h\hat{T}_t + \hat{F}_{t+h-s}, \quad h = 1, 2, \ldots, s, \\
\hat{Z}_t(h) &= \overline{Z}_t + h\hat{T}_t + \hat{F}_{t+h-2s}, \quad h = s+1, \ldots, 2s, \\
&\text{etc.}
\end{aligned}
\tag{4.33}
$$

onde $\overline{Z}_t$, $\hat{T}_t$ e $\hat{F}_t$ são dados por (4.29), (4.30) e (4.28), respectivamente.

As atualizações são feitas utilizando (4.28), (4.29) e (4.30):

$$
\begin{aligned}
\hat{F}_{t+1} &= D(Z_{t+1} - \overline{Z}_{t+1}) + (1 - D)\hat{F}_{t+1-s}, \\
\overline{Z}_{t+1} &= A(Z_{t+1} - \hat{F}_{t+1-s}) + (1 - A)(\overline{Z}_t + \hat{T}_t) \\
\hat{T}_{t+1} &= C(\overline{Z}_{t+1} - \overline{Z}_t) + (1 - C)\hat{T}_t
\end{aligned}
$$

e a nova previsão para o valor Z_{t+h} será

$$
\begin{aligned}
\hat{Z}_{t+1}(h-1) &= \overline{Z}_{t+1} + (h-1)\hat{T}_{t+1} + \hat{F}_{t+1+h-s}, \quad h = 1, \ldots, s+1, \\
\hat{Z}_{t+1}(h-1) &= \overline{Z}_{t+1} + (h-1)\hat{T}_{t+1} + \hat{F}_{t+1+h-2s}, \quad h = s+2, \ldots, 2s+1,
\end{aligned}
\tag{4.34}
$$

etc.

Prova-se, veja Morettin e Toloi (1981), que a previsão obtida por meio de (4.34) é ótima se Z_t for gerado por um processo ARIMA sazonal. Veja o Capítulo 10 para o estudo desses modelos.

Podemos utilizar o pacote forecast e a função forecast.HoltWinters do R.

C: Vantagens e desvantagens

As vantagens são semelhantes às da utilização do método de Holt, sendo que os métodos de HW são adequados à análise de séries com padrão de comportamento mais geral. A desvantagem é a impossibilidade e dificuldade de estudar as propriedades estatísticas, tais como média e variância de previsão e, consequentemente, construção de um intervalo de confiança.

A determinação das constantes de suavização (A, C, D) é realizada de modo a tornar mínima a soma dos quadrados dos erros de ajustamento.

Para mais detalhes, veja Granger e Newbold (1977) e Winters (1960).

D: Aplicação

Exemplo 4.4. Aplicamos o método HW multiplicativo à série IPI, Tabela 3.6, que é periódica com $s = 12$, durante o período de janeiro de 1969 ($t = 1$) a julho de 1979 ($N = 127$).

O valor do vetor (A, C, D) que fornece menor erro quadrático médio de ajustamento, igual a 186.746,29, é $(0,3;\ 0,1;\ 0,3)$.

4.5. PROBLEMAS

As previsões para valores subsequentes a julho de 1979 são apresentadas na Tabela 4.8 e as previsões atualizadas a cada nova observação na Tabela 4.9.

Tabela 4.8: Previsão utilizando HW multiplicativo, com origem em julho de 1979, série IPI

Período	Valor Real	Previsão
t	Z_t	$\hat{Z}_{127}(h)$, $h = 1, 2, \ldots, 12$
128	21.614,00	21.418,04
129	19.717,00	20.724,74
130	22.133,00	21.839,38
131	20.503,00	20.603,24
132	18.800,00	19.834,87
133	19.577,00	19.338,89
134	18.992,00	18.500,37
135	21.022,00	20.678,69
136	19.064,00	19.919,52
137	21.067,00	21.059,73
138	21.553,00	21.276,02
139	22.513,00	21.930,14

4.5 Problemas

1. No caso de médias móveis simples, considere a situação particular em que o modelo (4.1) tiver média globalmente constante,

$$Z_t = \mu + a_t.$$

Prove que:

(i) $E(\hat{Z}_t(h)) = \mu$;

(ii) $\text{Var}(\hat{Z}_t(h)) = \frac{\sigma_a^2}{r}$.

(iii) Supondo-se que $a_t \sim \mathcal{N}(0, \sigma_a^2)$, podemos afirmar que $\hat{Z}_t(h) \sim \mathcal{N}\left(\mu, \frac{\sigma_a^2}{r}\right)$. Construa um intervalo de confiança com coeficiente de confiança γ para Z_{t+h}.

2. Provar a equação (4.15).

3. Provar as equações (4.16) e (4.17).

4. No caso da suavização exponencial simples, considere a situação particular em que se tenha média globalmente constante.

Prove que:

CAPÍTULO 4. MODELOS DE SUAVIZAÇÃO EXPONENCIAL

(i) $E(\hat{Z}_t(h)) = \mu \left[1 - (1 - \alpha)^t \right]$;

e, quando $t \to \infty$,

$$E(\hat{Z}_t(h)) = \mu.$$

(ii) $\text{Var}(\hat{Z}_t(h)) = \frac{\alpha \sigma_a^2 [1 - (1-\alpha)^{2t}]}{2 - \alpha}$

e, quando $t \to \infty$,

$$\text{Var}(\hat{Z}_t(h)) = \frac{\alpha}{2 - \alpha} \sigma_a^2.$$

(iii) Supondo $a_t \sim \mathcal{N}(0, \sigma_a^2)$, construa um intervalo de confiança assintótico para Z_{t+h}, utilizando (i) e (ii).

Tabela 4.9: Previsão atualizada a cada nova observação, utilizando HW multiplicativo, série IPI

Período	Valor Real	Previsão
t	Z_t	$\hat{Z}_{t-1}(1),\, t = 128, \ldots, 139$
128	21.614,00	21.418,04
129	19.717,00	20.787,00
130	22.133,00	21.540,37
131	20.503,00	20.480,11
132	18.800,00	19.715,21
133	19.577,00	18.921,75
134	18.992,00	18.276,10
135	21.022,00	20.676,11
136	19.064,00	20.034,13
137	21.067,00	20.861,99
138	21.553,00	21.133,07
139	22.513,00	21.919,51

5. Considere os primeiros 24 meses da série de Preço Mensal de Café, cujos dados são fornecidos na Tabela 4.10. Calcule as previsões, com origem em dezembro de 1971, para os meses de janeiro a junho de 1972, utilizando:

(i) o método de médias móveis, com $r = 5$;

(ii) o método de suavização exponencial, com $\alpha = 0,9$.

Pergunta-se:

(a) Qual dos dois métodos fornece as melhores previsões de acordo com o critério de erro quadrático médio mínimo?

(b) Atualizando as previsões a cada nova observação, qual seria sua conclusão?

6. As observações da Tabela 4.11 referem-se a vendas de um determinado produto. Responda as seguintes questões:

4.5. PROBLEMAS

(a) Qual é a previsão para maio de 1976, utilizando médias móveis de 3 meses, 5 meses e 9 meses?

(b) E utilizando suavização exponencial simples com $\alpha = 0,1$; 0,3; 0,7 e 0,9?

(c) Assumindo que o padrão da série continua a valer no futuro, que valores de r e α forneceriam erros de previsão mínimos?

Tabela 4.10: Preço médio mensal recebido pelos produtores de café, Estado de São Paulo (em cruzeiros)

Ano	Jan.	Fev.	Mar.	Abr.	Mai.	Jun.	Jul.	Ago.	Set.	Out.	Nov.	Dez.
1970	123,30	134,77	141,16	144,62	145,76	142,45	144,18	147,68	148,95	147,83	146,69	144,50
1971	138,82	131,46	137,50	138,22	134,05	130,25	126,55	126,47	125,50	127,09	129,85	132,16
1972	139,14	141,21	144,07	149,38	157,44	163,45	182,50	222,07	221,98	213,60	216,65	218,61
1973	228,06	238,34	245,27	249,25	248,89	256,21	278,78	287,00	286,27	287,70	291,40	298,40
1974	301,41	312,84	367,31	379,06	368,57	353,05	340,50	322,89	314,30	307,03	308,70	315,95
1975	337,38	339,39	333,07	327,49	335,09	376,00	383,57	632,51	638,12	640,45	635,82	649,45
1976	768,39	891,40	919,20	1.057,70	1.418,20	1.423,80	1.412,40	1.368,70	1.446,50	1.492,20	1.651,60	1.792,30
1977	2.045,40	2.158,00	3.401,30	3.763,80	3.013,90	2.574,90	2.158,50	1.908,40	1.801,20	1.741,20	2.075,50	2.089,00
1978	2.097,80	1.968,60	1.896,20	1.867,90	1.815,70	1.956,20	1.859,90	1.878,20	2.013,50	1.947,00	1.939,90	1.843,40
1979	1.907,80	1.970,50	2.045,20	2.211,80	2.452,00	2.915,40	-	-	-	-	-	-

7. Considere as observações da série Poluição–CO:

(a) Ajuste médias móveis com $r = 6, 9$ e 12;

(b) verifique qual delas fornece o melhor ajustamento e justifique o resultado;

(c) utilize-as para prever os últimos sete dias de dezembro de 1997, com origem em 24/12/1997, atualizando as previsões a cada nova observação e verifique se a que fornece a melhor previsão coincide com a de melhor ajustamento.

8. As observações da Tabela 4.12 referem-se a vendas de óleo lubrificante. Utilizando o método de Suavização Exponencial de Holt:

(a) obtenha previsões para os meses de janeiro a julho de 1978 com origem em dezembro de 1977;

(b) obtenha previsões para o mesmo período, atualizando a cada nova observação;

(c) calcule o EQM de previsão;

(d) faça um gráfico de vendas × erro de previsão um passo à frente, isto é, $Z_t \times e_{t-1}(1)$.

108 *CAPÍTULO 4. MODELOS DE SUAVIZAÇÃO EXPONENCIAL*

9. Considere a série de vendas de refrigerantes, Tabela 4.13 (Fonte: Montgomery e Johnson (1976)), no período compreendido entre janeiro de 1970 e dezembro de 1973. Utilizando o método de Holt-Winters multiplicativo com $s = 12$, $A = 0,2$, $C = 0,3$ e $D = 0,2$, proceda da seguinte maneira:

   (a) utilize o primeiro ano (1970) de observações para calcular os valores iniciais necessários às equações de recorrência;

   (b) utilize os anos de 1971 e 1972 para ajustar o modelo ("backforecasting");

   (c) calcule as previsões, com origem em dezembro de 1972, para as observações de 1973;

   (d) atualize as previsões, a cada nova observação (previsão a 1 passo);

   (e) faça um gráfico para comparar o valor real com o valor previsto.

Tabela 4.11: Série de vendas de um determinado produto elétrico

ano mês	1975	1976
Jan.	19,0	82,0
Fev.	15,0	17,0
Mar.	39,0	26,0
Abr.	102,0	29,0
Mai.	90,0	
Jun.	29,0	
Jul.	90,0	
Ago.	46,0	
Set.	30,0	
Out.	66,0	
Nov.	80,0	
Dez.	89,0	

Fonte: Wheelwright e Makridakis (1978).

Tabela 4.12: Vendas de Óleo Lubrificante

Ano	Jan.	Fev.	Mar.	Abr.	Mai.	Jun.	Jul.	Ago.	Set.	Out.	Nov.	Dez.
1975	317	194	312	316	322	334	317	356	428	411	494	412
1976	460	395	392	447	452	571	517	397	410	579	473	558
1977	538	570	600	565	485	604	527	603	604	790	714	653
1978	626	690	680	673	613	744	718	767	728	793	726	777

Fonte: Montgomery e Johnson (1976).

4.5. PROBLEMAS

10. Utilize as observações do Problema 9 e aplique o método de Holt-Winters multiplicativo, com $s = 12$, $A = 0,2$, $C = 0,1$ e $D = 0,1$, da seguinte maneira:

    (a) utilize as observações de 1970 para calcular os valores iniciais;
    (b) utilize os anos de 1971 e 1972 para ajustar o modelo ("backforecasting");
    (c) calcule as previsões, com origem em dezembro de 1972, para todo o ano de 1973;
    (d) compare os resultados com os obtidos no Problema 9.

Tabela 4.13:   Série de vendas de refrigerante, janeiro de 1970
a dezembro de 1973

Ano	Jan.	Fev.	Mar.	Abr.	Mai.	Jun.	Jul.	Ago.	Set.	Out.	Nov.	Dez.
1970	143	138	195	225	175	389	454	618	770	564	327	235
1971	189	326	289	293	279	552	664	827	1000	502	512	300
1972	359	264	315	361	414	647	836	901	1104	874	683	352
1973	332	244	320	437	544	830	1011	1081	1400	1123	713	487

11. **RiskMetrics**. Este é um procedimento desenvolvido pelo banco J.P. Morgan e pela agência Reuters para o cálculo do VaR (valor em risco) de uma carteira de ativos financeiros. O modelo adotado aqui é aquele dado em (2.24), e para o qual a variância condicional σ_t^2 segue o modelo

$$\sigma_t^2 = \alpha \sigma_{t-1}^2 + (1 - \alpha) r_t^2,$$

para $0 < \alpha < 1$. Ou seja, a variância condicional no instante t depende da variância no instante anterior e do quadrado do retorno no instante t.

Considere os retornos diários do Ibovespa, do Exemplo 1.9 (a) e estime α para esta série. Estime a variância um e dois passos a frente, a partir da última observação.

12. Refaça o Problema 7 utilizando a série Atmosfera–Umidade.

13. Refaça os Problemas 9 e 10 considerando a série Ozônio separando o ano de 1956 para calcular os valores iniciais e o período de 1957 a 1969 para ajustar o modelo. As previsões deverão ser feitas para o ano de 1970.

14. Utilizando a série Índices–Bebida, aplique o método de Holt-Winters multiplicativo com $s = 12$, $A = 0,4$, $C = 0,6$ e $D = 0,3$.

(a) Utilize o ano de 1985 para calcular os valores iniciais e o período de 1986 a 1999 para fazer o ajustamento do modelo.

(b) Faça as previsões para os sete primeiros meses de 2000, com origem em dezembro de 1999; atualize-as.

(c) Faça um gráfico das previsões e dos valores reais.

(d) Refaça o item (c) utilizando as previsões atualizadas.

CAPÍTULO 5

Modelos ARIMA

5.1 Introdução

Uma metodologia bastante utilizada na análise de modelos paramétricos é conhecida como abordagem de Box e Jenkins (1976). Tal metodologia consiste em ajustar modelos autorregressivos integrados de médias móveis, ARIMA(p, d, q), a um conjunto de dados. Para uma atualização do texto original veja Box et al. (1994).

A estratégia para a construção do modelo será baseada em um ciclo iterativo, no qual a escolha da estrutura do modelo é baseada nos próprios dados. Os estágios do ciclo iterativo são:

(a) uma classe geral de modelos é considerada para a análise, no caso os modelos ARIMA (*especificação*);

(b) há *identificação* de um modelo, com base na análise de autocorrelações, autocorrelações parciais e outros critérios;

(c) a seguir vem a fase de *estimação*, na qual os parâmetros do modelo identificado são estimados;

(d) finalmente, há a *verificação* ou *diagnóstico* do modelo ajustado, por meio de uma análise de resíduos, para se saber se este é adequado para os fins em vista (previsão, por exemplo).

Caso o modelo não seja adequado, o ciclo é repetido, voltando-se à fase de identificação. Um procedimento que muitas vezes é utilizado é identificar não só um único modelo, mas alguns modelos que serão então estimados e verificados. Se o propósito é previsão, escolher-se-á entre os modelos ajustados o melhor, por exemplo, no sentido de fornecer o menor erro quadrático médio de previsão.

112   CAPÍTULO 5. MODELOS ARIMA

A fase crítica do procedimento acima é a identificação. Vários métodos alternativos de identificação têm sido sugeridos na literatura. No Capítulo 6 voltaremos a este assunto.

Em geral, os modelos postulados são *parcimoniosos*, pois contêm um número pequeno de parâmetros e as previsões obtidas são bastante precisas, comparando-se favoravelmente com outros métodos de previsão. A técnica de Box e Jenkins requer experiência e algum conhecimento além do uso automático de um pacote de computador.

Outras referências para o material desse capítulo são Nelson (1976), Anderson (1976), Jenkins (1979), Wei (1990) e Brockwell e Davis (2002).

Atualmente, há um número grande de pacotes disponíveis para a análise de modelos ARIMA. Além de pacotes do repositório R, mencionamos os programas S-PLUS, MINITAB, SCA, ITSM e EViews.

Vamos introduzir, agora, uma notação de operadores que será usada extensivamente neste e nos capítulos seguintes. A familiaridade com esta notação facilitará bastante a manipulação dos modelos a serem estudados.

Estes operadores são:

(a) operador translação para o passado, denotado por B e definido por

$$BZ_t = Z_{t-1}, \ B^m Z_t = Z_{t-m};$$

(b) operador translação para o futuro, denotado por F e definido por

$$FZ_t = Z_{t+1}, \ F^m Z_t = Z_{t+m};$$

(c) operador diferença, já definido antes,

$$\Delta Z_t = Z_t - Z_{t-1} = (1 - B)Z_t.$$

Segue-se que

$$\Delta = 1 - B; \quad e$$

(d) operador soma, denotado por S e definido por

$$SZ_t = \sum_{j=0}^{\infty} Z_{t-j} = Z_t + Z_{t-1} + \cdots = (1 + B + B^2 + \cdots)Z_t,$$

do que segue

$$SZ_t = (1 - B)^{-1}Z_t = \Delta^{-1}Z_t,$$

ou seja,

$$S = \Delta^{-1}.$$

5.2. MODELOS LINEARES ESTACIONÁRIOS

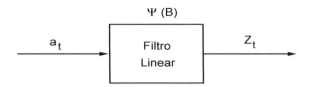

Figura 5.1: Filtro linear, com entrada a_t, saída Z_t e função de transferência $\psi(B)$.

5.2 Modelos lineares estacionários

5.2.1 Processo linear geral

Os modelos que serão estudados neste capítulo são casos particulares de um *modelo de filtro linear*. Este modelo supõe que a série temporal seja gerada por meio de um filtro linear (ou sistema linear), cuja entrada é ruído branco; ver Figura 5.1.

Formalmente, temos que

$$Z_t = \mu + a_t + \psi_1 a_{t-1} + \psi_2 a_{t-2} + \cdots = \mu + \psi(B)a_t, \tag{5.1}$$

em que

$$\psi(B) = 1 + \psi_1 B + \psi_2 B^2 + \cdots \tag{5.2}$$

é denominada *função de transferência* do filtro e μ é um parâmetro determinando o nível da série.

Z_t dado por (5.1) é um *processo linear* (discreto). Lembremos que

$$\begin{aligned} E(a_t) &= 0, \quad \forall t, \\ \mathrm{Var}(a_t) &= \sigma_a^2, \quad \forall t, \\ E(a_t a_s) &= 0, \quad s \neq t. \end{aligned}$$

Chamando $\tilde{Z}_t = Z_t - \mu$, temos que

$$\tilde{Z}_t = \psi(B)a_t. \tag{5.3}$$

Se a sequência de pesos $\{\psi_j, j \geq 1\}$ for finita ou infinita e convergente, o filtro é estável (somável) e Z_t é estacionária. Neste caso, μ é a média do processo. Caso contrário, Z_t é não estacionária e μ não tem significado específico, a não ser como um ponto de referência para o nível da série.

114   CAPÍTULO 5. MODELOS ARIMA

De (5.1) temos que

$$E(Z_t) = \mu + E\left(a_t + \sum_{j=1}^{\infty} \psi_j a_{t-j}\right)$$

e como $E(a_t) = 0$, para todo t, temos que $E(Z_t) = \mu$ se a série $\sum_{j=1}^{\infty} \psi_j$ convergir.
É fácil ver que a facv γ_j de Z_t é dada por

$$\gamma_j = \sigma_a^2 \sum_{i=0}^{\infty} \psi_i \psi_{i+j}, \tag{5.4}$$

com $\psi_0 = 1$ (veja o Problema 6). Em particular, para $j = 0$, obtemos a variância
de Z_t,

$$\gamma_0 = \text{Var}(Z_t) = \sigma_a^2 \sum_{j=0}^{\infty} \psi_j^2. \tag{5.5}$$

A condição para que (5.4) e (5.5) existam é que $\sum_{j=0}^{\infty} \psi_j^2 < \infty$.

Temos, pois, que a média e a variância de Z_t são constantes e a covariância
só depende de j, logo Z_t é estacionária.

Podemos escrever $\tilde{Z}_t$ em uma forma alternativa, como uma soma ponderada
de valores passados $\tilde{Z}_{t-1}, \tilde{Z}_{t-2}, \ldots$ mais um ruído a_t:

$$\tilde{Z}_t = \pi_1 \tilde{Z}_{t-1} + \pi_2 \tilde{Z}_{t-2} + \cdots + a_t = \sum_{j=1}^{\infty} \pi_j \tilde{Z}_{t-j} + a_t. \tag{5.6}$$

Segue-se que

$$\left(1 - \sum_{j=1}^{\infty} \pi_j B^j\right) \tilde{Z}_t = a_t$$

ou

$$\pi(B)\tilde{Z}_t = a_t, \tag{5.7}$$

onde $\pi(B)$ é o operador

$$\pi(B) = 1 - \pi_1 B - \pi_2 B^2 - \cdots \tag{5.8}$$

De (5.7) e (5.3) temos

$$\pi(B)\psi(B)a_t = a_t \; ,$$

de modo que

$$\pi(B) = \psi^{-1}(B). \tag{5.9}$$

Esta relação pode ser usada para obter os pesos π_j em função dos pesos ψ_j e
vice-versa.

5.2. MODELOS LINEARES ESTACIONÁRIOS

Condições de estacionariedade e invertibilidade

Vamos ilustrar com dois exemplos antes de enunciar as condições.

Exemplo 5.1. Considere o processo (5.1) onde $\psi_j = \phi^j$, $j = 1, 2, 3, \ldots$, $\psi_0 = 1$ e $|\phi| < 1$. Temos que

$$\sum_{j=0}^{\infty} \psi_j = \sum_{j=0}^{\infty} \phi^j = \frac{1}{1 - \phi},$$

logo $E(Z_t) = \mu$. Do mesmo modo, usando (5.4) e (5.5), dado que a série $\sum \psi_j^2$ converge, obtemos

$$\gamma_0 = \frac{\sigma_a^2}{1 - \phi^2}$$

e

$$\gamma_j = \frac{\phi^j}{1 - \phi^2} \sigma_a^2, \quad j \geq 1. \tag{5.10}$$

Suponha por exemplo que $\phi = 1$ e $\mu = 0$; então

$$Z_t = a_t + a_{t-1} + \cdots$$

e $\sum \psi_j$ não converge; o processo será não estacionário. Como

$$Z_t = Z_{t-1} + a_t,$$

segue-se que

$$\Delta Z_t = Z_t - Z_{t-1} = a_t. \tag{5.11}$$

Dizemos que Z_t é um *passeio aleatório*; seu valor no instante t é uma "soma" de choques aleatórios que "entraram" no sistema (Figura 5.1) desde o passado remoto até o instante t; por outro lado, a primeira diferença é ruído branco.

Como

$$
\begin{aligned}
\psi(B) &= 1 + \psi_1 B + \psi_2 B^2 + \cdots = 1 + \phi B + \phi^2 B^2 + \cdots \\
&= \sum_{j=0}^{\infty} \phi^j B^j = \sum_{j=0}^{\infty} (\phi B)^j
\end{aligned}
$$

vemos que a série converge se $|B| \leq 1$, ou seja, o processo é estacionário se o operador $\psi(B)$ convergir para $|B| \leq 1$, isto é, dentro de e sobre o círculo unitário.

Exemplo 5.2. Consideremos, agora, um caso particular de (5.3),

$$\tilde{Z}_t = a_t - \theta a_{t-1}, \tag{5.12}$$

CAPÍTULO 5. MODELOS ARIMA

ou seja, $\psi_1 = -\theta$, $\psi_j = 0$, $j > 1$. Como $\sum \psi_j = 1 - \theta$, vemos que (5.12) define um processo estacionário para qualquer valor de θ. Vejamos como deve ser θ para que possamos escrever $\tilde{Z}_t$ em termos de valores passados $\tilde{Z}_{t-1}$, $\tilde{Z}_{t-2}$ etc. De (5.12) temos

$$\tilde{Z}_t = (1 - \theta B)a_t \Rightarrow a_t = (1 - \theta B)^{-1}\tilde{Z}_t = (1 + \theta B + \theta^2 B^2 + \cdots)\tilde{Z}_t.$$

Comparando com (5.7), vem que

$$\pi(B) = 1 + \theta B + \theta^2 B^2 + \cdots = \sum_{j=0}^{\infty} \theta^j B^j \text{ e } \pi_j = -\theta^j, \ j \geq 1.$$

A sequência formada pelos pesos π_j será convergente se $|\theta| < 1$ e neste caso dizemos que o processo é *invertível*. Segue-se que para o processo ser invertível o operador $\pi(B)$ deve convergir para $|B| \leq 1$, e

$$\tilde{Z}_t = -\theta\tilde{Z}_{t-1} - \theta^2\tilde{Z}_{t-2} + \cdots + a_t.$$

Proposição 5.1 Um processo linear será estacionário se a série $\psi(B)$ convergir para $|B| \leq 1$; será invertível se $\pi(B)$ convergir para $|B| \leq 1$.

Para uma demonstração deste fato, veja Box et al. (1994).

Utilizando (2.33) e (5.4), pode-se demonstrar que a função densidade espectral, ou espectro, de um processo linear estacionário é dada por

$$f(\lambda) = \frac{\sigma_a^2}{2\pi}|\psi(e^{-i\lambda})|^2, \quad -\pi \leq \lambda \leq \pi, \tag{5.13}$$

em que

$$\psi(e^{-i\lambda}) = 1 + \psi_1 e^{-i\lambda} + \psi_2 e^{-2i\lambda} + \psi_3 e^{-3i\lambda} + \cdots$$

ou seja, o polinômio linear geral aplicado em $e^{-i\lambda}$. Para mais detalhes ver Box et al. (1994) e Priestley (1981).

5.2.2 Modelos autorregressivos

Se em (5.6) $\pi_j = 0$, $j > p$, obtemos um *modelo autorregressivo de ordem p*, que denotaremos AR(p)

$$\tilde{Z}_t = \phi_1\tilde{Z}_{t-1} + \phi_2\tilde{Z}_{t-2} + \cdots + \phi_p\tilde{Z}_{t-p} + a_t , \tag{5.14}$$

renomeando os pesos de π_j para ϕ_j, de acordo com a notação usual.

Se definirmos o operador autorregressivo estacionário de ordem p

$$\phi(B) = 1 - \phi_1 B - \phi_2 B^2 - \cdots - \phi_p B^p, \tag{5.15}$$

então pode-se escrever

$$\phi(B)\tilde{Z}_t = a_t. \tag{5.16}$$

5.2. MODELOS LINEARES ESTACIONÁRIOS

Exemplo 5.3. O caso mais simples é o modelo autorregressivo de ordem $p = 1$, AR(1)

$$\tilde{Z}_t = \phi \tilde{Z}_{t-1} + a_t, \tag{5.17}$$

de maneira que Z_t depende apenas de Z_{t-1} e do ruído no instante t.

Como $\pi(B) = \phi(B) = 1 - \phi B$, o processo é sempre invertível.

Substituindo-se, sucessivamente, $\tilde{Z}_{t-1}, \tilde{Z}_{t-2}$, etc., em (5.17), obtemos

$$\tilde{Z}_t = a_t + \phi a_{t-1} + \phi^2 a_{t-2} + \cdots = \sum_{j=0}^{\infty} \phi^j a_{t-j},$$

ou seja,

$$\tilde{Z}_t = \psi(B) a_t = (1 + \phi B + \phi^2 B^2 + \cdots) a_t.$$

Vemos, então, que

$$\psi(B) = \sum_{j=0}^{\infty} \phi^j B^j = [\phi(B)]^{-1} = (1 - \phi B)^{-1}$$

e de acordo com a Proposição 5.1, o processo será estacionário se $\psi(B)$ convergir para $|B| \leq 1$. Segue-se que devemos ter $|\phi| < 1$. Como a raiz da equação $\phi(B) = 1 - \phi B = 0$ é $B = \phi^{-1}$, esta condição é equivalente a dizer que a raiz de $\phi(B) = 0$ deve cair *fora* do círculo unitário.

Exemplo 5.4. A Figura 5.2 apresenta o gráfico de uma série de 50 observações geradas de acordo com o modelo AR(1)

$$Z_t = 0,8 Z_{t-1} + a_t,$$

onde $a_t \sim N(0, 1)$.

Vejamos, agora, as principais características de um processo representado pelo modelo AR(p).

A: Estacionariedade e Invertibilidade

Como $\pi(B) = \phi(B) = 1 - \phi_1 B - \cdots - \phi_p B^p$ é finito, não há restrições sobre os parâmetros para assegurar a invertibilidade de Z_t.

Sejam G_i^{-1}, $i = 1, \ldots, p$, as raízes da *equação característica* $\phi(B) = 0$; então podemos escrever

$$\phi(B) = (1 - G_1 B)(1 - G_2 B) \cdots (1 - G_p B)$$

e, expandindo em frações parciais,

$$\psi(B) = \phi^{-1}(B) = \sum_{i=1}^{p} \frac{A_i}{1 - G_i B}. \tag{5.18}$$

Se $\psi(B)$ deve convergir para $|B| \leq 1$ devemos ter que $|G_i| < 1$, $i = 1, \ldots, p$. Esta condição é equivalente a que a *equação característica* $\phi(B) = 0$ tenha raízes *fora* do círculo unitário. Esta é a condição de estacionariedade.

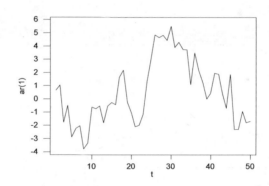

Figura 5.2: Gráfico da série simulada, modelo AR(1): $Z_t = 0,8 Z_{t-1} + a_t$.

B: Função de autocorrelação

Multiplicando-se ambos os membros de (5.14) por $\tilde{Z}_{t-j}$ e tomando-se a esperança obtemos

$$\begin{aligned}E(\tilde{Z}_t \tilde{Z}_{t-j}) &= \phi_1 E(\tilde{Z}_{t-1}\tilde{Z}_{t-j}) + \phi_2 E(\tilde{Z}_{t-2}\tilde{Z}_{t-j}) + \cdots \\ &\quad + \phi_p E(\tilde{Z}_{t-p}\tilde{Z}_{t-j}) + E(a_t \tilde{Z}_{t-j}).\end{aligned}$$

Devido a (5.14), $\tilde{Z}_{t-j}$ só envolve ruídos até a_{t-j}, não correlacionados com a_t, $E(a_t \tilde{Z}_{t-j}) = 0$, $j > 0$, do que resulta

$$\gamma_j = \phi_1 \gamma_{j-1} + \phi_2 \gamma_{j-2} + \cdots + \phi_p \gamma_{j-p}, \quad j > 0. \tag{5.19}$$

5.2. MODELOS LINEARES ESTACIONÁRIOS   119

Dividindo-se por $\gamma_0 = \mathrm{Var}(Z_t)$, obtemos

$$\rho_j = \phi_1\rho_{j-1} + \phi_2\rho_{j-2} + \cdots + \phi_p\rho_{j-p}, \quad j > 0. \tag{5.20}$$

que também pode ser escrita

$$\phi(B)\rho_j = 0, \tag{5.21}$$

onde o operador B agora age em j: $B\rho_j = \rho_{j-1}$ etc. Se

$$\phi(B) = \prod_{i=1}^{p}(1 - G_iB),$$

então pode-se demonstrar que a solução geral de (5.20) é, no caso de raízes distintas,

$$\rho_j = A_1G_1^j + A_2G_2^j + \cdots + A_pG_p^j. \tag{5.22}$$

Como $|G_i| < 1$, duas situações podem ocorrer:

(a) se G_i for real, o termo $A_iG_i^j$ decai geometricamente para zero (amortecimento exponencial);

(b) um par de raízes complexas conjugadas contribui com um termo da forma $Ad^j\mathrm{sen}(2\pi fj + \varphi)$ (senóide amortecida).

Genericamente, a função de autocorrelação de um processo autorregressivo é constituída de uma mistura de polinômios, exponenciais e senóides amortecidas (veja o Apêndice A).

Para $j = 0$ na expressão de $E(\tilde{Z}_t\tilde{Z}_{t-j})$ obtemos

$$\mathrm{Var}(\tilde{Z}_t) = \mathrm{Var}(Z_t) = \gamma_0 = \phi_1\gamma_{-1} + \cdots + \phi_p\gamma_{-p} + \sigma_a^2$$

e como $\gamma_{-j} = \gamma_j$, obtemos

$$1 = \phi_1\rho_1 + \cdots + \phi_p\rho_p + \frac{\sigma_a^2}{\gamma_0},$$

ou seja,

$$\mathrm{Var}(Z_t) = \sigma_Z^2 = \frac{\sigma_a^2}{1 - \phi_1\rho_1 - \cdots - \phi_p\rho_p}. \tag{5.23}$$

Se fizermos $j = 1, 2, \ldots, p$ em (5.20) obtemos

$$\begin{aligned}
\rho_1 &= \phi_1 + \phi_2\rho_1 + \cdots + \phi_p\rho_{p-1} \\
\rho_2 &= \phi_1\rho_1 + \phi_2 + \cdots + \phi_p\rho_{p-2} \\
&\cdots \\
\rho_p &= \phi_1\rho_{p-1} + \phi_2\rho_{p-2} + \cdots + \phi_p \,,
\end{aligned} \tag{5.24}$$

120   CAPÍTULO 5. MODELOS ARIMA

que são denominadas *equações de Yule-Walker*. Em forma matricial podemos escrever

$$
\begin{bmatrix}
1 & \rho_1 \cdots \rho_{p-1} \\
\rho_1 & 1 \cdots \rho_{p-2} \\
\cdots & \cdots \\
\rho_{p-1} & \rho_{p-2} \cdots 1
\end{bmatrix}
\begin{bmatrix}
\phi_1 \\
\phi_2 \\
\vdots \\
\phi_p
\end{bmatrix}
=
\begin{bmatrix}
\rho_1 \\
\rho_2 \\
\vdots \\
\rho_p
\end{bmatrix}.
\tag{5.25}
$$

Podemos estimar os coeficientes $\phi_1, \ldots, \phi_p$ do modelo AR(p) usando (5.25), substituindo-se as fac ρ_j por suas estimativas r_j, dadas em (2.16).

As equações de Yule-Walker podem ser resolvidas usando um procedimento recursivo, para ordens sucessivas $p = 1, 2, 3, \ldots$ Este procedimento é conhecido como *algoritmo de Durbin-Levinson*. Na realidade, o algoritmo foi introduzido por Levinson (1946), para determinação dos pesos de um filtro linear e foi posteriormente "redescoberto" por vários autores; ver Durbin (1960), por exemplo.

Algoritmo de Durbin-Levinson

Seja $\phi_k^{(p)}$ o k-ésimo coeficiente quando ajustamos um modelo AR(p). Sejam c_j as covariâncias amostrais e $\hat{\sigma}_k^2$ a estimativa da variância residual σ_a^2, para um modelo de ordem k. Então, o algoritmo consiste dos seguintes passos:

(i) iniciamos o procedimento com $\hat{\sigma}_0^2 = c_0$ e calculamos

$$
\phi_1^{(1)} = \frac{c_1}{c_0}, \quad \hat{\sigma}_1^2 = \left[1 - (\phi_1^{(1)})^2\right]\hat{\sigma}_0^2;
\tag{5.26}
$$

(ii) no estágio p, calculam-se

$$
\phi_p^{(p)} = \left[c_p - \sum_{k=1}^{p-1} \phi_k^{(p-1)} c_{p-k}\right]\hat{\sigma}_{p-1}^2,
\tag{5.27}
$$

$$
\hat{\sigma}_p^2 = \left[1 - (\phi_p^{(p)})^2\right]\hat{\sigma}_{p-1}^2,
\tag{5.28}
$$

com base nas estimativas do estágio $p - 1$;

(iii) os outros coeficientes são então atualizados, completando o procedimento recursivo.

$$
\phi_k^{(p)} = \phi_k^{(p-1)} - \phi_p^{(p)}\phi_{p-k}^{(p-1)}, \quad k = 1, \ldots, p - 1.
\tag{5.29}
$$

Burg (1967, 1975) introduziu um algoritmo semelhante, mas que trabalha diretamente com os dados, em vez de usar as covariâncias amostrais. Veja Ulrych e Bishop (1975) para uma comparação dos dois algoritmos. O algoritmo de Burg é

5.2. MODELOS LINEARES ESTACIONÁRIOS

importante em conexão com os chamados estimadores espectrais de máxima entropia. Uma resenha das aplicações do algoritmo de Levinson em séries temporais é dada em Morettin (1984).

C: Função densidade espectral

Utilizando (5.13) e lembrando que $\phi(B) = \psi^{-1}(B)$ temos que o espectro de um processo AR(p) é

$$
f(\lambda) = \frac{\sigma_a^2}{2\pi|\phi(e^{-i\lambda})|^2}, \quad -\pi \le \lambda \le \pi \tag{5.30}
$$

$$
= \frac{\sigma_a^2}{2\pi|1 - \phi_1 e^{-i\lambda} - \phi_2 e^{-2i\lambda} - \cdots - \phi_p e^{-pi\lambda}|^2}
$$

Exemplo 5.5. Voltemos ao modelo AR(1), dado por (5.17). Já vimos que $-1 < \phi < 1$ é a condição de estacionariedade. De (5.20) temos que

$$
\rho_j = \phi \rho_{j-1}, \quad j > 0,
$$

que tem solução

$$
\rho_j = \phi^j, \quad j \ge 0. \tag{5.31}
$$

A variância do processo é dada por (5.23)

$$
\sigma_Z^2 = \frac{\sigma_a^2}{1 - \phi \rho_1} = \frac{\sigma_a^2}{1 - \phi^2}. \tag{5.32}
$$

A facv é dada por

$$
\gamma_j = \sigma_a^2 \frac{\phi^j}{1 - \phi^2} = \gamma_0 \phi^j, \quad j \ge 1. \tag{5.33}
$$

A função densidade espectral é

$$
f(\lambda) = \frac{\sigma_a^2}{2\pi|1 - \phi_1 e^{-i\lambda}|^2} = \frac{\sigma_a^2}{2\pi(1 + \phi_1^2 - 2\phi_1 \cos(\lambda))}, \quad -\pi \le \lambda \le \pi. \tag{5.34}
$$

Suponha que $\phi = 0,8$, então $\rho_j = (0,8)^j$, $j \ge 0$ e a função de autocorrelação decai exponencialmente, com valores todos positivos; se $\phi = -0,8$, $\rho_j = (-0,8)^j$, $j \ge 0$, e a função de autocorrelação decai exponencialmente, alternando valores positivos e negativos (Figura 5.3). A função densidade espectral, considerando $\sigma_a^2 = 1$, é apresentada na Figura 5.4.

No Exemplo 5.4 vimos uma série gerada com $\phi = 0,8$; a Tabela 5.1 e a Figura 5.5 apresentam as estimativas de ρ_j e os verdadeiros valores para $j = 1, 2, \ldots, 10$. As fac amostrais foram calculadas pelas fórmulas (2.16) e (2.17).

Tabela 5.1: Fac teóricas e amostrais para o modelo AR(1), $\phi = 0,8$

j	1	2	3	4	5	6	7	8	9	10
ρ_j	0,80	0,64	0,51	0,41	0,33	0,26	0,21	0,17	0,13	0,11
r_j	0,81	0,69	0,58	0,44	0,30	0,26	0,19	0,15	0,07	0,01

Veremos, mais tarde, como verificar se as autocorrelações são significativamente diferentes de zero ou não, isto é, testaremos a hipótese $H : \rho_j = 0$, para $j > 1$, baseados nas fac amostrais r_j.

Como num caso prático não conhecemos ϕ e teremos que estimá-lo, somente poderemos estimar os verdadeiros ρ_j através das r_j e deste modo deveremos nos basear nas r_j para identificar o modelo apropriado, como veremos no Capítulo 6.

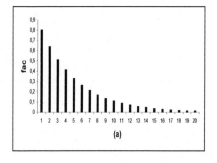 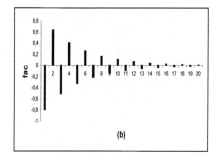

Figura 5.3: **Autocorrelações de um processo AR(1).**

Lembremos que, para processos estacionários, $\tilde{Z}_t = Z_t - \mu$, onde μ é a média do processo. Assim, em (5.17), podemos escrever

$$Z_t - \mu = \phi(Z_{t-1} - \mu) + a_t.$$

Muitas vezes o modelo pode ser apresentado de maneira diferente, figurando uma constante, que não é a média. Por exemplo, considere o modelo AR(1)

$$Z_t = \phi Z_{t-1} + a_t + \theta_0, \quad |\phi| < 1. \tag{5.35}$$

5.2. MODELOS LINEARES ESTACIONÁRIOS

Então, tomando a esperança de ambos os lados,

$$E(Z_t) = \phi E(Z_{t-1}) + E(a_t) + \theta_0.$$

Como o processo é estacionário, $E(Z_t) = E(Z_{t-1}) = \mu$, logo $\mu = \phi\mu + \theta_0$, e portanto,

$$\mu = \frac{\theta_0}{1-\phi}.$$

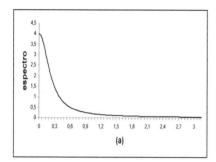 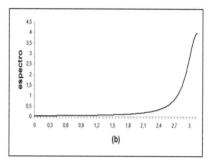

Figura 5.4: Espectro de um processo AR(1).

Escrevendo-se na forma simplificada

$$\tilde{Z}_t = \phi \tilde{Z}_{t-1} + a_t,$$
$$\tilde{Z}_t = Z_t - \mu = Z_t - \frac{\theta_0}{1-\phi}.$$

Observe que, em (5.35), se $\theta_0 = 0$, $\mu = 0$. Em geral, um processo AR(p) pode ser escrito como

$$Z_t - \mu = \phi_1(Z_{t-1} - \mu) + \ldots + \phi_p(Z_{t-p} - \mu) + a_t,$$

ou ainda

$$Z_t = \theta_0 + \phi_1 Z_{t-1} + \ldots + \phi_p Z_{t-p} + a_t,$$

com
$$\mu = \frac{\theta_0}{1 - \phi_1 - \ldots - \phi_p}.$$

Exemplo 5.6. Consideremos, agora, o modelo AR(2)

$$\tilde{Z}_t = \phi_1 \tilde{Z}_{t-1} + \phi_2 \tilde{Z}_{t-2} + a_t, \tag{5.36}$$

que pode ser escrito na forma $\phi(B)\tilde{Z}_t = a_t$, com

$$\phi(B) = 1 - \phi_1 B - \phi_2 B^2. \tag{5.37}$$

Então, pode-se demonstrar (veja o Problema 7) que Z_t é estacionário se (as raízes de $\phi(B) = 0$ estiverem fora do círculo unitário)

$$\phi_1 + \phi_2 < 1, \quad \phi_2 - \phi_1 < 1, \quad -1 < \phi_2 < 1. \tag{5.38}$$

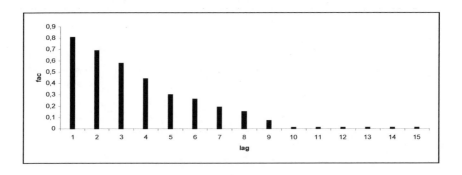

Figura 5.5: Fac amostral para o modelo **AR(1)**, $\phi = 0,8$.

Esta região está representada na Figura 5.6.

5.2. MODELOS LINEARES ESTACIONÁRIOS

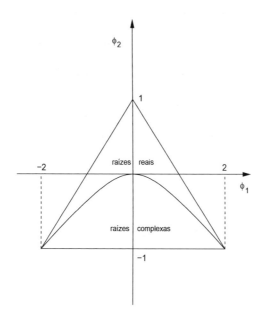

Figura 5.6: Região de estacionariedade para um modelo AR(2).

Usando (5.23), temos que

$$\gamma_0 = \sigma_Z^2 = \frac{\sigma_a^2}{1 - \phi_1 \rho_1 - \phi_2 \rho_2} \tag{5.39}$$

enquanto as fac são dadas por

$$\rho_j = \phi_1 \rho_{j-1} + \phi_2 \rho_{j-2}, \quad j > 0. \tag{5.40}$$

Segue-se que

$$\rho_1 = \frac{\phi_1}{1 - \phi_2}, \quad \rho_2 = \frac{\phi_1^2}{1 - \phi_2} + \phi_2, \tag{5.41}$$

e as demais são dadas por (5.40), para $j > 2$.

A função densidade espectral, utilizando (5.30), é dada por

$$\begin{aligned} f(\lambda) &= \frac{\sigma_a^2}{2\pi |1 - \phi_1 e^{-i\lambda} - \phi_2 e^{-2i\lambda}|^2}, \quad -\pi \le \lambda \le \pi \\ &= \frac{\sigma_a^2}{2\pi (1 + \phi_1^2 + \phi_2^2 - 2\phi_1(1 - \phi_2)\cos(\lambda) - 2\phi_2 \cos(2\lambda))} \end{aligned} \tag{5.42}$$

As Figuras 5.7 e 5.8 ilustram a fac e a função densidade espectral de (5.36) para $\phi_1 = 0,5, \phi_2 = 0,3$ e $\phi_1 = 1,0, \phi_2 = -0,89$, respectivamente.

5.2.3 Modelos de médias móveis

Considere o processo linear (5.1) e suponha que $\psi_j = 0$, $j > q$; obtemos um processo de médias móveis de ordem q, que denotaremos por MA(q) (de "moving average"). De agora em diante usaremos a notação

$$Z_t = \mu + a_t - \theta_1 a_{t-1} - \cdots - \theta_q a_{t-q} \tag{5.43}$$

e sendo $\tilde{Z}_t = Z_t - \mu$, teremos

$$\tilde{Z}_t = (1 - \theta_1 B - \cdots - \theta_q B^q)a_t = \theta(B)a_t, \tag{5.44}$$

onde

$$\theta(B) = 1 - \theta_1 B - \theta_2 B^2 - \cdots - \theta_q B^q \tag{5.45}$$

é o operador de médias móveis de ordem q.

Exemplo 5.7. O exemplo mais simples é o MA(1),

$$\tilde{Z}_t = a_t - \theta a_{t-1}, \tag{5.46}$$

ou

$$\tilde{Z}_t = (1 - \theta B)a_t,$$

de modo que $\theta(B) = 1 - \theta B$. Como $\psi(B) = 1 - \theta B$ é finito, o processo é sempre estacionário, de acordo com a Proposição 5.1.

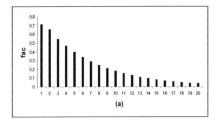 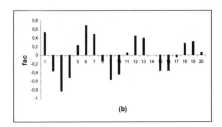

Figura 5.7: Fac para modelo AR(2): (a) $\phi_1 = 0,5$; $\phi_2 = 0,3$; **(b)** $\phi_1 = 1,0$; $\phi_2 = -0,89$.

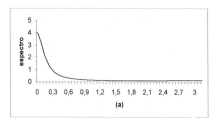 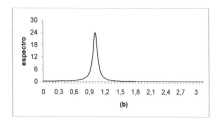

Figura 5.8: Espectro de um processo AR(2): (a) $\phi_1 = 0,5$; $\phi_2 = 0,3$; (b) $\phi_1 = 1,0$; $\phi_2 = -0,89$.

Como
$$a_t = [\theta(B)]^{-1}\tilde{Z}_t = \frac{1}{1-\theta B}\tilde{Z}_t = (1 + \theta B + \theta^2 B^2 + \cdots)\tilde{Z}_t,$$

obtemos a forma invertível
$$\tilde{Z}_t = -\theta\tilde{Z}_{t-1} - \theta^2\tilde{Z}_{t-2} - \cdots + a_t$$

se $|\theta| < 1$, ou seja, a série $\pi(B) = \theta^{-1}(B)$ acima converge para $|B| \leq 1$. Isto é equivalente a dizer que os zeros de $\theta(B) = 1 - \theta B = 0$ estão fora do círculo unitário (veja Exemplo 5.2).

Exemplo 5.8. A Figura 5.9 ilustra o gráfico de uma série de 50 observações geradas de acordo com o modelo MA(1)
$$Z_t = a_t - 0,8a_{t-1},$$
onde $a_t \sim \mathcal{N}(0,1)$.

Voltemos ao modelo genérico MA(q) e investiguemos suas principais características.

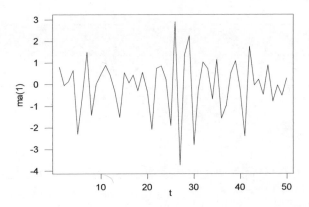

Figura 5.9: Gráfico da série simulada, modelo MA(1): $Z_t = a_t - 0.8 a_{t-1}$.

A: Estacionariedade e Invertibilidade

Dado que $\psi(B) = 1 - \theta_1 B - \cdots - \theta_q B^q$, não há restrições sobre os parâmetros θ_j para que o processo seja estacionário.

Usando um argumento completamente similar ao que foi feito para um modelo AR(p), no caso de estacionariedade, pode-se verificar que a condição de invertibilidade para um modelo MA(q) é que as raízes da equação característica $\theta(B) = 0$ estejam *fora* do círculo unitário. Nestas condições, um modelo MA(q) é equivalente a um modelo AR de ordem infinita.

B: Função de autocorrelação

De (5.43) temos que a facv é

$$\begin{aligned}
\gamma_j &= E\{\tilde{Z}_t \tilde{Z}_{t-j}\} = E\left\{\left[a_t - \sum_{k=1}^{q} \theta_k a_{t-k}\right]\left[a_{t-j} - \sum_{l=1}^{q} \theta_l a_{t-j-l}\right]\right\} \\
&= E(a_t a_{t-j}) - \sum_{k=1}^{q} \theta_k E(a_{t-j} a_{t-k}) - \sum_{l=1}^{q} \theta_l E(a_t a_{t-j-l}) \\
&\quad + \sum_{k=1}^{q} \sum_{l=1}^{q} \theta_k \theta_l E\{a_{t-k} a_{t-j-l}\}.
\end{aligned}$$

Lembremos que

$$\gamma_a(j) = E(a_t a_{t-j}) = \begin{cases} \sigma_a^2, & j = 0, \\ 0, & j \neq 0, \end{cases}$$

5.2. MODELOS LINEARES ESTACIONÁRIOS

129

logo,
$$\gamma_0 = \text{Var}(Z_t) = \sigma_Z^2 = (1 + \theta_1^2 + \cdots + \theta_q^2)\sigma_a^2 \qquad (5.47)$$

Em termos de $\gamma_a(j)$ temos que a facv de Z_t fica

$$\begin{aligned}
\gamma_j &= \gamma_a(j) - \sum_{k=1}^{q} \theta_k \gamma_a(k-j) - \sum_{l=1}^{q} \theta_l \gamma_a(j+l) \\
&\quad + \sum_{k=1}^{q}\sum_{l=1}^{q} \theta_k \theta_l \gamma_a(j+l-k)
\end{aligned}$$

do que resulta

$$\begin{aligned}
\gamma_j &= \left(1 + \sum_{l=1}^{q-j} \theta_l \theta_{j+l}\right)\sigma_a^2, \ j = 0, \\
&= (-\theta_j + \theta_1\theta_{j+1} + \theta_2\theta_{j+2} + \cdots + \theta_q\theta_{q-j})\sigma_a^2, \ j = 1, \ldots, q, \qquad (5.48) \\
&= 0, \ j > q.
\end{aligned}$$

De (5.47) e (5.48) obtemos a fac do processo,

$$\rho_j = \begin{cases} \dfrac{-\theta_j + \theta_1\theta_{j+1} + \theta_2\theta_{j+2} + \cdots + \theta_{q-j}\theta_q}{1 + \theta_1^2 + \theta_2^2 + \cdots + \theta_q^2}, & j = 1, \ldots, q, \\ 0, & j > q. \end{cases} \qquad (5.49)$$

Observemos, então, que a fac de um processo $\text{MA}(q)$ é igual a zero para "lags" maiores do que q, ao contrário do que acontece com um processo AR.

C: Função densidade espectral

Utilizando (5.13) e lembrando que, neste caso, $\psi(B) = \theta(B)$, temos que o espectro de um processo $\text{MA}(q)$ é

$$f(\lambda) = \frac{\sigma_a^2}{2\pi}|1 - \theta_1 e^{-i\lambda} - \theta_2 e^{-2i\lambda} - \cdots - \theta_q e^{-qi\lambda}|^2, \quad -\pi \le \lambda \le \pi. \qquad (5.50)$$

Exemplo 5.9. Para um processo $\text{MA}(1)$, dado por (5.46), já sabemos que a condição de invertibilidade é $-1 < \theta < 1$. A variância é

$$\sigma_Z^2 = (1 + \theta^2)\sigma_a^2$$

e a fac se obtém de (5.49):

$$\rho_j = \begin{cases} \dfrac{-\theta}{1+\theta^2}, & j = 1, \\ 0, & j \ge 2. \end{cases}$$

A função densidade espectral é dada por

$$f(\lambda) = \frac{\sigma_a^2}{2\pi}(1 + \theta^2 - 2\theta \cos \lambda), \quad -\pi \leq \lambda \leq \pi.$$

Para $\theta = 0,8$, temos que

$$\rho_1 = \frac{-0,8}{1,64} = -0,49, \quad \rho_j = 0, \; j = 2, 3, \ldots$$

e

$$f(\lambda) = \frac{\sigma_a^2}{2\pi}(1,64 - 1,6 \cos \lambda), \quad -\pi \leq \lambda \leq \pi,$$

que estão representados na Figura 5.10. Na Tabela 5.2 temos os valores teóricos de ρ_j e os valores estimados r_j. Veremos mais tarde, como testar a hipótese que $\rho_j = 0, j > 1$.

Tabela 5.2: Fac teóricas e estimadas de um modelo MA(1), $\theta = 0,8$.

j	1	2	3	4	5	6	7	8	9	10
ρ_j	-0,49	0	0	0	0	0	0	0	0	0
r_j	-0,42	-0,20	0,18	-0,01	-0,17	0.16	0,09	-0,29	0,18	-0,01

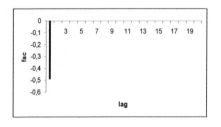 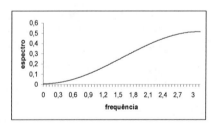

Figura 5.10: Fac e espectro ($\sigma_a^2 = 1$) para o modelo MA(1), $\theta = 0,8$.

Exemplo 5.10. Consideremos, agora, um modelo MA(2),

$$\tilde{Z}_t = a_t - \theta_1 a_{t-1} - \theta_2 a_{t-2}.$$

5.2. MODELOS LINEARES ESTACIONÁRIOS

O processo resultante será estacionário para quaisquer valores de θ_1 e θ_2, mas invertível somente se as raízes de $\theta(B) = 1 - \theta_1 B - \theta_2 B^2 = 0$ estiverem fora do círculo unitário, obtendo-se

$$\theta_2 + \theta_1 < 1, \quad \theta_2 - \theta_1 < 1, \quad -1 < \theta_2 < 1, \tag{5.51}$$

que são equivalentes às condições de estacionariedade para um AR(2).
Também,

$$
\begin{aligned}
\gamma_0 &= (1 + \theta_1^2 + \theta_2^2)\sigma_a^2, \\
\rho_1 &= \frac{-\theta_1(1 - \theta_2)}{1 + \theta_1^2 + \theta_2^2}, \\
\rho_2 &= \frac{-\theta_2}{1 + \theta_1^2 + \theta_2^2}, \\
\rho_j &= 0, \quad j = 3, 4, 5, \ldots
\end{aligned}
$$

e

$$f(\lambda) = \frac{\sigma_a^2}{2\pi} \left[1 + \theta_1^2 + \theta_2^2 - 2\theta_1(1 - \theta_2)\cos\lambda - 2\theta_2\cos(2\lambda) \right], \quad -\pi \le \lambda \le \pi.$$

Por exemplo, para $\theta_1 = 0,5$, $\theta_2 = -0,3$, temos

$$\rho_1 = -0,48, \quad \rho_2 = 0,22$$

e

$$f(\lambda) = \frac{\sigma_a^2}{2\pi}(1,34 - 1.3\cos\lambda + 0,6\cos 2\lambda), \quad -\pi \le \lambda \le \pi,$$

que estão representados na Figura 5.11.

5.2.4 Modelos autorregressivos e de médias móveis

Os modelos autorregressivos são bastante populares em algumas áreas, como em Economia, onde é natural pensar o valor de alguma variável no instante t como função de valores defasados da mesma variável. Em outras áreas, como em ciências físicas e geofísicas, o interesse em modelos autorregressivos reside em outro aspecto, que não o da previsão: deseja-se estimar o espectro do processo e os estimadores autorregressivos (ou de máxima entropia) são utilizados para tal fim. Por outro lado, representar um processo por um modelo de médias móveis puro parece não ser natural ou intuitivo.

Para muitas séries encontradas na prática, se quisermos um modelo com um número não muito grande de parâmetros, a inclusão de termos autorregressivos e de médias móveis é a solução adequada.

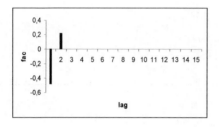 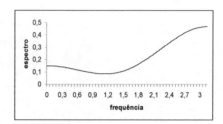

Figura 5.11: Fac e espectro ($\sigma_a^2 = 1$) para o modelo MA(2) com $\theta_1 = 0,5$ e $\theta_2 = -0,3$.

Surgem, então, os modelos ARMA(p,q), da forma

$$\tilde{Z}_t = \phi_1 \tilde{Z}_{t-1} + \cdots + \phi_p \tilde{Z}_{t-p} + a_t - \theta_1 a_{t-1} - \cdots - \theta_q a_{t-q}. \qquad (5.52)$$

Se $\phi(B)$ e $\theta(B)$ são os operadores autorregressivos e de médias móveis, respectivamente, introduzidos anteriormente, podemos escrever (5.52) na forma compacta

$$\phi(B)\tilde{Z}_t = \theta(B)a_t. \qquad (5.53)$$

Exemplo 5.11. Um modelo frequentemente usado é o ARMA(1,1), onde $p = q = 1$, $\phi(B) = 1 - \phi B$ e $\theta(B) = 1 - \theta B$, ou seja, (5.52) reduz-se a

$$\tilde{Z}_t = \phi \tilde{Z}_{t-1} + a_t - \theta a_{t-1}. \qquad (5.54)$$

É fácil ver, substituindo-se sequencialmente $\tilde{Z}_{t-1}, \tilde{Z}_{t-2}, \ldots$ em (5.54), que se obtém $\tilde{Z}_t$ escrito na forma de um processo linear (ou médias móveis de ordem infinita),

$$\tilde{Z}_t = \psi(B)a_t,$$

onde $\psi_j = \phi^{j-1}(\phi - \theta)$, $j \geq 1$, de modo que o processo será estacionário se $\sum \psi_j = (\phi - \theta) \sum \phi^{j-1} < \infty$, ou seja, se $|\phi| < 1$.

5.2. MODELOS LINEARES ESTACIONÁRIOS

Do mesmo modo, o modelo ARMA(1,1) pode ser escrito na forma

$$\pi(B)\tilde{Z}_t = a_t,$$

onde os pesos $\pi_j = \theta^{j-1}(\phi - \theta)$, $j \geq 1$, de modo que o processo é invertível se $\sum \pi_j < \infty$, ou seja, $|\theta| < 1$ (veja o Problema 8).

Segue-se que a condição de estacionariedade para um processo ARMA(1,1) é a mesma que para um processo AR(1) e a condição de invertibilidade é a mesma que para um processo MA(1).

Estas conclusões generalizam-se para um processo ARMA(p, q) qualquer, pois de (5.53) podemos escrever, por exemplo

$$\tilde{Z}_t = \psi(B)a_t = \theta(B)\phi^{-1}(B)a_t$$

ou

$$\pi(B)\tilde{Z}_t = \phi(B)\theta^{-1}(B)\tilde{Z}_t = a_t.$$

Exemplo 5.12. A Figura 5.12 ilustra o gráfico de uma série de 50 observações geradas de acordo com o modelo ARMA(1,1)

$$Z_t = 0,8Z_{t-1} + a_t - 0,3a_{t-1}.$$

Vejamos o caso geral.

A: Estacionariedade e Invertibilidade

Do que foi exposto acima, podemos concluir que o processo é estacionário se as raízes de $\phi(B) = 0$ caírem todas fora do círculo unitário e o processo é invertível se todas as raízes de $\theta(B) = 0$ caírem fora do círculo unitário.

B: Função de autocorrelação

Multiplicando ambos os membros de (5.52) por $\tilde{Z}_{t-j}$ e tomando esperanças, obtemos

$$\gamma_j = E(\tilde{Z}_t\tilde{Z}_{t-j}) = E\{(\phi_1\tilde{Z}_{t-1} + \cdots + \phi_p\tilde{Z}_{t-p} + a_t - \theta_1 a_{t-1} - \cdots - \theta_q a_{t-q})\tilde{Z}_{t-j}\},$$

ou seja,

$$\gamma_j = \phi_1\gamma_{j-1} + \phi_2\gamma_{j-2} + \cdots + \phi_p\gamma_{j-p} + \gamma_{za}(j) - \theta_1\gamma_{za}(j-1) - \cdots - \theta_q\gamma_{za}(j-q), \quad (5.55)$$

onde $\gamma_{za}(j)$ é a covariância cruzada entre Z_t e a_t, definida por

$$\gamma_{za}(j) = E(a_t\tilde{Z}_{t-j}). \quad (5.56)$$

Como $\tilde{Z}_{t-j}$ só depende de choques a_t ocorridos até o instante $t-j$, obtemos

$$\gamma_{za}(j) \begin{cases} = 0, & j > 0, \\ \neq 0, & j \leq 0, \end{cases} \tag{5.57}$$

de modo que (5.55) fica

$$\gamma_j = \phi_1 \gamma_{j-1} + \phi_2 \gamma_{j-2} + \cdots + \phi_p \gamma_{j-p}, \quad j > q. \tag{5.58}$$

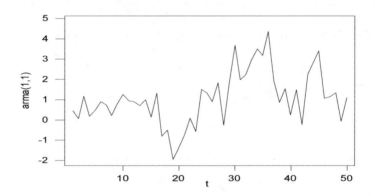

Figura 5.12: Gráfico da série simulada, modelo ARMA(1,1): $Z_t = 0,8Z_{t-1} + a_t - 0,3a_{t-1}$.

A fac é obtida de (5.58):

$$\rho_j = \phi_1 \rho_{j-1} + \phi_2 \rho_{j-2} + \cdots + \phi_p \rho_{j-p}, \quad j > q, \tag{5.59}$$

do que se deduz que as autocorrelações de "lags" $1, 2, \ldots, q$ serão afetadas diretamente pelos parâmetros de médias móveis, mas para $j > q$ as mesmas comportam-se como nos modelos autorregressivos.

Pode-se verificar que se $q < p$ a fac consiste numa mistura de exponenciais e/ou de senóides amortecidas; entretanto, se $q \geq p$, os primeiros $q - p - 1$ valores $\rho_0, \rho_1, \ldots, \rho_{q-p}$ não seguirão este padrão. Veja Box et al. (1994).

5.2. MODELOS LINEARES ESTACIONÁRIOS

C: Função densidade espectral

Utilizando (5.13) e substituindo $\psi(B)$ por $\theta(B)\phi^{-1}(B)$, temos que

$$f(\lambda) = \frac{\sigma_a^2}{2\pi} \frac{|1 - \theta_1 e^{-i\lambda} - \theta_2 e^{-2i\lambda} - \cdots - \theta_q e^{-qi\lambda}|^2}{|1 - \phi_1 e^{-i\lambda} - \phi_2 e^{-2i\lambda} - \cdots \phi_p e^{-pi\lambda}|^2}, \quad -\pi \leq \lambda \leq \pi. \tag{5.60}$$

Exemplo 5.13. Retomemos o modelo ARMA(1,1) de (5.54), com $\phi = \phi_1$ e $\theta = \theta_1$. De (5.55) temos

$$\gamma_1 = \phi_1 \gamma_0 - \theta_1 \gamma_{za}(0) = \phi_1 \gamma_0 - \theta_1 \sigma_a^2, \tag{5.61}$$

pois de (5.56),

$$\gamma_{za}(0) = E(a_t \tilde{Z}_t) = E[a_t(\phi_1 \tilde{Z}_{t-1} + a_t - \theta_1 a_{t-1})] = E(a_t^2) = \sigma_a^2.$$

Também,

$$\gamma_0 = \phi_1 \gamma_1 + \gamma_{za}(0) - \theta_1 \gamma_{za}(-1) = \phi_1 \gamma_1 + \sigma_a^2 - \theta_1(\phi_1 - \theta_1)\sigma_a^2, \tag{5.62}$$

pois

$$\begin{aligned}
\gamma_{za}(-1) &= E(a_t \tilde{Z}_{t+1}) = E[a_t(\phi_1 \tilde{Z}_t + a_{t+1} - \theta_1 a_t)] \\
&= \phi_1 E(a_t \tilde{Z}_t) + E(a_t a_{t+1}) - \theta_1 E(a_t^2) \\
&= \phi_1 E(a_t^2) - \theta_1 E(a_t^2) = (\phi_1 - \theta_1)\sigma_a^2.
\end{aligned}$$

Resolvendo (5.61) e (5.62), obtemos

$$\gamma_0 = \frac{(1 + \theta_1^2 - 2\phi_1\theta_1)}{1 - \phi_1^2}\sigma_a^2, \quad \gamma_1 = \frac{(1 - \phi_1\theta_1)(\phi_1 - \theta_1)}{1 - \phi_1^2}\sigma_a^2, \tag{5.63}$$

do que segue

$$\rho_1 = \frac{\gamma_1}{\gamma_0} = \frac{(1 - \phi_1\theta_1)(\phi_1 - \theta_1)}{1 + \theta_1^2 - 2\phi_1\theta_1}. \tag{5.64}$$

De (5.59) obtemos, para $j > 1$

$$\rho_j = \phi_1 \rho_{j-1}. \tag{5.65}$$

Vemos, pois, como havíamos comentado, que a presença de um termo de médias móveis entra de forma direta somente na determinação de ρ_1; as demais autocorrelações comportam-se da mesma forma que nos modelos AR(1).

De (5.60) temos que a função densidade espectral é dada por

$$f(\lambda) = \frac{\sigma_a^2}{2\pi} \frac{(1 + \theta_1^2 - 2\theta_1 \cos\lambda)}{(1 + \phi_1^2 - 2\phi_1 \cos\lambda)}, \quad -\pi \leq \lambda \leq \pi.$$

Para $\phi_1 = 0,8$ e $\theta_1 = -0,3$ do Exemplo 5.12, temos

$$\rho_1 = \frac{(1-0,24)(0,5)}{0,61} = 0,623,$$

$$\rho_2 = \phi_1\rho_1 = (0,8)\rho_1 = 0,498,$$

$$\rho_3 = (0,8)\rho_2 = 0,399 \text{ etc.}$$

e

$$f(\lambda) = \frac{\sigma_a^2}{2\pi} \frac{(1,09 - 0,6\cos\lambda)}{(1,64 - 1,6\cos\lambda)}, \quad -\pi \le \lambda \le \pi.$$

A Tabela 5.3 apresenta as fac teórica e estimada e a Figura 5.13 as autocorrelações teóricas e a função densidade espectral.

Tabela 5.3: Fac teórica e estimada para um modelo ARMA(1,1),
$\phi = 0,8$; $\theta = 0,3$

j	1	2	3	4	5	6	7	8	9	10
ρ_j	0,62	0,50	0,40	0,32	0,26	0,20	0,16	0,13	0,10	0,08
r_j	0,60	0,52	0,39	0,26	0,17	0,13	0,08	0,04	0,15	0,00

O seguinte resultado é importante quando consideramos a soma de dois processos ARMA independentes.

Teorema 5.1. *Se $X_t \sim \text{ARMA}(p_1, q_1)$ e $Y_t \sim \text{ARMA}(p_2, q_2)$, X_t e Y_t independentes, $Z_t = X_t + Y_t$, então $Z_t \sim \text{ARMA}(p,q)$, onde $p \le p_1 + p_2$, $q \le \max(p_1 + q_2, p_2 + q_1)$.*

Demonstração: Seja $\phi_X(B)X_t = \theta_X(B)\varepsilon_t$ e $\phi_Y(B)Y_t = \theta_Y(B)a_t$, onde ϕ_X, ϕ_Y, θ_X e θ_Y são polinômios em B de ordem p_1, p_2, q_1 e q_2, respectivamente, ε_t e a_t são ruídos brancos independentes.

Como $Z_t = X_t + Y_t$, então

$$\phi_X(B)\phi_Y(B)Z_t = \phi_X(B)\phi_Y(B)X_t + \phi_X(B)\phi_Y(B)Y_t$$
$$= \theta_X(B)\phi_Y(B)\varepsilon_t + \theta_Y(B)\phi_X(B)a_t$$

Portanto,

$$\underbrace{\phi_X(B)\phi_Y(B)Z_t}_{\text{AR}(p_1+p_2)} = \underbrace{\theta_X(B)\phi_Y(B)\varepsilon_t}_{\text{MA}(p_2+q_1)} + \underbrace{\theta_Y(B)\phi_X(B)a_t}_{\text{MA}(p_1+q_2)}.$$

Usando o fato de que a soma de dois processos de médias móveis independentes também é um processo de médias móveis de ordem igual ou menor ao máximo

5.2. MODELOS LINEARES ESTACIONÁRIOS

das ordens (veja o Problema 19), temos que Z_t é um processo ARMA(p,q), onde $p \leq p_1 + p_2$ e $q \leq \max(p_1 + q_2, p_2 + q_1)$.

A necessidade das desigualdades nas expressões acima deve-se ao fato de que os polinômios $\phi_X(B)$ e $\phi_Y(B)$ podem conter raízes em comum, implicando que parte do operador não necessita ser aplicada duas vezes.

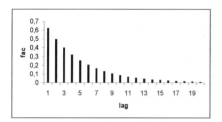 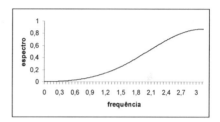

Figura 5.13: Fac teórica e espectro para um modelo ARMA(1,1), $\phi = 0,8$; $\theta = -0,3$.

Exemplo 5.14. Sejam

$$(1 - \phi_1 B)X_t = \varepsilon_t,$$
$$(1 - \phi_1 B)(1 - \phi_2 B)Y_t = a_t,$$
$$Z_t = X_t + Y_t.$$

Assim, $(1 - \phi_1 B)(1 - \phi_2 B)Z_t = (1 - \phi_2 B)\varepsilon_t + a_t$. Portanto,

$$Z_t \sim \text{ARMA}(2,1).$$

Exemplo 5.15. Suponha

$$(1 - \phi B)X_t = \varepsilon_t, \quad (1 + \phi B)Y_t = a_t,$$

com $\sigma_\varepsilon^2 = \sigma_a^2 = \sigma^2$.

Se $Z_t = X_t + Y_t$, então

$$(1 - \phi B)(1 + \phi B)Z_t = (1 + \phi B)\varepsilon_t + (1 - \phi B)a_t.$$

CAPÍTULO 5. MODELOS ARIMA

Se denotarmos $Q_t = \varepsilon_t + \phi\varepsilon_{t-1} + a_t - \phi a_{t-1}$, então

$$\text{Var}(Q_t) = 2(1 + \phi^2)\sigma^2$$

e

$$E(Q_t Q_{t-k}) = 0, \quad k > 0,$$

o que implica que Q_t é ruído branco e portanto $Z_t \sim \text{AR}(2)$ ao invés de ser um ARMA(2,1).

5.2.5 Função de autocorrelação parcial

Como vimos nas seções anteriores, os processos $\text{AR}(p)$, $\text{MA}(q)$ e $\text{ARMA}(p,q)$ apresentam fac com características especiais. Assim

(i) um processo $\text{AR}(p)$ tem fac que decai de acordo com exponenciais e/ou senóides amortecidas, infinita em extensão;

(ii) um processo $\text{MA}(q)$ tem fac finita, no sentido que ela apresenta um corte após o "lag" q;

(iii) um processo $\text{ARMA}(p,q)$ tem fac infinita em extensão, a qual decai de acordo com exponenciais e/ou senóides amortecidas após o "lag" $q - p$.

Estas observações serão úteis no procedimento de identificação do modelo aos dados observados. Calculando-se as estimativas das fac, que acreditamos reproduzir adequadamente as verdadeiras fac desconhecidas e comparando seu comportamento com o descrito acima, para cada modelo, tentaremos escolher um (ou mais) modelo (modelos, respectivamente) que descreva(m) o processo estocástico.

Box et al. (1994) propõem a utilização de um outro instrumento para facilitar este procedimento de identificação: a *função de autocorrelação parcial* (facp).

Vamos denotar por ϕ_{kj} o j-ésimo coeficiente de um modelo $\text{AR}(k)$, de tal modo que ϕ_{kk} seja o último coeficiente. Sabemos que

$$\rho_j = \phi_{k1}\rho_{j-1} + \phi_{k2}\rho_{j-2} + \cdots + \phi_{kk}\rho_{j-k} , \quad j = 1, \ldots, k,$$

a partir das quais obtemos as equações de Yule-Walker

$$
\begin{bmatrix}
1 & \rho_1 & \rho_2 & \cdots & \rho_{k-1} \\
\rho_1 & 1 & \rho_1 & \cdots & \rho_{k-2} \\
\vdots & & & & \\
\rho_{k-1} & \rho_{k-2} & \rho_{k-3} & \cdots & 1
\end{bmatrix}
\begin{bmatrix}
\phi_{k1} \\
\phi_{k2} \\
\cdots \\
\phi_{kk}
\end{bmatrix}
=
\begin{bmatrix}
\rho_1 \\
\rho_2 \\
\cdots \\
\rho_k
\end{bmatrix}
\tag{5.66}
$$

5.2. MODELOS LINEARES ESTACIONÁRIOS 139

Resolvendo estas equações sucessivamente para $k = 1, 2, 3, \ldots$ obtemos

$$
\begin{aligned}
\phi_{11} &= \rho_1, \\[2mm]
\phi_{22} &= \frac{\begin{vmatrix} 1 & \rho_1 \\ \rho_1 & \rho_2 \end{vmatrix}}{\begin{vmatrix} 1 & \rho_1 \\ \rho_1 & 1 \end{vmatrix}} = \frac{\rho_2 - \rho_1^2}{1 - \rho_1^2} \\[2mm]
\phi_{33} &= \frac{\begin{vmatrix} 1 & \rho_1 & \rho_1 \\ \rho_1 & 1 & \rho_2 \\ \rho_2 & \rho_1 & \rho_3 \end{vmatrix}}{\begin{vmatrix} 1 & \rho_1 & \rho_2 \\ \rho_1 & 1 & \rho_1 \\ \rho_2 & \rho_1 & 1 \end{vmatrix}}
\end{aligned}
\tag{5.67}
$$

e, em geral,

$$
\phi_{kk} = \frac{|\mathbf{P}_k^*|}{|\mathbf{P}_k|},
$$

onde $\mathbf{P}_k$ é a matriz de autocorrelações e $\mathbf{P}_k^*$ é a matriz $\mathbf{P}_k$ com a última coluna substituída pelo vetor de autocorrelações.

A quantidade ϕ_{kk}, encarada como função de k, é chamada *função de autocorrelação parcial*.

Pode-se demonstrar (veja Box et al., 1994) que, para os processos estudados, temos:

(i) um processo AR(p) tem facp $\phi_{kk} \neq 0$, para $k \leq p$ e $\phi_{kk} = 0$, para $k > p$;

(ii) um processo MA(q) tem facp que se comporta de maneira similar à fac de um processo AR(p): é denominada por exponenciais e/ou senóides amortecidas;

(iii) um processo ARMA(p, q) tem facp que se comporta como a facp de um processo MA puro.

Será necessário estimar a facp de um processo AR, MA ou ARMA. Uma maneira consiste em estimar, sucessivamente, modelos autorregressivos de ordens $p = 1, 2, 3, \ldots$ por mínimos quadrados e tomar as estimativas do último coeficiente de cada ordem.

Outra maneira consiste em substituir nas equações de Yule-Walker as fac ρ_j por suas estimativas

$$
r_j = \hat{\phi}_{k1} r_{j-1} + \cdots + \hat{\phi}_{kk} r_{j-k} , \quad j = 1, \ldots, k,
$$

e resolver estas equações para $k = 1, 2, \ldots$

Pode-se demonstrar que ϕ_{kk} é igual à correlação parcial entre as variáveis Z_t e Z_{t-k} ajustadas às variáveis intermediárias $Z_{t-1}, \ldots, Z_{t-k+1}$. Ou seja, ϕ_{kk} mede a correlação remanescente entre Z_t e Z_{t-k} depois de eliminada a influência de $Z_{t-1}, \ldots, Z_{t-k+1}$.

Exemplo 5.16. A correlação entre os valores ajustados

$$Z_t - \phi_{11} Z_{t-1} \text{ e } Z_{t-2} - \phi_{11} Z_{t-1}$$

é dada por

$$
\begin{aligned}
&\operatorname{Corr}(Z_t - \phi_{11} Z_{t-1}, \ Z_{t-2} - \phi_{11} Z_{t-1}) \\
&= \operatorname{Corr}(Z_t - \rho_1 Z_{t-1}, \ Z_{t-2} - \rho_1 Z_{t-1}) \\
&= \frac{\operatorname{Cov}(Z_t - \rho_1 Z_{t-1}, \ Z_{t-2} - \rho_1 Z_{t-1})}{(\operatorname{Var}(Z_t - \rho_1 Z_{t-1})\operatorname{Var}(Z_{t-2} - \rho_1 Z_{t-1}))^{1/2}} \\
&= \frac{\gamma_2 - 2\rho_1 \gamma_1 + \rho_1^2 \gamma_0}{\gamma_0 - 2\rho_1 \gamma_1 + \rho_1^2 \gamma_0} \\
&= \frac{\rho_2 - \rho_1^2}{1 - \rho_1^2} = \phi_{22}.
\end{aligned}
$$

Quenouille (1949) mostra que, sob a suposição que o processo seja AR(p), as facp estimadas de ordem $p + 1, p + 2, \ldots$ são, aproximadamente, independentemente distribuídas, com

$$\operatorname{Var}(\hat{\phi}_{kk}) \approx \frac{1}{N}, \quad k \geq p + 1. \tag{5.68}$$

Se o número de observações, N, for suficientemente grande, $\hat{\phi}_{kk}$ tem distribuição aproximada normal, o que permite a construção de intervalos de confiança para ϕ_{kk}.

Exemplo 5.17. Na Tabela 5.4 temos as facp estimadas dos processo AR(1), MA(1) e ARMA(1,1) gerados como explicado nos Exemplos 5.4, 5.8 e 5.12, respectivamente.

Os gráficos das facp estão ilustrados na Figura 5.14.

Como vimos na seção 5.2.2, podemos resolver as equações (5.66) utilizando o algoritmo de Durbin-Levinson, para $k = 1, 2, \ldots$ Então, a facp ϕ_{kk} é dada por (5.27). Uma maneira equivalente é a seguinte, trabalhando com as verdadeiras autocorrelações.

Para $k = 1, 2, \ldots$ coloquemos

$$\sigma_k^2 = \gamma(0) \left[1 - \sum_{i=1}^{k} \phi_{ki} \rho_i \right], \quad \Delta_k^2 = \gamma(0) \left[\rho_{k+1} - \sum_{i=1}^{k} \phi_{ki} \rho_{k+1-i} \right], \tag{5.69}$$

5.2. MODELOS LINEARES ESTACIONÁRIOS

onde os ϕ_{ki} são as soluções para as equações de ordem k.

Tabela 5.4: Facp amostrais para os processos AR(1), MA(1) e ARMA(1,1)

j	AR(1)	MA(1)	ARMA(1,1)
1	0,81	-0,42	0,60
2	0,11	-0,47	0,25
3	-0,03	-0,22	0,01
4	-0,12	-0,16	-0,08
5	-0,13	-0,31	-0,04
6	0,17	-0,18	0,04
7	-0,01	0,01	-0,02
8	0,02	-0,26	-0,02
9	-0,19	-0,14	0,21
10	-0,07	-0,27	-0,22

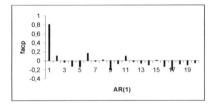
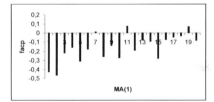
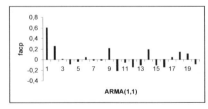

Figura 5.14: Facp amostrais para os processos simulados AR(1), MA(1) e ARMA(1,1).

Para se obter as soluções $\phi_{k+1,i}$ das equações de ordem $(k+1)$, o algoritmo calcula

$$\phi_{k+1,k+1} = \frac{\Delta_k^2}{\sigma_k^2}, \tag{5.70}$$

$$\phi_{k+1,i} = \phi_{ki} - \phi_{k+1,k+1}\phi_{k+1-i,k}, \quad i = 1, \ldots, k. \tag{5.71}$$

Para ilustrar o algoritmo, seja $k = 1$. Então,

$$\sigma_1^2 = \gamma(0)[1 - \phi_{11}\rho_1], \quad \Delta_1^2 = \gamma(0)[\rho_2 - \phi_{11}\rho_1], \quad \phi_{11} = \rho_1.$$

Logo, para $k = 2$,

$$\phi_{22} = \frac{\Delta_1^2}{\sigma_1^2} = \frac{\rho_2 - \rho_1^2}{1 - \rho_1^2},$$

que coincide com o resultado obtido em (5.67) e

$$\phi_{21} = \phi_{11} - \phi_{22}\phi_{11} = \phi_{11}(1 - \phi_{22}).$$

Tanto as equações (5.26) – (5.29) como (5.69) – (5.71) podem ser facilmente programadas, de modo que podemos calcular as facp rapidamente. Na prática, as ρ_j são desconhecidas e devem ser substituídas por r_j.

Veremos que a fac é útil para identificar modelos MA, ao passo que a facp é útil para identificar modelos AR. Estas duas funções não são muito adequadas para identificar modelos ARMA, pois em geral têm formas complicadas.

5.2.6 Sobre o uso do R

Para reproduzir uma figura semelhante a dos processos simulados, podemos utilizar o repositório R, biblioteca stats e a função arima.sim, juntamente com o comando ts.plot.

Para calcular os valores ρ_j, podemos utilizar a mesma biblioteca e a função ARMAacf. Os valores estimados r_j são obtidos usando a série simulada (ou os dados reais) e a função acf.

Para calcular as autocorrelações parciais ϕ_{kk} utilizamos novamente a biblioteca stats e a função ARMAacf, com o argumento pacf=TRUE. A estimação das ϕ_{kk} é feita utilizando a série simulada (ou os dados reais) e a função pacf.

5.3 Modelos não estacionários

5.3.1 Introdução

Os modelos estudados na seção 5.2 são apropriados para descrever séries estacionárias, isto é, séries que se desenvolvem no tempo ao redor de uma média constante. Muitas séries encontradas na prática não são estacionárias.

5.3. MODELOS NÃO ESTACIONÁRIOS

Várias séries econômicas e financeiras, por exemplo, são não estacionárias, mas quando diferençadas tornam-se estacionárias. Por exemplo, Z_t é não estacionária, mas

$$W_t = Z_t - Z_{t-1} = (1 - B)Z_t = \Delta Z_t \tag{5.72}$$

é estacionária. Assim, séries como a Série PIB e a Série ICV são não estacionárias.

Uma série pode apresentar várias formas de não estacionariedade. Considere um modelo AR(1)

$$(1 - \phi B)\tilde{Z}_t = a_t. \tag{5.73}$$

Vimos que a condição de estacionariedade é $|\phi| < 1$. Se $\phi = 1$ obtemos um processo não estacionário $\tilde{Z}_t = \tilde{Z}_{t-1} + a_t$ (passeio casual) e é fácil verificar que se $|\phi| > 1$ o processo (5.73) "explode", à medida que t aumenta.

Os modelos que trataremos neste capítulo são apropriados para representar séries cujo comportamento seja não explosivo, em particular séries que apresentam alguma homogeneidade em seu "comportamento não estacionário". No caso acima, se $\phi = 1$, Z_t é não estacionário, mas $\Delta \tilde{Z}_t = a_t$ é estacionária. No caso de um AR(1) com $\phi = 1$, dizemos que o processo tem uma *raiz unitária*. Veja o Apêndice B.

Séries Z_t tais que, tomando-se um número finito d de diferenças, d, tornam-se estacionárias, são chamadas *não estacionárias homogêneas*, ou ainda, *integradas de ordem d*.

Outras séries não estacionárias, não explosivas, são aquelas apresentando uma tendência determinística, como em

$$X_t = \beta_0 + \beta_1 t + \varepsilon_t,$$

onde $\varepsilon_t \sim \text{RB}(0, \sigma^2)$, que é um processo "trend-stationary". Então temos:

(i) $E(X_t) = \mu_t = \beta_0 + \beta_1 t;$

(ii) Tomando-se uma diferença,

$$X_t - X_{t-1} = \beta_1 + \varepsilon_t - \varepsilon_{t-1},$$

que é um modelo ARMA (1,1), com $\phi = \theta = 1$, portanto temos um modelo não estacionário e não invertível.

(iii) Se $W_t = X_t - X_{t-1} = (1 - B)X_t = \Delta X_t$,

$$W_t = \Delta X_t = \beta_1 + \Delta \varepsilon_t,$$

que é um modelo MA(1), estacionário, mas não invertível

(iv) Extraindo-se a tendência de X_t obtemos

$$Y_t = X_t - \beta_1 t = \beta_0 + \varepsilon_t,$$

que é estacionário.

144 CAPÍTULO 5. MODELOS ARIMA

5.3.2 Modelos ARIMA

Se $W_t = \Delta^d Z_t$ for estacionária, podemos representar W_t por um modelo ARMA (p, q), ou seja,

$$\phi(B)W_t = \theta(B)a_t. \tag{5.74}$$

Se W_t for uma diferença de Z_t, então Z_t é uma *integral* de W_t, daí dizermos que Z_t segue um modelo autorregressivo, *integrado*, de médias móveis, ou modelo ARIMA,

$$\phi(B)\Delta^d Z_t = \theta(B)a_t \tag{5.75}$$

de ordem (p, d, q) e escrevemos ARIMA(p, d, q), se p e q são as ordens de $\phi(B)$ e $\theta(B)$, respectivamente.

No modelo (5.74) todas as raízes de $\phi(B)$ estão fora do círculo unitário. Escrever (5.75) é equivalente a escrever

$$\varphi(B)Z_t = \theta(B)a_t, \tag{5.76}$$

onde $\varphi(B)$ é um operador autorregressivo *não estacionário*, de ordem $p + d$, com d raízes iguais a um (sobre o círculo unitário) e as restantes p fora do círculo unitário, ou seja,

$$\varphi(B) = \phi(B)\Delta^d = \phi(B)(1 - B)^d \tag{5.77}$$

Observe que é indiferente escrever $\varphi(B)Z_t$ ou $\varphi(B)\tilde{Z}_t$, pois $\Delta^d Z_t = \Delta^d \tilde{Z}_t$, para $d > 1$.

Portanto, o modelo (5.75) supõe que a d-ésima diferença da série Z_t pode ser representada por um modelo ARMA, estacionário e invertível. Na maioria dos casos usuais, $d = 1$ ou $d = 2$, que correspondem a dois casos interessantes e comuns de não estacionariedade homogênea:

(a) séries não estacionárias quanto ao nível: oscilam ao redor de um nível médio durante algum tempo e depois saltam para outro nível temporário. Para torná-las estacionárias é suficiente tomar uma diferença; este é o caso típico de séries econômicas;

(b) séries não estacionárias quanto à inclinação: oscilam numa direção por algum tempo e depois mudam para outra direção temporárica. Para torná-las estacionárias é necessário tomar a segunda diferença. Veja a Figura 1.3.

O modelo ARIMA(p,d,q) é um caso especial de um processo integrado. Em geral, diz-se que X_t é *integrado de ordem* d se $\Delta^d X_t$ for estacionário, e escrevemos $X_t \sim I(d)$. Se $d = 0$, X_t é estacionário.

Exemplo 5.18. Alguns casos particulares do modelo (5.75) são:

5.3. MODELOS NÃO ESTACIONÁRIOS

(i) ARIMA(0,1,1): $\Delta Z_t = (1 - \theta B)a_t$;

(ii) ARIMA(1,1,1): $(1 - \phi B)\Delta Z_t = (1 - \theta B)a_t$;

(iii) ARIMA$(p, 0, 0) = AR(p)$; ARIMA$(0, 0, q) = MA(q)$;
ARIMA$(p, 0, q) = $ARMA$(p, q)$.

O exemplo (i) é um caso importante e é também chamado modelo integrado de médias móveis, IMA(1,1),

$$Z_t = Z_{t-1} + a_t - \theta a_{t-1}. \tag{5.78}$$

Pode-se demonstrar que este modelo pode ser escrito na forma autorregressiva

$$Z_t = \lambda Z_{t-1} + \lambda(1 - \lambda)Z_{t-2} + \lambda(1 - \lambda)^2 Z_{t-3} + \cdots + a_t, \tag{5.79}$$

onde $\lambda = 1 - \theta$, ou seja, Z_t é dado em termos de seu passado através de uma ponderação exponencial. O modelo (5.79) já é conhecido do Capítulo 4.

Exemplo 5.19. Foram geradas 100 observações de cada um dos modelos a seguir:

$$
\begin{aligned}
&\text{(a)} \quad \text{ARIMA}(1, 1, 0) \text{ com } \phi = 0, 8; \\
&\text{(b)} \quad \text{ARIMA}(0, 1, 1) \text{ com } \theta = 0, 3 \text{ e} \\
&\text{(c)} \quad \text{ARIMA}(1, 1, 1) \text{ com } \phi = 0, 8 \text{ e } \theta = 0, 3.
\end{aligned}
\tag{5.80}
$$

com $a_t \sim \mathcal{N}(0, 1)$ independentes.

Os gráficos das três séries encontram-se na Figura 5.15.

Como já salientamos no Capítulo 1, tomar diferenças pode não ser suficiente para se alcançar estacionariedade, no caso de séries econômicas. Poderá ser necessário considerar alguma transformação não linear de Z_t, antes de tomar diferenças.

A Tabela 5.5 apresenta as fac e facp amostrais que estão graficamente representadas na Figura 5.16.

5.3.3 Formas do modelo ARIMA

O modelo ARIMA dado em (5.75) pode ser representado de três formas:

(a) em termos de valores prévios de Z_t e do valor atual e prévios de a_t;

(b) em termos do valor atual e prévios de a_t;

(c) em termos de valores prévios de Z_t e do valor atual de a_t.

Forma de equação de diferenças

Esta é a forma usual do modelo, útil para calcular previsões:

$$Z_t = \varphi_1 Z_{t-1} + \varphi_2 Z_{t-2} + \cdots + \varphi_{p+d} Z_{t-p-d} + a_t - \theta_1 a_{t-1} - \cdots - \theta_q a_{t-q}, \quad (5.81)$$

onde $\varphi(B) = 1 - \varphi_1 B - \varphi_2 B^2 - \cdots - \varphi_{p+d} B^{p+d}$.

Forma de choques aleatórios (médias móveis infinitas)

Uma forma conveniente para se calcular a variância dos erros de previsão (veja Capítulo 9) é

$$Z_t = a_t + \psi_1 a_{t-1} + \psi_2 a_{t-2} + \cdots = \psi(B) a_t. \quad (5.82)$$

Desta equação obtemos

$$\varphi(B) Z_t = \varphi(B) \psi(B) a_t$$

e usando (5.76) segue-se que

$$\varphi(B) \psi(B) = \theta(B). \quad (5.83)$$

Logo, os pesos ψ_j da forma (5.82) podem ser obtidos de (5.83), identificando-se coeficientes de B, B^2, etc.

$$(1 - \varphi_1 B - \cdots - \varphi_{p+d} B^{p+d})(1 + \psi_1 B + \psi_2 B^2 + \cdots) = 1 - \theta_1 B - \cdots - \theta_q B^q.$$

Exemplo 5.20. Consideremos o processo IMA(1,1),

$$(1 - B) Z_t = (1 - \theta B) a_t.$$

Aqui, $\varphi(B) = 1 - B$, $\theta(B) = 1 - \theta B$, de modo que (5.83) fica

$$(1 - B)(1 + \psi_1 B + \psi_2 B^2 + \cdots) = 1 - \theta B,$$

ou seja,

$$(1 + \psi_1 B + \psi_2 B^2 + \cdots) - (B + \psi_1 B^2 + \psi_2 B^3 + \cdots) = 1 - \theta B.$$

Daqui, obtemos

$$\psi_j = 1 - \theta, \quad j = 1, 2, 3, \ldots$$

de modo que

$$Z_t = a_t + (1 - \theta) a_{t-1} + (1 - \theta) a_{t-2} + \cdots \quad (5.84)$$

5.3. MODELOS NÃO ESTACIONÁRIOS

Observe que $\sum \psi_j = \infty$, donde o caráter não estacionário de Z_t. Também, (5.84) pode ser escrita

$$Z_t = a_t + (1 - \theta) \sum_{j=1}^{\infty} a_{t-j} = a_t + \lambda S a_{t-1},$$

onde S é o operador soma definido anteriormente.

Forma invertida (autorregressivo infinito)

De (5.82) obtemos que $\psi^{-1}(B)Z_t = a_t$, ou então

$$\pi(B)Z_t = \left[1 - \sum_{j=1}^{\infty} \pi_j B^j \right] Z_t = a_t. \tag{5.85}$$

Segue-se que

$$\varphi(B)Z_t = \theta(B)a_t = \theta(B)\pi(B)Z_t,$$

de onde obtemos a relação

$$\varphi(B) = \theta(B)\pi(B). \tag{5.86}$$

Portanto, os pesos π_j podem ser obtidos de (5.86) conhecendo-se os operadores $\varphi(B)$ e $\theta(B)$. É fácil ver (Problema 32) que os pesos π_j em (5.85) somam um, isto é, $\sum_{j=1}^{\infty} \pi_j = 1$.

Exemplo 5.21. Consideremos o modelo ARIMA(1,1,1) e vamos escrevê-lo na forma (5.85). Aqui, $\varphi(B) = (1-\phi B)(1-B) = 1-(1+\phi)B+\phi B^2$ e $\theta(B) = 1-\theta B$, de modo que obtemos

$$
\begin{aligned}
1 - (1 + \phi) + \phi B^2 &= (1 - \theta B)(1 - \pi_1 B - \pi_2 B^2 - \ldots) \\
&= 1 - (\pi_1 + \theta)B - (\pi_2 - \theta\pi_1)B^2 - (\pi_3 - \theta\pi_2)B^3 \\
&\quad - \ldots
\end{aligned}
$$

Identificando-se os coeficientes das diversas potências de B, é fácil encontrar que

$$
\begin{aligned}
\pi_1 &= \phi + (1 - \theta) \\
\pi_2 &= (\theta - \phi)(1 - \theta) \\
\pi_j &= (\theta - \phi)(1 - \theta)\theta^{j-2}, \quad j \geq 3.
\end{aligned}
$$

CAPÍTULO 5. MODELOS ARIMA

5.4 Termo constante no modelo

No modelo ARIMA(p, d, q)

$$
\begin{aligned}
\phi(B)W_t &= \theta(B)a_t, \\
W_t &= \Delta^d Z_t,
\end{aligned}
\tag{5.87}
$$

um termo constante foi omitido, implicando que $E(W_t) = \mu_w = 0$.

O modelo (5.87) pode descrever o que poderíamos chamar *tendência estocástica*, no sentido que o processo não é estacionário e muda de nível e/ou inclinação, no decorrer do tempo. A tendência (ou não estacionariedade) estocástica é caracterizada pela existência de zeros de $\varphi(B)$ sobre o círculo unitário.

Além desta não estacionariedade estocástica, muitas séries temporais podem apresentar uma *tendência determinística*, como já vimos no Capítulo 3; em particular, podemos ter Z_t como a soma de um polinômio e de um processo ARIMA(p, d, q), isto é,

$$
Z_t = \sum_{j=0}^{m} \beta_j t^j + \frac{\theta(B)}{\phi(B)\Delta^d} a_t.
\tag{5.88}
$$

Em (5.88), $Z_t = T_t + Y_t$, onde Y_t segue um modelo ARIMA(p, d, q), isto é, $\phi(B)\Delta^d Y_t = \theta(B)a_t$. Segue-se que Z_t é não estacionário se $m > 0$ e/ou $d > 0$.

Tomando d diferenças, temos

$$
\Delta^d Z_t = \begin{cases} \theta_0 + \dfrac{\theta(B)}{\phi(B)} a_t, & \text{se } m = d, \\[2mm] \dfrac{\theta(B)}{\phi(B)} a_t, & \text{se } m < d, \end{cases}
\tag{5.89}
$$

onde $\theta_0 = \beta_d d!$, obtendo-se então uma série estacionária. Isto significa que podemos incluir uma tendência polinomial determinística de *grau d* no modelo, bastando acrescentar uma constante θ_0:

$$
\varphi(B)Z_t = \theta_0 + \theta(B)a_t.
\tag{5.90}
$$

Contudo, se $m > d$, podemos obter um modelo não estacionário, tomando-se d diferenças, devido à presença de uma tendência determinística; ainda neste caso $(m > d)$, tomando-se m diferenças, obteremos um processo estacionário, mas não invertível (veja o Problema 30). Para detalhes, veja Pierce (1979).

Se $\theta_0 \neq 0$, obteremos

$$
E(W_t) = \frac{\theta_0}{1 - \phi_1 - \phi_2 - \cdots - \phi_p}
\tag{5.91}
$$

e se $\tilde{W}_t = W_t - E(W_t)$, teremos $\phi(B)\tilde{W}_t = \theta(B)a_t$.

5.5. PROBLEMAS

No que segue, quando $d > 0$, suporemos $\mu_w = 0$ e portanto $\theta_0 = 0$.

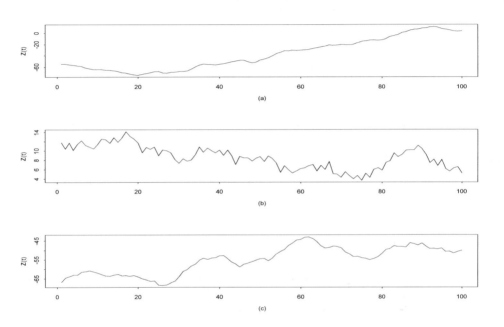

Figura 5.15: Séries simuladas: (a) ARIMA (1,1,0), com $\phi = 0,8$; (b) ARIMA (0,1,1), com $\theta = 0,3$; (c) ARIMA (1,1,1), com $\phi = 0,8$ e $\theta = 0,3$.

5.5 Problemas

1. Escreva os seguintes modelos usando o operador B:

   (a) $\tilde{Z}_t - 0,6\tilde{Z}_{t-1} = a_t$;
   (b) $\tilde{Z}_t = a_t + 0,8a_{t-1}$;
   (c) $\tilde{Z}_t = 0,3\tilde{Z}_{t-1} - 0,6\tilde{Z}_{t-2} + a_t$;
   (d) $\tilde{Z}_t - 0,4\tilde{Z}_{t-1} = a_t - 0,3a_{t-1} + 0,8a_{t-2}$;

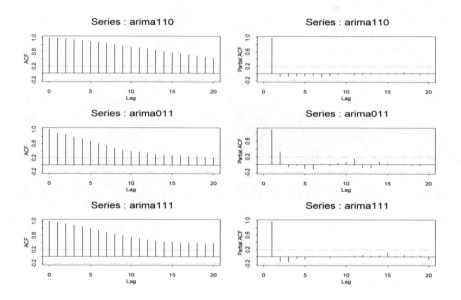

Figura 5.16: Fac e facp amostrais das séries ARIMA$(1,1,0)$, **com** $\phi = 0,8$; ARIMA$(0,1,1)$, **com** $\theta = 0,3$; ARIMA$(1,1,1)$, **com** $\phi = 0,8$ **e** $\theta = 0,3$.

2. Verifique se cada um dos modelos do Problema 1 é:

    (a) estacionário;   (b) invertível.

3. Calcule as primeiras três autocovariâncias e autocorrelações parciais para os modelos do Problema 1.

4. Escreva as equações de Yule-Walker para os modelos (a) e (e) do Problema 1; obtenha ρ_1 e ρ_2, resolvendo-as.

5. Obtenha os primeiros três pesos ψ_j e π_j para cada um dos modelos do Problema 1.

6. Prove as equações (5.4) e (5.5).

7. Prove que as condições de estacionariedade para um processo AR(2) são dadas por (5.38).

5.5. PROBLEMAS

Tabela 5.5: Fac e facp amostrais dos modelos ARIMA gerados de acordo com (5.80)

lag	(a) acf	(a) pacf	(b) acf	(b) pacf	(c) acf	(c) pacf
1	0,98	0,98	0,89	0,89	0,97	0,97
2	0,97	-0,08	0,85	0,32	0,93	-0,13
3	0,95	-0,08	0,79	-0,05	0,89	-0,14
4	0,92	-0,08	0,74	-0,02	0,84	-0,05
5	0,90	-0,06	0,67	-0,10	0,79	-0,07
6	0,87	-0,05	0,60	-0,12	0,74	-0,00
7	0,85	-0,08	0,54	0,01	0,69	0,00
8	0,82	-0,06	0,47	-0,02	0,64	-0,02
9	0,78	-0,03	0,43	0,04	0,60	-0,00
10	0,75	0,00	0,38	0,06	0,55	0,00
11	0,72	-0,04	0,37	0,15	0,51	0,02
12	0,69	-0,03	0,33	-0,07	0,48	0,05
13	0,65	-0,03	0,30	-0,08	0,45	0,03
14	0,62	-0,01	0,29	0,07	0,42	0,03
15	0,58	0,02	0,28	0,03	0,40	0,11
16	0,55	-0,02	0,27	-0,00	0,39	0,01
17	0,52	0,04	0,25	-0,01	0,38	0,05
18	0,49	-0,02	0,24	-0,01	0,38	0,02
19	0,46	-0,02	0,22	0,01	0,38	0,04
20	0,43	0,01	0,21	0,00	0,38	-0,06

8. Prove que um modelo ARMA(1,1), dado por (5.54), pode ser escrito na forma $\tilde{Z}_t = \psi(B)a_t$, onde os pesos $\psi_j = (\phi - \theta)\phi^{j-1}$, $j \geq 1$ e pode ser escrito na forma $\pi(B)\tilde{Z}_t = a_t$, onde os pesos $\pi_j = (\phi - \theta)\theta^{j-1}$, $j \geq 1$.

9. Prove que, para um modelo MA(1), a facp é dada por

$$\phi_{jj} = \frac{-\theta^j(1 - \theta^2)}{1 - \theta^{2(j+1)}},$$

e que $|\phi_{jj}| < \theta^j$, do que decorre que a facp é denominada por exponenciais amortecidas; estude o sinal de ϕ_{jj}, conforme o sinal de ρ_1 (lembre-se que, para um MA(1), $\rho_j = 0$, $j > 1$).

10. Considere $Z_t = \phi_1 Z_{t-1} + \phi_2 Z_{t-2} + a_t + \theta_0$. Calcule $E(Z_t)$ e escreva o modelo na forma (5.36).

11. Obtenha a fac e o espectro de um modelo AR(2) com:

(a) $\phi_1 = -0,5$, $\phi_2 = 0,3$;

152   *CAPÍTULO 5. MODELOS ARIMA*

    (b) $\phi_1 = 0,5$, $\phi_2 = 0,3$;

    (c) $\phi_1 = -1$, $\phi_2 = -0,6$;

    (d) $\phi_1 = 1$, $\phi_2 = -0,6$.

Quais regiões correspondem a estes valores (ϕ_1, ϕ_2) na Figura 5.6?

12. Prove que, para um modelo AR(1), $\phi_{jj} = 0$, $j > 1$.

13. Qual a região de "admissibilidade" (estacionariedade e invertibilidade) de um processo ARMA(1,1)? Qual subconjunto desta região corresponde ao caso $\phi = \theta$? Qual processo resulta?

14. Os seguintes valores de (ϕ, θ) determinam os seis padrões básicos de um processo ARMA(1,1); quais sub-regiões da região de admissibilidade correspondem a estes valores?

    (a) $(\phi, \theta) = (-0,7; -0,4)$;

    (b) $(\phi, \theta) = (-0,4; -0,7)$;

    (c) $(\phi, \theta) = (0,5; -0,5)$;

    (d) $(\phi, \theta) = (-0,5; 0,5)$;

    (e) $(\phi, \theta) = (0,4; 0,7)$;

    (f) $(\phi, \theta) = (0,7; 0,4)$.

15. Utilizando uma rotina de computador para gerar números aleatórios (por exemplo, $a_t \sim \mathcal{N}(0,1)$), gere 200 valores de cada um dos modelos (c), (d) e (f) do Problema 1.

16. Utilizando (5.68), verifique quais das autocorrelações parciais ϕ_{jj} cujas estimativas estão na Tabela 5.7 podem ser consideradas significativamente diferentes de zero, construindo-se intervalos de confiança para ϕ_{jj}.

17. Utilizando um programa de computador, calcule as autocorrelações e autocorrelações parciais estimadas para as séries Manchas e Temperatura - Ubatuba.

18. Considere o modelo $Z_t + bZ_{t-3} = a_t$:

    (a) obtenha uma condição de estacionariedade para Z_t;

    (b) encontre uma representação de Z_t na forma $Z_t = \psi(B)a_t$;

    (c) obtenha a fac de Z_t.

5.5. PROBLEMAS

19. Suponha $Z_{1t} = \theta_1(B)a_{1t}$, $Z_{2t} = \theta_2(B)a_{2t}$, onde $\theta_1(B)$ e $\theta_2(B)$ são polinômios de ordens q_1 e q_2, respectivamente, e a_{1t}, a_{2t} são ruídos brancos independentes. Mostre que $Z_t = Z_{1t} + Z_{2t}$ é um processo de médias móveis, isto é, $Z_t = \theta(B)a_t$. Encontre $\theta(B)$, a sua ordem e $\text{Var}(a_t)$, sabendo que $\text{Var}(a_{1t}) = \sigma_{a_1}^2$, $\text{Var}(a_{2t}) = \sigma_{a_2}^2$.

20. Seja $\tilde{Z}_t = \phi_1\tilde{Z}_{t-1} + \phi_2\tilde{Z}_{t-2} + a_t$ um processo AR(2):

    (a) obtenha a facv γ_j, dado que a solução geral de (5.19) é (5.22), sendo G_i^{-1}, $i = 1, 2$, raízes de $\phi(B) = 0$;

    (b) determine A_1 e A_2 de (5.22);

    (c) prove que ρ_j pode ser escrita na forma

    $$\rho_j = \text{sinal}(\phi_1)^j \frac{R^{|j|}\text{sen}(j\theta + \theta_0)}{\text{sen}(\theta_0)},$$

    com $R = \sqrt{-\phi_2}$, $\cos\theta = \frac{|\phi_1|}{2\sqrt{-\phi_2}}$, $\text{tg}\theta_0 = \frac{1+R^2}{1-R^2}\text{tg}\theta$. Assim, ρ_j é uma senoide amortecida, com fator de amortecimento R, frequência θ (em radianos) e fase θ_0.

21. Considere o modelo $Z_t = a_t + 0,7a_{t-1}$. Gere 500 valores de Z_t, supondo $a_t \sim \mathcal{N}(0,1)$. Faça o gráfico de Z_t contra Z_{t-1}. Verifique que ρ_1 dá a inclinação da reta que melhor se ajusta aos pontos. Verifique que Z_t é independente de Z_{t-2}, através de um gráfico.

22. Para o processo AR(2), $\tilde{Z}_t = \frac{1}{3}\tilde{Z}_{t-1} + \frac{2}{9}\tilde{Z}_{t-2} + a_t$, encontre a fac e escreva-a na forma
    $$\rho_j = A_1G_1^j + A_2G_2^j, \quad j = 0, 1, 2, \ldots$$

23. Suponha que o processo estacionário $\{Z_t\}$ seja gerado por um modelo AR de baixa ordem e que $\{Z_t\}$ tem as seguintes variância e autocorrelações:

    $$\gamma_0 = 12;$$
    $$\rho_1 = 0,8; \ \rho_2 = 0,46; \ \rho_3 = 0,152 \text{ e } \rho_4 = -0,0476$$

    Resolva as equações de Yule-Walker para cada uma das possíveis ordens do modelo AR(1,2 e 3) e encontre os valores dos ϕ_i correspondentes; determine, também, o valor de $\sigma^2 = \text{Var}(a_t)$ em cada caso. Qual é a ordem correta do processo AR?

CAPÍTULO 5. MODELOS ARIMA

24. Utilize as equações de Yule-Walker para obter a primeira e segunda autocorrelações parciais para o processo que tem:

$$\rho_1 = \frac{7}{11}, \; \rho_2 = \frac{3}{5}, \; \rho_3 = 0,3564,$$

$$\rho_k = 0,7\rho_{k-1} - 0,1\rho_{k-2}, \; k > 2 \text{ e } E(Z_t) = 0.$$

Para este processo ARMA(p,q), quais são os valores de p e q? Quais os valores dos $(p+q)$ parâmetros do processo? Calcule a terceira autocorrelação parcial.

25. (a) Seja o modelo $(1 - \phi_1 B - \phi_2 B^2 - \cdots - \phi_p B^p)Z_t = a_t$ tal que $1 - \phi_1 - \phi_2 - \cdots - \phi_p = 0$. O modelo é estacionário? Explique.

    (b) Dado o modelo $(1 - \phi_1 B - \cdots - \phi_p B^p)Z_t = (1 - \theta_1 B - \cdots - \theta_q B^q)a_t$ tal que $1 - \phi_1 - \phi_2 - \cdots - \phi_p = 0$, ele é estacionário? Explique.

    (c) O modelo $(1+0,7B-0,98B^2)(1-0,9B)Z_t = (1+0,9B-0,52B^2)(1+0,7B)a_t$ é estacionário? É invertível?

    (d) Dado o modelo $(1 - \phi_1 B + 0,4B^2)Z_t = (1 - 0,8B)a_t$, quais são os valores de ϕ_1 que tornam o modelo estacionário?

    (e) Dado o modelo $(1 + 0,26B - 0,308B^2)Z_t = 4,76 + (1 - 0,68B)a_t$, encontre $E(Z_t)$.

26. Obter ϕ_{33} usando o algoritmo de Durbin-Levinson dado pelas equações (5.69) – (5.71).

27. Escreva cada um dos modelos abaixo nas formas: (a) de equação de diferença; (b) de choque aleatório; (c) invertida.

    (i) $Z_t = (1 + 0,3B)a_t$;

    (ii) $(1 - 0,5B)\Delta Z_t = a_t$;

    (iii) $(1 + 0,3B)\Delta Z_t = (1 - 0,6B)a_t$;

    (iv) $\Delta^2 Z_t = (1 - 0,3B + 0,8B^2)a_t$.

28. Prove (5.79).

29. Escreva o modelo ARIMA(1,1,1) na forma de choques aleatórios.

30. Considere o modelo (5.88). Prove que, se $m > d$:

    (a) tomando-se d diferenças, obtemos um modelo não estacionário, com uma tendência polinomial de grau $m - d = h$;

    (b) tomando-se m diferenças obteremos um processo estacionário, não invertível.

5.5. PROBLEMAS
155

31. Prove que se $W_t = (1 - B)Z_t$, então $Z_t = W_t + W_{t-1} + \cdots$

32. Prove que, na forma invertida do modelo, $\sum_{j=1}^{\infty} \pi_j = 1$

33. Considere o modelo $\tilde{Z}_t = \phi \tilde{Z}_{t-1} + a_t$ e os seguintes valores gerados de a_t; supondo $\tilde{Z}_0 = 0,5$, obtenha os valores de $\tilde{Z}_t$, nos dois casos:

    (a) $\phi = 0,5$;   (b) $\phi = 2$.

t	1	2	3	4	5	6	7	8	9	10
a_t	0,1	-1,2	0,3	-1,8	-0,3	0,8	-0,7	0,2	0,1	-0,8

Faça o gráfico de cada caso.

34. Mostre que uma solução geral de $\varphi(B)Z_t = \theta(B)a_t$ é dada por $Z_t = Z'_t + Z''_t$, onde Z'_t é qualquer solução particular e Z''_t é a solução geral da equação de diferenças homogêneas $\varphi(B)Z_t = 0$.

35. Suponha Y_t seguindo o modelo $(1 - \phi B)Y_t = a_t$, onde a_t é ruído branco com variância σ_a^2. Suponha $Z_t = Y_t + b_t$, onde b_t é ruído branco, com variância σ_b^2, independente de a_t. Qual é o modelo para Z_t?

36. Suponha que o processo $\{Y_t\}$ seja composto de duas componentes, $Y_t = P_t + e_t$, onde P_t é a componente permanente e e_t a componente transitória de Y_t. Suponha também que

    (i) $\{P_t\}$ satisfaz o modelo $P_t = P_{t-1} + a_t$, onde os a_t são variáveis aleatórias independentes com $E(a_t) = 0$ e $\mathrm{Var}(a_t) = \sigma_a^2$;

    (ii) $\{e_t\}$ sejam variáveis aleatórias independentes com $E(e_t) = 0$ e $\mathrm{Var}(e_t) = \sigma_e^2$;

    (iii) $\{a_t\}$ e $\{e_t\}$ sejam independentes.

    Mostre que o processo $W_t = Y_t - Y_{t-1}$ tem fac igual a de um processo MA(1) e, consequentemente, $\{Y_t\}$ é um processo IMA(0,1,1) satisfazendo $Y_t = Y_{t-1} + \varepsilon_t - \theta \varepsilon_{t-1}$, onde $\{\varepsilon_t\}$ são independentes e tais que $E(\varepsilon_t) = 0$, $\mathrm{Var}(\varepsilon_t) = \sigma^2$. Encontre uma expressão explícita para os parâmetros θ e σ^2 em termos de σ_a^2 e σ_e^2, equacionando duas expressões equivalentes para as autocovariâncias γ_0 e γ_1 do processo $\{W_t\}$.

37. Suponha que um processo $\{Y_t\}$ possa ser expresso como $Y_t = X_t + Z_t$, onde $\{X_t\}$ representa a componente de tendência e satisfaz o modelo $(1 - B)^2 X_t = (1 - \alpha B)a_t$, onde $\{a_t\}$ são v.a.i., $E(a_t) = 0$ e $\mathrm{Var}(a_t) = \sigma_a^2$; Z_t é uma componente estacionária satisfazendo um modelo estacionário AR(1), $(1 - \phi B)Z_t = e_t$; além disso, $\{a_t\}$ e $\{e_t\}$ são independentes.

Mostre que o processo $\{Y_t\}$ segue um modelo ARIMA(p,d,q). Determine os valores de p,d,q e encontre as relações entre os parâmetros do modelo ARIMA e os parâmetros ϕ, α, σ_a^2 e σ_e^2.

[Sugestão: aplique os operadores apropriados à relação $Y_t = X_t + Z_t$, de tal forma que apareçam termos de médias móveis no lado direito.]

38. Verifique se os modelos seguintes são estacionários e/ou invertíveis. Caso o modelo seja não estacionário, poderíamos transformá-lo utilizando diferenças adequadas?

   (a) $(1 - 1,5B + 0,5B^2)(1 - B)Z_t = (1 - 0,3B)a_t$;

   (b) $(1 - 2B + B^2)Z_t = (1 + 1,1B)a_t$;

   (c) $\left(1 + \frac{4}{3}B + \frac{4}{9}B^2\right)Z_t = (1 - 0,4B)^2 a_t$;

   (d) $(1 - 0,25B - 0,375B^2)Z_t = (1 + 1,1B)a_t$;

   (e) $(1 - 0,64B^2)Z_t = (1 - 0,7B - 0,6B^2)a_t$.

39. Para um modelo ARMA(p,q), $\pi(B)$ é como segue:

$$\pi(B) = \frac{5}{3}(1 + 0,5B + 0,5B^2 + \cdots) - \frac{2}{3}(1 + 0,2B + 0,2^2 B^2 + \cdots).$$

   (a) Represente o modelo na forma

$$(1 - \phi_1 B - \cdots - \phi_p B^p)\tilde{Z}_t = (1 - \theta_1 B - \cdots - \theta_q B^q)a_t$$

   encontrando p,q e os valores dos $p+q$ parâmetros do modelo;

   (b) assuma $\sigma_a^2 = 1$ e encontre a função de autocovariância para esse processo;

   (c) encontre ρ_0, ρ_1 e ρ_2.

40. Dado um modelo ARMA(2,2)

$$(1 - \phi_1 B - \phi_2 B^2)Z_t = (1 - \theta_1 B - \theta_2 B^2)a_t \ , E Z_t = 0.$$

   (a) Expresse ψ_1 e ψ_2 em termos dos parâmetros do modelo. Dê a fórmula recursiva para ψ_k, $k \geq 3$.

   (b) Escreva Z_{t+k} na forma de choques aleatórios. Determine $E(a_t Z_{t+k})$, para todo k.

   (c) Mostre que

$$\begin{aligned}
\mathrm{Var}(Z_t) &= \phi_1\gamma_1 + \phi_2\gamma_2 + \sigma_a^2(1 - \theta_1(\phi_1 - \theta_1) \\
&\quad -\phi_1\theta_2(\phi_1 - \theta_1) - \theta_2(\phi_2 - \theta_2)).
\end{aligned}$$

5.5. PROBLEMAS

(d) Mostre que

$$
\begin{bmatrix} \gamma_1 \\ \gamma_2 \end{bmatrix} - \begin{bmatrix} \gamma_0 & \gamma_1 \\ \gamma_1 & \gamma_0 \end{bmatrix} \begin{bmatrix} \phi_1 \\ \phi_2 \end{bmatrix} = \sigma_a^2 \begin{bmatrix} -1 & \phi_1 \\ 0 & -1 \end{bmatrix} \begin{bmatrix} \theta_1 \\ \theta_2 \end{bmatrix}.
$$

41. Sejam X_t e Y_t dois processos que seguem os modelos

$$
\begin{aligned}
X_t &= 1,5X_{t-1} - 0,5X_{t-2} + a_t, \\
Y_t &= 0,5Y_{t-1} + e_t - 0,8e_{t-1},
\end{aligned}
$$

respectivamente. Além disso, e_t e a_t são dois ruídos brancos independentes.

(a) Que modelo segue o processo $Z_t = X_t + Y_t$? Equacione os parâmetros de Z_t em função dos parâmetros X_t e Y_t.

(b) Z_t é um processo estacionário?

42. Considere o processo $Y_t = 1,5Y_{t-1} - 0,625Y_{t-2} + e_t$, com $\text{Var}(e_t) = 2$, $E(e_t) = 0$, $E(e_t e_{t-s}) = 0$, $t \neq s$.

(a) Determine se o processo é estacionário.

(b) Encontre uma expressão para $\rho(s)$, utilizando equações de diferenças. Calcule $\rho(s)$, $s = 1, \ldots, 5$.

(c) Existe algum comportamento periódico na função de autocorrelação?

43. Dê um exemplo de um modelo $\text{ARMA}(p, q)$ estacionário que satifaça as condições $\gamma_0 = 2\sigma_a^2$, $\gamma_1 = 0$, $\gamma_2 = -\sigma_a^2$ e $\gamma_h = 0$, $|h| > 2$.

CAPÍTULO 6

Identificação de modelos ARIMA

6.1 Introdução

Como mencionamos na introdução do Capítulo 5, os estágios do ciclo iterativo do método de Box & Jenkins são a identificação, a estimação e a verificação, dado que especificamos a classe geral de modelos ARIMA.

Neste capítulo trataremos, com algum detalhe, da fase mais crítica do método que é a identificação do particular modelo ARIMA a ser ajustado aos dados. Esta escolha é feita principalmente com base nas autocorrelações e autocorrelações parciais estimadas, que esperamos representem adequadamente as respectivas quantidades teóricas, que são desconhecidas.

Lembremos que a fac ρ_j é estimada por

$$r_j = \frac{c_j}{c_0}, \quad j = 0, 1, \dots, N-1, \tag{6.1}$$

onde c_j é a estimativa da facv γ_j,

$$c_j = \frac{1}{N} \sum_{t=1}^{N-j} [(Z_t - \overline{Z})(Z_{t+j} - \overline{Z})], \quad j = 0, 1, \dots, N-1, \tag{6.2}$$

sendo $\overline{Z} = \frac{1}{N} \sum_{t=1}^{N} Z_t$ a média amostral. Lembremos que $r_{-j} = r_j$.

Como veremos adiante, será necessário uma verificação mais ou menos grosseira para saber se ρ_j é nula além de um certo "lag". Uma expressão aproximada para a variância de r_j, para um processo estacionário normal, é dada por

$$\mathrm{Var}(r_j) \simeq \frac{1}{N} \sum_{v=-\infty}^{\infty} [\rho_v^2 + \rho_{v+j}\rho_{v-j} - 4\rho_j\rho_v\rho_{v-j} + 2\rho_v^2\rho_j^2]. \tag{6.3}$$

159

160   CAPÍTULO 6.   IDENTIFICAÇÃO DE MODELOS ARIMA

Para um processo em que as autocorrelações são nulas para $v > q$, todos os termos do lado direito de (6.3) anulam-se para $j > q$, exceto o primeiro, obtendo-se

$$\text{Var}(r_j) \simeq \frac{1}{N}\left[1 + 2\sum_{v=1}^{q} \rho_v^2\right], \quad j > q. \tag{6.4}$$

Como desconhecemos as autocorrelações ρ_v, substituímo-las por r_v, obtendo-se uma estimativa para (6.4),

$$\hat{\sigma}^2(r_j) \simeq \frac{1}{N}\left[1 + 2\sum_{v=1}^{q} r_v^2\right], \quad j > q. \tag{6.5}$$

Para N suficientemente grande e sob a hipótese que $\rho_j = 0$, para $j > q$, a distribuição de r_j é aproximadamente normal, com média igual a zero e variância dada por (6.4) (Fuller, 1996, p. 335). Assim, pode-se construir um intervalo de confiança aproximado para as autocorrelações, dado por

$$r_j \pm t_\gamma.\hat{\sigma}(r_j), \tag{6.6}$$

onde t_γ é o valor da estatística t de Student com $N - 1$ graus de liberdade, tal que $P(-t_\gamma < t < t_\gamma) = \gamma$. Na prática usa-se $t_\gamma = 2$, de modo que podemos considerar ρ_j como sendo significativamente diferente de zero se

$$|r_j| > 2\hat{\sigma}(r_j), \quad j > q. \tag{6.7}$$

Para a facp vimos que, sob a hipótese que o processo é AR(p),

$$\text{Var}(\hat{\phi}_{jj}) \simeq \frac{1}{N}, \quad j > p, \tag{6.8}$$

de modo que

$$\hat{\sigma}(\hat{\phi}_{jj}) \simeq \frac{1}{\sqrt{N}}, \quad j > p. \tag{6.9}$$

Além disso, para N grande e sob a hipótese que o processo é AR(p), $\hat{\phi}_{jj}$ terá distribuição aproximadamente normal, com média zero e variância (6.8), de modo que consideraremos ϕ_{jj} significativamente diferente de zero se

$$|\hat{\phi}_{jj}| > \frac{2}{\sqrt{N}}, \quad j > p. \tag{6.10}$$

Exemplo 6.1. Na Tabela 6.1, temos as estimativas das autocorrelações e de seus respectivos desvios padrões, bem como as autocorrelações parciais estimadas, para as séries simuladas dos Exemplos 5.4, 5.6 e 5.12, a saber,

$$\begin{aligned} \text{AR}(1): &\quad Z_t = 0,8Z_{t-1} + a_t; \\ \text{MA}(1): &\quad Z_t = a_t - 0,8a_{t-1}; \\ \text{ARMA}(1,1): &\quad Z_t = 0,8Z_{t-1} + a_t - 0,3a_{t-1}. \end{aligned}$$

6.2. PROCEDIMENTO DE IDENTIFICAÇÃO

Na tabela, também estão indicadas as médias e os desvios padrões amostrais de cada série, bem como destacados com um asterisco (*) os valores que caem fora do intervalo de dois desvios padrões.

Na Figura 6.1, temos os gráficos de r_j, $\hat{\phi}_{jj}$ para cada um dos modelos. Os intervalos de confiança estão indicados em linha pontilhada.

Tabela 6.1: Autocorrelações amostrais e respectivos desvios padrões para as séries simuladas AR(1), MA(1) e ARMA(1,1).

lag	AR(1)			MA(1)			ARMA(1)		
(j)	r_j	$\hat{\sigma}(r_j)$	$\hat{\phi}_{jj}$	r_j	$\hat{\sigma}(r_j)$	$\hat{\phi}_{jj}$	r_j	$\hat{\sigma}(r_j)$	$\hat{\phi}_{jj}$
1	0,81*	0,14	0,81*	-0,42*	0,14	-0,42*	0,60*	0,14	0,60*
2	0,69*	0,22	0,11	-0,20	0,16	-0,47*	0,52*	0,19	0,25
3	0,58*	0,26	-0,03	0,18	0,17	-0,22	0,39	0,21	0,01
4	0,44	0,28	-0,12	-0,01	0,17	-0,16	0,26	0,23	-0,08
5	0,30	0,29	-0,13	-0,17	0,17	-0,31	0,10	0,23	-0,04
6	0,26	0,30	0,17	0,16	0,18	-0,18	0,13	0,24	0,04
7	0,19	0,30	-0,01	0,09	0,18	0,01	0,08	0,24	-0,02
8	0,15	0,31	0,02	-0,29	0,18	-0,26	0,04	0,24	-0,02
9	0,07	0,31	-0,19	0,18	0,19	-0,14	0,15	0,24	0,21
10	0,01	0,31	-0,07	-0,01	0,19	-0,27	0,00	0,24	-0,22
$\overline{Z}$		0,532			-0,042			1,077	
S		2,462			1,284			1,312	

6.2 Procedimento de identificação

O objetivo da identificação é determinar os valores de p, d e q do modelo ARIMA(p, d, q).

O procedimento de identificação consiste de três partes:

(a) verificar se existe necessidade de uma transformação na série original, com o objetivo de estabilizar sua variância. Tal identificação pode ser realizada utilizando o auxílio de gráficos, como mencionado na seção 1.6;

(b) tomar diferenças da série, obtida no item (a), tantas vezes quantas necessárias para se obter uma série estacionária, de modo que o processo $\Delta^d Z_t$ seja reduzido a um ARMA(p, q). O número de diferenças, d, necessárias para que o processo se torne estacionário, é alcançado quando a fac amostral de $W_t = \Delta^d Z_t$ decresce rapidamente para zero.

162 CAPÍTULO 6. IDENTIFICAÇÃO DE MODELOS ARIMA

(c) identificar o processo ARMA(p, q) resultante, através da análise das autocorrelações e autocorrelações parciais estimadas, cujos comportamentos devem imitar os comportamentos das respectivas quantidades teóricas. Estes comportamentos, para modelos AR, MA e ARMA, foram abordados no Capítulo 5. Um resumo das propriedades destes modelos encontra-se na Tabela 6.1 de Box e Jenkins (1976).

Nesse estágio, a utilização de um teste para verificar a existência de raízes unitárias no polinômio autorregressivo pode ser de grande utilidade. Apresentamos, com esse propósito, o teste de Dickey e Fuller (1979, 1981), no Apêndice B.

Dada a forma complicada da fac e da facp de um modelo ARMA, estas funções não são muito úteis para identificar tais modelos. O que se recomenda, neste caso, é ajustar alguns modelos de baixa ordem, por exemplo, (1,1), (1,2), (2,1) e utilizar critérios que permitam escolher o modelo mais adequado.

A justificativa do item (b), do procedimento de identificação é o seguinte. Vimos que, para um modelo ARMA estacionário, as fac são dadas por

$$\rho_j = A_1 G_1^j + A_2 G_2^j + \cdots + A_p G_p^j, \quad j > q - p, \tag{6.11}$$

supondo raízes distintas. Como $\phi(B) = \prod_{i=1}^{p}(1 - G_i B)$ e as raízes de $\phi(B) = 0$ devem estar fora do círculo unitário, devemos ter $|G_i| < 1$. Segue-se de (6.11) que, se nenhuma raiz está muito próxima do círculo unitário, as autocorrelações ρ_j decairão para zero, para valores moderados de j.

Por outro lado, suponha que uma raiz real, G_1, esteja próxima de um, ou seja, $G_1 = 1 - \varepsilon$, $\varepsilon > 0$ pequeno. Como $G_1^j = (1 - \varepsilon)^j = \simeq 1 - j\varepsilon$, vem que $\rho_j \simeq A_1(1 - j\varepsilon)$, o que mostra que a fac decairá lentamente para zero e de forma aproximadamente linear.

O maior problema, neste estágio do procedimento é evitar um excesso de diferenças. McLeod (1983) faz alguns comentários bastante interessantes:

1. Um número excessivo de diferenças resulta em um valor negativo da autocorrelação de ordem 1 da série diferençada, neste caso $\rho_1 = -0, 5$.

2. Quando a série é corretamente diferençada, a variância da série transformada diminui, por outro lado, excesso de diferenças aumentará essa variância. Assim, o monitoramento da variância é bastante útil para escolher o valor apropriado de d.

Na prática, $d = 0$, 1 ou 2 e é suficiente inspecionar as primeiras 15 ou 20 autocorrelações da série e de suas diferenças.

6.2. PROCEDIMENTO DE IDENTIFICAÇÃO

Convém testar se $E(W_t) = \mu_w$ é zero, comparando $\overline{W}$ com seu desvio padrão estimado. A Tabela 6.2 fornece as variâncias de $\overline{W}$ para alguns modelos usuais. Lembrar que se $d = 0$, $\overline{W} = \overline{Z}$.

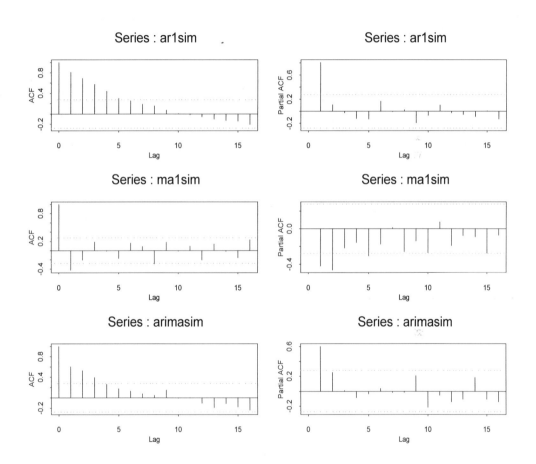

Figura 6.1: Autocorrelações e autocorrelações parciais amostrais para as séries simuladas

Os programas utilizados para identificação de modelos ARIMA foram os citados no Capítulo 1. As saídas de tais programas constam em geral de:

164 CAPÍTULO 6. IDENTIFICAÇÃO DE MODELOS ARIMA

(a) gráficos da série e das diferenças solicitadas;

(b) média e variância da série e de suas diferenças;

(c) autocorrelações e autocorrelações parciais estimadas;

(d) gráficos das autocorrelações e autocorrelações parciais, com os respectivos intervalos de confiança.

Tabela 6.2: Variâncias aproximadas para $\overline{W}$, onde $W_t = \Delta^d Z_t$, $n = N - d$.

AR(1)	MA(1)	ARMA(1,1)
$\dfrac{c_0(1+r_1)}{n(1-r_1)}$	$\dfrac{c_0(1+2r_1)}{n}$	$\dfrac{c_0}{n}\left[1+\dfrac{2r_1^2}{r_1-r_2}\right]$
AR(2)		MA(2)
$\dfrac{c_0(1+r_1)(1-2r_1^2+r_2)}{n(1-r_1)(1-r_2)}$		$\dfrac{c_0(1+2r_1+2r_2)}{n}$

6.3 Exemplos de identificação

Exemplo 6.2. Suponha agora que temos os seguintes dados:

j	1	2	3	4	5	6	7	8
r_j	0,81	0,69	0,58	0,44	0,30	0,26	0,19	0,15
$\hat{\phi}_{jj}$	0,81	0,11	-0,03	-0,12	-0,13	0,17	-0,01	0,02

$$N = 50, \quad \overline{Z} = 0,5327, \quad S^2 = 6,0579$$

Temos que

$$\hat{\sigma}(\hat{\phi}_{jj}) \simeq \frac{1}{\sqrt{N}} = \frac{1}{\sqrt{50}} \simeq 0,14, \quad \log 2\hat{\sigma}(\hat{\phi}_{jj}) = 0,28,$$

o que mostra que só $\phi_{11} \neq 0$; $\{r_j\}$ desqualifica a possibilidade de um processo MA e $\{\hat{\phi}_{jj}\}$ sugere um processo AR(1).

Para um processo AR(1), usando a Tabela 6.3, temos que

$$\text{Var}(\overline{Z}) = \frac{c_0(1+r_1)}{n(1-r_1)} = \frac{6,0579(1+0,81)}{50(1-0,81)} = 1,1542$$

e $\hat{\sigma}(\overline{Z}) = 1,0743$; como $\overline{Z} = 0,5327$, a média pode ser considerada igual a zero e o modelo sugerido é

$$Z_t = \phi Z_{t-1} + a_t, \quad a_t \sim N(0, \sigma_a^2). \tag{6.12}$$

6.3. EXEMPLOS DE IDENTIFICAÇÃO

Exemplo 6.3. Vamos agora identificar um ou mais modelos preliminares para a série M–ICV (simplesmente ICV), no período de janeiro de 1970 a junho de 1979, utilizando $N = 114$ observações.

Inicialmente, a série foi dividida em grupos com 8 observações consecutivas, calculando-se para cada grupo a média e a amplitude (ou desvio padrão), como sugerido na seção 1.6. Na Figura 6.2 temos as representações gráficas desse procedimento. O comportamento de ambos os gráficos sugere que uma transformação logarítmica é necessária para estabilizar a variância da série ICV (ver Figura 1.6).

Entretanto, quando calculamos os valores de d_λ, expressão (1.8), observamos que o menor valor absoluto é obtido para $\lambda = -0,5$ (ver Tabela 6.3), indicando a necessidade da transformação $1/\sqrt{z_t}$ para tornar os dados mais simétricos ou mais próximos de uma distribuição normal. Assim, neste caso, não existe uma transformação que estabilize a variância e, ao mesmo tempo, torne os dados mais simétricos. Diante deste fato, optamos pela transformação que estabiliza a variância.

Daqui em diante, trabalharemos com a transformação

$$Y_t = \ln(ICV), \quad t = 1, \ldots, 114. \tag{6.13}$$

A Figura 6.3 apresenta a série original e a série transformada.

A Tabela 6.4 e a Figura 6.4 apresentam os valores e as correspondentes representações gráficas das funções de autocorrelação e autocorrelação parcial da série Y_t e de suas diferenças de ordens 1 e 2.

Analisando o comportamento das funções vemos que a fac de Y_t não decresce ra pidamente para zero, indicando a não-estacionariedade da série. Para selecionarmos um valor apropriado para d, podemos verificar, graficamente, quantas diferenças são necessárias para que a fac convirja rapidamente para zero. Este fato parece ocorrer para $d = 1$ ou, talvez, $d = 2$.

A Figura 6.5 apresenta a primeira e a segunda diferenças do ln(ICV).

Tabela 6.3: Valores da estatística d_λ, dada por (1.8)

λ	d_λ	Transformação
-1,0	0,125	$1/Z_t$
-0,5	0,032	$1/(Z_t)^{1/2}$
0	0,192	$\ln(Z_t)$
0,5	0,328	$(Z_t)^{1/2}$
1,0	0,423	Z_t

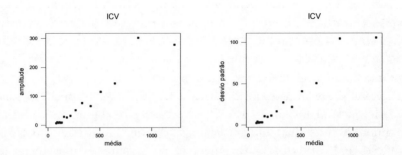

Figura 6.2: Gráficos da série ICV: (a) amplitude × média e (b) desvio padrão × média

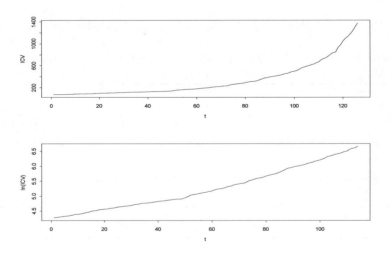

Figura 6.3: Gráficos das séries ICV e $\ln(ICV)$.

6.3. EXEMPLOS DE IDENTIFICAÇÃO

Tabela 6.4: Autocorrelações e autocorrelações parciais estimadas das séries (a) $\ln(\text{ICV})$, (b) $(1-B)\ln(\text{ICV})$, (c) $(1-B)^2\ln(\text{ICV})$.

lag	(a) acf	(a) pacf	(b) acf	(b) pacf	(c) acf	(c) pacf
1	0,97	0,97	0,49	0,49	-0,32	-0,32
2	0,94	-0,01	0,33	0,12	-0,12	-0,24
3	0,92	-0,02	0,26	0,08	0,00	-0,15
4	0,89	-0,01	0,16	-0,03	-0,10	-0,23
5	0,86	0,00	0,21	0,14	-0,04	-0,24
6	0,84	-0,02	0,27	0,15	0,08	-0,14
7	0,81	-0,01	0,29	0,11	0,00	-0,13
8	0,78	-0,02	0,29	0,08	0,05	-0,06
9	0,76	-0,01	0,25	0,02	-0,02	-0,07
10	0,73	-0,02	0,22	0,04	-0,02	-0,06
11	0,70	-0,02	0,21	0,05	-0,09	-0,17
12	0,68	-0,02	0,28	0,14	0,03	-0,14
13	0,65	0,00	0,30	0,08	0,09	-0,03
14	0,62	0,00	0,26	0,01	0,01	-0,01
15	0,60	-0,01	0,23	0,00	-0,10	-0,14
16	0,57	-0,01	0,27	0,12	0,14	0,06
17	0,55	-0,02	0,16	-0,09	-0,12	-0,05
18	0,53	-0,01	0,19	0,05	0,04	0,05
19	0,50	-0,02	0,17	-0,06	0,06	0,11
20	0,48	-0,01	0,08	-0,11	-0,19	-0,14

A escolha entre esses dois valores, $d=1$ ou $d=2$, pode ser feita analisando-se as observações feitas por McLeod (1983), mencionadas no procedimento de identificação e/ou aplicando o teste da raiz unitária de Dickey-Fuller (Apêndice B).

Observando a fac amostral de $(1-B)^2Y_t$, verificamos que $r_1 = -0,32$, que além de ser negativo, assume um valor próximo de $-0,5$. Calculando as variâncias das diferenças das séries, temos que $\text{Var}((1-B)Y_t) = 0,00014$ e $\text{Var}((1-B)^2Y_t) = 0,000162$, indicando um aumento de variância da série com duas diferenças em relação àquela com uma diferença. Assim, de acordo com McLeod (1983), escolhemos $d=1$.

Para a aplicação do teste de Dickey-Fuller utilizamos a função ur.df da biblioteca urca do repositório R. Escolhemos $p=1$, uma vez que a facp amostral da série $\ln(\text{ICV})$ exibe um único valor alto, $\hat{\phi}_{11} = 0,97$, indicando um valor de ϕ_{11}

diferente de zero (ver Tabela 6.4). De acordo com (B.19) foi ajustado o modelo

$$\Delta Y_t = \phi_0^* + \phi_1^* Y_{t-1} + a_t$$

com $\hat{\phi}_1^* = 0,009207$ e $\hat{\sigma}(\hat{\phi}_1^*) = 0,001267$, implicando em $\hat{\tau}_\mu = 7,2668$, com valores críticos da estatística $\hat{\tau}_\mu$, dados por $-3,46$, $-2,88$ e $-2,57$, com os níveis de significância 0,01, 0,05 e 0,10, respectivamente.

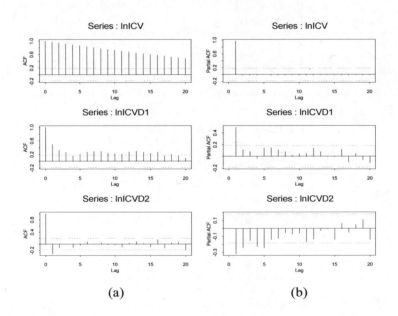

(a)　　　　　　　　　　(b)

Figura 6.4: **Autocorrelações (a) e autocorrelações parciais (b) das séries** $\ln(\mathbf{ICV})$, $(1-B)\ln(\mathbf{ICV})$ e $(1-B)^2 \ln(\mathbf{ICV})$.

Assim, $\hat{\tau}_\mu = 7,2668 > -3,46$, o que implica em não rejeitar a hipótese de uma raiz unitária no operador autorregressivo, ou seja, $d \geq 1$, ao nível de 1%.

Para testar a existência de duas raízes unitárias, não podemos usar os testes DF ou ADF do Apêndice B. Há um procedimento para testar se a série contém no máximo duas raízes unitárias. Usamos este procedimento aqui e concluímos que $d = 1$.

Analisando o comportamento das fac e facp da série $(1-B)\ln(\text{ICV})$, Tabela

6.3. EXEMPLOS DE IDENTIFICAÇÃO

6.4 e Figura 6.4, podemos notar que somente $\phi_{11} \neq 0$, pois $\hat{\phi}_{11} = 0,49$ e $dp(\hat{\phi}_{11}) = \frac{1}{\sqrt{114}} = 0,094$. Assim, um modelo preliminar para ln(ICV) é um ARIMA(1,1,0).

Para verificar se uma constante deve, ou não, ser adicionada ao modelo, observamos que

$$\overline{W} = 0,02116 \quad \text{e}$$
$$\text{Var}(\overline{W}) = \frac{c_0(1 + r_1)}{n(1 - r_1)} = \frac{0,00014(1 + 0,49)}{113(1 - 0,49)} = 3,62 \times 10^{-6}$$

ou seja, $\text{DP}(\overline{W}) = 0,0019$.

Assim, podemos concluir que a média da série $(1 - B)Y_t$ é diferente de zero e que uma constante deve ser incluída no modelo.

Logo, o modelo preliminar para a série ln(ICV) é uma ARIMA(1,1,0) com uma constante, isto é,

$$(1 - B)(1 - \phi_1 B)Y_t = \theta_0 + a_t, \tag{6.14}$$

onde $Y_t = \ln(\text{ICV})$.

Exemplo 6.4. Considere a série Atmosfera–Umidade (simplesmente, Umidade), de 1º de janeiro a 24 de dezembro de 1997, com $N = 358$ observações.

A série foi dividida em grupos de 7 observações consecutivas (uma semana completa), calculando-se para cada grupo a média e a amplitude (ou desvio padrão), cuja representação gráfica aparece na Figura 6.6. Na Tabela 6.5, apresentamos os valores da estatística d_λ, dada por (1.8), utilizando as transformações usuais. A análise da Figura 6.6 sugere que a amplitude e, também, o desvio padrão não dependem da média da série original, indicando a não necessidade de transformação para estabilizar a variância. Os resultados da Tabela 6.6 indicam que o mínimo de d_λ ocorre para $\lambda = 1$, significando que os dados originais são simétricos e, provavelmente, seguem uma distribuição normal. Assim, trabalhamos com a série original, isto é, $Z_t = (\text{Umidade})_t$.

A Tabela 6.6 e a Figura 6.7 apresentam os valores e as correspondentes representações gráficas das funções de autocorrelação e autocorrelação parcial da série Z_t e de suas diferenças de ordem 1 e 2.

O comportamento da fac de Z_t não indica, aparentemente, a necessidade de diferenças na série original, com o objetivo de torná-la estacionária.

A aplicação do teste de Dickey-Fuller (Apêndice B) foi feita com $p = 1$ (sugerido pelo comportamento da facp de Z_t), fornecendo o modelo

$$\Delta Z_t = \phi_0^* + \phi_1^* Z_{t-1} + a_t$$

com $\hat{\phi}_1^* = -0,4680$, $\hat{\sigma}(\hat{\phi}_1^*) = 0,045$ e, consequentemente, $\hat{\tau}_u = -10,4156$. O valor crítico de $\hat{\tau}_u$, fornecido pelo R, com o nível de 1%, é $-3,44$ indicando que a hipótese de raiz unitária é rejeitada com o nível de 1%.

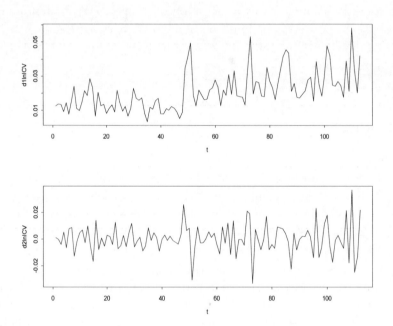

Figura 6.5: Gráficos das séries $(1-B)\ln(\mathbf{ICV})$ e $(1-B)^2\ln(\mathbf{ICV})$.

A Figura 6.8 apresenta a série original Z_t.

Pelo que foi mencionado anteriormente e de acordo com o comportamento das funções de autocorrelação e autocorrelação parcial da série Z_t, um modelo preliminar para a série de Umidade é um processo AR(1) com uma constante, isto é,

$$(1 - \phi_1 B)Z_t = a_t + \theta_0. \tag{6.15}$$

6.3. EXEMPLOS DE IDENTIFICAÇÃO

Tabela 6.5: Valores da estatística d_λ, dada por (1.8).

λ	d_λ	Transformação
-1,0	0,187	$1/Z_t$
-0,5	0,168	$1/(Z_t)^{1/2}$
0	0,147	$\ln(Z_t)$
0,5	0,125	$(Z_t)^{1/2}$
1,0	0,103	Z_t

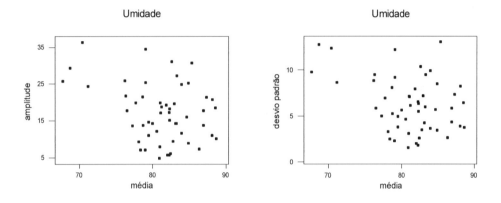

Figura 6.6: Gráficos da série Umidade: (a) amplitude $\times$ média e (b) desvio padrão $\times$ média

Exemplo 6.5. Vejamos, agora, a série Poluição–CO (simplesmente, CO), de 1º de janeiro a 24 de dezembro de 1997, com $N = 358$ observações.

Esta série de dados diários também foi dividida em grupos de uma semana (sete dias) para os quais calculamos a média e a amplitude (ou desvio padrão); os resultados são apresentados na Figura 6.9. Na Tabela 6.7, temos os valores da estatística d_λ, dada por (1.10). A análise da Figura 6.9 sugere um aumento, das medidas de variabilidade, proporcional à média, indicando a necessidade de uma transformação logarítmica para estabilizar a variabilidade da série. Esta transformação também é indicada para tornar os dados mais simétricos e, possivelmente, com distribuição mais próxima de uma normal; tal indicação pode ser visualizada nos resultados da Tabela 6.7, que apresenta um valor mínimo para d_λ, quando $\lambda = 0$.

Assim, utilizaremos na análise da série de concentração de CO, a transformação

$$Z_t = \ln(CO)_t. \tag{6.16}$$

A Figura 6.10 apresenta a série original e a série transformada; podemos notar que o ln(CO) tem uma variabilidade mais uniforme.

As funções de autocorrelação e autocorrelação parcial amostrais de Z_t, bem como suas representações gráficas se encontram na Tabela 6.8 e Figura 6.11, respectivamente. Podemos notar através da fac amostral de Z_t que parece não existir necessidade da aplicação de uma diferença simples para tornar a série estacionária, embora pareça existir o fenômeno de memória longa nesta série. Veja o Capítulo 11.

Para confirmar a suspeita da não necessidade de tomar diferenças, fizemos o teste da raiz unitária, utilizando $p = 3$, pois temos as três primeiras autocorrelações parciais significativamente diferentes de zero, como podemos observar na Figura 6.11.

O modelo ajustado, de acordo com (B.27), foi

$$\Delta Z_t = \phi_0^* + \phi_1^* Z_{t-1} + \phi_2^* \Delta Z_{t-1} + \phi_3^* \Delta Z_{t-2} + a_t,$$

com

$$\begin{aligned}
\hat{\phi}_0^* &= 0,4815(0,06628); \\
\hat{\phi}_1^* &= -0,3897(0,05228); \\
\hat{\phi}_2^* &= 0,1019(0,05404); \\
\hat{\phi}_3^* &= -0,1734(0,05223),
\end{aligned}$$

implicando em $\hat{\tau}_u = (-0,38973/(0,05228) = -7,454$.

O valor crítico, para a estatística $\hat{\tau}_u$, com o nível de 1%, é $-3,44$, o que nos leva a rejeitar a hipótese de existência de raiz unitária.

Assim, um modelo preliminar para a série CO é um processo AR(3), dado por

$$Z_t = \phi_1 Z_{t-1} + \phi_2 Z_{t-2} + \phi_3 Z_{t-3} + \theta_0 + a_t, \tag{6.17}$$

onde $Z_t = \ln(CO)_t$.

6.4 Formas alternativas de identificação

Um dos maiores obstáculos à utilização da metodologia apresentada anteriormente, na construção de modelos ARIMA, está na identificação. Vários pesquisadores, usando a mesma série, podem identificar modelos diferentes.

6.4. FORMAS ALTERNATIVAS DE IDENTIFICAÇÃO 173

Outras propostas de identificação têm sido apresentadas na literatura. Nesta seção, vamos fazer uma breve resenha delas, sem apresentar detalhes. Os leitores interessados poderão consultar as referências fornecidas.

Tabela 6.6: Autocorrelações e autocorrelações parciais estimadas das séries (a) Umidade, (b) $(1 - B)$Umidade, (c) $(1 - B)^2$Umidade.

	(a)		(b)		(c)	
lag	acf	pacf	acf	pacf	acf	pacf
1	0,53	0,53	-0,16	-0,16	-0,45	-0,45
2	0,21	-0,10	-0,27	-0,30	-0,17	-0,45
3	0,14	0,10	0,00	-0,12	0,14	-0,27
4	0,08	-0,04	-0,07	-0,20	-0,08	-0,33
5	0,08	0,07	0,07	-0,03	0,10	-0,17
6	0,01	-0,09	-0,01	-010	-0,01	-0,12
7	-0,05	-0,03	-0,09	-0,13	-0,07	-0,12
8	-0,02	0,02	0,00	-0,11	0,04	-0,10
9	0,00	0,01	0,00	-0,11	-0,02	-0,14
10	0,03	0,03	0,05	-0,05	0,05	-0,07
11	0,01	-0,03	0,00	-0,08	0,00	-0,03
12	-0,01	0,01	-0,06	-0,11	-0,06	-0,05
13	0,03	0,05	0,01	-0,09	0,09	0,08
14	0,07	0,03	-0,12	-0,26	-0,17	-0,17
15	0,21	0,23	0,15	-0,03	0,15	-0,06
16	0,22	0,00	0,08	-0,07	0,02	-0,04
17	0,16	0,04	-0,06	-0,05	-0,09	-0,01
18	0,15	0,03	0,01	-0,06	0,02	-0,05
19	0,14	0,03	0,04	0,02	0,04	0,04
20	0,08	-0,04	-0,01	-0,02	-0,04	0,00

Tabela 6.7: Valores da estatística d_λ, dada por (1.8).

λ	d_λ	Transformação
-1,0	0,1856	$1/Z_t$
-0,5	0,096	$1/(Z_t)^{1/2}$
0	0,002	$\ln(Z_t)$
0,5	0,098	$(Z_t)^{1/2}$
1,0	0,180	Z_t

6.4.1 Métodos baseados em uma função penalizadora

A partir de 1970 foram propostos vários procedimentos para identificação de modelos ARMA. A ideia é escolher as ordens k e l que minimizem a quantidade

$$P(k,l) = \ln \hat{\sigma}_{k,l}^2 + (k+l)\frac{C(N)}{N} \tag{6.18}$$

em que $\hat{\sigma}_{k,l}^2$ é uma estimativa da variância residual obtida ajustando um modelo ARMA(k,l) às N observações da série e $C(N)$ é uma função do tamanho da série.

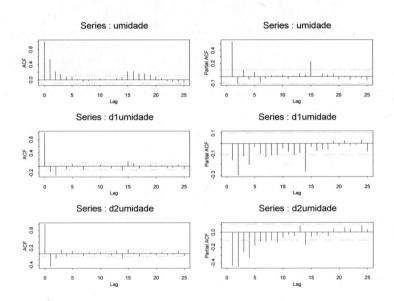

Figura 6.7: **Autocorrelações e autocorrelações parciais estimadas das séries Umidade, $(1-B)$Umidade e $(1-B)^2$Umidade.**

A quantidade $(k+l)\frac{C(N)}{N}$, denominada termo penalizador, aumenta quando o número de parâmetros aumenta, enquanto que a variância residual $\hat{\sigma}_{k,l}^2$ diminui. Assim, minimizar (6.18) corresponde a identificar as ordens k e l que equilibrem esse comportamento.

É natural supor que as ordens selecionadas aumentem quando N cresce. Hannan (1982) sugere limites superiores dados por $(\ln T)^\alpha$, $0 < \alpha < \infty$.

6.4. FORMAS ALTERNATIVAS DE IDENTIFICAÇÃO

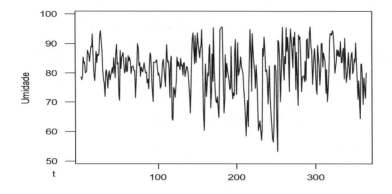

Figura 6.8: Gráfico da série Umidade.

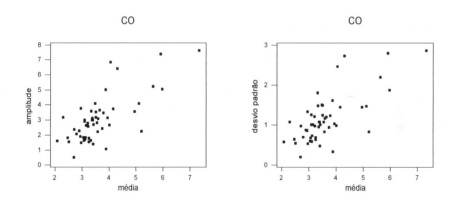

Figura 6.9: Gráficos da série CO: (a) amplitude × média, (b) dp× amplitude.

O seguinte resultado é bastante importante quando utilizamos um critério tipo função penalizadora para identificar os parâmetros p e q de um modelo ARMA(p,q).

Teorema 6.1. *Considere um modelo* ARMA(p,q) *dado pela expressão (5.52). Sejam $\hat{p}$ e $\hat{q}$ os valores que minimizam a expressão (6.18), onde $C(N)$ satisfaz as* *seguintes condições:*

$$\lim_{N\to\infty} C(N) = \infty, \quad \lim_{N\to\infty} \frac{C(N)}{N} = 0.$$

Então, $\hat{p}$ e $\hat{q}$ são fracamente consistentes.

Para detalhes, ver Choi (1992, p. 67).

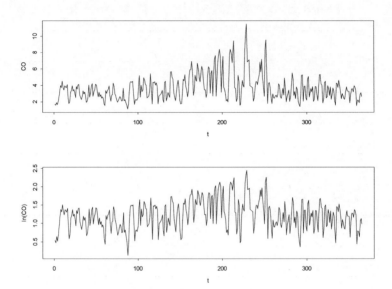

Figura 6.10: Gráficos das séries CO e ln(CO).

Iremos citar agora alguns procedimentos de identificação que minimizam funções penalizadoras particulares.

A) Critério de Informação de Akaike

Akaike (1973, 1974) sugere escolher o modelo cujas ordens k e l minimizam o critério

$$\text{AIC}(k,d,l) = N \ln \hat{\sigma}_a^2 + \frac{N}{N-d} 2(k+l+1+\delta_{d0}) + N \ln 2\pi + N, \qquad (6.19)$$

6.4. FORMAS ALTERNATIVAS DE IDENTIFICAÇÃO

em que

$$\delta_{d0} = \begin{cases} 1, & d = 0 \\ 0, & d \neq 0 \end{cases}$$

e $\hat{\sigma}_a^2$ é o estimador de máxima verossimilhança de σ_a^2.

Para a comparação de vários modelos, com N fixado, os dois últimos termos de (6.19) podem ser abandonados. Levando-se em conta que, geralmente, identificamos a série apropriadamente diferençada, obtemos

$$\text{AIC}(k, l) = N \ln \hat{\sigma}_a^2 + 2(k + l + 2) \tag{6.20}$$

como critério para a determinação das ordens p e q. O que se faz, então, é estipular valores limites superiores K e L para k e l e calcular (6.20) para todas as possíveis combinações (k, l) com $0 \leq k \leq K$ e $0 \leq l \leq L$. Em geral, K e L são funções de N, por exemplo, $K = L = \ln N$.

Podemos reescrever o AIC na forma

$$\text{AIC}(k, l) = \ln \hat{\sigma}_{k,l}^2 + \frac{2(k + l)}{N}, \tag{6.21}$$

pois os valores de k e l que minimizam esta última expressão são os mesmos que minimizam (6.20).

Dependendo dos valores de K e L, muitos modelos têm que ser ajustados, a fim de se obter o mínimo de AIC. Ver Ozaki (1977) e Mesquita e Morettin (1979) para exemplos de aplicação.

Para o caso de modelos $\text{AR}(p)$, o critério AIC reduz-se a

$$\text{AIC}(k) = N \ln \hat{\sigma}_k^2 + 2k, \quad k \leq K. \tag{6.22}$$

Shibata (1976) demonstra que minimizar o AIC fornece estimativas inconsistentes da verdadeira ordem do processo AR. Hannan (1980) generalizou o resultado de Shibata para o processo $\text{ARMA}(p, q)$.

Existem várias correções para melhorar o comportamento do AIC, no sentido de diminuir a probabilidade de selecionar uma ordem maior do que a verdadeira.

Hurvich e Tsai (1989) propõem uma correção para o AIC dada por

$$\text{AIC}_c(k) = \text{AIC}(k) + \frac{2(k + 1)(k + 2)}{N - k + 2}, \quad k \leq K$$

e utilizando simulações, mostram que esta correção é útil quando N é pequeno ou quando K é uma fração "moderadamente grande" de N.

Akaike (1979) apresenta uma extensão de (6.22) dada por

$$\text{AIC}_\alpha(k) = N \ln \hat{\sigma}_k^2 + \alpha K \tag{6.23}$$

em que α é uma constante.

Tong (1977) apresenta uma discussão mostrando que, assintoticamente, a probabilidade de selecionar a ordem correta, quando se minimiza $\text{AIC}_\alpha(k)$, aumenta quando α cresce. Além disso, Hannan (1980) mostra que o critério $\text{AIC}_\alpha(k)$ com $\alpha = \alpha(N)$ é fortemente consistente para qualquer $\alpha(N) > 2 \ln \ln N$.

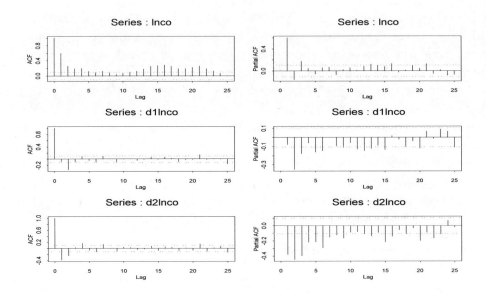

Figura 6.11: **Autocorrelações e autocorrelações parciais estimadas das séries** $\ln(\text{CO})$, $(1-B)\ln(\text{CO})$ **e** $(1-B)^2 \ln(\text{CO})$.

B) Critério de Informação Bayesiano

Akaike (1977), Rissanen (1978) e Schwarz (1978) sugerem minimizar o Critério de Informação Bayesiano, dado por

$$\text{BIC} = -2\ln(ML) + (\text{número de parâmetros})\ln N.$$

No caso de um processo ARMA, essa quantidade é dada por

$$\text{BIC}(k,l) = \ln \hat{\sigma}_{k,l}^2 + (k+l)\frac{\ln N}{N} \qquad (6.24)$$

6.4. FORMAS ALTERNATIVAS DE IDENTIFICAÇÃO

em que $\hat{\sigma}_{k,l}^2$ é a estimativa de máxima verossimilhança da variância residual do modelo ARMA(k, l).

Hannan (1980, 1982) mostra que, sob determinadas condições, as estimativas p e q que minimizam a expressão (6.24) são fortemente consistentes.

Tabela 6.8: Autocorrelações e autocorrelações parciais das séries (a) ln(CO), (b) $(1 - B)$ ln(CO), (c) $(1 - B)^2$ ln(CO).

	(a)		(b)		(c)	
lag	acf	pacf	acf	pacf	acf	pacf
1	0,60	0,60	-0,08	-0,08	-0,38	-0,38
2	0,26	-0,16	-0,34	-0,35	-0,24	-0,45
3	0,19	0,17	-0,09	-0,18	0,03	-0,40
4	0,20	0,04	0,11	-0,06	0,16	-0,22
5	0,12	-0,05	-0,05	-0,16	-0,05	-0,21
6	0,08	0,06	-0,09	-0,15	-0,11	-0,29
7	0,12	0,07	0,10	0,00	0,13	-0,15
8	0,09	-0,07	0,01	-0,09	0,00	-0,12
9	0,04	0,03	-0,09	-0,11	-0,09	-0,16
10	0,07	0,06	0,00	-0,06	0,04	-0,09
11	0,10	0,01	0,00	-0,13	0,03	-0,08
12	0,12	0,09	-0,04	-0,14	-0,04	-0,11
13	0,18	0,12	-0,01	-0,12	-0,02	-0,14
14	0,25	0,10	0,07	-0,09	0,07	-0,09
15	0,27	0,08	-0,01	-0,13	-0,07	-0,21
16	0,29	0,13	0,06	0,02	0,05	-0,14
17	0,25	-0,02	0,03	-0,02	0,03	-0,05
18	0,19	0,02	-0,08	-0,10	-0,08	-0,11
19	0,19	0,10	-0,03	-0,04	0,02	-0,03
20	0,22	0,05	-0,01	-0,12	-0,06	-0,20

Pötscher (1990) considera o comportamento do BIC quando um limite superior (K, I) para as ordens do modelo ARMA não são especificados. Ele mostra que se ajustarmos somente modelos ARMA(r, r), $r = 0, 1, 2, \ldots$, utilizando máxima verossimilhança, então o valor de r que minimiza o BIC é um estimador fortemente consistente de $r_0 = \max(p, q)$. Para mais detalhes, ver Choi (1992).

C) Critério de Hannan e Quinn

180   CAPÍTULO 6.   IDENTIFICAÇÃO DE MODELOS ARIMA

Hannan e Quinn (1979) sugerem minimizar a quantidade

$$\text{HQC}(k,l) = \ln \hat{\sigma}_{k,l}^2 + 2(k+l)c\frac{\ln \ln N}{N}, \quad c > 1. \tag{6.25}$$

De acordo com Hannan (1980, 1982), esse critério também fornece estimativas, das ordens do modelo, que são fortemente consistentes.

Para o caso de modelos AR(p), o critério HQC reduz-se a

$$\text{HQC}(k) = \ln \hat{\sigma}_k^2 + 2ck\frac{\ln \ln N}{N}, \quad c > 1.$$

Os demais critérios, apresentados a seguir, supõem que a série temporal seja gerada por um processo autorregressivo.

D) Critério FPE (Final Predictor Error)

Sob a suposição de que a série é representada por um modelo AR(p), Akaike (1969) sugere minimizar a quantidade

$$\text{FPE}(k) = \begin{cases} \left(1 + 2\dfrac{k}{N}\right) \hat{\sigma}_k^2 & \text{se } \mu \text{ for conhecido,} \\[2mm] \left(1 + \dfrac{2k+1}{N}\right) \hat{\sigma}_k^2 & \text{se } \mu \text{ for desconhecido,} \end{cases} \tag{6.26}$$

em que $\hat{\sigma}_{k_k}^2 = c_0 - \sum_{j=1}^{k} \hat{\phi}_j c_j$ e $k \leq K$.

Pode-se demonstrar que o FPE é um estimador assintoticamente não viesado e consistente para o erro quadrático médio da previsão a um passo de Z_{N+1}. Demonstra- -se também que, quando usado para o ajuste de um modelo AR, o procedimento de minimizar o AIC é assintoticamente equivalente ao procedimento de minimizar o FPE, pois

$$\ln \text{FPE}(k) = \text{AIC}(k) + o(N^{-1}). \tag{6.27}$$

Assim, o critério de mínimo FPE também fornece estimativas inconsistentes da verdadeira ordem do processo AR.

Neste caso de modelos AR, o algoritmo de Durbin-Levinson pode ser utilizado, juntamente com o FPE ou AIC, tornando o problema computacional mais eficaz.

Novamente, para contornar o problema da inconsistência, o FPE modificado é dado por

$$\text{FPE}_\alpha(k) = \left(1 + \frac{\alpha N}{N}\right) \hat{\sigma}_k^2. \tag{6.28}$$

Choi (1992, Theorem 3.4, p. 53) mostra que se α for suficientemente grande então a probabilidade da verdadeira ordem ser selecionada se aproxima arbitrariamente de 1. Para α fixo (> 1), a probabilidade de selecionar uma ordem maior do que a verdadeira decresce exponencialmente com o aumento de k.

6.4. FORMAS ALTERNATIVAS DE IDENTIFICAÇÃO

E) Critério CAT (Criterion Autoregressive Transfer Function)

Esse procedimento também é conhecido como método de Parzen, que utiliza um procedimento com uma filosofia diferente dos anteriores. Assume-se que o verdadeiro modelo é um AR(∞),

$$\pi(B)Z_t = a_t$$

e estima-se a função de transferência $\pi(Z)$. Assim, a ordem selecionada $\hat{p}$ é interpretada como uma aproximação finita ótima para o processo AR(∞).

Para selecionar uma função de transferência ótima, deve-se escolher o valor de k que minimize a quantidade

$$\text{CAT}(k) = \begin{cases} -\left(1 + \dfrac{1}{N}\right), & k = 0, \\ \dfrac{1}{N}\displaystyle\sum_{j=1}^{k}\hat{\sigma}_j^{-2} - \hat{\sigma}_k^{-1}, & k = 1, 2, \ldots, \end{cases} \tag{6.29}$$

em que $\hat{\sigma}_j^2$ é a variância residual para o modelo ajustado de ordem j.

Tong (1979) propôs utilizar a seguinte modificação

$$\text{CAT}_*(k) = \frac{1}{N}\sum_{j=0}^{k}\frac{1}{\tilde{\sigma}_j^2} - \frac{1}{\tilde{\sigma}_k^2}$$

em que $\tilde{\sigma}_j^2 = \frac{N}{N-j}\hat{\sigma}_j^2$, $j = 0, 1, \ldots$

Parzen (1979a, 1979b) e Parzen e Pagano (1979) apresentam alguns exemplos da utilização do CAT.

Tong (1979) fez algumas experiências com o CAT e o AIC que forneceram os mesmos resultados, principalmente quando o processo é um AR.

Para mais detalhes, ver Choi (1992).

Exemplo 6.6. Vamos identificar um modelo ARMA para a série de retornos diários da Petrobrás, Série Mercado Financeiro (D–Petro). As fac e facp amostrais da série mostram que esta é autocorrelacionada e que um modelo autorregressivo é apropriado.

Na Tabela 6.9, temos os valores de AIC, BIC e do logaritmo da verossimilhança para cada modelo estimado. Vemos que a ordem $p = 9$ deve ser escolhida, usando qualquer um dos três critérios.

182   CAPÍTULO 6. IDENTIFICAÇÃO DE MODELOS ARIMA

Tabela 6.9:   Valores de AIC, BIC e log-verossimilhança para o exemplo 6.6. (*) indica melhor modelo.

Modelo	AIC	BIC	log-verossimilhança
AR(1)	-3,90508	-3,89798	2924,95
AR(2)	-3,90486	-389421	2923,84
AR(3)	-3,90652	-3,89231	2924,12
AR(4)	-3,90953	-3,89176	2925,42
AR(5)	-3,91042	-3,88909	2925,13
AR(6)	-3,91898	-3,89408	2930,56
AR(7)	-3,91793	-3,88945	2928,81
AR(8)	-3,92376	-3,89170	2932,20
AR(9)	-3,93185 *	-3,89978 *	2936,26 *
AR(10)	-3,93076	-3,89510	2934,48

A biblioteca astsa e a função sarima do Repositório R fornecem, para cada modelo estimado, os valores dos critérios AIC, AIC_c e BIC.

6.5 Problemas

1. Prove que, se $\rho_j = \phi^{|j|}$, $|\phi| < 1$, então

$$\text{Var}(r_j) = \frac{1}{N}\left[\frac{(1+\phi^2)(1-\phi^{2j})}{1-\phi^2} - 2j\phi^{2j}\right];$$

em particular, $\text{Var}(r_1) = \frac{1}{N}(1-\phi^2)$.

2. Prove que $\text{Var}(r_j)$ dada no Problema 1 converge para $\frac{1}{N}\left[\frac{1+\phi^2}{1-\phi^2}\right]$ quando $j \to +\infty$, se $|\phi| \ll 1$.

3. Prove que, para um processo AR(1), $\widehat{\text{Var}}(\overline{W}) \cong \frac{c_0(1+r_1)}{n(1-r_1)}$.

4. Suponha que um programa de identificação forneceu os seguintes resultados:

j	1	2	3	4	5	6
r_j	-0,82	0,41	-0,12	0,08	-0,09	0,05
$\hat{\phi}_{jj}$	-0,82	-0,43	-0,05	0,25	0,20	0,12

$N = 100$, $\overline{Z} = -0,08$, $S_Z^2 = 2,40$. Identifique um modelo para Z_t.

5. Considere o modelo $(1 - \phi B)Z_t = (1 - \theta B)a_t$. Mostre que:

6.5. PROBLEMAS
183

    (a) $Z_t = (1 + \phi B)(1 - \theta B)a_t$, se ϕ pequeno;

    (b) $Z_t = \{1 + (\phi - \theta)B\}a_t$, se ϕ e θ são pequenos.

6. Sob que condições um modelo ARMA(2,1), da forma $(1 - \phi_1 B - \phi_2 B^2)Z_t = (1 - \theta B)a_t$, pode ser reduzido a um modelo AR(1), por motivos de parcimônia?

7. Suponha que a fac de uma série com $N = 100$ observações seja dada por

j	1	2	3	4	5	6	7	8	9	10
r_j	0,61	0,37	-0,05	0,06	-0,21	0,11	0,08	0,05	0,12	-0,01

Sugira um modelo ARMA que seja apropriado.

8. Suponha que 100 observações de uma série temporal forneçam as seguintes estimativas: $c_0 = 250$, $r_1 = 0,8$, $r_2 = 0,7$, $r_3 = 0,5$. Use as estimativas de Yule-Walker para determinar se a série é adequadamente ajustada por um modelo AR(1) ou por um modelo AR(2). Para ambos os modelos obtenha estimativas para os parâmetros, incluindo a variância residual.

9. A tabela seguinte fornece os primeiros 14 valores da fac amostral e facp amostral de uma série de 60 observações trimestrais referentes ao logaritmo do desemprego no Reino Unido, no período compreendido entre 1955–1969.

j	1	2	3	4	5	6	7	8	9	10	11	12	13	14
r_j	0,93	0,80	0,65	0,49	0,32	0,16	0,03	-0,09	-0,16	-0,22	-0,25	-0,25	-0,21	-0,12
$\hat{\phi}_{jj}$	0,93	-0,41	-0,14	-0,11	-0,07	-0,10	0,05	-0,01	0,12	-0,14	0,03	0,09	0,19	0,20

    (a) Identifique um modelo preliminar para a série.

    (b) Dado que $\overline{Z} = 2,56$ e $c_0 = 0,01681$, obtenha estimativas para θ_0 e σ_a^2 do modelo $\phi(B)Z_t = \theta_0 + \theta(B)a_t$, $\sigma_a^2 = \text{Var}(a_t)$, identificado em (a).

10. Uma série com 400 observações apresentou os seguintes resultados:

j	1	2	3	4	5	6	7
$\hat{\phi}_{jj}$	0,8	-0,5	0,07	-0,02	-0,01	0,05	0,04

$\overline{Z} = 8,0$, $c_0 = 9,0$.

    (a) Explique por que podemos ajustar à série um modelo AR(2).

    (b) Obtenha as estimativas $\hat{\phi}_1$ e $\hat{\phi}_2$ do modelo AR(2) utilizando as equações de Yule-Walker; obtenha também estimativas do termo constante θ_0 e da $\text{Var}(a_t)$.

184 CAPÍTULO 6. IDENTIFICAÇÃO DE MODELOS ARIMA

(c) Verifique se o modelo ajustado satisfaz as condições de estacionariedade.

(d) Usando $\hat{\phi}_1$ e $\hat{\phi}_2$ como sendo os verdadeiros valores de ϕ_1 e ϕ_2 do processo AR(2), determine os valores de ρ_1, ρ_2 e ρ_3. Descreva, também,
o comportamento geral da fac desse processo.

11. A tabela, a seguir, apresenta a fac e a facp amostrais da série $Y_t = (1-B)X_t$,
$t = 1, \ldots, 399$. Especifique um modelo ARMA adequado para Y_t. Explique
a escolha do modelo.

j	1	2	3	4	5	6	7	8	9	10
r_j	0,808	0,654	0,538	0,418	0,298	0,210	0,115	0,031	0,007	-0,010
$\hat{\phi}_{jj}$	0,808	0,006	-0,023	-0,068	-0,080	0,003	-0,083	-0,045	0,091	0,003
j	11	12	13	14	15	16	17	18	19	20
r_j	-0,031	-0,069	-0,096	-0,111	-0,126	-0,115	-0,116	-0,116	-0,105	-0,083
$\hat{\phi}_{jj}$	-0,016	-0,091	-0,034	0,001	-0,034	0,051	-0,031	-0,005	0,008	0,001

12. Um programa de identificação forneceu os seguintes dados:
$N = 80$, $\overline{Z} = 670$, $\widehat{\mathrm{Var}}(Z_t) = c_0 = 0,177 \times 10^5$, $\widehat{\mathrm{Var}}(W_t) = 0,829 \times 10^4$,
$\overline{W} = 5$ e $W_t = (1 - B)Z_t$.

Autocorrelações:
Z_t: 0,77 0,55 0,41 0,34 0,20   0,13 0,10 0,12 0,12
      0,11 0,15 0,24 0,22 0,15   0,13 0,14 0,08 -0,02
     -0,10 -0,10 -0,08 -0,07 -0,10 +0,07 -0,10 -0,11 -0,12
     -0,09 -0,14 -0,21 -0,25 -0,22

W_t: -0,04 -0,16 -0,14 0,14 -0,15   -0,10 -0,07 0,02 0,04
     -0,13 -0,08 0,30 0,09 -0,10   -0,06 0,16 0,08 -0,05
     -0,14 -0,03 0,00 0,07 -0,10   0,12 -0,05 -0,02 -0,09
      0,15 0,01 -0,05 -0,13 0,14

Autocorrelações parciais:
Z_t: 0,77 -0,09 0,04 0,07 -0,20 0,09 0,03 0,05 0,06
     -0,07 0,19 0,31

W_t: -0,04 -0,16 -0,15 0,10 -0,19 -0,10 -0,11 -0,10 0,01
     -0,20 -0,14 0,20

Sugira um ou mais modelos compatíveis com estes dados.

13. Identifique um modelo ARIMA para a série de retornos diários da TAM,
série Mercado Financeiro (D–TAM).

14. Idem, para a série Mercado Financeiro D–IBV.

CAPÍTULO 7

Estimação de modelos ARIMA

7.1 Introdução

Tendo-se identificado um modelo provisório para a série temporal, o passo seguinte é estimar seus parâmetros.

Consideremos um modelo ARIMA(p, d, q) e coloquemos seus $p+q+1$ parâmetros no vetor $\boldsymbol{\xi} = (\boldsymbol{\phi}, \boldsymbol{\theta}, \sigma_a^2)$, onde $\boldsymbol{\phi} = (\phi_1, \ldots, \phi_p)$, $\boldsymbol{\theta} = (\theta_1, \ldots, \theta_q)$. Aqui, quando $d > 0$, estamos supondo $\mu_w = 0$. Caso contrário, μ é incluído como mais um parâmetro a ser estimado e teremos $p + q + 2$ parâmetros. Seja $\boldsymbol{\eta} = (\boldsymbol{\phi}, \boldsymbol{\theta})$.

Para estimar $\boldsymbol{\xi}$, um dos métodos empregados será o de máxima verossimilhança: dadas as N observações $Z_1, \ldots, Z_N$, consideramos a função de verossimilhança $L(\boldsymbol{\xi}|Z_1, \ldots, Z_N)$ encarada como função de $\boldsymbol{\xi}$. Os estimadores de máxima verossimilhança (EMV) de $\boldsymbol{\xi}$ serão os valores que maximizam L ou $\ell = \log L$.

Para se determinar os EMV trabalharemos com a suposição que o processo a_t é normal, ou seja, para cada t, $a_t \sim \mathcal{N}(0, \sigma_a^2)$. Nestas condições, os EMV serão aproximadamente estimadores de mínimos quadrados (EMQ).

Tomando-se d diferenças para alcançar estacionariedade, ficamos com $n = N - d$ observações $W_1, \ldots, W_n$, onde $W_t = \Delta^d Z_t$. Como o modelo ARMA(p, q) resultante é estacionário e invertível, podemos escrever

$$a_t = \tilde{W}_t - \phi_1 \tilde{W}_{t-1} - \cdots - \phi_p \tilde{W}_{t-p} + \theta_1 a_{t-1} + \cdots + \theta_q a_{t-q}, \qquad (7.1)$$

onde $\tilde{W}_t = W_t - \mu_w$.

7.2 Método de máxima verossimilhança

Para calcular os a_t por meio de (7.1) é necessário obter valores iniciais para os $\tilde{W}$'s e para os a's. Esta questão de valores iniciais pode ser resolvida por meio de dois procedimentos: um, condicional, em que os valores iniciais desconhecidos são substituídos por valores que supomos serem razoáveis; outro, incondicional,

186 CAPÍTULO 7. ESTIMAÇÃO DE MODELOS ARIMA

em que os valores iniciais são estimados utilizando um procedimento denominado "backforecasting".

7.2.1 Procedimento condicional

Sob a suposição de normalidade dos a_t, temos que a função densidade conjunta de $a_1, \ldots, a_n$ é

$$f(a_1, \ldots, a_n) = (2\pi)^{-n/2}(\sigma_a)^{-n} \exp\left\{-\sum_{t=1}^{n} a_t^2/2\sigma_a^2\right\}. \tag{7.2}$$

Para calcular $a_1, \ldots, a_n$ a partir de (7.1), suponha que são dados p valores W_t e q valores a_t, que denotaremos por W_t^* e a_t^*, respectivamente.

A função de verossimilhança, condicional a esta escolha dos W_t e a_t, é obtida de (7.1) e (7.2) da seguinte forma

$$L(\boldsymbol{\xi}|\mathbf{W}, \mathbf{W}^*, \mathbf{a}^*)$$

$$= (2\pi)^{-n/2}(\sigma_a)^{-n} \exp\left\{-\frac{1}{2\sigma_a^2}\sum_{t=1}^{n}(\tilde{W}_t - \phi_1\tilde{W}_{t-1} - \cdots - \right.$$

$$\left. \phi_p\tilde{W}_{t-p} + \theta_1 a_{t-1} + \cdots + \theta_q a_{t-q})^2\right\}.$$

Tomando-se o logaritmo de L, obtemos (a menos de uma constante)

$$\ell(\boldsymbol{\xi}|\mathbf{W}, \mathbf{W}, \mathbf{a}^*) \propto -n\log\sigma_a - \frac{S(\boldsymbol{\eta}|\mathbf{W}, \mathbf{W}^*, \mathbf{a}^*)}{2\sigma_a^2}, \tag{7.3}$$

onde

$$S(\boldsymbol{\eta}|\mathbf{W}, \mathbf{W}^*, \mathbf{a}^*) = \sum_{t=1}^{n} a_t^2(\boldsymbol{\eta}|\mathbf{W}, \mathbf{W}^*, \mathbf{a}^*), \tag{7.4}$$

que é chamada *soma de quadrados (SQ) condicional*. Usando um asterisco para denotar ℓ e S condicionais a $\mathbf{W} = (W_1, \ldots, W_n)$, $\mathbf{W}^* = (W_1^*, \ldots, W_p^*)$, $\mathbf{a}^* = (a_1^*, \ldots, a_q^*)$, podemos escrever (7.3) e (7.4)

$$\ell_*(\boldsymbol{\xi}) = -n\log\sigma_a - \frac{S_*(\boldsymbol{\eta})}{2\sigma_a^2}, \tag{7.5}$$

$$S_*(\boldsymbol{\eta}) = \sum_{t=1}^{n} a_t^2(\boldsymbol{\eta}|\mathbf{W}, \mathbf{W}^*, \mathbf{a}^*). \tag{7.6}$$

Segue-se que maximizar $\ell_*(\boldsymbol{\xi})$ é equivalente a minimizar $S_*(\boldsymbol{\eta})$ e estimadores de MV serão estimadores de MQ e o estudo de $\ell_*(\boldsymbol{\xi})$ é equivalente ao de $S_*(\boldsymbol{\eta})$.

A escolha dos valores $\mathbf{W}^*$ e $\mathbf{a}^*$ pode ser feita de duas maneiras:

7.2. MÉTODO DE MÁXIMA VEROSSIMILHANÇA 187

(i) um procedimento é colocar os elementos desses vetores iguais às suas esperanças, $E(a_t) = 0$, o mesmo ocorrendo com os elementos de $\mathbf{W}^*$; se $E(W_t) \neq 0$, substituímos cada elemento de $\mathbf{W}^*$ por $\overline{W}$;

(ii) se alguma raiz de $\phi(B) = 0$ estiver próxima do círculo unitário, a aproximação anterior pode não ser adequada; um procedimento mais confiável é usar (7.1) para calcular $a_{p+1}, a_{p+2}, \ldots$, colocando os valores anteriores de a_t iguais a zero. Assim procedendo, teríamos

$$a_{p+1} = \tilde{W}_{p+1} - \phi_1 \tilde{W}_p - \cdots - \phi_p \tilde{W}_1 - \theta_1 a_p + \cdots + \theta_q a_{p-q+1},$$

etc., de modo que estaríamos usando valores efetivamente observados de W_t.

Pode-se verificar que, se não há termos autorregressivos no modelo, os dois procedimentos são equivalentes, mas para séries sazonais a aproximação dada em (i) não é satisfatória. Veja Box et al. (1994).

Vamos nos limitar, aqui, em dar um exemplo para mostrar como o procedimento funciona.

Exemplo 7.1. Consideremos um processo ARIMA$(0, 1, 1)$,

$$\Delta Z_t = (1 - \theta B)a_t, \tag{7.7}$$

e suponha que $\theta = 0, 8$. Então, podemos escrever

$$a_t = W_t + 0, 8a_{t-1}. \tag{7.8}$$

Suponha que utilizemos os dados (hipotéticos) da Tabela 7.1. Como

$$a_1 = W_1 + 0, 8a_0,$$

iniciamos a_t especificando $a_0 = 0$ e $Z_0 = 150$. Então,

$$\begin{aligned} a_1 &= -3 + (0, 8) \times 0 = -3, \\ a_2 &= W_2 + 0, 8a_1 = -4 + (0, 8)(-3) = -6, 4, \text{ etc.} \end{aligned}$$

Segue-se que a SQ condicional (7.6) fica

$$S_*(0, 8) = \sum_{t=1}^{9} a_t^2(0, 8|a_0 = 0) = 801, 26.$$

Calculando-se $S_*(\theta)$ para diversos valores de θ no intervalo $(-1, 1)$, já que $-1 < \theta < 1$, obtemos um gráfico para $S_*(\theta)$. Voltaremos a falar nisso mais adiante.

Tabela 7.1: Cálculo recursivo de a_t, $\theta = 0,8$.

t	Z_t	$W_t = \Delta Z_t$	$a_t = W_t + 0,8a_{t-1}$
0	150		0
1	147	-3	-3,0
2	143	-4	-6,4
3	148	5	-0,12
4	153	5	4,9
5	149	-4	-0,08
6	155	6	5,9
7	162	7	11,7
8	170	8	17,4
9	172	2	15,9

7.2.2 Procedimento não condicional

Pode ser demonstrado (veja Box et al., 1994, Cap. 7) que o logaritmo da função de verossimilhança não condicional é dado por

$$\ell(\boldsymbol{\xi}) \simeq -n \log \sigma_a - \frac{S(\boldsymbol{\eta})}{2\sigma_a^2}, \tag{7.9}$$

em que

$$S(\boldsymbol{\eta}) = S(\boldsymbol{\phi}, \boldsymbol{\theta}) = \sum_{t=-\infty}^{n} [a_t(\boldsymbol{\eta}, \mathbf{W})]^2 \tag{7.10}$$

é a *soma de quadrados não condicional*, com

$$[a_t(\boldsymbol{\eta}, \mathbf{W})] = E(a_t | \boldsymbol{\eta}, \mathbf{W}). \tag{7.11}$$

Segue-se que os EMQ, obtidos minimizando-se (7.10), serão boas aproximações para os EMV. Para calcular a SQ (7.10) para um dado $\boldsymbol{\eta}$, devemos calcular as esperanças condicionais (7.11) através de (7.1). Para inicializar o processo será necessário usar o procedimento chamado "backforecasting" ("previsão para o passado") para calcular $[W_{-j}]$ e $[a_{-j}]$, $j = 0, 1, 2, \ldots$, ou seja, gerando (prevendo) valores antes do início da série.

Suponha um modelo ARIMA usual

$$\phi(B)W_t = \theta(B)a_t. \tag{7.12}$$

Então, pode-se demonstrar, usando a função geradora de autocovariâncias, que a estrutura probabilística de $W_1, \ldots, W_n$ é igualmente explicada pelo modelo (7.12) ou pelo modelo

$$\phi(F)W_t = \theta(F)e_t, \tag{7.13}$$

7.2. MÉTODO DE MÁXIMA VEROSSIMILHANÇA

onde F é o operador translação para o futuro e e_t é um ruído branco com a mesma variância que a_t; (7.13) é chamada *forma "backward"* do processo e fornece uma representação estacionária e invertível na qual W_t é expressa somente em termos de valores futuros de W_t e de e_t.

Desta maneira, o valor W_{-j} tem a mesma relação probabilística com os valores $W_1, \ldots, W_n$ que W_{n+j+1} tem com $W_n, W_{n-1}, \ldots, W_1$, ou seja, fazer previsão antes que a série se inicie é equivalente a prever a série reversa.

Vamos ilustrar o procedimento com um exemplo.

Exemplo 7.2. Considere o mesmo modelo do Exemplo 7.1 e as mesmas observações da Tabela 7.1. A forma "backward" do modelo é

$$W_t = (1 - \theta F)e_t, \tag{7.14}$$

de modo que, por (7.11), temos que calcular

$$[a_t] = [W_t] + \theta[a_{t-1}], \tag{7.15}$$
$$[e_t] = [W_t] + \theta[e_{t+1}]. \tag{7.16}$$

A relação (7.16) vai gerar as previsões "para trás" e (7.15) irá gerar os $[a_t]$, levando-se em conta os seguintes fatos:

(i) $[W_t] = W_t$, $t = 1, \ldots, n$, e é previsto "para trás" se $t \leq 0$;

(ii) os valores $[e_0], [e_{-1}], \ldots$ são nulos, pois $e_0, e_{-1}, \ldots$ são independentes de $\mathbf{W}$;

(iii) os valores $[a_{-1}], [a_{-2}], \ldots$ serão nulos, pois num modelo MA(q), temos que $a_{-q}, a_{-q-1}, \ldots$ são independentes de $\mathbf{W}$ (mas, em geral, $[a_0], [a_{-1}], \ldots$, $[a_{-q+1}]$ serão não nulos e obtidos prevendo-se "para trás").

Na Tabela 7.2 temos ilustrado o cálculo dos $[a_t]$, para $\theta = 0,8$.

Tabela 7.2: Cálculo recursivo de $[a_t]$, $\theta = 0,8$

t	Z_t	$[a_t]$	$[W_t]$	$[e_t]$
-1	153	0	0	0
0	150	-3,0	-3,0	0
1	147	-5,4	-3,0	3,8
2	143	-8,3	-4,0	8,5
3	148	-1,6	5,0	15,6
4	153	3,7	5,0	13,2
5	149	-1,0	-4,0	10,2
6	155	5,2	6,0	17,8
7	162	11,2	7,0	14,7
8	170	17,0	8,0	9,6
9	172	15,6	2,0	2,0

190   CAPÍTULO 7. ESTIMAÇÃO DE MODELOS ARIMA

Temos que
$$[e_9] = [W_9] + 0,8[e_{10}].$$
Vamos iniciar o processo colocando $[e_{10}] = 0$; segue-se que

$$[e_9] = 2 + (0,8)(0) = 2.$$

Do mesmo modo calculamos $[e_8], \ldots, [e_1]$. Depois, teremos

$$[e_0] = [W_0] + (0,8)[e_1],$$

donde
$$0 = [W_0] + (0,8)(3,8) \Rightarrow [W_0] = -3,0.$$
Depois, $[W_{-j}] = 0$, $j = 1, 2, \ldots$

Agora, usamos (7.15) para obter os $[a_t]$. Assim,

$$\begin{aligned}
[a_0] &= [W_0] + \theta[a_{-1}] = [W_0] + 0 = -3,0, \\
[a_1] &= [W_1] + (0,8)(-3,0) = 5,4 \text{ etc.}
\end{aligned}$$

Também,
$$[Z_{-1}] = Z_0 - [W_0] = 153.$$
Segue-se que a SQ não condicional é

$$S(0,8) = \sum_{t=0}^{9} [a_t]^2 = 809,14,$$

que deve ser comparada com 801,26, valor obtido para $S_*(0,8)$. Na Tabela 7.3, temos $S(\theta)$ calculada para outros valores de θ, juntamente com $S_*(\theta)$. Vemos que os valores são bastante próximos para os dois casos.

Não iremos abordar aqui o caso geral, mas para processos estacionário as esperanças em (7.10) tornam-se muito pequenas quando $t < 1 - Q$, onde Q é um inteiro positivo suficientemente grande, o que nos permite minimizar a soma finita

$$S'(\boldsymbol{\eta}) = \sum_{t=1-Q}^{n} E(a_t | \boldsymbol{\eta}, \mathbf{W})^2.$$

Veja Box et al. (1994) para detalhes.

Gráfico da soma de quadrados

Vimos no Exemplo 7.1 como calcular a SQ condicional para um valor de θ. Como θ varia no intervalo $(-1, 1)$, podemos obter $S_*(\theta)$ para diversos valores de θ neste intervalo e ter uma idéia da forma de $S_*(\theta)$.

7.2. MÉTODO DE MÁXIMA VEROSSIMILHANÇA 191

A Tabela 7.3 mostra os valores de $S_*(\theta)$ e $S(\theta)$ para diversos valores de θ, entre $-0,5$ e $+0,5$, para os dados das Tabelas 7.1 e 7.2, respectivamente.

Os gráficos de $S_*(\theta)$ e $S(\theta)$ estão ilustrados na Figura 7.1.

O mínimo de $S_*(\theta)$ ocorre ao redor de $\theta = -0,4$ e o $\hat{\theta}$ encontrado será o EMQ e uma aproximação do EMV de θ.

Tabela 7.3: Valores de $S_*(\theta)$ e $S(\theta)$ para o modelo $(0,1,1)$, para $\theta = (-0,5)(0,1)(0,5)^{(\dagger)}$, dados das Tabelas 7.1 e 7.2

θ	$S_*(\theta)$	$S(\theta)$	θ	$S_*(\theta)$	$S(\theta)$
-0,5	207,20	207,17	0,1	264,46	264,28
-0,4	206,94	206,84	0,2	291,59	291,08
-0,3	210,67	210,43	0,3	328,19	326,78
-0,2	217,97	217,80	0,4	378,06	375,90
-0,1	228,90	228,79	0,5	445,93	442,80
0	244,00	244,00			

(†) Esta notação significa que temos valores separados por 0,1, iniciando em $-0,5$ e terminando em 0,5.

Suponha, agora, que temos um modelo ARIMA$(1,1,1)$, de modo que temos dois parâmetros ϕ e θ a estimar. Neste caso, tanto o procedimento condicional como o incondicional fornecerão somas de quadrados que serão funções de ϕ e θ. Estas somas deverão ser calculadas para diversos valores de (ϕ, θ) sobre um reticulado conveniente.

7.2.3 Função de verossimilhança exata

As expressões (7.3) e (7.9) fornecem o logaritmo de funções de verossimilhança aproximadas. A forma exata da verossimilhança do modelo ARMA(p,q) é bastante complicada e foi desenvolvida por Newbold (1974). Referências adicionais são Ansley (1979), Nicholls e Hall (1979), Ljung e Box (1979) e Box et al. (1994), dentre outros.

Apresentamos aqui o desenvolvimento da função de verossimilhança exata para um processo AR(1). Considere a série estacionária W_t gerada pelo modelo

$$\tilde{W}_t = \phi\tilde{W}_{t-1} + a_t, \quad |\phi| < 1, \tag{7.17}$$

em que $\tilde{W}_t = W_t - \mu$ e $a_t \sim \mathcal{N}(0, \sigma_a^2)$ independentes.

Podemos escrever (7.17) na forma

$$\tilde{W}_t = \sum_{j=0}^{\infty} \phi^j a_{t-j} \tag{7.18}$$

de onde segue que $\tilde{W}_t \sim \mathcal{N}(0, \sigma_a^2(1-\phi^2)^{-1})$. De (7.17) e (7.18) temos que

$$\begin{aligned}
\tilde{W}_1 &= \sum_{j=0}^{\infty} \phi^j a_{1-j} = v_1, \\
\tilde{W}_t &= \phi \tilde{W}_{t-1} + a_t, \quad t = 2, \ldots, n,
\end{aligned} \qquad (7.19)$$

em que $(v_1, a_2, \ldots, a_n) \sim \mathcal{N}(0, \Sigma)$ e $\Sigma = \mathrm{diag}((1-\phi^2)^{-1}\sigma_a^2, \sigma_a^2, \ldots, \sigma_a^2)$.

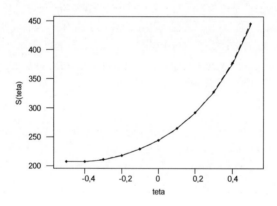

Figura 7.1: Gráfico de $S_*(\theta)$ e $S(\theta)$ para $\theta = (-0,5)(0,1)(0,5)$.

Segue de (7.19) que a função de densidade conjunta de $(v_1, a_2, \ldots, a_n)$ é

$$\begin{aligned}
f(v_1, a_2, \ldots, a_n) &= \left[\frac{(1-\phi^2)}{2\pi\sigma_a^2}\right]^{1/2} \exp\left[-\frac{\tilde{W}_1^2(1-\phi^2)}{2\sigma_a^2}\right] \cdot \left[\frac{1}{2\pi\sigma_a^2}\right]^{(n-1)/2} \\
&\quad \cdot \exp\left[-\frac{1}{2\sigma_a^2}\sum_{t=2}^{n}(\tilde{W}_t - \phi\tilde{W}_{t-1})^2\right]
\end{aligned}$$

e, consequentemente, o logaritmo da função de verossimilhança exata de $(\tilde{W}_1, \tilde{W}_2, \ldots, \tilde{W}_n)$ é

$$\ell(\mathbf{W}, \boldsymbol{\xi}) = -\frac{n}{2}\ln 2\pi + \frac{1}{2}\ln(1-\phi^2) - \frac{n}{2}\ln\sigma_a^2 - \frac{S(\boldsymbol{\eta})}{2\sigma_a^2}, \qquad (7.20)$$

7.2. MÉTODO DE MÁXIMA VEROSSIMILHANÇA

em que

$$S(\boldsymbol{\eta}) = (W_1 - \mu)^2(1 - \phi^2) + \sum_{t=2}^{n}[(W_t - \mu) - \phi(W_{t-1} - \mu)]^2. \tag{7.21}$$

Para obtermos os estimadores de "máxima verossimilhança exata" derivamos a expressão (7.20) com respeito a μ, ϕ e σ_a^2 e igualamos a zero, obtendo as equações

$$\hat{\mu} = [2 + (n-2)(1 - \hat{\phi}_{MV})]^{-1}\left[W_1 + (1 - \hat{\phi}_{MV})\sum_{t=2}^{n-1} W_t + W_n\right]$$

$$[(W_1 - \hat{\mu})^2 - (1 - \hat{\phi}_{MV}^2)^{-1}\sigma_a^2]\hat{\phi}_{MV}$$

$$+ \sum_{t=2}^{n}[(W_t - \hat{\mu}) - \hat{\phi}_{MV}(W_{t-1} - \hat{\mu})](W_{t-1} - \hat{\mu}) = 0, \tag{7.22}$$

$$\hat{\sigma}_a^2 = n^{-1}\left\{(W_1 - \hat{\mu})^2(1 - \hat{\phi}_{MV}^2) + \sum_{t=2}^{n}[(W_t - \hat{\mu}) - \hat{\phi}_{MV}(W_{t-1} - \hat{\mu})]^2\right\}.$$

Anderson (1971) e Hasza (1980) mostram que, para μ conhecido, $\hat{\phi}_{MV}$ é a raiz estacionária da equação cúbica $\phi^3 + c_1\phi^2 + c_2\phi + c_3 = 0$, onde

$$c_1 = -(n-2)(n-1)^{-1}\left[\sum_{t=2}^{n-1} W_t^2\right]^{-1}\sum_{t=2}^{n} W_t W_{t-1},$$

$$c_2 = -(n-1)^{-1}\left[n + \left[\sum_{t=2}^{n-1} W_t^2\right]^{-1}\sum_{t=1}^{n} W_t^2\right],$$

$$c_3 = -(n-2)^{-1}nc_1.$$

Gonzalez-Farias (1992) mostra que, para μ desconhecido, $\hat{\phi}_{MV}$ é uma das soluções de um polinômio de ordem 5.

Brockwell e Davis (1991) e Box et al. (1994) expressam a verossimilhança exata de um processo ARMA(p,q), estacionário e invertível, em termos dos erros de previsão a um passo, $W_j - \hat{W}_j$ com $\hat{W}_j = E(W_j/W_{j-1}, \ldots, W_1)$, denominados inovações.

A verossimilhança normal do vetor de observações $\mathbf{W} = (W_1, \ldots, W_n)$, baseada nas inovações, é dada por

$$L(\boldsymbol{\xi}) = (2\pi\sigma_a^2)^{-n/2}(r_0\cdots r_{n-1})^{-1/2}\exp\left[-\frac{1}{2\sigma_a^2}\sum_{j=1}^{n}(W_j - \hat{W}_j)^2/r_{j-1}\right] \tag{7.23}$$

em que

$$\hat{W}_{i+1} = \sum_{j=1}^{i} \theta_{ij}(W_{i+1-j} - \hat{W}_{i+1-j}), \ 1 \leq i < m = \max(p, q),$$

$$\hat{W}_{i+1} = \phi_1 W_i + \cdots + \phi_p W_{i+1-p} + \sum_{j=1}^{q} \theta_{ij}(W_{i+1-j} - \hat{W}_{i+1-j}), \ i \geq m,$$

e

$$E(W_{i+1} - \hat{W}_{i+1})^2 = \sigma_a^2 r_i, \quad i = 0, \ldots, n-1.$$

Os coeficientes θ_{ij} e os erros quadráticos médios r_i são obtidos utilizando o algoritmo de inovações (Brockwell e Davis, 1991, p. 165).

7.3 Estimação não linear

Vimos que os estimadores de máxima verossimilhança podem ser aproximados por estimadores de mínimos quadrados, que minimizam

$$S(\boldsymbol{\eta}) = \sum_{t=+\infty}^{n} [a_t]^2$$

$$= \sum_{t=0}^{n} [a_t]^2 + [e_*]'\Omega^{-1}[e_*],$$

em que $e_* = (W^*, a^*)$ é o vetor dos $(p+q)$ valores iniciais e $\Omega \sigma_a^2 = \mathrm{Cov}(e_*)$.

Na prática, $S(\boldsymbol{\eta})$ pode ser aproximada pela soma finita $\sum_{t=1-Q}^{n}[a_t]^2$ usando o procedimento "backforecasting".

Para o processo autorregressivo, $[a_t] = \phi(B)[W_t]$ e $\frac{\partial[a_t]}{\partial\phi_i} = -[\tilde{W}_{t-i}] + \phi(B)\frac{\partial[\tilde{W}_t]}{\partial\phi_i}$. Para $u > 0$, $[\tilde{W}_u] = \tilde{W}_u$ e $\frac{\partial[\tilde{W}_u]}{\partial\phi_i} = 0$, enquanto que para $u < 0$, $[\tilde{W}_u]$ e $\frac{\partial[\tilde{W}_u]}{\partial\phi_i}$ são ambas funções de ϕ. Assim, exceto para o efeito dos "valores iniciais", $[a_t]$ é uma função linear de ϕ.

Para o processo de médias móveis, $[a_t] = \theta^{-1}(B)[\tilde{W}_t]$ e $\frac{\partial[a_t]}{\partial\theta_j} = \theta^{-2}(B)[\tilde{W}_{t-j}] + \theta^{-1}(B)\frac{\partial[\tilde{W}_t]}{\partial\theta_j}$, de forma que $[a_t]$ é uma função não linear de $\boldsymbol{\theta}$.

O objetivo é minimizar

$$S(\boldsymbol{\eta}) \equiv \sum_{t=1-Q} [a_t|\tilde{W}, \boldsymbol{\eta}]^2 = \sum_{t=1-Q}^{n} [a_t]^2.$$

Utilizando a expansão de Taylor de $[a_t]$ em torno de um valor inicial $[a_{t,0}]$, temos

$$[a_t] \cong [a_{t,0}] - \sum_{i=1}^{k} (\eta_i - \eta_{i,0})x_{t,i}, \ t = 1 - Q, \ldots, n, \tag{7.24}$$

em que $[a_{t,0}] = [a_t|\mathbf{W}, \boldsymbol{\eta}_0]$, $x_{t,i} = -\frac{\partial[a_t]}{\partial\eta_i}|_{\boldsymbol{\eta}=\boldsymbol{\eta}_0}$ e $k = p + q$.

Se X é a matriz, de ordem $(n + Q) \times k$, formada pelos elementos $\{x_{t,i}\}$, então as $n + Q$ equações dadas por (7.24) podem ser expressas na forma

$$[\mathbf{a}_0] = X(\boldsymbol{\eta} - \boldsymbol{\eta}_0) + [\mathbf{a}], \tag{7.25}$$

em que $[\mathbf{a}_0]$ e $[\mathbf{a}]$ são vetores coluna de ordem $n + Q$.

O valor de $(\boldsymbol{\eta} - \boldsymbol{\eta}_0)$ que minimiza $S(\boldsymbol{\eta}) = [\mathbf{a}]'[\mathbf{a}]$ pode então ser obtido por mínimos quadrados utilizando a regressão (7.25). O resultado da minimização será a nova estimativa inicial e o procedimento é repetido até convergir. A convergência será rápida se colocarmos como valores iniciais as estimativas de Yule-Walker.

Para mais detalhes, ver Box et al. (1994).

7.4 Variâncias dos estimadores

Para se ter uma ideia da precisão dos estimadores encontrados, devemos construir intervalos de confiança para os parâmetros. Seja $\boldsymbol{\eta} = (\boldsymbol{\phi}, \boldsymbol{\theta})$, de ordem $k \times 1$, onde $k = p + q$. Para n grande, os EMV têm uma distribuição assintótica normal, de modo que podemos escrever

$$\hat{\boldsymbol{\eta}} \xrightarrow{\mathcal{D}} \mathcal{N}_k(\boldsymbol{\eta}, \mathbf{V}), \tag{7.26}$$

$$\mathbf{V} = 2\sigma_a^2 \begin{bmatrix} \frac{\partial^2 S(\boldsymbol{\eta})}{\partial\eta_1^2} & \cdots & \frac{\partial^2 S(\boldsymbol{\eta})}{\partial\eta_1\partial\eta_k} \\ \vdots & & \vdots \\ \frac{\partial^2 S(\boldsymbol{\eta})}{\partial\eta_k\partial\eta_1} & \cdots & \frac{\partial^2 S(\boldsymbol{\eta})}{\partial\eta_k^2} \end{bmatrix}. \tag{7.27}$$

Pode-se também provar que o EMV de σ_a^2 é

$$\hat{\sigma}_a^2 = \frac{S(\hat{\boldsymbol{\eta}})}{n} \tag{7.28}$$

e que, para n grande, $\hat{\sigma}_a^2$ e $\hat{\boldsymbol{\eta}}$ são não correlacionados. Substituindo σ_a^2 em (7.27) por $\hat{\sigma}_a^2$ e calculando as derivadas $\frac{\partial^2 S(\boldsymbol{\eta})}{\partial\eta_i\partial\eta_j}$ numericamente, obtemos estimativas das variâncias dos estimadores e estimativas das covariâncias entre os estimadores. A partir das estimativas das variâncias podemos obter intervalos de confiança para os parâmetros η_i, $i = 1, \ldots, k$.

Para os modelos mais comuns a Tabela 7.4 mostra as variâncias aproximadas dos estimadores.

196 CAPÍTULO 7. ESTIMAÇÃO DE MODELOS ARIMA

Tabela 7.4: Variâncias aproximadas para os estimadores dos parâmetros dos modelos usuais.

Modelo	Variância
AR(1)	$\text{Var}(\hat{\phi}) \simeq \dfrac{1 - \phi^2}{n}$
AR(2)	$\text{Var}(\hat{\phi}_1) = \text{Var}(\hat{\phi}_2) \simeq \dfrac{1 - \phi_2^2}{n}$
MA(1)	$\text{Var}(\hat{\theta}) \simeq \dfrac{1 - \theta^2}{n}$
MA(2)	$\text{Var}(\hat{\theta}_1) = \text{Var}(\hat{\theta}_2) \simeq \dfrac{1 - \theta_2^2}{n}$
ARMA(1,1)	$\text{Var}(\hat{\phi}) \simeq \dfrac{(1 - \phi^2)}{n} \dfrac{(1 - \phi\theta)^2}{(\phi - \theta)^2}$
	$\text{Var}(\hat{\theta}) \simeq \dfrac{(1 - \theta^2)}{n} \dfrac{(1 - \phi\theta)^2}{(\phi - \theta)^2}$

7.5 Aplicações

Para a estimação (e também verificação) do modelo identificado, serão utilizados os programas MINITAB e o Repositório R. Esses programas fornecem, entre outras saídas, as seguintes:

(a) resíduo $\hat{a}_t$;

(b) variância residual estimada $\hat{\sigma}_a^2$;

(c) desvios padrões dos estimadores;

(d) estatística t e nível descritivo (P) para testar $H : \eta_i = 0$;

(e) matriz de correlação das estimativas dos parâmetros;

(f) autocorrelações e autocorrelações parciais dos resíduos;

(g) valores da estatística Q (Box-Pierce) e nível descritivo, para testar a aleatoriedade dos resíduos.

Exemplo 7.3. A estimação dos parâmetros das séries simuladas do Exemplo 6.1, utilizando o programa MINITAB, resulta:

(a) Modelo AR(1)
$\hat{\phi} = 0,8286,$
$\hat{\sigma}(\hat{\phi}) = 0,0812,$
$P = 0,0000.$

7.5. APLICAÇÕES

(b) Modelo MA(1)

$\hat{\theta} = 0,8241,$

$\hat{\sigma}(\hat{\theta}) = 0,0804,$

$P = 0,0000.$

(c) Modelo ARMA(1,1)

$\hat{\phi} = 0,9185, \quad \hat{\sigma}(\hat{\phi}) = 0,0714$ e $P = 0,000,$

$\hat{\theta} = 0,3911, \quad \hat{\sigma}(\hat{\theta}) = 0,1626$ e $P = 0,020.$

Exemplo 7.4. Retornemos à série ICV, para a qual identificamos o modelo preliminar (6.14), ARIMA(1,1,0) com θ_0, para a série ln ICV.

O programa **MINITAB** forneceu as seguintes estimativas de máxima verossimilhança condicional

$\hat{\phi} = 0,5119, \quad \hat{\sigma}(\hat{\phi}) = 0,0833, \quad P = 0,000,$

$\hat{\theta}_0 = 0,01036, \quad \hat{\sigma}(\hat{\theta}_0) = 0,0009, \quad P = 0,000.$

Exemplo 7.5. Vamos estimar, utilizando o **MINITAB**, os parâmetros do modelo preliminar ajustado no Exemplo 6.4, à série de Umidade: AR(1) com θ_0 (equação 6.15). Obtemos:

$\hat{\phi} = 0,05321, \quad P = 0,000;$

$\hat{\theta}_0 = 38,0116, \quad P = 0,000.$

Exemplo 7.6. Voltemos ao Exemplo 6.5, em que identificamos preliminarmente o modelo AR(3) com θ_0, para a série ln (CO) (equação 6.17). Obtemos:

$\hat{\phi}_1 = 0,7222, \quad \hat{\sigma}(\hat{\phi}_1) = 0,0523, \quad P = 0,000,$

$\hat{\phi}_2 = -0,2736, \quad \hat{\sigma}(\hat{\phi}_2) = 0,0632, \quad P = 0,000,$

$\hat{\phi}_3 = 0,1739, \quad \hat{\sigma}(\hat{\phi}_3) = 0,0523, \quad P = 0,001,$

$\hat{\theta}_0 = 0,4619, \quad \hat{\sigma}(\hat{\theta}_0) = 0,0163, \quad P = 0,000.$

O procedimento de estimação dos modelos preliminares, ajustados a cada uma das séries, não fornece, necessariamente, modelos adequados. Para chegarmos a essa conclusão, teremos que aplicar alguns testes aos resíduos dos modelos ajustados, como veremos na seção 8.2.

Os resultados também podem ser obtidos utilizando o Repositório R, a biblioteca **astsa** e a função **sarima**. O valor denotado por "constant", na realidade, é uma estimativa da média, neste caso.

No caso de processos autorregressivos, podemos também utilizar as funções **ar.ols** (estimadores de mínimos quadrados) e **ar.mle** (estimadores de máxima verossimilhança).

7.6 Resultados adicionais

Apresentaremos nesta seção algumas propriedades dos estimadores apresentados anteriormente.

1. No caso de um modelo $AR(p)$, os estimadores de Yule-Walker, obtidas utilizando (5.25) e substituindo ρ_j por r_j, e os estimadores de máxima verossimilhança (exata e condicional) têm as mesmas propriedades assintóticas:

$$\sqrt{n}(\hat{\phi} - \phi) \xrightarrow{\mathcal{D}} \mathcal{N}(0, \sigma_a^2 \Gamma_p^{-1}),$$

em que Γ_p é a matriz de covariâncias $[\gamma_{i-j}]_{i,j=1}^p$. Além disso,

$$\hat{\sigma}_a^2 \xrightarrow{P} \sigma_a^2.$$

No caso particular em que o processo é $AR(1)$, temos que

$$\sqrt{n}(\hat{\phi} - \phi) \xrightarrow{\mathcal{D}} \mathcal{N}(0, (1 - \phi^2)),$$

pois $\gamma_0 = \frac{\sigma_a^2}{1-\phi^2}$. Veja Brockwell e Davis (1991) para detalhes.

2. Shaman e Stine (1988) mostram que:

   (a) Para um processo $AR(1)$, $E(\hat{\phi}_{MM} - \phi) \simeq \frac{1}{n}(1 - 4\phi)$.

   (b) Sob a hipótese $\mu = 0$, $W_t \sim AR(\infty)$ que é aproximado por um $AR(p)$,

$$E(\hat{\sigma}_{MM}^2 - \sigma_a^2) = \begin{cases} -\dfrac{\sigma_a^2}{n} \dfrac{(1 - 3\phi^2)}{(1 - \phi^2)} + o(n^{-1}), & p = 1, \\ -\dfrac{2\sigma_a^2}{n} f(\phi_1, \phi_2) + o(n^{-1}), & p = 2, \end{cases}$$

   onde

$$f(\phi_1, \phi_2) = \frac{(1 + \phi_2 - 2\phi_1^2 - 3\phi_2^2 - 3\phi_2^3 + 2\phi_1^2\phi_2)}{(1 - \phi_2)(1 + \phi_1 + \phi_2)(1 + \phi_2 - \phi_1)}.$$

3. Mentz et al. (1998) mostram que, para os processos $AR(1)$ e $AR(2)$ com médias desconhecidas,

$$E(\hat{\sigma}_{MM}^2 - \sigma_a^2) = -\frac{2\sigma_a^2}{n} \frac{1 - 2\phi^2}{1 - \phi^2} + o(n^{-1})$$

e

$$E(\hat{\sigma}_{MM}^2 - \sigma_a^2) = -\frac{\sigma_a^2}{n} \left(\frac{2(1 + z_1^2 z_2^2)(1 + z_1 z_2)}{(z^2 - 1)(z_2^2 - 1)(z_1 z_2 - 1)} + 5 \right) + o(n^{-1}),$$

respectivamente, em que z_1 e z_2 são as raízes de $z^2 - \phi_1 z - \phi = 0$. Esse último resultado também foi obtido por Paulsen e Tjøstheim (1985).

7.6. RESULTADOS ADICIONAIS

4. Shaman e Stine (1988) provam que para processos AR(1) e AR(2),

$$E(\hat{\phi}_{MQ} - \phi) = \frac{1 - 3\phi}{n} + o(n^{-1})$$

e

$$E(\hat{\phi}_{MQ} - \phi)' = \frac{1}{n}(1 - \phi_1 - \phi_2, 2 - 4\phi_2)' + o(n^{-1}),$$

respectivamente.

5. Mentz et al. (1998) mostram que para um processo AR(1) com média desconhecida,

$$E(\hat{\sigma}^2_{MQ} - \sigma^2_a) = -\frac{2\sigma^2_a}{n} + o(n^{-1}).$$

Para o caso de um processo AR(p) com um valor de p fixo e arbitrário,

$$E(\hat{\sigma}^2_{MQ} - \sigma^2_a) = -\frac{p\sigma^2_a}{n} + o(n^{-1}), \quad \text{quando } \mu = 0$$

e

$$E(\hat{\sigma}^2_{MQ} - \sigma^2_a) = -\frac{(p+1)\sigma^2_a}{n} + o(n^{-1})$$

para o caso da média ser desconhecida.

6. Tanaka (1984) e Cordeiro e Klein (1994) mostram que:

(i) para μ desconhecida

$$E(\hat{\sigma}^2_{MV} - \sigma^2_a) = \begin{cases} -\dfrac{2\sigma^2_a}{n} + o(n^{-1}), & \text{modelo AR(1)}, \\ -\dfrac{3\sigma^2_a}{n} + o(n^{-1}), & \text{modelo AR(2)} \end{cases}$$

(ii) para $\mu = 0$:

$$E(\hat{\sigma}^2_{MV} - \sigma^2_a) = \begin{cases} -\dfrac{\sigma^2_a}{n} + o(n^{-1}), & \text{modelo AR(1)}, \\ -\dfrac{2\sigma^2_a}{n} + o(n^{-1}), & \text{modelo AR(2)} \end{cases}$$

7. Para o caso particular em que o processo é um MA(1) temos os seguintes resultados:

(i) Brockwell e Davis (1991) mostram que

$$\hat{\theta}_{MM} \xrightarrow{\mathcal{D}} \mathcal{N}(\theta, \frac{\sigma_1^2(\theta)}{n}),$$

em que $\sigma_1^2(\theta) = (1 + \theta^2 + 4\theta^4 + \theta^6 + \theta^8)/(1 - \theta^2)^2$.

Entretanto, os autores também mostram que $\hat{\theta}_{MM}$ é ineficiente quando comparado com outros estimadores, dentre eles o de máxima verossimilhança.

(ii) Mentz et al. (1997) mostram que

$$E(\hat{\theta}_{MM} - \theta)$$
$$= -\frac{1}{n} \frac{(1 + \theta - 2\theta^2 - 7\theta^3 + 2\theta^4 - 4\theta^5 - 2\theta^6 + \theta^7 + \theta^8 + \theta^9)}{(1 - \theta^2)^3}$$
$$+o(n^{-1})$$

e

$$E(\hat{\sigma}_{MM}^2 - \sigma_a^2)$$
$$= -\frac{\sigma_a^2}{n} \frac{(2 - 6\theta^2 - 2\theta^3 + 15\theta^4 + 4\theta^5 - 4\theta^6 - 2\theta^7 + \theta^8)}{(1 - \theta^2)^3}$$
$$+o(n^{-1})$$

(iii) Tanaka (1984) e Cordeiro e Klein (1994) mostram que

$$E(\hat{\theta}_{MV} - \theta) = \frac{1 + 2\theta}{n} + o(n^{-1})$$

e

$$E(\hat{\sigma}_{MV}^2 - \sigma_a^2) = -\frac{2\sigma_a^2}{T} + o(n^{-1}), \mu \text{ desconhecido.}$$

(iv) Mentz et al. (1999) mostram que

$$E(\hat{\sigma}_{MQ}^2 - \sigma_a^2) = \frac{\sigma_a^2}{n} \frac{(6\theta^2 + 18\theta^4)}{(1 - \theta^2)^2} + c + o(n^{-1}),$$

onde c inclui covariâncias entre $\hat{\theta}_{MQ}$ e $c_j, j = 0, \ldots$

8. Para um processo ARMA$(1, 1)$ temos

(i) Tanaka (1984) e Cordeiro e Klein (1994) mostram que

$$E(\hat{\sigma}_{MV}^2 - \sigma_a^2) = \begin{cases} -\dfrac{3\sigma_a^2}{n} + O(n^{-2}) & , \mu \text{ desconhecido,} \\ -\dfrac{\sigma_a^2}{n} + O(n^{-2}) & , \mu = 0. \end{cases}$$

(ii) Mentz et al. (2001) mostram que

$$E(\hat{\sigma}^2_{MM} - \sigma^2_a) = -\frac{\sigma^2_a}{n}\frac{M(\theta,\phi)}{(1-\theta^2)(\phi^2-1)(\theta\phi-1)^2} + o(n^{-1}),$$

em que $M(\theta,\phi)$ é um polinômio em ϕ e θ.

7.7 Problemas

1. Obtenha os valores constantes da Tabela 7.3.

2. Obtenha as formas para os intervalos de confiança para os parâmetros de um processo AR(1) e de um MA(1), utilizando os resultados da seção 7.4.

3. Construa os intervalos de confiança com coeficientes de confiança igual a 0,95, para os parâmetros ϕ e θ_0 do Exemplo 7.4.

4. Suponha que para um modelo ARMA(1,1), com $N = 152$, obtemos $\hat{\phi} = 0,85$, $\hat{\theta} = -0,6$, $\hat{\sigma}^2_a = 0,086$. Obtenha intervalos de confiança para ϕ e θ, com coeficiente de confiança 0,95.

5. Considere o processo MA(1): $W_t = (1 - \theta B)a_t$ e suponha que as autocovariâncias de W_t sejam conhecidas e indicadas por $\gamma_j(w)$. Queremos estimar θ e σ^2_a.

   (a) Mostre que se (θ^*, σ^2_a) é uma solução, então $(\theta^{-1*}, \theta^{*2}\sigma^2_a)$ também é;

   (b) mostre que dos dois modelos, correspondentes às soluções de (a), um não é invertível;

   (c) mostre que o modelo não invertível pode ser escrito na forma
   $W_t = (1 - \theta^* F)e_t$, onde $\text{Var}(e_t) = \text{Var}(a_t)$.

6. No problema anterior, mostre que

$$\begin{aligned} a_t &= W_t + \theta W_{t-1} + \theta^2 W_{t-2} + \cdots, \\ e_t &= W_t + \theta W_{t+1} + \theta^2 W_{t+2} + \end{aligned}$$

7. Considere os dez valores de Z_t dados na Tabela 7.1. Calcule a soma de quadrados incondicional para o processo ARIMA(1, d, 1),

$$(1 - \phi B)W_t = (1 - \theta B)a_t,$$

$W_t = \Delta^d Z_t$, supondo $E(W_t) = 0$ e $\phi = 0,5$, $\theta = 0,7$.

Sugestão: use $[e_t]$ para gerar as previsões de W_t para trás e depois $[a_t]$. Despreze $[W_{-j}]$, para $j > 4$.

202   *CAPÍTULO 7. ESTIMAÇÃO DE MODELOS ARIMA*

8. Seja $Z_1, \ldots, Z_T$ uma amostra de um processo estacionário AR(1): $Z_t = \phi Z_{t-1} + a_t$.

   (a) Defina o estimador de MQ condicional $\hat{\phi}$ de ϕ e dê uma expressão explícita para $\hat{\phi}$.

   (b) Mostre que a variável aleatória $U_T = \left(\frac{1}{T-1} \sum_{t=2}^{T} Z_{t-1}^2 \right) (\hat{\phi} - \phi)$ pode ser expressa na forma $U_T = \frac{1}{T-1} \sum_{t=2}^{T} Z_{t-1} a_t$.

   (c) Utilizando a segunda expressão para U_T em (b), mostre que

   $$ E(U_T) = 0 \text{ e } \mathrm{Var}(U_T) = \frac{\sigma^2 \gamma_0}{T-1}. $$

9. Ajuste o modelo preliminar identificado para a série D–IBV (Problema 6.15).

10. Identifique um modelo preliminar para a Série Temperatura–Ubatuba e estime seus parâmetros.

11. Mesmo problema, para Série Poluição–PM_{10}.

CAPÍTULO 8

Diagnóstico de modelos ARIMA

8.1 Introdução

Após estimar o modelo, temos que verificar se ele representa, ou não, adequadamente, os dados. Veremos, também, que qualquer insuficiência revelada pode sugerir um modelo alternativo como sendo adequado.

Uma técnica que pode ser utilizada, se suspeitarmos que um modelo mais elaborado (contendo mais parâmetros) é necessário, é o *superajustamento*. Estimamos um modelo com parâmetros extras e examinamos se estes são significativos e se sua inclusão diminui significativamente a variância residual. Este método é útil quando sabemos *a priori* em que direção pode estar ocorrendo a inadequação do modelo.

A verificação pode ser feita analisando os resíduos. Suponha que o modelo ajustado seja

$$\phi(B)W_t = \theta(B)a_t,$$

com

$$W_t = \Delta^d Z_t.$$

Se este modelo for verdadeiro, então os "erros verdadeiros" $a_t = \theta^{-1}(B)\phi(B)W_t$ constituirão um ruído branco.

8.2 Testes de adequação do modelo

Nesta seção apresentaremos alguns testes de diagnóstico de um modelo ajustado a uma série. Estes testes são baseados, em geral, nas autocorrelações estimadas dos resíduos.

8.2.1 Teste de autocorrelação residual

Estimados ϕ e θ, as quantidades

$$\hat{a}_t = \hat{\theta}^{-1}(B)\hat{\phi}(B)W_t \tag{8.1}$$

são chamadas *resíduos estimados* ou simplesmente *resíduos*. Se o modelo for adequado, os $\hat{a}_t$ deverão estar próximos dos a_t e, portanto, deverão ser aproximadamente não correlacionados. Se indicarmos por $\hat{r}_k$ as autocorrelações dos resíduos $\hat{a}_t$, então deveríamos ter $\hat{r}_k \simeq 0$. Em particular, deveríamos ter, aproximadamente,

$$\hat{r}_k \sim \mathcal{N}(0, \frac{1}{n}), \tag{8.2}$$

sempre sob a suposição de que o modelo ajustado é apropriado. As autocorrelações $\hat{r}_k$ são calculadas por

$$\hat{r}_k = \frac{\sum_{t=k+1}^{n} \hat{a}_t \hat{a}_{t-k}}{\sum_{t=1}^{n} \hat{a}_t^2}. \tag{8.3}$$

Contudo, o desvio padrão de $\hat{r}_k$ pode ser consideravelmente menor que $1/\sqrt{n}$, especialmente para pequenos valores de k, como mostrou Durbin (1970). Ele provou que para um AR(1), $\mathrm{Var}[\hat{r}_k] \simeq \phi^2/n$, que pode ser bem menor que $1/n$. Box et al. (1994) provaram que, para um modelo AR(1), tem-se

$$\begin{aligned}
\mathrm{Var}[\hat{r}_k] &\simeq \frac{1}{n}[1 - \phi^{2(k-1)}(1-\phi^2)] \\
\mathrm{Cov}\{\hat{r}_i, \hat{r}_j\} &\simeq \frac{1}{n}\{\delta_{ij} - \phi^{i+j-2}(1-\phi^2)\},
\end{aligned} \tag{8.4}$$

onde δ_{ij} é o delta de Kronecker. Daqui, temos que, para k grande ou moderado, a variância de $\hat{r}_k$ é, aproximadamente, $1/n$ e as autocorrelações são não-correlacionadas. Lembremos que n=N-d.

De qualquer modo, a comparação de $\hat{r}_k$ com os limites $\pm 2/\sqrt{n}$ fornece uma indicação geral de possível quebra de comportamento de ruído branco em a_t, com a condição de que seja lembrado que, para pequenos valores de k, estes limites subestimarão a significância de qualquer discrepância.

8.2.2 Teste de Box-Pierce-Ljung

Box e Pierce (1970) sugeriram um teste para as autocorrelações dos resíduos estimados, que, apesar de não detectar quebras específicas no comportamento de ruído branco, pode indicar se esses valores são muito altos. Uma variação desse teste foi sugerida por Ljung e Box (1978).

8.2. TESTES DE ADEQUAÇÃO DO MODELO

Se o modelo for apropriado, a estatística

$$Q(K) = n(n+2) \sum_{j=1}^{K} \frac{\hat{r}_j^2}{(n-j)} \qquad (8.5)$$

terá aproximadamente uma distribuição χ^2 com $K - p - q$ graus de liberdade. A distribuição assintótica é obtida sob a hipótese que $K = K(n) \to \infty$, quando $n \to \infty$, e condições adicionais em Box e Pierce (1970), a saber:

(a) $\psi_j = O(n^{-1/2})$, $j \geq K(n)$, onde os ψ_j são os coeficientes na expansão em médias móveis de W_t;

(b) $K(n) = O(n^{1/2})$, $n \to \infty$.

A hipótese de ruído branco para os resíduos é rejeitada para valores grandes de $Q(K)$. Em geral basta utilizar as 10 ou 15 primeiras $\hat{r}_k$. Para outra modificação da estatística de Box-Pierce veja Dufour e Roy (1986).

Recentemente tem havido crítica ao uso de $Q(K)$, no sentido que esta é uma medida de correlação e não de dependência. O teste baseado em (8.5) tem uma forte tendência de deixar passar modelos com estrutura nos resíduos. Um exemplo é o caso de modelos ARCH (veja o Volume 2). Aqui, além de modelar a série modela-se também a chamada variância condicional (volatilidade) da série. Veja (14-9)-(14-10) para um caso bem simples. Temos que $\mathrm{Var}(X_t|X_{t-1} = x) = \alpha_0 + \alpha_1 x^2$, contudo $\mathrm{Cov}\{X_t, X_{t-k}\} = 0$, para todo $k \neq 0$ e o teste falhará em detectar esta estrutura. Veja Tjøstheim (1996) para mais detalhes.

8.2.3 Teste da autocorrelação cruzada

A verificação das autocorrelações $\hat{r}_k$ dá informação sobre novos termos de médias móveis a serem incluídos no modelo. Por exemplo, se $|\hat{r}_8| > 2/\sqrt{n}$, um termo $\theta_8 a_{t-8}$ deverá ser incluído no modelo.

Um outro teste que pode auxiliar no procedimento de identificação é aquele baseado na correlação cruzada entre valores passados da série e o valor presente do ruído.

De fato, se o modelo for adequado, então a_t e Z_{t-k} serão não-correlacionadas, para $k \geq 1$, logo $\mathrm{Cov}\{a_t, Z_{t-k}\} = \gamma_{az}(k) = 0$, $k \geq 1$. Isto sugere investigar a função de correlação cruzada (fcc)

$$s_k = \frac{\Sigma a_t(Z_{t-k} - \overline{Z})}{[\Sigma a_t^2 \Sigma (Z_t - \overline{Z})^2]^{1/2}}, \quad k = 1, 2, 3, \dots \qquad (8.6)$$

Se para um dado k_0, s_{k_0} tem valor "grande", isto sugere que o modelo é inadequado. Em particular, se o modelo tentativo é um AR(p), um novo termo auto-regressivo no lag k_0 deve ser incluído no modelo. Como não conhecemos os verdadeiros a_t, consideramos os resíduos estimados $\hat{a}_t$ e substituímos s_k por

$$\hat{s}_k = \frac{\sum_{t=k+1}^{n} \hat{a}_t (Z_{t-k} - \overline{Z})}{\left[\sum_{t=1}^{n} \hat{a}_t^2 \sum_{t=1}^{n} (Z_t - \overline{Z})^2\right]^{1/2}}, \quad k = 1, 2, \ldots \tag{8.7}$$

Pode-se demonstrar que, se Z_t for estacionário, com fac ρ_k, então

$$E(s_k) \rightarrow 0, \tag{8.8}$$

$$\mathrm{Var}(s_k) \rightarrow \frac{1}{n-k} \simeq \frac{1}{n}, \; k > 0, \tag{8.9}$$

$$\mathrm{Cov}\{s_k, s_{k+l}\} \rightarrow \frac{1}{n-k}\rho_l \simeq \frac{1}{n}\rho_l, \; k > 0. \tag{8.10}$$

As relações (8.8) e (8.9) mostram que $\gamma_{az}(k)$ é significativamente diferente de zero se $|s_k| > 2/\sqrt{n}$. Mas (8.8) e (8.9) não são válidas quando usamos os resíduos estimados $\hat{a}_t$.

Contudo, Hokstad (1983) mostra que $1/n$ é um limite superior para $\mathrm{Var}(\hat{s}_k)$, quando $Z_t \sim \mathrm{AR}(p)$. Portanto, o critério de julgar s_k significante quando $|\hat{s}_k| > 2/\sqrt{n}$ é razoável, exceto para k pequeno. Observe que para k pequeno o mesmo problema ocorre para o teste da fac dos resíduos.

Assim, podemos utilizar esses resultados para construir um modelo ARMA:

(i) começando com um $\mathrm{AR}(p)$ de baixa ordem, podemos incluir novos termos autorregressivos, analisando a fcc $\hat{s}_k$;

(ii) quando s_k não se apresentar mais significante, a fac $\hat{r}_k$ pode indicar termos de médias móveis a serem incluídos;

(iii) se termos de médias móveis são incluídos num estágio anterior de identificação, a interpretação de valores grandes para $|s_k|$ não é tão óbvia.

Exemplo 8.1. Vamos apresentar um exemplo analisado por Hokstad (1983). Considere a série de manchas solares de Wolf, com $N = 264$ observações (1705–1968). As autocorrelações e autocorrelações parciais sugerem um modelo AR(2), que estimado resulta

$$Z_t = 16,7 + 1,39 Z_{t-1} - 0,70 Z_{t-2} + a_t, \quad \hat{\sigma}_a^2 = 253. \tag{8.11}$$

Os resíduos no modelo (8.11) forneceram as autocorrelações $\hat{r}_k$ e $\hat{s}_k$, calculadas de acordo com (8.3) e (8.7), respectivamente. Essas autocorrelações estão apresentadas na Figura 8.1.

8.2. TESTES DE ADEQUAÇÃO DO MODELO

As autocorrelações $\hat{r}_k$ sugerem que termos de médias móveis de ordens 9, 10 e 11 podem eventualmente ser incluídos no modelo (8.11). O novo modelo estimado fica

$$Z_t = 13,9 + 1,27 Z_{t-1} - 0,57 Z_{t-2} + a_t + 0,23 a_{t-9} + 0,22 a_{t-10} + 0,20 a_{t-11}, \quad (8.12)$$

com $\hat{\sigma}_a^2 = 224,8$.

Por outro lado, as $\hat{s}_k$ sugerem que um modelo autorregressivo de ordem nove deve ser incluído, resultando

$$Z_t = 6,5 + 1,23 Z_{t-1} - 0,54 Z_{t-2} + 0,18 Z_{t-9} + a_t, \quad \hat{\sigma}_a^2 = 221,4. \quad (8.13)$$

As correlações $\hat{r}_k$ e $\hat{s}_k$ resultantes do modelo (8.13), dadas na Figura 8.2, sugerem que um termo autorregressivo de ordem 18 deve ser incluído em (8.13), obtendo-se

$$Z_t = 9,8 + 1,19 Z_{t-1} - 0,53 Z_{t-2} + 0,24 Z_{t-9} - 0,10 Z_{t-18} + a_t, \quad \hat{\sigma}_a^2 = 220,8 \quad (8.14)$$

que, por sua vez, apresenta correlações residuais $\hat{r}_k$ e $\hat{s}_k$ adequadas. Como (8.13) e (8.14) apresentam variâncias residuais muito próximas, o modelo (8.13) deve ser preferido. Neste exemplo, $\hat{s}_9 = 0,32$ (modelo 8.12) $\hat{s}_{18} = 0,135$ (modelo 8.13) e $2/\sqrt{n} = 0,12$, de modo que ambas são significativas.

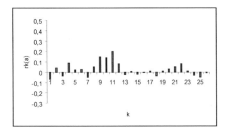 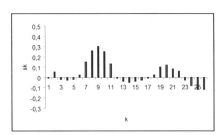

Figura 8.1: Função de autocorrelação estimada de a_t e função de correlação cruzada estimada de a_t e Z_{t-k}, modelo (8.11).

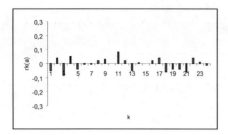 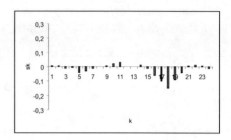

Figura 8.2: Função de autocorrelação estimada de a_t e função de correlação cruzada estimada de a_t e Z_{t-k}, modelo (8.13).

8.2.4 Teste do periodograma acumulado

Suponha que a_t, $t = 1, \ldots, n$, sejam observações de um processo estocástico; um estimador do espectro $p_a(f)$ do processo é

$$I_a(f_i) = \frac{1}{2\pi n}\left[\left(\sum_{t=1}^n a_t \cos\frac{2\pi i}{n}t\right)^2 + \left(\sum_{t=1}^n a_t \operatorname{sen}\frac{2\pi i}{n}t\right)^2\right], \qquad (8.15)$$

$0 < f_i < \frac{1}{2}$, chamado *periodograma*. Este estimador foi um dos primeiros a serem propostos nos estágios iniciais da Análise Espectral de séries temporais, com a finalidade de detectar periodicidades nos dados. Um pico na frequência $f_i = \frac{i}{n}$ indica uma periodicidade de período $1/f_i$. Para mais detalhes, veja o Capítulo 14.

Pode-se provar facilmente, usando a definição de espectro (veja Morettin, 2014), que se a_t for ruído branco, então seu espectro é constante e igual a $2\sigma_a^2$ no intervalo $[0, \frac{1}{2}]$, ou seja,

$$p_a(f) = 2\sigma_a^2, \quad 0 \le f \le \frac{1}{2}.$$

Segue-se que

$$P_a(f) = \int_0^f p_a(g)\mathrm{d}g = \begin{cases} 0, & f < 0 \\ 2\sigma_a^2 f, & 0 \le f \le \frac{1}{2} \\ \sigma_a^2, & f \ge \frac{1}{2} \end{cases}$$

Veja a Figura 8.3; $P_a(f)$ é o "espectro acumulado" (ou função de distribuição espectral).

8.2. TESTES DE ADEQUAÇÃO DO MODELO

Como $I_a(f)$ é um estimador de $p_a(f)$, vem que uma estimativa de $P_a(f_j)$ é $\frac{1}{n}\sum_{i=1}^{j} I_q(f_i)$ e

$$C(f_j) = \frac{\sum_{i=1}^{j} I_a(f_i)}{n\hat{\sigma}_a^2}, \qquad (8.16)$$

é uma estimativa de $P_a(f_j)/\sigma_a^2$; $C(f_j)$ é o *periodograma acumulado* (normalizado).

Para um ruído branco, o gráfico de $C(f_j) \times f_j$ estaria espalhado ao redor da reta que passa pelos pontos (0,0) e (0,5;1) (Figura 8.4).

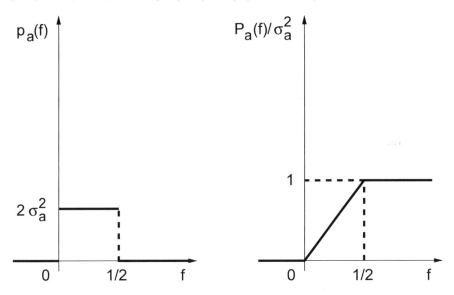

Figura 8.3: **Espectro e espectro acumulado do ruído branco.**

Se o modelo não for adequado, haverá desvios sistemáticos desta reta. Podemos usar um teste do tipo Kolmogorov-Smirnov para avaliar se os desvios observados são compatíveis ou não como o que esperaríamos se $\hat{a}_t$ fosse ruído branco.

Podemos obter limites de confiança ao redor da reta teórica, traçados a uma distância $K_\alpha/\sqrt{q}$ desta; valores críticos de K_α para alguns valores de α são dados na Tabela 8.1 extraída de Box et al. (1994).

Tabela 8.1: Coeficientes para o cálculo de limites de confiança para o teste do periodograma acumulado

α	0,01	0,05	0,10	0,25
K_α	1,63	1,36	1,22	1,02

Aqui, $q = \left[\frac{n-1}{2}\right]$. Se o gráfico de $C(f_j)$ cruzar as linhas paralelas numa proporção maior que $100\alpha\%$ de vezes, os resíduos não serão aleatórios.

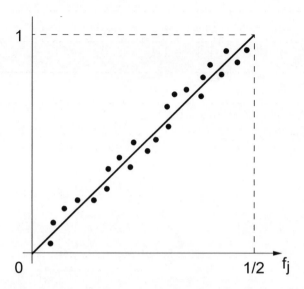

Figura 8.4: Valores de $C(f_j)$ para ruído branco.

8.3 Uso dos resíduos para modificar o modelo

Suponha que os resíduos b_t do modelo ajustado

$$\phi_0(B)\Delta^{d_0} Z_t = \theta_0(B) b_t \qquad (8.17)$$

não sejam aleatórios. Usando o método de identificação da seção anterior, podemos descrever os resíduos através do modelo

$$\overline{\phi}(B)\Delta^{\overline{d}} b_t = \overline{\theta}(B) a_t. \qquad (8.18)$$

Substituindo (8.18) em (8.17) temos um novo modelo

$$\phi_0(B)\overline{\phi}(B)\Delta^{d_0}\Delta^{\overline{d}} Z_t = \theta_0(B)\overline{\theta}(B) a_t, \qquad (8.19)$$

cujos resíduos são aleatórios, e que deverá ser ajustado aos dados. O ciclo de identificação, estimação e verificação deve ser continuado, até que um modelo satisfatório seja encontrado.

8.4 Aplicações

Exemplo 8.2. Vamos agora testar se o modelo ARIMA(1,1,0) com θ_0 (equação (6.14)), proposto para a série ln(ICV), é adequado.

8.4. APLICAÇÕES

O Quadro 8.1 apresenta os valores dos parâmetros estimados e os respectivos valores da estatística t, além dos p-valores. Temos, também, o valor do critério AIC corrigido. Para os parâmetros estimados, os p-valores indicam que ambos são não nulos. A estimativa denominada "constant" é, na realidade, a estimativa da média ($\hat{\mu}$). Desse modo, a estimativa da constante do modelo é dada por

$$\hat{\theta}_0 = (1 - \hat{\phi})\hat{\mu} = 0,01045.$$

Para verificar o ajustamento do modelo, analisamos os resultados apresentados na Figura 8.5. Os valores das autocorrelações residuais não indicam nenhuma quebra de comportamento de ruído branco nos resíduos. Os p-valores associados à estatística de Ljung-Box, para $K \leq 12$, também indicam um bom ajustamento do modelo ARIMA(1, 1, 0) com constante. Segue-se que o modelo ajustado à série ln (ICV) é dado por

$$(1 - 0,5073B)(1 - B)\ln(\text{ICV}) = 0,01045 + \hat{a}_t, \qquad (8.20)$$

com $\hat{\sigma}_a^2 = 0,0000908$.

Exemplo 8.3. Vamos verificar se o modelo AR(1) com θ_0 (equação 6.15) proposto para a série Umidade é adequado.

O Quadro 8.2 apresenta um resumo do ajustamento feito com a função sarima da biblioteca astsa do R. Notamos a significância dos parâmetros do modelo (ϕ_1 e μ). Entretanto, ao analisarmos a Figura 8.6, notamos que r_2 está fora do intervalo de confiança, indicando que o modelo não está bem ajustado.

Analisando a Figura 8.7, observamos que $\hat{\phi}_{22}$ também está fora do intervalo de confiança, sugerindo um modelo AR(2) para a série Umidade.

O Quadro 8.3 apresenta um resumo do ajustamento de um modelo AR(2). Podemos notar que o p-valor associado ao parâmetro ϕ_2 está muito próximo de $0,05$, e por esse motivo, será mantido no modelo.

Para verificarmos a adequação do modelo AR(2), analisamos a Figura 8.8, constatando que o modelo está bem ajustado: a f.a.c. residual apresenta quase todos os valores dentro do intervalo de confiança, com exceção feita a r_{15} e r_{16}, que não foram levadas em conta, pois referem-se a dependências distantes (mais de duas semanas).

Além disso, temos que os valores da estatística $Q(K)$ nos levam a não rejeitar a hipótese de ruído branco para os resíduos. Assim, o modelo ajustado à série Umidade é dado por

$$(1 - 0,5839B + 0,0997B^2)Z_t = 41,8565 + \hat{a}_t. \qquad (8.21)$$

em que $\hat{\theta}_0 = (1 - 0,5839 + 0,0997)(81,1488) = 41,8565$ e $\hat{\sigma}_a^2 = 44,82$.

Exemplo 8.4. Vamos analisar o modelo AR(3) com θ_0 (equação 6.17) proposto para a série ln(CO).

O Quadro 8.4 apresenta o ajustamento feito pela função **sarima** da biblioteca **astsa** do R. Podemos notar a significância de todos os parâmetros.

Quadro 8.1: Ajustamento de um modelo ARIMA(1,1,0) à série ln(ICV).

	Estimate	SE	t-value	p-value
ar1	0.5073	0.0822	6.1694	0
constant	0.0212	0.0018	11.755	0

sigma2 estimated as 9.076e-05
log likelihood = 365.38
AIC = -724.75

Quadro 8.2: Modelo AR(1) ajustado à série de Umidade.

	Estimate	SE	t-value	p-value
ar1	0.5306	0.0446	11.8902	0
xmean	81.2416	0.7577	107.2238	0

sigma2 estimated as 45.57
log likelihood = -1191.79
AIC= 2389.58

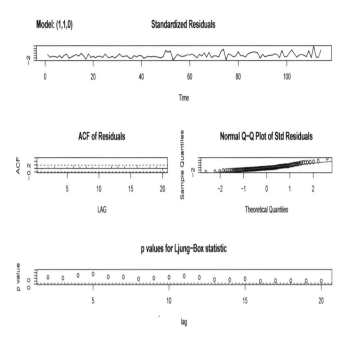

Figura 8.5: Análise residual do modelo ARIMA(1,1,0) ajustado à série ln(ICV).

Quadro 8.3: Modelo AR(2) ajustado à série de Umidade.				
	Estimate	SE	t-value	p-value
ar1	0.5839	0.0520	11.2281	0.0000
ar2	-0.0997	0.0521	-1.9143	0.0564
xmean	81.1488	0.6780	119.6900	0.0000

sigma2 estimated as 44.82
log likelihood =-1212.06
AIC = 2432.13

A Figura 8.9 apresenta a análise residual do modelo ajustado. Os valores das autocorrelações r_j, $j \leq 13$ estão dentro do intervalo de confiança, indicando que o modelo está bem ajustado. Como explicado antes, os valores de r_{14}, r_{16} e r_{21}, embora significativos, serão desprezados.

Os p-valores da estatística de Ljung-Box também indicam um bom ajustamento do modelo AR(3), com constante.

Temos, pois, que o modelo ajustado para a série ln (CO) é dado

$$(1 - 0,721B + 0,274B^3 - 0,174B^3)\ln(\text{CO}) = 0,310 + \hat{a}_t, \tag{8.22}$$

com $\hat{\sigma}_a^2 = 0,0943$ e $\hat{\theta}_0 = (1 - 0,721 + 0,274 - 0,174)/(1,224) = 0,310$.

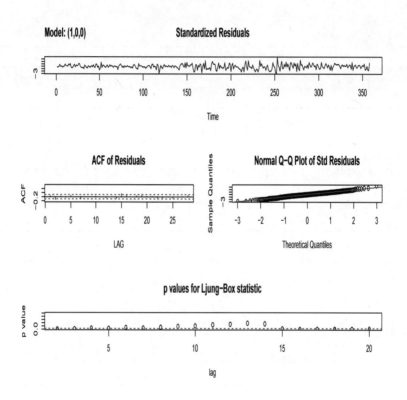

Figura 8.6: Análise residual para o modelo AR(1) ajustado à série de Umidade.

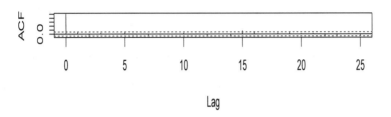

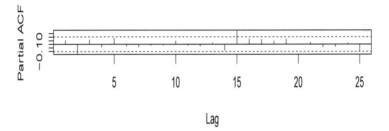

Figura 8.7: Fac e facp dos resíduos do modelo AR(1) ajustado á série Umidade.

8.5 Problemas

1. Suponha que o modelo proposto para uma série foi um MA(1); queremos verificar se um modelo mais elaborado é justificável e para isto superajustamos um modelo MA(2) e um modelo ARMA(1,1) segundo a Tabela 8.2. Qual o modelo superajustado é justificável?

2. Suponha que o modelo ajustado para Z_t tenha sido

$$\Delta Z_t = (1 - 0,5B)b_t,$$

mas os resíduos b_t não são aleatórios. Se o modelo posteriormente identificado para b_t foi um IMA(0,1,1), com $\hat{\theta} = -0,8$, qual o modelo que devemos considerar para Z_t?

216 CAPÍTULO 8. DIAGNÓSTICO DE MODELOS ARIMA

Tabela 8.2: Modelos propostos para uma série.

Modelo	Estimativas dos parâmetros	Variâncias dos estimadores	$\hat{\sigma}_a^2$
MA(1)	$\hat{\theta} = 0,76$	0,009025	0,892
MA(2)	$\hat{\theta}_1 = 0,81$	0,009604	
	$\hat{\theta}_2 = 0,15$	0,0144	0,856
ARMA(1,1)	$\hat{\phi} = -0,54$	0,03802	
	$\hat{\theta} = 0,27$	0,03920	0,845

3. Suponha que os resíduos obtidos, ajustando-se o modelo $\Delta Z_t = (1-0,6B)b_t$ a uma série com $N = 127$ observações, forneceram as seguintes autocorrelações:

k	1	2	3	4	5	6	7	8	9	10
$\hat{r}_k(b)$	-0,40	0,02	-0,07	-0,01	-0,07	-0,02	0,15	-0,07	0,04	0,02

(a) Verifique se há valores anormais.

(b) Use o teste de Ljung-Box para verificar se o modelo é adequado.

(c) Os resíduos sugerem que o modelo deva ser modificado? Em caso afirmativo, qual modelo deveria ser considerado?

Quadro 8.4: Modelo AR(3) ajustado à série de ln(CO).

	Estimate	SE	t-value	p-value
ar1	0.7211	0.0520	13.8683	0e+00
ar2	-0.2740	0.0628	-4.3624	0e+00
ar3	0.1741	0.0521	3.3389	9e-04
xmean	1.2235	0.0426	28.6978	0e+00

sigma2 estimated as 0.09429
log likelihood = -85.59
AIC = 181.17

4. Suponha que 100 observações de uma série temporal forneçam as seguintes estimativas: $c_0 = 250$, $r_1 = 0,8$, $r_2 = 0,7$, $r_3 = 0,5$. Use as estimativas de Yule-Walker para determinar se a série é adequadamente ajustada por um modelo AR(1) ou por um modelo AR(2). Para ambos os modelos obtenha estimativas para os parâmetros, incluindo a variância residual.

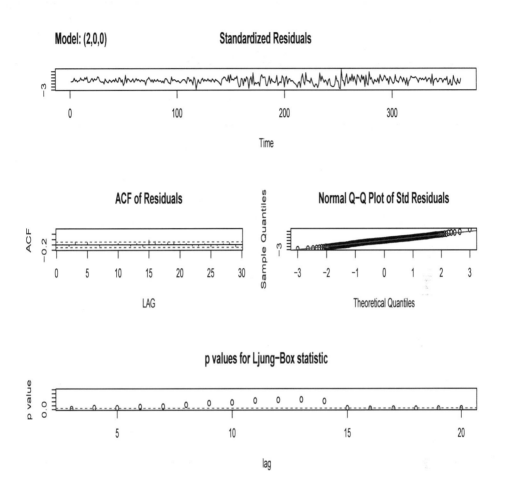

Figura 8.8: **Análise residual do modelo AR(2) ajustado à série ln(CO).**

5. (a) Explique por que é importante fatorar os operadores autorregressivo e médias móveis, quando verificamos o ajustamento de um modelo ARMA a uma série observada.

   (b) No ajustamento de um modelo ARMA(2,1) a um conjunto de dados, a convergência do programa de MQ não-linear foi muito lenta e as estimativas dos coeficientes em iterações sucessivas oscilavam bastante. As estimativas da iteração final foram

   $$\hat{\phi}_1 = 1,19, \quad \hat{\phi}_2 = -0,34 \text{ e } \hat{\theta} = 0,52.$$

   Sugira uma explicação para o comportamento instável na estimação

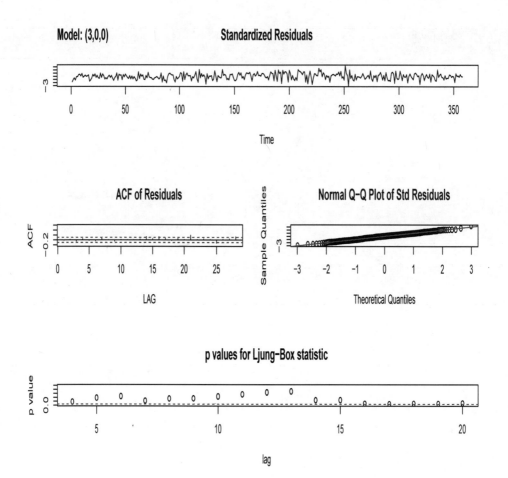

Figura 8.9: **Análise residual do modelo AR(3) ajustado à série ln(CO).**

do modelo. Como você poderia alterar o modelo preliminar, a fim de evitar o problema?

(c) No ajustamento de um modelo IMA(0,2,2) não se conseguiu convergência no programa de estimação de MQ. A última iteração forneceu os valores
$$\hat{\theta}_1 = 1,81 \text{ e } \hat{\theta}_2 = 0,52.$$
Você pode explicar o problema?

6. Suponha que os resíduos $\hat{a}_t$ do modelo $(1-B)Z_t = (1+0,6B)a_t$, ajustado a uma série de 80 observações, forneceram as seguintes autocorrelações

8.5. PROBLEMAS

j	1	2	3	4	5	6	7	8	9	10
$\hat{r}_j$	0,39	0,20	0,09	0,04	0,09	-0,13	-0,05	0,06	0,11	-0,02

Analise a adequacidade do modelo ajustado e se existe alguma indicação de falta de ajustamento do modelo. Se isto ocorreu, sugira um modelo modificado e teste-o.

7. Suponha que a uma série temporal com 144 observações foi adequadamente identificado e estimado um processo ARMA(2,1),

$$Z_t - \phi_1 Z_{t-1} - \phi_2 Z_{t-2} = \theta_0 + a_t - \theta a_{t-1},$$

com estimativas de máxima verossimilhança iguais a $\hat{\phi}_1 = 0,60$, $\hat{\phi}_2 = 0,37$ e $\hat{\theta} = 0,40$. Explique por que podemos ajustar, adequadamente, a esta mesma série um modelo AR(p), dando o valor de p e estimativas aproximadas para os parâmetros.

[Sugestão: Obtenha os pesos π_j do modelo ARMA(2,1).]

8. Considere a série Manchas. Faça um gráfico da série e ajuste um modelo ARIMA apropriado.

9. Verifique se os modelos ajustados nos Problemas 9 e 10 do Capítulo 7 são adequados. Caso não sejam, proponha modelos alternativos e estime-os.

10. O modelo ajustado ao conjunto de dados $x_1, \ldots, x_{100}$ é

$$X_t + 0,4 X_{t-1} = a_t, \quad a_t \sim \mathcal{N}(0,1).$$

As fac e facp amostrais dos resíduos estão na tabela abaixo. Você acha que o modelo ajustado é adequado? Justifique. Se a resposta for negativa, sugira um modelo melhor para $\{X_t\}$, fornecendo estimativas iniciais dos seus coeficientes.

j	1	2	3	4	5	6	7	8	9	10	11	12
$\hat{r}_j$	0,799	0,412	0,025	-0,228	-0,316	-0,287	-0,198	-0,111	-0,056	-0,009	0,048	0,133
$\hat{\phi}_{jj}$	0,799	-0,625	-0,044	0,038	-0,020	-0,077	-0,007	-0,061	-0,042	0,089	0,052	0,125

11. Verifique se os modelos ajustados nos Problema 11 e 12 do Capítulo 7 são adequados. Caso não sejam, proponha modelos alternativos.

12. Escolha uma série temporal real de sua preferência. Proponha um modelo, faça a sua estimação e diagnóstico.

CAPÍTULO 9

Previsão com modelos ARIMA

9.1 Introdução

Nos Capítulos 6, 7 e 8 vimos a filosofia de construção de um particular modelo ARIMA(p, d, q), seguindo o ciclo iterativo de identificação, estimação e diagnóstico. Veremos agora como utilizar o modelo identificado e estimado para fazer previsões.

Como já sabemos, estamos interessados em prever um valor Z_{t+h}, $h \geq 1$, supondo que temos observações $\ldots, Z_{t-2}, Z_{t-1}, Z_t$, até o instante t, que é chamado *origem* das previsões. Veja a Figura 1.5.

A previsão de origem t e *horizonte* h será denotada por $\hat{Z}_t(h)$.

Durante todo este capítulo assumiremos que $W_t = (1 - B)^d Z_t$ é estacionário e invertível e os parâmetros do modelo são conhecidos.

Vamos supor o modelo ARIMA(p, d, q) escrito nas três formas básicas estudadas no Capítulo 5 com $t + h$ no lugar de t:

(a) forma de equação de diferenças

$$
\begin{aligned}
Z_{t+h} = {} & \varphi_1 Z_{t+h-1} + \cdots + \varphi_{p+d} Z_{t+h-p-d} - \theta_1 a_{t+h-1} \\
& - \theta_2 a_{t+h-2} - \cdots - \theta_q a_{t+h-q} + a_{t+h};
\end{aligned}
\tag{9.1}
$$

(b) forma de choques aleatórios

$$
Z_{t+h} = \sum_{j=-\infty}^{t+h} \psi_{t+h-j} a_j = \sum_{j=0}^{\infty} \psi_j a_{t+h-j},
\tag{9.2}
$$

onde $\psi_0 = 1$ e os demais pesos ψ_j são obtidos de (5.83);

(c) forma invertida

$$
Z_{t+h} = \sum_{j=1}^{\infty} \pi_j Z_{t+h-j} + a_{t+h},
\tag{9.3}
$$

221

onde os pesos π_j são obtidos de (5.86).

9.2 Previsão de EQM mínimo

É razoável supor que $\hat{Z}_t(h)$ seja uma função das observações até o instante t, $Z_t, Z_{t-1}, \ldots$, consequentemente, por (9.2), será uma função de $a_t, a_{t-1}, \ldots$. Ainda mais, suponha que $\hat{Z}_t(h)$ seja uma função *linear*. Indicando a melhor previsão por

$$\hat{Z}_t(h) = \psi_h^* a_t + \psi_{h+1}^* a_{t-1} + \psi_{h+2}^* a_{t-2} + \cdots \tag{9.4}$$

queremos determinar os pesos ψ_j^* que minimizem o EQM de previsão. Este é dado por

$$E[Z_{t+h} - \hat{Z}_t(h)]^2 = E\left[\sum_{j=0}^{\infty} \psi_j a_{t+h-j} - \sum_{j=0}^{\infty} \psi_{h+j}^* a_{t-j}\right]^2,$$

usando (9.2) e (9.4). Notando que a primeira soma pode ser reescrita na forma $\sum_{j=-h}^{\infty} \psi_{h+j} a_{t-j}$, vem que o *erro de previsão* é dado por

$$
\begin{aligned}
e_t(h) &= Z_{t+h} - \hat{Z}_t(h) = \psi_0 a_{t+h} + \psi_1 a_{t+h-1} \\
&\quad + \cdots + \psi_{h-1} a_{t+1} + \sum_{j=0}^{\infty} (\psi_{h+j} - \psi_{h+j}^*) a_{t-j}.
\end{aligned}
\tag{9.5}
$$

Portanto,

$$E[e_t(h)]^2 = (1 + \psi_1^2 + \cdots + \psi_{h-1}^2)\sigma_a^2 + \sum_{j=0}^{\infty} (\psi_{h+j} - \psi_{h+j}^*)^2 \sigma_a^2, \tag{9.6}$$

devido ao fato de que os a_t são não correlacionados. Segue-se que (9.6) é minimizado se $\psi_{h+j}^* = \psi_{h+j}$, $j = 0, 1, 2, \ldots, h$ fixo.

Portanto, a previsão de erro quadrático médio (EQM) mínimo é dada por

$$\hat{Z}_t(h) = \psi_h a_t + \psi_{h+1} a_{t-1} + \cdots = \sum_{j=0}^{\infty} \psi_{h+j} a_{t-j} \tag{9.7}$$

e o erro de previsão (9.5) por

$$e_t(h) = a_{t+h} + \psi_1 a_{t+h-1} + \cdots + \psi_{h-1} a_{t+1} = \sum_{j=0}^{h-1} \psi_j a_{t+h-j}, \tag{9.8}$$

9.3. FORMAS BÁSICAS DE PREVISÃO

Também,

$$Z_{t+h} = e_t(h) + \hat{Z}_t(h), \quad h \geq 1. \tag{9.9}$$

Vamos denotar por

$$[Z_{t+h}] = E[Z_{t+h} \mid Z_t, Z_{t-1}, \ldots]. \tag{9.10}$$

Então, temos as seguintes conclusões:

(a) $\hat{Z}_t(h) = [Z_{t+h}]$, usando (9.9); ou seja, a previsão de EQM mínimo é a esperança condicional de Z_{t+h}, dadas as observações passadas da série;

(b) de (9.8), temos que $[e_t(h)] = 0$ e a variância de erro de previsão é

$$V(h) = (1 + \psi_1^2 + \psi_2^2 + \cdots + \psi_{h-1}^2)\sigma_a^2; \tag{9.11}$$

(c) o erro de previsão a um passo é

$$e_t(1) = Z_{t+1} - \hat{Z}_t(1) = a_{t+1}, \tag{9.12}$$

o que nos diz que os *erros de previsão a um passo são não correlacionados*;

(d) no entanto, os erros de previsão para horizontes maiores que um serão correlacionados, o mesmo acontecendo com os erros de previsão para o mesmo horizonte h, de diferentes origens t e $t - j$ (ver Problemas 3 e 4).

9.3 Formas básicas de previsão

9.3.1 Formas básicas

Podemos expressar a previsão $\hat{Z}_t(h)$ de três maneiras utilizando as diversas formas de modelo ARIMA, dadas na seção 9.1.

(a) Previsão utilizando a equação de diferenças

Tomando a esperança condicional em (9.1), obtemos

$$\begin{aligned}
\hat{Z}_t(h) &= \varphi_1[Z_{t+h-1}] + \cdots + \varphi_{p+d}[Z_{t+h-p-d}] \\
&\quad -\theta_1[a_{t+h-1}] - \cdots - \theta_q[a_{t+h-q}] + [a_{t+h}],
\end{aligned} \tag{9.13}$$

para $h \geq 1$. Aqui, devemos utilizar os seguintes fatos

$$\begin{aligned}
[Z_{t+k}] &= \hat{Z}_t(k), & k &> 0, \\
[Z_{t+k}] &= Z_{t+k}, & k &\leq 0, \\
[a_{t+k}] &= 0, & k &> 0, \\
[a_{t+k}] &= a_{t+k}, & k &\leq 0.
\end{aligned} \tag{9.14}$$

CAPÍTULO 9. PREVISÃO COM MODELOS ARIMA

Observações:

(i) note que os termos de médias móveis desaparecem para $h > q$;

(ii) para calcular $\hat{Z}_t(h)$ precisamos de $\hat{Z}_t(h-1)$, $\hat{Z}_t(h-2)$, ... que são calculados recursivamente;

(iii) existe uma certa aproximação quando utilizamos esse procedimento, pois, na prática, só conhecemos um número finito de dados passados. Portanto, na realidade, a nossa previsão é $E[Z_{t+h}|Z_t, \ldots, Z_1]$, que é diferente da previsão ótima $E[Z_{t+h} \mid Z_t, Z_{t-1}, \ldots]$. Entretanto, as duas fórmulas fornecem resultados semelhantes para um valor grande de t. Essa aproximação é introduzida quando atribuímos valores iniciais para calcular os valores da sequência $\{a_t\}$;

(iv) as previsões para um $AR(p)$ são exatas, uma vez que pode ser demonstrado que, para esse modelo,

$$E(Z_{t+h} \mid Z_t, Z_{t-1}, \ldots) = E(Z_{t+h} \mid Z_t, \ldots, Z_{t+1-p});$$

(v) as inovações a_t são calculadas recursivamente.

Exemplo 9.1. Suponha que o modelo construído para uma série temporal $Z_1, \ldots,$ Z_N foi um ARIMA$(3, 1, 1)$,

$$(1 - \phi_1 B - \phi_2 B^2 - \phi_3 B^3)(1 - B)Z_t = (1 - \theta_1 B)a_t.$$

Então,

$$(1 - \phi_1 B - \phi_2 B^2 - \phi_3 B^3)(1 - B)Z_{t+h} = (1 - \theta_1 B)a_{t+h},$$

ou seja,

$$\begin{aligned}
Z_{t+h} =\ & (1 + \phi_1)Z_{t+h-1} - (\phi_1 - \phi_2)Z_{t+h-2} - (\phi_2 - \phi_3)Z_{t+h-3} \\
& -\phi_3 Z_{t+h-4} + a_{t+h} - \theta a_{t+h-1}.
\end{aligned}$$

Assim, temos que

$$\begin{aligned}
\hat{Z}_t(1) &= (1 + \phi_1)Z_t - (\phi_1 - \phi_2)Z_{t-1} - (\phi_2 - \phi_3)Z_{t-2} - \phi_3 Z_{t-3} - \theta a_t, \\
\hat{Z}_t(2) &= (1 + \phi_1)\hat{Z}_t(1) - (\phi_1 - \phi_2)Z_t - (\phi_2 - \phi_3)Z_{t-1} - \phi_3 Z_{t-2}, \\
\hat{Z}_t(3) &= (1 + \phi_1)\hat{Z}_t(2) - (\phi_1 - \phi_2)\hat{Z}_t(1) - (\phi_2 - \phi_3)Z_t - \phi_3 Z_{t-1}, \\
\hat{Z}_t(4) &= (1 + \phi_1)\hat{Z}_t(3) - (\phi_1 - \phi_2)\hat{Z}_t(2) - (\phi_2 - \phi_3)\hat{Z}_t(1) - \phi_3 Z_t \quad \text{e} \\
\hat{Z}_t(h) &= (1 + \phi_1)\hat{Z}_t(h - 1) - (\phi_1 - \phi_2)\hat{Z}_t(h - 2) - (\phi_2 - \phi_3)\hat{Z}_t(h - 3) \\
& \quad -\phi_3\hat{Z}_t(h - 4), \ h \geq 5.
\end{aligned}$$

9.3. FORMAS BÁSICAS DE PREVISÃO 225

(b) Previsão utilizando a forma de choques aleatórios

De (9.2) temos

$$\begin{aligned}
\hat{Z}_t(h) &= \psi_1[a_{t+h-1}] + \psi_2[a_{t+h-2}] + \cdots + \psi_{h-1}[a_{t+1}] \\
&\quad + \psi_h[a_t] + \cdots + [a_{t+h}].
\end{aligned} \tag{9.15}$$

Exemplo 9.2. O modelo MA(1), com constante,

$$Z_t = \theta_0 + (1 - \theta B)a_t,$$

já está escrito na forma (9.15), só que inclui a média θ_0, de modo que

$$\begin{aligned}
\hat{Z}_t(1) &= \theta_0 - \theta a_t, \\
\hat{Z}_t(2) &= \theta_0
\end{aligned}$$

e $\hat{Z}_t(h) = \theta_0$, para $h \geq 2$. Ou seja, a partir de $h = 2$, a previsão coincide com a média da série. No caso de um MA(q), as previsões coincidem com a média para $h > q$.

(c) Previsão utilizando a forma invertida

De (9.3) obtemos

$$\hat{Z}_t(h) = \sum_{j=1}^{\infty} \pi_j[Z_{t+h-j}] + [a_{t+h}]. \tag{9.16}$$

Exemplo 9.3. O modelo MA(1)

$$Z_t = (1 - \theta B)a_t$$

pode ser escrito em termos de a_t como

$$a_t = (1 - \theta B)^{-1} Z_t = \sum_{i=0}^{\infty} (\theta B)^i Z_t,$$

de modo que

$$Z_t = a_t - \theta Z_{t-1} - \theta^2 Z_{t-2} - \cdots.$$

Segue-se que a previsão de Z_{t+h}, feita no instante t, é dada por

$$\hat{Z}_t(h) = -\theta \hat{Z}_t(h-1) - \theta^2 \hat{Z}_t(h-2) - \cdots$$

ou seja,

$$\hat{Z}_t(h) = \sum_{j=1}^{\infty} -\theta^j \hat{Z}_t(h-j), \quad h > 0.$$

9.3.2 Equação de previsão

De acordo com 9.3.1(a), a equação de previsão, considerada como uma função de h, com origem t fixa, satisfaz a equação de diferenças

$$\hat{Z}_t(h) = \sum_{i=1}^{p+d} \varphi_i \hat{Z}_t(h-i), \quad h > q,$$

ou

$$\varphi(B)\hat{Z}_t(h) = (1-B)^d \phi(B)\hat{Z}_t(h) = 0, \quad h > q,$$

com $\varphi(B)$ operando sobre h.

Utilizando os resultados do Apêndice A, temos que, para $h > q - p - d$, a função $\hat{Z}_t(h)$ consistirá numa mistura de polinômios, exponenciais e senóides amortecidas, com sua forma exata determinada pelas raízes G_i^{-1} do operador $\varphi(B) = 0$.

A solução geral terá, então, a forma

$$\hat{Z}_t(h) = c_1^{(t)} f_1(h) + c_2^{(t)} f_2(h) + \cdots + c_{p+d}^{(t)} f_{p+d}(h), \quad h > q - p - d$$

onde $f_i(h)$, $h = 1, \ldots, p+d$, são funções de h e $c_1^{(t)}, \ldots, c_{p+d}^{(t)}$ são coeficientes adaptativos, isto é, dependem da origem de previsão e são determinados por $\hat{Z}_t(1)$, $\hat{Z}_t(2), \ldots, \hat{Z}_t(p+d)$.

Pode-se demonstrar que, para grandes valores de h, $\hat{Z}_t(h)$ será dominada pelos termos polinomiais associados com os fatores não estacionários (raízes de $(1-B)^d = 0$).

Exemplo 9.4. ARIMA$(0,1,1)$, com θ_0:

$$(1-B)Z_t = \theta_0 + a_t - \theta a_{t-1},$$

então,

$$Z_{t+h} = \theta_0 + Z_{t+h-1} + a_{t+h} - \theta a_{t+h-1}, \quad \forall h.$$

Assim,

$$\begin{aligned}
\hat{Z}_t(1) &= \theta_0 + Z_t - \theta a_t, \\
\hat{Z}_t(2) &= \theta_0 + \hat{Z}_t(1) = 2\theta_0 + Z_t - \theta a_t
\end{aligned}$$

e, em geral,

$$\hat{Z}_t(h) = \hat{Z}_t(1) + (h-1)\theta_0, \quad h \geq 1, \tag{9.17}$$

ou ainda

$$\hat{Z}_t(h) = Z_t + h\theta_0 - \theta a_t, \quad h \geq 1. \tag{9.18}$$

9.3. FORMAS BÁSICAS DE PREVISÃO

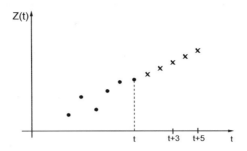

Figura 9.1: Função de previsão para um processo ARIMA(0,1,1) com θ_0.

De (9.17) vemos que a função de previsão é uma reta com inclinação θ_0 e um intercepto adaptativo, $\hat{Z}_t(1)$. Ver Figura 9.1.

No caso em que $\theta = 0$ (passeio aleatório) temos

$$\hat{Z}_t(h) = Z_t + h\theta_0, \quad h \geq 1.$$

Exemplo 9.5. ARIMA(0,1,1), sem θ_0:

$$(1-B)Z_t = a_t - \theta a_{t-1},$$

então

$$Z_{t+h} = Z_{t+h-1} + a_{t+h} - \theta a_{t+h-1}.$$

Assim,

$$\hat{Z}_t(1) = Z_t - \theta a_t,$$
$$\hat{Z}_t(2) = \hat{Z}_t(1) = Z_t - \theta a_t$$

e, em geral,

$$\hat{Z}_t(h) = \hat{Z}_t(h-1), \quad h \geq 1, \tag{9.19}$$

ou

$$\hat{Z}_t(h) = Z_t - \theta a_t, \quad h \geq 1. \tag{9.20}$$

Uma outra maneira de se obter a expressão (9.20) é analisar a expressão (9.19) e observar que ela satisfaz a equação de diferenças

$$(1-B)\hat{Z}_t(h) = 0, \quad h > 1.$$

Assim, utilizando os resultados do Apêndice A, temos

$$\hat{Z}_t(h) = c_1^{(t)},$$

onde $c_1^{(t)}$ é um coeficiente adaptativo determinado por $\hat{Z}_t(1)$. Portanto, $c_1^{(t)} = \hat{Z}_t(1) = Z_t - \theta a_t$.

De (9.20), vemos que a função previsão, para t fixo, é uma reta paralela ao eixo das abscissas, isto é, as previsões são constantes qualquer que seja o valor de h. Ver Figura 9.2.

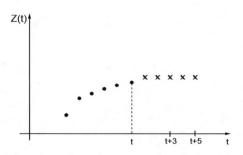

Figura 9.2: Função de previsão para um processo ARIMA$(0,1,1)$ **sem** θ_0.

Exemplo 9.6. ARIMA$(0,2,2)$, sem θ_0:

$$(1-B)^2 Z_t = (1 - \theta_1 B - \theta_2 B^2) a_t,$$

então

$$Z_{t+h} = 2Z_{t+h-1} - Z_{t+h-2} + a_{t+h} - \theta_1 a_{t+h-1} - \theta_2 a_{t+h-2}$$

e

$$\hat{Z}_t(h) = 2\hat{Z}_t(h-1) - \hat{Z}_t(h-2), \quad h > 2.$$

Assim, a equação de previsão satisfaz

$$(1 - B^2)\hat{Z}_t(h) = 0$$

que, de acordo com o Apêndice A, tem solução dada por

$$\hat{Z}_t(h) = c_1^{(t)} + c_2^{(t)} h, \quad h > 0, \tag{9.21}$$

onde $c_1^{(t)}$ e $c_2^{(t)}$ são coeficientes adaptativos (em relação à origem t), determinados por $\hat{Z}_t(1)$ e $\hat{Z}_t(2)$.

Dessa maneira, a previsão é uma função linear de h, com coeficientes que dependem da origem t.

Se compararmos as expressões (9.17) e (9.21), veremos que a função de previsão do modelo ARIMA$(0,2,2)$ sem θ_0 pode ser vista como um generalização da

9.4. ATUALIZAÇÃO DAS PREVISÕES

função de previsão do modelo $ARIMA(0, 1, 1)$ com θ_0. Isto porque a função de previsão do primeiro tem um coeficiente angular adaptativo em vez de constante, como é o caso do modelo $ARIMA(0, 1, 1)$ com θ_0.

Exemplo 9.7. $ARIMA(1, 1, 0)$:

$$(1 - \phi B)(1 - B)Z_t = a_t.$$

A função de previsão satisfaz

$$(1 - \phi B)(1 - B)\hat{Z}_t(h) = 0, \quad h \geq 1, \tag{9.22}$$

que tem solução geral dada por

$$\hat{Z}_t(h) = c_1^{(t)} + c_2^{(t)}\phi^h, \tag{9.23}$$

onde $c_1^{(t)}$ e $c_2^{(t)}$ são coeficientes adaptativos, determinados por $\hat{Z}_t(1)$ e $\hat{Z}_t(2)$ através da solução do sistema

$$
\begin{aligned}
\hat{Z}_t(1) &= (1 + \phi)Z_t - \phi Z_{t-1} = c_1^{(t)} + c_2^{(t)}\phi, \\
\hat{Z}_t(2) &= (1 + \phi)\hat{Z}_t(1) - \phi Z_t = c_1^{(t)} + c_2^{(t)}\phi^2.
\end{aligned}
$$

Em ambas as equações, a primeira igualdade usa (9.22) e a segunda igualdade usa (9.23).

9.4 Atualização das previsões

Vamos calcular as previsões de Z_{t+h+1} feitas a partir de duas origens:

$$
\begin{aligned}
&\text{(a)} \quad t + 1 : \hat{Z}_{t+1}(h) = \psi_h a_{t+1} + \psi_{h+1} a_t + \psi_{h+2} a_{t-1} + \cdots && \text{(9.24)} \\
&\text{(b)} \quad t : \hat{Z}_t(h + 1) = \psi_{h+1} a_t + \psi_{h+2} a_{t-1} + \cdots && \text{(9.25)}
\end{aligned}
$$

Subtraindo (9.25) de (9.24), temos que

$$\hat{Z}_{t+1}(h) = \hat{Z}_t(h + 1) + \psi_h a_{t+1}. \tag{9.26}$$

Assim, a previsão de Z_{t+h+1}, feita no instante t, pode ser atualizada quando um novo dado, Z_{t+1}, é observado. Desse modo, faremos a previsão de Z_{t+h+1}, na origem $t + 1$, adicionando-se à $\hat{Z}_t(h + 1)$ um múltiplo do erro de previsão $a_{t+1} = Z_{t+1} - \hat{Z}_t(1)$.

Exemplo 9.8. Seja Z_t um processo AR(1),

$$Z_t = \phi Z_{t-1} + a_t.$$

O valor da série no instante $(t+h)$ é

$$Z_{t+h} = \phi Z_{t+h-1} + a_{t+h}$$

e a previsão deste valor, feita no instante t (origem), é

$$\hat{Z}_t(h) = \phi \hat{Z}_t(h-1), \quad h > 0,$$

ou seja,

$$\hat{Z}_t(h) = \phi^h \hat{Z}_t(0) = \phi^h Z_t, \quad h > 0.$$

Analogamente,

$$\hat{Z}_{t-1}(h+1) = \phi \hat{Z}_{t-1}(h) = \phi^h \hat{Z}_{t-1}(1)$$

e subtraindo $\hat{Z}_{t-1}(h+1)$ de $\hat{Z}_t(h)$, temos

$$\hat{Z}_t(h) - \hat{Z}_{t-1}(h+1) = \phi^h [Z_t - \hat{Z}_{t-1}(1)]$$

e como $Z_t - \hat{Z}_{t-1}(1) = a_t$, vem que

$$\hat{Z}_t(h) = \hat{Z}_{t-1}(h+1) + \phi^h a_t.$$

Exemplo 9.9. Consideremos o ln(ICV), para o qual ajustamos um modelo ARI-MA$(1,1,0)$ com θ_0 (veja a equação (8.20)),

$$(1 - 0,5073)(1 - B) \ln(\text{ICV}) = 0,01045 + a_t$$

ou

$$(1 - 1,5073 + 0,5073 B^2) Y_t = 0,01045 + a_t.$$

Assim,

$$Y_{t+h} = 1,5073 Y_{t+h-1} - 0,5073 Y_{t+h-2} + 0,01045 + a_{t+h}$$

e

$$\hat{Y}_t(h) = 1,5073 [Y_{t+h-1}] - 0,5073 [Y_{t+h-2}] + 0,01045 + [a_{t+h}].$$

Segue-se que as previsões de origem t são dadas por

$$\hat{Y}_t(h) = 1,5073 \hat{Y}_t(h-1) - 0,5073 \hat{Y}_t(h-2) + 0,01045, \quad h \geq 1.$$

Na Tabela 9.1 temos as previsões feitas a partir da origem $t = 114$ (junho de 1979) para $h = 1, 2, \ldots, 12$ (isto é, previsões para os restantes 6 meses de 1979 e os primeiros 6 meses de 1980); tais valores ocupam a diagonal da matriz de ordem 12×12.

9.4. ATUALIZAÇÃO DAS PREVISÕES

Tabela 9.1: Previsões para o logaritmo da série ICV, com origem $t = 114$ (junho de 1979), usando o modelo ARIMA$(1,1,0)$ com $\theta_0 = 0,01045$ e $\phi = 0,5073$.

t	Y_t	a_t	$\hat{Y}_t(1)$	$\hat{Y}_t(2)$	$\hat{Y}_t(3)$	$\hat{Y}_t(4)$	$\hat{Y}_t(5)$	$\hat{Y}_t(6)$	$\hat{Y}_t(7)$	$\hat{Y}_t(8)$	$\hat{Y}_t(9)$	$\hat{Y}_t(10)$	$\hat{Y}_t(11)$	$\hat{Y}_t(12)$
113	6,6147													
114	6,6567													
115	6,6995	0,0110	6,6885											
116	6,7334		6,7317	6,7151										
117	6,7441			6,7584	6,7390									
118	6,8416				6,7825	6,7616								
119	6,8876					6,8051	6,7835							
120	6,9556						6,8271	6,8051						
121	6,9994							6,8486	6,8265					
122	7,0326								6,8700	6,8478				
123	7,0750									6,8914	6,8691			
124	7,1204										6,9126	6,8903		
125	7,1770											6,9339	6,9115	
126	7,2255												6,9551	6,9328
Valores de ψ_h, para $h = 1, 2, \ldots, 12$			1,5073	1,7647	1,8952	1,9614	1,9950	2,0121	2,0207	2,0251	2,0273	2,0285	2,0290	2,0293
Valores de $\hat{V}_Y(h)$, para $h = 1, 2, \ldots, 12$			980×10^{-5}	365×10^{-4}	685×10^{-4}	103×10^{-3}	139×10^{-3}	175×10^{-3}	211×10^{-3}	248×10^{-3}	285×10^{-3}	322×10^{-3}	358×10^{-3}	395×10^{-3}

No momento que obtivermos o valor Y_{115} poderemos atualizar as previsões, conforme exemplificado anteriormente.

Como

$$a_t = Y_t - \hat{Y}_{t-1}(1),$$

podemos calcular

$$a_{115} = Y_{115} - \hat{Y}_{114}(1) = 6,6995 - 6,6885 = 0,0110.$$

Para a atualização, usamos (9.26). Precisamos, então, calcular os pesos ψ_j, $j = 1, 2, \ldots, 12$.

Sabemos que devemos ter

$$\varphi(B)\psi(B) = \theta(B),$$

ou seja,

$$(1 - B)(1 - \phi B)(1 + \psi_1 B + \psi_2 B^2 + \cdots) = 1.$$

É fácil ver que obtemos

$$\psi_1 = 1,5073,$$
$$\psi_2 = 1,5073\psi_1 - 0,5073, \text{ logo } \psi_2 = 1,7647,$$
$$\psi_3 = \psi_1\psi_2 - 0,5073\psi_1, \text{ logo } \psi_3 = 1,8952,$$
$$\psi_4 = \psi_1\psi_3 - 0,5073\psi_2, \text{ logo } \psi_4 = 1,9614,$$

e, em geral,

$$\psi_j = \psi_1\psi_{j-1} - 0,5073\psi_{j-2}, \quad j \geq 2.$$

Os valores restantes de ψ_j estão na penúltima linha da Tabela 9.1.

232   *CAPÍTULO 9. PREVISÃO COM MODELOS ARIMA*

Usando (9.26) temos

$$
\begin{aligned}
\hat{Y}_{115}(1) &= \hat{Y}_{114}(2) + \psi_1 a_{115} = 6,7151 + 1,5073 \times 0,0110 = 6,7317, \\
\hat{Y}_{115}(2) &= \hat{Y}_{114}(3) + \psi_2 a_{115} = 6,7390 + 1,7647 \times 0,0110 = 6,7584 \ \ \text{etc.}
\end{aligned}
$$

Estes valores atualizados ocupam a diagonal abaixo da diagonal principal da matriz 12×12 da Tabela 9.1.

9.5   Intervalos de confiança

Sabemos como calcular a variância do erro de previsão, que é dada por (9.11). Para podermos determinar um intervalo de confiança para Z_{t+h}, será necessário fazer uma suposição adicional para os erros, ou seja, além de supor que $E(a_t) = 0$, $\text{Var}(a_t) = \sigma_a^2$ para todo t e $E(a_t a_s) = 0$, $t \neq s$, iremos supor que $a_t \sim \mathcal{N}(0, \sigma_a^2)$, para cada t.

Segue-se que, dados os valores passados e presentes da série, Z_t, $Z_{t-1}, \ldots$, a distribuição condicional de Z_{t+h} será $\mathcal{N}(\hat{Z}_t(h), V(h))$.

Logo,

$$
U = \frac{Z_{t+h} - \hat{Z}_t(h)}{[V(h)]^{1/2}} \sim \mathcal{N}(0, 1) \tag{9.27}
$$

e fixado o coeficiente de confiança γ, podemos encontrar um valor u_γ tal que $P(-u_\gamma < U < u_\gamma) = \gamma$. Ou seja, com probabilidade γ,

$$
\hat{Z}_t(h) - u_\gamma [V(h)]^{1/2} \leq Z_{t+h} \leq \hat{Z}_t(h) + u_\gamma [V(h)]^{1/2}. \tag{9.28}
$$

Em $V(h)$, o valor σ_a^2 não é conhecido e é substituído por sua estimativa $\hat{\sigma}_a^2$ obtida no estágio de estimação do modelo. Deste modo, obtemos

$$
\hat{Z}_t(h) - u_\gamma \hat{\sigma}_a \left[1 + \sum_{j=1}^{h-1} \psi_j^2 \right]^{1/2} \leq Z_{t+h} \leq \hat{Z}_t(h) + u_\gamma \hat{\sigma}_a \left[1 + \sum_{j=1}^{h-1} \psi_j^2 \right]^{1/2}. \tag{9.29}
$$

Exemplo 9.10. Podemos determinar o intervalo de confiança para Y_{t+h} no Exemplo 9.9, para cada valor de h, usando (9.29).

Assim, para $h = 3$,

$$
\hat{V}(3) = (1 + \psi_1^2 + \psi_2^2)\hat{\sigma}_a^2, \ \ \text{onde} \ \ \hat{\sigma}_a^2 = 0,0000908.
$$

Logo,

$$
\hat{V}(3) = (1 + (1,5073)^2 + (1,7647)^2).0,0000908 = 0,000580.
$$

9.6. TRANSFORMAÇÕES E PREVISÕES

Para $\gamma = 95\%$, temos $u_\gamma = 1,96$, portanto (9.29) fica

$$\hat{Y}_t(3) - 1,96[\hat{V}(3)]^{1/2} \leq Y_{t+3} \leq \hat{Y}_t(3) + 1,96[\hat{V}(3)]^{1/2}$$

ou seja, o intervalo de confiança para Y_{117} é $[6,6921; \ 6,7865]$.

Da mesma maneira podem ser obtidos intervalos de confiança para Z_{t+1}, Z_{t+2} etc. Observe que a variância aumenta com h, logo as amplitudes destes intervalos aumentarão à medida que nos afastamos da origem t, caracterizando o aumento da incerteza das previsões para h passos à frente, h grande.

9.6 Transformações e previsões

No Capítulo 1, já discutimos o papel das transformações, a fim de tornar uma série estacionária e destacamos uma classe geral de transformações (Box-Cox), da qual a logarítmica é caso particular.

Se Z_t for a série original, seja $Y_t = g(Z_t)$ uma transformação (instantânea, que não envolve Z_{t-j}, $j \geq 1$) de Z_t. Uma das principais razões de se fazer uma transformação é que Y_t pode ser Gaussiana e, neste caso, a previsão ótima (no sentido de mínimos quadrados) é uma função linear das observações.

Em Economia, é comum termos séries com tendência na média, de modo que tomando-se diferenças obtêm-se séries estacionárias. Mas, se a variância aumenta com o tempo, só tomar diferenças pode não ser suficiente e uma transformação dos dados deverá ser tentada. O usual, para séries econômicas, é tomar uma diferença do logaritmo da série original, desde que não haja valores nulos. Para que a transformação logarítmica seja apropriada, a média e o desvio padrão (ou outra medida de variabilidade) deverão ser proporcionais, conforme Figura 1.6 (neste caso, $\lambda = 0$).

O problema que se apresenta é o de obter previsões para Z_{t+h}, dado que temos um modelo para Y_t e temos previsões para

$$Y_{t+h} = g(Z_{t+h}). \tag{9.30}$$

Uma maneira "ingênua" de proceder é considerar a equação (9.30) e substituir previsões por valores futuros:

$$\hat{Y}_t(h) = g(\hat{Z}_t(h)). \tag{9.31}$$

Depois, tentamos obter $\hat{Z}_t(h)$ em função de $\hat{Y}_t(h)$ a partir de (9.30); em particular, se g admite inversa, temos que

$$\hat{Z}_t(h) = g^{-1}(\hat{Y}_t(h)).$$

234 CAPÍTULO 9. PREVISÃO COM MODELOS ARIMA

Por exemplo, se

$$Y_t = \ln Z_t, \tag{9.32}$$

então $Z_t = e^{Y_t}$, e uma previsão para Z_{t+h} será

$$\hat{Z}_t(h) = e^{\hat{Y}_t(h)}. \tag{9.33}$$

Contudo, pode-se demonstrar (veja Granger e Newbold, 1976) que, no caso de Y_t ser Gaussiana, a previsão ótima nesse caso é

$$e^{\hat{Y}_t(h) + \frac{1}{2}V_y(h)}, \tag{9.34}$$

onde $V_y(h) = \text{Var}[e_t(h)]$, sendo $e_t(h)$ o erro de previsão $Y_{t+h} - \hat{Y}_t(h)$. Vemos, então, que o procedimento (9.33) conduz a previsões viesadas e, como consequência, o erro quadrático médio de previsão aumentará.

Se $Y_t = \log Z_t$ seguir um modelo ARIMA, então sabemos que a distribuição condicional de Y_{t+h}, dado o passado, é $\mathcal{N}(\hat{Y}_t(h), V_y(h))$, e um intervalo de confiança para Y_{t+h}, com coeficientes de confiança 95%, será

$$\hat{Y}_t(h) \pm 1,96[\hat{V}_y(h)]^{1/2}. \tag{9.35}$$

Daqui, segue-se que um intervalo de confiança para Z_{t+h}, com coeficiente de confiança 95%, será

$$\left(e^{\hat{Y}_t(h) + \frac{1}{2}\hat{V}_y(h) - 1,96[\hat{V}_y(h)]^{1/2}}, \ e^{\hat{Y}_t(h) + \frac{1}{2}\hat{V}_y(h) + 1,96[\hat{V}_y(h)]^{1/2}} \right). \tag{9.36}$$

Lembremos que $\hat{V}_y(h)$ é a estimativa de $V_y(h)$, com σ_a^2 substituído por sua estimativa $\hat{\sigma}_a^2$, obtida no ajuste do modelo para Y_t.

9.7 Aplicações

Nesta seção, vamos apresentar as previsões para algumas das séries ajustadas no Capítulo 8. As previsões foram calculadas utilizando a função sarima.for da biblioteca astsa do R.

Exemplo 9.11. Vamos calcular as previsões para a série ICV, no período de julho de 1979 a junho de 1980, com origem em julho de 1979 ($t = 114$), utilizando o modelo (8.20) ajustado à série ln(ICV):

$$(1 - 0,5073B)(1 - B)Y_t = 0,01045 + a_t,$$

com $\hat{\sigma}_a^2 = 0,0000908$ e $Y_t = \ln(\text{ICV})$.

9.7. APLICAÇÕES

As previsões para a série original, obtidas por meio de (9.34) estão sumarizadas na Tabela 9.2 e na Figura 9.3. Os pesos ψ_j, as previsões $\hat{Y}_t(h)$ e as variâncias dos erros de previsão, $\hat{V}_y(h)$, encontram-se na Tabela 9.1.

A última coluna da Tabela 9.2 apresenta o valor do erro de previsão da série original, isto é,

$$e_t(h) = Z_{t+h} - \hat{Z}_t(h).$$

A cada nova observação, Y_t, $t = 114, \ldots, 125$, podemos atualizar as previsões de $Y_{t+1}(\ln(ICV_{t+1}))$ utilizando a equação de atualização (9.26), isto é,

$$\hat{Y}_t(1) = \hat{Y}_{t-1}(2) + \psi_1 a_t,$$

onde $a_t = Y_t - \hat{Y}_{t-1}(1)$.

A Tabela 9.3 apresenta as previsões atualizadas da série ln(ICV) ($\hat{Y}_t(1), t = 115, \ldots, 125$) bem como as previsões atualizadas da série original ICV ($\hat{Z}_t(1)$, $t = 115, \ldots, 125$). São apresentados, também, os intervalos de confiança e os erros de previsão da série original.

As previsões atualizadas para a série original ICV, estão apresentadas na Figura 9.4.

Exemplo 9.12. Vamos calcular as previsões para a série Umidade, no período de 25 a 31 de dezembro de 1997, com origem em 24 de dezembro ($t = 358$), utilizando o modelo (8.21):

$$(1 - 0,5839B + 0,0997^2)Z_t = a_t + 41,8565,$$

com $\hat{\sigma}_a^2 = 44,82$.

Tabela 9.2: Previsões para a série ICV, com origem em $t = 114$, ARIMA$(1, 1, 0)$ com θ_0, ajustado ao ln(ICV).

h	$\hat{Z}_{t+h}(-)$	$\hat{Z}_t(h)$	$\hat{Z}_{t+h}(+)$	Z_{t+h}	$e_t(h)$
1	788,25	803,14	818,25	812,00	8,86
2	794,44	824,88	856,22	840,00	15,12
3	802,47	845,00	889,22	894,00	49,00
4	811,36	864,46	920,15	936,00	71,54
5	821,03	883,77	950,07	980,00	96,23
6	831,43	903,21	979,56	1.049,00	145,79
7	842,51	922,92	1.008,96	1.096,00	173,08
8	854,22	942,97	1.038,46	1.133,00	190,03
9	866,51	963,42	1.068,23	1.182,00	218,58
10	879,33	984,29	1.098,35	1.237,00	252,71
11	892,65	1.005,60	1.128,89	1.309,00	303,40
12	906,46	1.027,36	1.159,92	1.370,00	342,64

Assim,

$$Z_{t+h} = 0,5839 Z_{t+h-1} - 0,0997 Z_{t+h-2} + a_{t+h} + 41,8565, \quad h \geq 1$$

e

$$\hat{Z}_t(h) \;=\; 0,5839 \hat{Z}_t(h-1) - 0,0997 \hat{Z}_t(h-2) + 41,8565 \;\; h \geq 1,$$

é a equação de previsão com origem t e horizonte h.

Na Tabela 9.4, temos as previsões feitas a partir da origem $t = 358$ (24/12/97), para $h = 1, \ldots, 7$, que corresponde às previsões para os últimos 7 dias de 1997.

Utilizando (9.29), calculamos, também, os intervalos de confiança, denotado $(\hat{Z}_{t+h}(-); \hat{Z}_{t+h}(-))$, com $\gamma = 0,95$, para Z_{t+h}, $h = 1, 2, \ldots, 7$.

Os pesos ψ_j utilizados no cálculo dos intervalos de confiança foram determinados a partir da relação

$$(1 - \phi_1 B - \phi_2 B^2)(1 + \psi_1 B + \psi_2 B^2 + \cdots) = 1,$$

obtendo

$$\psi_1 \;=\; \phi_1 = 0,5893$$
$$\psi_2 \;=\; \phi_1 \psi_1 + \phi_2 = 0,2412$$

e

$$\psi_j = \phi_1 \psi_{j-1} + \phi_2 \psi_{j-1}, \quad 2 \leq j \leq 14.$$

Assim, $\psi_3 = 0,0826$, $\psi_4 = 0,0242$, $\psi_5 = 0,0059$ e $\psi_6 = 0,0010$.

Apresentamos as previsões e os respectivos valores observados na Figura 9.5. Na última linha da Tabela 9.4 temos o erro quadrático médio de previsão (EQMP$_{358}$), com origem em $t = 358$, dado por

$$\text{EQMP}_{358} = \left[\sum_{h=1}^{7} (Z_{358+h} - \hat{Z}_{358}(h))^2 \right] /7,$$

que é uma medida útil para a comparação entre dois modelos, quando o critério de decisão for adotar aquele que fornecer melhores previsões.

As previsões a um passo, atualizadas a cada nova obervação, $\hat{Z}_t(1)$, $t = 359, \ldots, 364$ estão na Tabela 9.5 e a respectiva representação gráfica na Figura 9.6. A Tabela 9.5 também contém os intervalos de confiança e os erros de previsão.

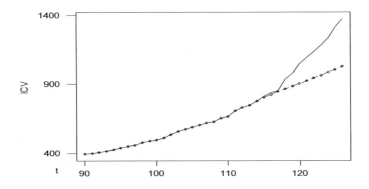

Figura 9.3: Valores observados e previsões (linha tracejada) para a série ICV, com origem em $t = 114$, modelo ajustado ao ln(ICV).

9.8 Problemas

1. Obtenha a função de previsão $\{\hat{Z}_t(h),\ h = 1, 2, \ldots\}$ para os seguintes modelos, utilizando as três formas do modelo ARIMA:

    (a) $\Delta^2 Z_t = (1 - 0,9B + 0,5B^2)a_t$;

    (b) $(1 - 1,8B + 0,8B^2)Z_t = a_t$;

    (c) $(1 - 0,6B)\Delta Z_t = (1 - 0,5B)a_t$.

2. Prove que, para o modelo IMA(1,1), a previsão pode ser escrita nas seguintes formas:

    (a) $\hat{Z}_t(h) = \hat{Z}_{t-1}(h) + \lambda a_t$;

    (b) $\hat{Z}_t(h) = \lambda Z_t + (1 - \lambda)\hat{Z}_{t-1}(h)$, com $\lambda = 1 - \theta$.

3. Considere o modelo $Z_t = 0,8Z_{t-1} + a_t$, com $a_t \sim \mathcal{N}(0, 1)$.

    (a) Obtenha $\hat{Z}_t(h)$, $h = 1, 2, 3, 100$.

    (b) Calcule $V(h)$, $h = 1, 2, 3, 100$.

    (c) Suponha os dados:

t	1	2	3	4	5	6	7
Z_t	0,66	0,57	0,66	-1,47	-1,38	-1,9	-0,7

    Calcule $\hat{Z}_7(h)$, $h = 1, 2, 3, 100$.

    (d) Obtenha intervalos de confiança para Z_8 e Z_9.

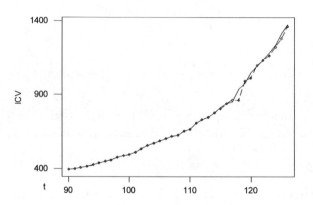

Figura 9.4: Valores observados e previsões (linha tracejada) atualizadas para a série ICV, com origem em $t = 114$.

Tabela 9.3: Previsões atualizadas para as séries ln(ICV) ($\hat{Y}_{t-1}(1)$) e ICV ($\hat{Z}_{t-1}(1)$) utilizando o modelo ARIMA(1,1,0) com θ_0 dado por (8.20).

t	$\hat{Y}_{t-1}(1)$	$\hat{Z}_{t-1}(1)$	$Z_t(-)$	$Z_t(+)$	Z_t	$e_{t-1}(1)$
115	6,6885	803,50	755,98	853,20	812,00	0,0110
116	6,7317	838,95	789,34	890,84	840,00	0,0017
117	6,7611	863,96	812,86	917,40	849,00	-0,0170
118	6,7599	862,98	811,94	916,36	936,00	0,0817
119	6,9016	994,29	935,49	1.055,79	980,00	0,0140
120	6,9213	1.014,13	954,15	1.076,85	1.049,00	0,0343
121	7,0006	1.097,77	1.032,84	1.165,67	1.096,00	-0,0011
122	7,0309	1.131,60	1.064,67	1.201,59	1.133,00	0,0017
123	7,0599	1.164,90	1.096,01	1.236,95	1.182,00	0,0150
124	7,1069	1.220,93	1.148,72	1.296,44	1.237,00	0,0136
125	7,1540	1.279,78	1.204,09	1.358,93	1.309,00	0,0231
126	7,1506	1.274,91	1.200,08	1.354,41	1.370,00	0,0719[

9.8. PROBLEMAS

Tabela 9.4: Previsão para a série Umidade, com origem em $t = 358$, a partir do modelo AR(2) com θ_0 (modelo 8.21).

h	$\hat{Z}_{t+h}(-)$	$\hat{Z}_t(h)$	$\hat{Z}_{t+h}(+)$	Z_{t+h}	$e_t(h)$
1	70,81	83,93	97,05	83,12	-0,81
2	67,46	82,65	97,84	77,15	-5,50
3	66,28	81,80	97,32	69,42	-12,38
4	65,87	81,43	96,99	78,35	-3,08
5	65,74	81,30	96,86	75,47	-5,83
6	65,67	81,26	96,85	71,41	-9,85
7	65,70	81,26	96,82	79,94	-1,32

$\text{EQMP}_{358} = 46,63$

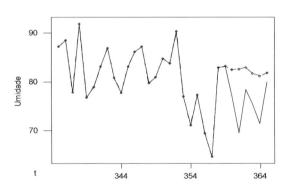

Figura 9.5: Valores observados e previsões (linha tracejada) para a série Umidade, com origem em **24/12/97**, a partir do modelo AR(2) com θ_0.

Tabela 9.5: Valores observados e previsões (linha tracejada) atualizadas para a série Umidade, utilizando o modelo AR(2) com θ_0, dado por (8.21).

t	$\hat{Z}_{t-1}(1)$	$Z_t(-)$	$Z_t(+)$	Z_t	$e_{t-1}(1)$
359	83,93	70,81	97,05	83,12	-0,81
360	82,18	69,06	95,30	77,15	-5,03
361	78,62	65,50	91,74	69,42	-9,20
362	75,28	62,16	88,40	78,35	3,07
363	80,68	67,56	93,81	75,47	-5,21
364	78,11	64,99	91,23	71,41	-6,70
365	76,03	62,91	89,15	79,94	3,91

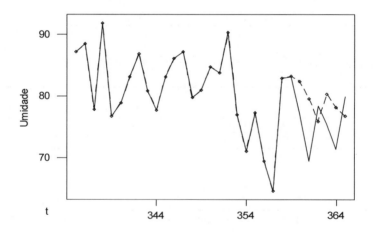

Figura 9.6: Previsões atualizadas para a série Umidade, a partir do modelo AR(2) com θ_0.

4. Suponha que, no Problema 6, obteve-se $Z_8 = -0,46$.

  (a) Calcule $\hat{Z}_8(h)$, $h = 1, 2$, usando (9.26).
  (b) Calcule as previsões de (a) diretamente.

9.8. PROBLEMAS

5. Utilize o modelo (8.22) ajustado ao ln(CO). Obtenha previsões $\hat{Y}_t(h)$, para $t = 358$ e $h = 1, 2, \ldots, 7$. Obtidos os valores Y_{359}, Y_{360}, $\ldots$, Y_{364}, atualize as previsões um passo à frente. Em seguida, calcule as previsões para a série original (CO), utilizando (9.34). Faça, também, as atualizações a um passo, utilizando as observações Z_{359}, Z_{360}, $\ldots$, Z_{364}.

6. Se $Y \sim \mathcal{N}(\mu, \sigma^2)$, então X tal que $\log X = Y$ terá uma *distribuição log-normal*, com $E(X) = e^{\mu + \sigma^2/2}$ e $\mathrm{Var}(X) = e^{2\mu + \sigma^2}(e^{\sigma^2} - 1)$. Baseado nesta definição, prove que se $Y_t = \log Z_t$ e Y_t é Gaussiano, então

$$\begin{aligned} \hat{Z}_t(h) &= e^{\hat{Y}_t(h) + \frac{1}{2}V_y(h)}, \\ V_Z(h) &= e^{2\hat{Y}_t(h) + V_y(h)}[e^{V_y(h)} - 1]. \end{aligned}$$

7. Considere as previsões calculadas utilizando a forma invertida do modelo ARIMA, $Z_t = \sum_{i=1}^{\infty} \pi_i Z_{t-i} + a_t$. A previsão h passos à frente pode, então, ser expressa como $\hat{Z}_t(h) = \sum_{i=1}^{\infty} \pi_i \hat{Z}_t(h - i)$, onde $\hat{Z}_t(h - i) = Z_{t+h-i}$, para $i \geq h$; em particular note que $\hat{Z}_t(1) = \sum_{i=1}^{\infty} \pi_i Z_{t+1-i}$. Mostre que as previsões $\hat{Z}_t(h)$, para valores grandes de h, podem também ser expressas como combinações lineares das observações $Z_t, Z_{t-1}, \ldots$, ou seja,

$$\hat{Z}_t(h) = \sum_{i=1}^{\infty} \pi_i^{(h)} Z_{t+1-i},$$

onde os coeficientes $\pi_i^{(h)}$ são determinados por

$$\pi_i^{(h)} = \pi_{i+h-1} + \sum_{j=1}^{h-1} \pi_j \pi_i^{(h-j)}, \quad i = 1, 2, \ldots, \text{ com } \pi_i^{(1)} = \pi_i.$$

[Sugestão: derive, inicialmente, o resultado para $h = 2$ e então generalize.]

8. Considere o problema de encontrar a previsão linear ótima (erro quadrático médio mínimo) de um processo estacionário de média zero, $\{Z_t\}$, baseado em um número finito de observações, $Z_t, \ldots, Z_{t-r}$. Em resumo, queremos encontrar os coeficientes a_i na fórmula de previsão

$$\hat{Z}_t(h) = a_0 Z_t + a_1 Z_{t-1} + \cdots + a_r Z_{t-r}$$

que forneçam erro quadrático médio mínimo.

(a) Mostre que

$$\begin{aligned} E\left[(Z_{t+h} - \hat{Z}_t(h))^2\right] &= \gamma_0 - 2\sum_{i=0}^{r} a_i \gamma_{i+h} + \sum_{i=0}^{r}\sum_{j=0}^{r} a_i a_j \gamma_{i-j} \\ &= \gamma_0 - 2\mathbf{a}'\boldsymbol{\gamma}_r(h) + \mathbf{a}'\Gamma_{r+1}\mathbf{a} \end{aligned}$$

onde

$$\Gamma_{r+1} = \begin{bmatrix} \gamma_0 & \gamma_1 & \cdots & \gamma_r \\ \gamma_1 & \gamma_0 & \cdots & \gamma_{r-1} \\ \vdots & \vdots & & \vdots \\ \gamma_r & \gamma_{r-1} & \cdots & \gamma_0 \end{bmatrix}, \boldsymbol{\gamma}_r(h) = \begin{bmatrix} \gamma_h \\ \gamma_{h+1} \\ \vdots \\ \gamma_{h+r} \end{bmatrix}, \mathbf{a} = \begin{bmatrix} a_0 \\ a_1 \\ \vdots \\ a_r \end{bmatrix}.$$

(b) Encontre os a_i que minimizam o EQM e mostre que as equações resultantes são $\Gamma_{r+1}\mathbf{a} = \boldsymbol{\gamma}_r(h)$, com solução $\mathbf{a} = \Gamma_{r+1}^{-1}\boldsymbol{\gamma}_r(h)$.

9. As seguintes observações representam os valores $Z_{91}, Z_{92}, \ldots, Z_{100}$, de uma série temporal ajustada pelo modelo

$$Z_t - Z_{t-1} = a_t - 1,1a_{t-1} + 0,3a_{t-2} :$$

$$166, \ 172, \ 172, \ 169, \ 164, \ 168, \ 171, \ 167, \ 168, \ 172.$$

(a) Calcule as previsões $\hat{Z}_{100}(h)$, $h = 1, 2, \ldots, 10$ (utilize $a_{90} = a_{91} = 0$);

(b) sabendo que $\hat{\sigma}^2 = 1,1$, calcule $\hat{\text{Var}}(e_{100}(h))$, $h = 1, \ldots, 10$, e construa intervalos de confiança para os valores Z_{100+h};

(c) determine os coeficientes ψ_r e, utilizando a nova observação $Z_{101} = 174$, calcule as previsões atualizadas $\hat{Z}_{101}(h)$, $h = 1, \ldots, 9$.

10. Seja $\mathbf{e} = (e_t(1), e_t(2), \ldots, e_t(H))'$ o vetor dos erros de previsão, com origem no instante t, para $h = 1, \ldots, H$.

(a) Se $\mathbf{a} = (a_{t+1}, a_{t+2}, \ldots, a_{t+H})'$ é o vetor dos correspondentes choques aleatórios nos instantes $t + 1$, $t + 2, \ldots, t + H$, mostre que

$$e = M\mathbf{a}, \text{ onde } M = \begin{bmatrix} 1 & 0 & 0 & \cdots & 0 \\ \psi_1 & 1 & 0 & \cdots & 0 \\ \psi_2 & \psi_1 & 1 & \cdots & 0 \\ \vdots & \vdots & \vdots & & \vdots \\ \psi_{H-1} & \cdots & & \psi_1 & 1 \end{bmatrix}.$$

(b) Mostre que a matriz de covariância de $\mathbf{e}$ é dada por $\sum_{\mathbf{e}} = \sigma^2 MM' = E(\mathbf{ee}')$.

(c) Para o modelo do problema anterior, $(1-B)Z_t = a_t - 1,1a_{t-1}+0,3a_{t-2}$, $\text{Var}(a_t) = 1,1$, calcule as correlações entre os erros de previsão $e_t(1)$, $e_t(2)$, $e_t(3)$.

11. Considere o modelo $(1 - 1,4B + 0,7B^2)(1 - B)Z_t = a_t$, com $\hat{\sigma}_a^2 = 58.000$ e as últimas cinco observações $Z_{76} = 560$, $Z_{77} = 580$, $Z_{78} = 640$, $Z_{79} = 770$ e $Z_{80} = 800$.

9.8. PROBLEMAS
243

(a) Calcule as previsões para Z_{81}, Z_{82} e Z_{83} com origem em $t = 80$.

(b) Encontre os intervalos de confiança, com $\gamma = 0,95$, para Z_{81}, Z_{82} e Z_{83} utilizando as previsões calculadas em (a).

(c) Suponha a nova observação $Z_{81} = 810$. Encontre as previsões atualizadas para Z_{82} e Z_{83}.

12. As vendas mensais de um certo produto são representadas pelo modelo

$$Z_t = 3 + a_t + 0,5a_{t-1} - 0,25a_{t-2}, \quad \sigma_a^2 = 4.$$

(a) Obtenha $\hat{Z}_t(\ell)$, $\ell = 1, 2, 3, 100$.

(b) Calcule $\mathrm{Var}[e_t(\ell)]$, $\ell = 1, 2, 3, 100$.

(c) Dados $Z_1 = 3,25$, $Z_2 = 4,75$, $Z_3 = 2,25$ e $Z_4 = 1,75$, calcule $\hat{Z}_4(\ell)$, $\ell = 1, 2, 3, 100$.

(d) Utilizando as previsões calculadas em (c), obtenha intervalos de confiança com $\gamma = 0,95$.

13. Considere o modelo $(1 - 0,43B)(1 - B)Z_t = a_t$ e as observações $Z_{49} = 33,4$ e $Z_{50} = 33,9$.

(a) Calcule as previsões $\hat{Z}_{50}(h)$, $h = 1, 2, 3$ e construa os intervalos de confiança com $\gamma = 0,98$.

(b) No instante $t = 51$ observa-se $Z_{51} = 34,1$. Atualize as previsões obtidas em (a).

14. Faça previsões 12 passos à frente, utilizando os modelos ajustados nos Problemas 8.11 e 8.12.

CAPÍTULO 10

Modelos sazonais

10.1 Introdução

No Capítulo 3, estudamos com algum detalhe o problema da sazonalidade e os procedimentos de estimação e eliminação da componente sazonal determinística de uma série temporal.

É possível que, mesmo após eliminar a componente sazonal determinística, ainda reste autocorrelação significativa em:

(i) "lags" de baixa ordem, indicando que os resíduos ainda são correlacionados, podendo-se ajustá-los através de um modelo ARIMA, por exemplo;

(ii) "lags" sazonais, isto é, múltiplos de período s. Isto significa que há necessidade de se considerar uma sazonalidade estocástica, ou seja, ajustar à série original um modelo ARIMA sazonal (SARIMA).

Consideremos, por simplicidade de exposição, dados observados mensalmente e sazonalidade de período $s = 12$. Tratemos, separadamente, os dois tipos de sazonalidade.

10.2 Sazonalidade determinística

Quando $\{Z_t\}$ exibe um comportamento sazonal determinístico com período 12, um modelo que pode ser útil é

$$Z_t = \mu_t + N_t, \tag{10.1}$$

onde μ_t é uma função determinística periódica, satisfazendo $\mu_t - \mu_{t-12} = 0$, ou

$$(1 - B^{12})\mu_t = 0 \tag{10.2}$$

245

e N_t é um processo estacionário que pode ser modelado por um ARMA(p, q).

Dessa maneira, N_t satisfaz à equação

$$\phi(B)N_t = \theta(B)a_t, \tag{10.3}$$

onde a_t é ruído branco e μ_t tem solução dada por

$$\mu_t = \mu + \sum_{j=1}^{6}\left[\alpha_j \cos\frac{(2\pi jt)}{12} + \beta_j \mathrm{sen}\frac{(2\pi jt)}{12}\right], \tag{10.4}$$

com μ, α_j, β_j, $j = 1, \ldots, 6$, constantes desconhecidas.

Assim, para um modelo sazonal determinístico, aplicando a diferença sazonal $(1 - B^{12})$ à expressão (10.1), obtemos

$$(1 - B^{12})Z_t = (1 - B^{12})\mu_t + (1 - B^{12})N_t$$

e de acordo com (10.2), temos

$$(1 - B^{12})Z_t = (1 - B^{12})N_t. \tag{10.5}$$

Substituindo (10.3) em (10.5), obtemos

$$\phi(B)(1 - B^{12})Z_t = \theta(B)(1 - B^{12})a_t,$$

ou

$$\phi(B)W_t = \theta(B)(1 - B^{12})a_t \tag{10.6}$$

onde $W_t = (1 - B^{12})Z_t$.

10.2.1 Identificação

A identificação de modelos da forma (10.6) é feita em dois passos:

1. Obtemos estimativas preliminares $\tilde{\mu}$, $\tilde{\alpha}_j$, $\tilde{\beta}_j$ de μ, α_j e β_j, $j = 1, \ldots, 6$, em (10.4), por meio de uma análise de regressão de Z_t sobre 1, $\mathrm{sen}\frac{2\pi jt}{12}$ e $\cos\frac{2\pi jt}{12}$, $j = 1, \ldots, 6$.

2. Calculamos os resíduos

$$\tilde{N}_t = Z_t - \tilde{\mu} - \sum_{j=1}^{6}\left[\tilde{\alpha}_j \cos\frac{2\pi jt}{12} + \tilde{\beta}_j \mathrm{sen}\frac{2\pi jt}{12}\right]$$

e examinamos as funções de autocorrelação e autocorrelação parcial para identificar um modelo ARMA(p, q) para N_t.

10.2. SAZONALIDADE DETERMINÍSTICA

10.2.2 Estimação

A estimação de máxima verossimilhança dos parâmetros μ, α_j, β_j, θ_j e ϕ_k, $i = 1, \ldots, 6$, $j = 1, \ldots, q$ e $k = 1, \ldots, p$, é obtida por métodos similares àqueles discutidos na estimação dos parâmetros de um modelo ARMA.

10.2.3 Previsão

As previsões de valores futuros Z_{t+h}, dados $Z_1, \ldots, Z_t$, são obtidas notando que

$$
\begin{aligned}
\hat{Z}_t(h) &= E[Z_{t+h}|Z_t, Z_{t-1}, \ldots] \\
&= E[\mu_{t+h} + N_{t+h}|Y_t, Y_{t-1}, \ldots] \\
&= \mu_{t+h} + E[N_{t+h}|Y_t, Y_{t-1}, \ldots]
\end{aligned}
$$

e, portanto,

$$
\hat{Z}_t(h) = \mu_{t+h} + \hat{N}_t(h), \tag{10.7}
$$

onde μ_{t+h} e $\hat{N}_t(h)$ são calculados utilizando os modelos (10.4) e (10.3), respectivamente. Na prática, esses modelos não têm parâmetros conhecidos, então utilizamos $\hat{\mu}_t$ no lugar de μ_t, que é obtido através de (10.4), substituindo cada um dos parâmetros por seus estimadores de mínimos quadrados e substituindo N_t por $\hat{N}_t = Z_t - \hat{\mu}_t$.

Exemplo 10.1. Identificação, estimação e verificação de um modelo para a série Ozônio.

O objetivo do exemplo é ajustar um modelo da forma

$$
Z_t = \mu_t + N_t. \tag{10.8}
$$

Passo 1: Ajustamos, inicialmente, o modelo

$$
\mu_t = \mu + \sum_{j=1}^{6} \left[\alpha_j \cos \frac{2\pi jt}{12} + \beta_j \mathrm{sen} \frac{2\pi jt}{12} \right] + \epsilon_t. \tag{10.9}
$$

A Tabela 10.1 mostra os coeficientes estimados e seus desvios padrões, que são menores do que seus valores reais, porque a hipótese de erros não autocorrelacionados em (10.9) não é válida.

Analisando a Tabela 10.1, vemos que as variáveis $\cos \frac{2\pi tj}{12}$, $\mathrm{sen} \frac{2\pi tj}{12}$, $j = 3, 4, 5$ e 6 têm coeficientes não significativamente diferentes de zero, com um nível de 5%. Assim, supondo que os desvios padrões reais dos coeficientes estimados não

248   CAPÍTULO 10.   MODELOS SAZONAIS

sejam muito maiores do que os fornecidos pela Tabela 10.1, um modelo preliminar
para μ_t é dado por

$$\tilde{\mu}_t = 5,08 - 2,0082\cos\frac{2\pi t}{12} - 1,5502\mathrm{sen}\frac{2\pi t}{12}$$
$$-0,2634\cos\frac{2\pi t}{6} + 0,5253\mathrm{sen}\frac{2\pi t}{6}. \tag{10.10}$$

Passo 2: Ajustamos um modelo ARIMA para os resíduos

$$\hat{N}_t = Z_t - \tilde{\mu}_t.$$

As fac e facp de $\hat{N}_t$ são apresentadas na Tabela 10.2. Se construirmos o
IC $[-1,96/\sqrt{n}; +1,96/\sqrt{n}] = [-0,1460; 0,1460]$, observamos que r_1 está fora do
intervalo, indicando que os resíduos não são um processo de ruído branco. Da
mesma maneira, podemos observar que somente $\hat{\phi}_{11}$ é diferente de zero.

Tabela 10.1:   Resultado da Análise de Regressão de Mínimos Quadrados
do Modelo (10.8), aplicado à série Ozônio.

Variável	Coeficiente Estimado	Desvio Padrão do Coeficiente	Teste t
μ	5,0795	0,0730	69,59
$\cos\frac{2\pi t}{12}$	-2,0082	0,1032	-19,45
$\mathrm{sen}\frac{2\pi t}{12}$	-1,5502	0,1032	-15,01
$\cos\frac{2\pi t}{6}$	-0,2634	0,1032	-2,55
$\mathrm{sen}\frac{2\pi t}{6}$	0,5253	0,1032	5,08
$\cos\frac{2\pi t}{4}$	-0,0233	0,1032	-0,22
$\mathrm{sen}\frac{2\pi t}{4}$	-0,0266	0,1032	-0,25
$\cos\frac{2\pi t}{3}$	-0,1778	0,1032	1,19
$\mathrm{sen}\frac{2\pi t}{3}$	0,1230	0,1032	0,43
$\cos\frac{2\pi t}{2,4}$	0,0450	0,1032	0,43
$\mathrm{sen}\frac{2\pi t}{2,4}$	-0,0199	0,1032	-0,19
$\cos\pi t$	-0,0250	0,0730	-0,34

Devido ao comportamento da facp (somente $\phi_{11} \neq 0$) tentamos ajustar, como
modelo preliminar, um processo AR(1). O Quadro 10.1 mostra esse ajustamento.

Analisando o Quadro 10.1, notamos que ϕ_1 é significativamente diferente de
zero. Para verificar se o modelo é adequado, fazemos uma análise de resíduos.
A Tabela 10.3 mostra as autocorrelações residuais, que caem todas dentro do
intervalo $[-0,1460; 0,1460]$.

Assim, podemos concluir que os resíduos do modelo AR(1) são um processo
de ruído branco e que um modelo para $\hat{N}_t$ é

$$(1 - 0,1557B)\hat{N}_t = a_t,$$

10.2. SAZONALIDADE DETERMINÍSTICA

logo

$$\hat{N}_t = (1 - 0,155B)^{-1}a_t. \tag{10.11}$$

Tabela 10.2: Fac e facp dos resíduos $(\hat{N}_t)$ do modelo (10.8), ajustado à série Ozônio.

j	r_j	$\hat{\phi}_{jj}$	j	r_j	$\hat{\phi}_{jj}$
1	0,155	0,155	13	-0,054	-0,062
2	0,137	0,116	14	0,006	0,014
3	0,050	0,014	15	0,087	0,108
4	-0,039	-0,066	16	0,108	0,069
5	-0,023	-0,017	17	0,098	0,070
6	-0,007	0,011	18	0,126	0,057
7	-0,063	-0,056	19	0,014	-0,017
8	0,063	0,081	20	-0,031	-0,072
9	-0,111	-0,124	21	0,053	0,097
10	-0,005	0,015	22	0,064	0,069
11	-0,052	0,039	23	-0,014	-0,050
12	0,007	0,035			

Quadro 10.1: Ajustamento de um modelo AR(1) aos resíduos $(\hat{N}_t)$ do modelo (10.8) aplicado à série Ozônio.

ARIMA model for ozonio

Final Estimates of Parameters

Type	Coef	StDev	T
AR 1	0.1557	0.0738	2.11

Number of observations: 180
Residuals : SS = 175641 MS = 0.981 DF = 179

De (10.8), (10.10) e (10.11) temos que

$$\hat{Z}_t = 5,08 - 2,0082 \cos \frac{2\pi t}{12} - 1,5502 \text{sen} \frac{2\pi t}{12} - 0,2634 \cos \frac{2\pi t}{6}$$

$$+ 0,5253 \text{sen} \frac{2\pi t}{6} + (1 - 0,1557B)^{-1}a_t, \quad \hat{\sigma}_a^2 = 0,981. \tag{10.12}$$

250   CAPÍTULO 10. MODELOS SAZONAIS

Observação: Os coeficientes do modelo (10.12) poderiam ser reestimados conjuntamente, entretanto não o fizemos por não ser esse o objetivo do nosso exemplo.

Utilizando (10.10) e (10.11), podemos fazer previsões para μ_t e N_t e, consequentemente, para Z_t. A Tabela 10.4 mostra essas previsões para 12 meses à frente, isto é, $\hat{Z}_{180}(h)$, para $h = 1, \ldots, 12$.

Observamos que, para $h \geq 6$, as previsões $\hat{N}_{180}(h)$ são nulas, de modo que predomina a parte determinística do modelo.

A Figura 10.1 apresenta as observações Z_t, para $t = 1, \ldots, 180$, e as previsões $\hat{Z}_{180}(h)$, para $h = 1, \ldots, 12$. Observamos que as previsões apresentam um padrão semelhante ao da série.

Tabela 10.3: Fac residual do modelo AR(1) ajustado a $\hat{N}_t$.

j	r_j	j	r_j
1	-0,019	13	-0,058
2	0,111	14	0,000
3	0,037	15	0,073
4	-0,045	16	0,084
5	-0,017	17	0,066
6	0,006	18	0,115
7	-0,074	19	-0,001
8	0,094	20	-0,043
9	-0,126	21	0,050
10	0,021	22	0,061
11	-0,055	23	-0,038
12	0,024		

10.3 Sazonalidade estocástica

Pode ser apropriado considerar μ_t em (10.1) como um processo estocástico satisfazendo

$$(1 - B^{12})\mu_t = Y_t, \tag{10.13}$$

onde Y_t é um processo estacionário.

Aplicando, agora, o operador $(1 - B^{12})$ à equação (10.1), obtemos

$$(1 - B^{12})Z_t = (1 - B^{12})\mu_t + (1 - B^{12})N_t$$

e, de acordo com (10.13), temos

$$(1 - B^{12})Z_t = Y_t + (1 - B^{12})N_t, \tag{10.14}$$

10.3. SAZONALIDADE ESTOCÁSTICA

Tabela 10.4: Previsão para a série Ozônio, com origem em $t = 180$, utilizando o modelo (10.12).

Período 180 + h	$\hat{N}_{180}(h)$	$\hat{\mu}_{180}(h)$	$\hat{Z}_{180}(h)$
181	-0,03369	2,58782	2,55413
182	-0,00524	3,61925	3,61400
183	-0,00082	4,39321	4,39239
184	-0,00013	4,71961	4,71948
185	-0,00002	5,15986	5,15984
186	-0,00000	6,22758	6,22758
187	-0,00000	7,61942	7,61941
188	-0,00000	8,31350	8,31350
189	-0,00000	7,49230	7,49230
190	-0,00000	5,39315	5,39315
191	-0,00000	3,22735	3,22735
192	-0,00000	2,20688	2,20688

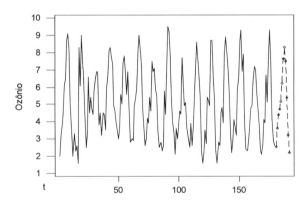

Figura 10.1: **Previsão (linha tracejada) para a série Ozônio, com origem em $t = 180$, utilizando o modelo (10.12).**

com

$$\phi_Y(B)Y_t = \theta_Y(B)a_t,$$
$$\phi_N(B)N_t = \theta_N(B)\varepsilon_t,$$

252　　　　　　　　　　　　　　　　*CAPÍTULO 10. MODELOS SAZONAIS*

onde a_t e ε_t são ruídos brancos independentes.

Pode-se demonstrar que a expressão (10.14) é equivalente a

$$(1-\Phi_1 B^{12}-\cdots-\Phi_p B^{12P})(1-B^{12})^D Z_t = (1-\Theta_1 B^{12}-\cdots-\Theta_Q B^{12Q})\alpha_t, \quad (10.15)$$

ou

$$\Phi(B^{12})\Delta_{12}^D Z_t = \Theta(B^{12})\alpha_t \qquad (10.16)$$

onde

$\Phi(B^{12}) = 1 - \Phi_1 B^{12} - \cdots - \Phi_P B^{12P}$ é o operador autorregressivo sazonal de ordem P, estacionário;

$\Theta(B^{12}) = 1 - \Theta_1 B^{12} - \cdots - \Theta_Q B^{12Q}$ é o operador de médias móveis sazonal de ordem Q, invertível;

$\Delta_{12} = (1 - B^{12})$ é o operador diferença sazonal;

$\Delta_{12}^D = (1 - B^{12})^D$, D indicando o número de "diferenças sazonais";

α_t pode ser, eventualmente, ruído branco; neste caso, a fac do processo Z_t é zero para todos os "lags" não sazonais e o modelo (10.15) é denominado *modelo sazonal puro*.

Suponha, agora, que o processo α_t em (10.16) satisfaça um modelo ARIMA (p, d, q),

$$\varphi(B)\alpha_t = \theta(B)a_t, \qquad (10.17)$$

onde $\varphi(B) = (1-B)^d \phi(B)$ e a_t é um processo de ruído branco. Então, demonstra-se que Z_t satisfaz o modelo

$$\phi(B)\Phi(B^{12})(1 - B^{12})^D(1 - B)^d Z_t = \theta(B)\Theta(B^{12})a_t, \qquad (10.18)$$

onde

$$\begin{aligned} \theta(B) &= 1 - \theta_1 B - \cdots - \theta_q B^q, \\ \phi(B) &= 1 - \phi_1 B - \cdots - \phi_p B^p \end{aligned}$$

e os demais polinômios já foram definidos em (10.16).

O modelo (10.18) é denominado ARIMA *sazonal multiplicativo* (SARIMA) de ordem $(p, d, q) \times (P, D, Q)_{12}$.

Existe uma maneira mais simples de se "construir" modelos sazonais da forma (10.16) ou (10.18). É essa construção que veremos a seguir.

Do mesmo modo que podemos modelar uma série Z_t, observada mês a mês, por um modelo ARIMA, por exemplo,

$$Z_t = \phi Z_{t-1} + a_t, \qquad (10.19)$$

10.3. SAZONALIDADE ESTOCÁSTICA

poderíamos modelar uma associação ano a ano na série Z_t através de um modelo ARIMA sazonal, a saber,

$$Z_t = \Phi Z_{t-12} + a_t, \tag{10.20}$$

correspondente a (10.19). Do mesmo modo, podemos considerar um modelo de médias móveis sazonais, como

$$Z_t = a_t - \Theta a_{t-12}.$$

Consideremos a Tabela 3.5 do Capítulo 3. Pelo que dissemos acima, a ideia é relacionar uma observação Z_t, correspondente a um determinado mês, janeiro por exemplo, com observações correspondentes a janeiros anteriores, através de um modelo ARIMA sazonal da forma

$$\Phi(B^{12})\Delta_{12}^{D}Z_t = \Theta(B^{12})\alpha_t, \tag{10.21}$$

que é (10.16).

Analogamente, teríamos um modelo análogo à (10.21), que relacionaria os meses de dezembro

$$\Phi(B^{12})\Delta_{12}^{D}Z_{t-1} = \Theta(B^{12})\alpha_{t-1}, \tag{10.22}$$

e assim por diante, onde eventualmente os polinômios $\Phi(\cdot)$ e $\Theta(\cdot)$ seriam os mesmos que em (10.21).

Uma diferença com o modelo ARIMA usual é que os α_t, $\alpha_{t-1}, \ldots$ não seriam ruído branco. Considere, por exemplo, a série Chuva - Lavras; a precipitação em janeiro de 1980, além de ser relacionada com janeiros anteriores, será também relacionada com dezembro, novembro, etc., de 1979, implicando que α_t, α_{t-1}, etc., sejam relacionados. Para descrever essa relação, introduzimos, para os α_t, o modelo ARIMA usual

$$\phi(B)\Delta^{d}\alpha_t = \theta(B)a_t, \tag{10.23}$$

onde agora a_t é ruído branco. Substituindo (10.23) em (10.22), obtemos

$$\phi(B)\Phi(B^{12})\Delta^{d}\Delta_{12}^{D}Z_t = \theta(B)\Theta(B^{12})a_t, \tag{10.24}$$

que é (10.18).

O modelo (10.24) implica que devemos tomar d diferenças simples e D diferenças sazonais da série Z_t, de modo que o processo

$$W_t = \Delta^{d}\Delta_{12}^{D}Z_t \tag{10.25}$$

seja estacionário.

254   CAPÍTULO 10.   MODELOS SAZONAIS

Exemplo 10.2. Um modelo de médias móveis puro, SMA(Q), é da forma

$$Z_t = a_t - \Theta_1 a_{t-12} - \cdots - \Theta_Q a_{t-12Q}$$

e sua fac será não nula somente nos "lags" 12, 24, ..., $12Q$.

Correspondentes à equação (5.49) para ρ_j, $j = 1, \ldots, q$, teremos

$$\rho_{12} = \frac{-\Theta_1 + \Theta_1\Theta_2 + \cdots + \Theta_{Q-1}\theta_Q}{1 + \Theta_1^2 + \cdots + \Theta_Q^2},$$

$$\vdots \tag{10.26}$$

$$\rho_{12Q} = \frac{-\Theta_Q}{1 + \Theta_1^2 + \cdots + \Theta_Q^2}.$$

Por exemplo, o modelo SMA(1),

$$Z_t = a_t - \Theta a_{t-12}$$

terá autocorrelação não nula, somente no "lag" 12, ou seja,

$$\rho_{12} = \frac{-\Theta}{1 + \Theta^2}, \quad \rho_j = 0, \ j \neq 0, \ \pm 12.$$

Exemplo 10.3. Um modelo autorregressivo sazonal puro, SAR(P), é da forma

$$Z_t = \Phi_1 Z_{t-12} + \cdots + \Phi_P Z_{t-12P} + a_t.$$

A fac será não nula somente nos "lags" múltiplos de 12. O modelo SAR(1)

$$Z_t = \Phi Z_{t-12} + a_t$$

tem fac dada por

$$\rho_{12} = \Phi,$$
$$\rho_{24} = \Phi^2, \tag{10.27}$$
$$\vdots$$
$$\rho_{12j} = \Phi^j, \quad j = 0, 1, \ldots.$$

Observamos também que o modelo SAR(1) é estacionário se $|\Phi| < 1$ e o efeito sazonal é transitório e vai se amortecendo. Do mesmo modo, o modelo SMA(1) é invertível se $|\Theta| < 1$.

10.3. SAZONALIDADE ESTOCÁSTICA

Exemplo 10.4. Um modelo SARIMA$(0, 1, 1) \times (0, 1, 1)_{12}$ tem a forma

$$(1 - B)(1 - B^{12})Z_t = (1 - \theta B)(1 - \Theta B^{12})a_t$$

ou

$$W_t = (1 - B)(1 - B^{12})Z_t = (1 - \theta B - \Theta B^{12} + \theta \Theta B^{13})a_t.$$

Este modelo é frequentemente utilizado em aplicações e é chamado "airline model" (veja Box et al., 1994).

Calculando a função de autocovariância de W_t temos

$$
\begin{aligned}
\gamma(0) &= \sigma^2(1 + \theta^2 + \Theta^2 + \theta^2\Theta^2), \\
\gamma(1) &= \sigma^2(-\theta - \theta\Theta^2), \\
\gamma(2) &= \gamma(3) = \cdots = \gamma(10) = 0, \\
\gamma(11) &= \sigma^2(\theta\Theta), \\
\gamma(12) &= \sigma^2(-\Theta - \theta^2\Theta), \\
\gamma(13) &= \sigma^2(\theta\Theta), \\
\gamma(j) &= 0, \quad j > 13,
\end{aligned}
$$

ou seja, a fac tem valores diferentes de zero nos "lags" 1, 11, 12 e 13 com $\rho(11) = \rho(13)$.

Um modelo um pouco mais geral, com $\rho(11) \neq \rho(13)$ é o modelo não multiplicativo

$$W_t = (1 - \theta B - \theta_1 B^{12} - \theta_2 B^{13})a_t$$

com

$$
\begin{aligned}
\gamma(0) &= \sigma^2(1 + \theta^2 + \theta_1^2 + \theta_2^2), \\
\gamma(1) &= \sigma^2(-\theta + \theta_1\theta_2), \\
\gamma(11) &= \sigma^2(\theta\theta_1), \\
\gamma(12) &= \sigma^2(-\theta_1 + \theta\theta_2), \\
\gamma(13) &= -\sigma^2\theta_2 \neq \gamma(11).
\end{aligned}
$$

Exemplo 10.5. O programa X-12-ARIMA de ajustamento sazonal, do Bureau of Census dos Estados Unidos, talvez seja o procedimento de ajustamento sazonal mais utilizado na prática, notadamente por agências governamentais.

O procedimento consiste, basicamente, em aplicar filtros lineares (médias móveis) simétricos. A composição de tais filtros pode ser escrita na forma

$$S_t = \sum_{j=-M}^{M} \nu_{|j|} Z_{t-j} = \nu(B)Z_t, \tag{10.28}$$

onde $M = 82$, 84 ou 89, de acordo com o filtro usado para remover a tendência.

Cleveland (1972a) e Cleveland e Tiao (1976) tentaram identificar modelos ARIMA que fossem compatíveis com (10.28) e encontraram dois modelos que são da forma

$$(1 - B)(1 - B^{12})Z_t = \theta(B)a_t,$$

onde $\theta(B)$ é um operador de médias móveis de ordem 24 em B.

10.3.1 Identificação, estimação e verificação

Não há, em princípio, nenhuma dificuldade adicional na identificação, estimação e verificação de modelos sazonais. A diferença é que temos que diferençar a série com respeito a Δ e Δ_{12} (por simplicidade, estamos considerando só séries mensais com período $s = 12$), a fim de produzir estacionariedade. Com isso, obtemos valores para d e D que, na maioria das vezes, assumem valores no máximo iguais a 2.

Depois, inspecionamos as fac e facp amostrais da série adequadamente diferençada nos "lags" 1, 2, 3, ... para obter valores de p e q e nos "lags" 12, 24, 36, ... para obter valores de P e Q, selecionando-se, desse modo, um modelo tentativo.

Em seguida, estimamos os valores dos parâmetros identificados, utilizando estimadores de máxima verossimilhança, de maneira análoga ao que foi feito na Seção 7.3.

Finalmente, para verificar se o modelo proposto é adequado, utilizamos os testes de autocorrelação residual, Box-Pierce e periodograma acumulado, como na seção 8.2.

Pode-se calcular a previsão para um modelo sazonal multiplicativo de modo análogo ao do modelo ARIMA(p, d, q), utilizando-se uma das três formas da Seção 9.3.

Exemplo 10.6. Suponha que o modelo ajustado seja

$$(1 - B)(1 - B^{12})Z_t = (1 - \theta B)(1 - \Theta B^{12})a_t$$

ou seja, um modelo SARIMA$(0, 1, 1) \times (0, 1, 1)_{12}$.

Desenvolvendo, temos que, no instante $t + h$

$$\begin{aligned} Z_{t+h} &= Z_{t+h-1} + Z_{t+h-12} - Z_{t+h-13} + a_{t+h} \\ &\quad -\theta a_{t+h-1} - \Theta a_{t+h-12} + \theta\Theta a_{t+h-13}. \end{aligned}$$

Portanto, a previsão de EQM mínimo, feita na origem t, é

$$\hat{Z}_t(h) = [Z_{t+h-1}] + [Z_{t+h-12}] + \cdots + [\theta\Theta a_{t+h-13}],$$

10.3. SAZONALIDADE ESTOCÁSTICA

onde continuam a valer as regras (9.14).

Se $h = 4$, temos

$$\hat{Z}_t(4) = \hat{Z}_t(3) + Z_{t-8} - Z_{t-9} - \Theta a_{t-8} + \theta\Theta a_{t-9}$$

ou

$$\hat{Z}_t(4) = \hat{Z}_t(3) + Z_{t-8} - Z_{t-9} - \Theta[Z_{t-8} - \hat{Z}_{t-9}(1)] + \theta\Theta[Z_{t-9} - \hat{Z}_{t-10}(1)],$$

do que decorre, finalmente,

$$\hat{Z}_t(4) = \hat{Z}_t(3) + \Theta\hat{Z}_{t-9}(1) - \theta\Theta\hat{Z}_{t-10}(1) + (1 - \Theta)Z_{t-8} - (1 - \theta\Theta)Z_{t-9}.$$

Pode-se verificar que a função de previsão é a solução da equação de diferenças

$$\phi(B)\Phi(B^{12})(1 - B)^d(1 - B^{12})^D\hat{Z}_t(h) = 0.$$

Box et al. (1994) fornecem a solução da equação acima para vários operadores autorregressivos.

Observações: (a) Todos os modelos completos foram estimados com a função sarima e as previsões calculadas com a função sarima.for, ambas da biblioteca astsa do R.

(b) Os modelos incompletos foram estimados com a função arima e as previsões calculadas com a função predict, ambas da biblioteca stats do R.

(c) O polinômio de médias móveis de ordem q do R é denotado por $1 + \theta_1 B + \theta_2 B^2 + \ldots + \theta_q B^q$ e o polinômio sazonal de ordem Q por $1 + \Theta_1 B^S + \ldots + \Theta_Q B^{QS}$.

Exemplo 10.7. Vamos considerar a série Chuva–Lavras, com 384 observações mensais (janeiro de 1966 a dezembro de 1997). Utilizaremos 372 observações para a identificação, estimação e verificação do modelo; as 12 últimas observações servirão como base para comparar as previsões.

A Figura 10.2 apresenta o gráfico da série, o periodograma e as funções de autocorrelação e autocorrelação parcial amostrais. O periodograma apresenta um pico na frequência $\frac{32}{384}$ ciclos, indicando (como veremos no Capítulo 14) uma componente periódica de 12 meses. A existência dessa componente periódica também se reflete no comportamento senoidal do correlograma e indica a necessidade de se aplicar uma diferença sazonal de ordem 12, à série original, com o objetivo de eliminar essa componente.

A Figura 10.3 apresenta as fac e facp da série $(1 - B^{12})Z_t$, com os respectivos intervalos de confiança. A análise do correlograma revela, nitidamente, a presença

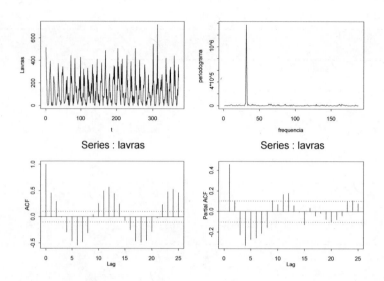

Figura 10.2: Série Chuva–Lavras, periodograma e funções de autocorrelação e autocorrelação parcial.

de correlações altas nos "lags" 12, 15 e 16. Além disso, as demais autocorrelações são não significantes, indicando um comportamento estacionário na série com uma diferença sazonal. Isto sugere, como modelo preliminar, um SARIMA$(0,0,0) \times (0,1,1)_{12}$ com uma constante:

$$(1 - B^{12})Z_t = (1 - \Theta_1 B^{12})a_t + \theta_0. \tag{10.29}$$

O Quadro 10.2 apresenta a estimação dos parâmetros utilizando o R. As fac e facp dos resíduos do modelo (10.29) estão na Figura 10.4. Analisando os resultados do Quadro 10.2, vemos que θ_0 não é significante, devendo, portanto, ser retirado do modelo. Além disso, a análise residual (Figura 10.4) sugere a introdução de um polinômio autorregressivo no modelo, pois ϕ_{11}, ϕ_{99} e $\phi_{15,15}$ são significantemente diferentes de zero, indicando como modelo alternativo

$$(1 - \phi_1 B - \phi_9 B^9 - \phi_{15} B^{15})(1 - B^{12})Z_t = (1 - \Theta_1 B^{12})a_t. \tag{10.30}$$

Entretanto, ao ajustarmos esse modelo, verificamos que obtemos a informação s.e$(\hat{\phi}_1)$ = NaN (impossível de ser calculado) e, portanto, ϕ_1 foi retirado do modelo, indicando-se um novo modelo alternativo

$$(1 - \phi_9 B^9 - \phi_{15} B^{15})(1 - B^{12})(1 - B^{12})Z_t = (1 - \Theta_1 B^{12})a_t. \tag{10.31}$$

10.3. SAZONALIDADE ESTOCÁSTICA

Analisando o Quadro 10.3, podemos verificar que todos os parâmetros são significantes. A Figura 10.5 indica um bom ajustamento do modelo, uma vez que o comportamento da fac residual é compatível com a de um processo de ruído branco.

Assim, um modelo proposto para a Série Chuva - Lavras é dado por

$$(1 - 0,1238B^9 + 0,1207B^{15})(1 - B^{12})Z_t = (1 - 1,0000B^{12})a_t, \qquad (10.32)$$

com $\hat{\sigma}_a^2 = 5826$, AIC=4192,78 e $Q_{21} = 14,12$, com valor-$P = 0,8645$.

Entretanto, se observarmos o valor de $\hat{\Theta}_1 = -1,0000(0,0608)$, veremos que (10.31) é um modelo não invertível. Na tentativa de encontrarmos um modelo invertível, trocaremos o parâmetro de média móvel sazonal por dois parâmetros autorregressivos sazonais, colocando também um polinômio AR(9) (comportamento de $\hat{\phi}_{99}$ na Figura 10.3).

Portanto um segundo modelo sugerido é um SARIMA$(9,0,0) \times (2,1,0)_{12}$:

$$(1 - \phi_1 B - \ldots - \phi_9 B^9)(1 - \Phi_1 B^{12} - \Phi_2 B^{24})Z_t = a_t. \qquad (10.33)$$

Analisando o Quadro 10.4, vemos ϕ_1, ϕ_9, Φ_1 e Φ_2 são significativos, com o nível de 5,5%. O Quadro 10.5 apresenta o ajustamento do modelo incompleto,

$$(1 + 0,1364B - 0,1091B^9)(1 + 0,7128B^{12} + 0,4228B^{24})(1 - B^{12})Z_t = a_t, \qquad (10.34)$$

$\sigma_a^2 = 7261$, AIC=4240,47 e $Q_{20} = 24,671$, com valor P=0,2143.

Podemos verificar que o modelo (10.32), apesar de ser não invertível, é o que melhor se ajusta às observações (menor AIC, maior log-verossimilhança e menor variância residual).

As previsões para a precipitação em Lavras durante o ano de 1997, com origem em dezembro de 1976 ($t = 372$), estão nas Tabelas 10.5 e 10.6, utilizando os modelos (10.32) e (10.34), respectivamente. A representação gráfica dessas tabelas estão nas Figuras 10.6 e 10.8, respectivamente.

Com o objetivo de comparar os dois modelos ajustados, apresentamos algumas medidas de ajustamento e adequação de previsão na Tabela 10.7.

Analisando as informações da Tabela 10.7, podemos concluir que o modelo (10.32), apesar de não invertível, é o que melhor se ajusta e o que fornece melhores previsões.

Exemplo 10.8. Vamos analisar agora a série Índices–IPI, no período compreendido entre janeiro de 1985 e julho de 2000. Utilizaremos as primeiras 180 observações para a identificação, estimação e verificação do modelo. As últimas 7 observações servirão como base para comparar as previsões. Observamos, na Figura 10.9, que a série apresenta uma componente sazonal de período 12 me-

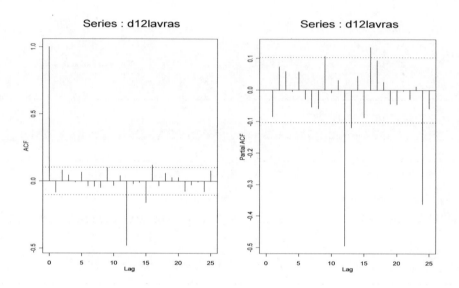

Figura 10.3: Fac e facp da série $(1 - B^{12})Z_t$

A Figura 10.10 apresenta as fac e facp das séries Z_t, $(1 - B)Z_t$, $(1 - B^{12})Z_t$ e $(1-B)(1-B^{12})Z_t$. Uma análise dessas funções sugere dois modelos preliminares:

(a) SARIMA$(0,0,1) \times (0,1,1)_{12}$ com θ_0, isto é,

$$(1 - B^{12})Z_t = \theta_0 + (1 - \theta_1 B)(1 - \Theta_1 B^{12})a_t \qquad (10.35)$$

(b) SARIMA$(0,1,1) \times (0,1,1)_{12}$, isto é,

$$(1 - B)(1 - B^{12})Z_t = (1 - \theta_1 B)(1 - \Theta_1 B^{12})a_t, \qquad (10.36)$$

que serão estimados, verificados e comparados com relação ao ajustamento e à capacidade de prever valores futuros da série.

10.3. SAZONALIDADE ESTOCÁSTICA

> **Quadro 10.2:** Ajustamento de um modelo SARIMA$(0,0,0) \times (0,1,1)_{12}$, com θ_0, à série Chuva–Lavras.
>
> | | Estimate | SE | t-value | p-value |
> |----------|----------|--------|----------|---------|
> | sma1 | -0.9998 | 0.0567 | -17.6300 | 0.0000 |
> | constant | 0.0233 | 0.0375 | 0.6233 | 0.5335 |
>
> sigma2 estimated as 6015
> log likelihood = -2097.76
> aic = 4201.52

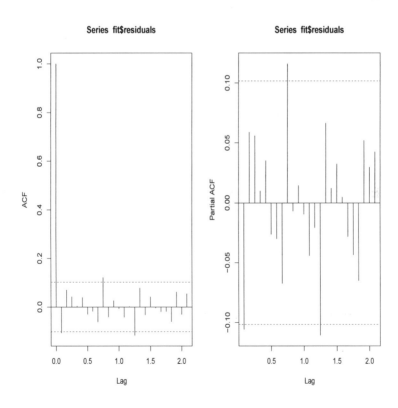

Figura 10.4: Fac e facp dos resíduos do modelo SARIMA $(0,0,0) \times (0,1,1)_{12}$.

Quadro 10.3: Ajustamento do modelo (10.31) à série Chuva–Lavras (SE entre parênteses).

ar1	ar2	ar3	ar4	ar5	ar6	ar7	ar8	ar9
0	0	0	0	0	0	0	0	0.123
(0)	(0)	(0)	(0)	(0)	(0)	(0)	(0)	(0.052)

ar10	ar11	ar12	ar13	ar14	ar15	sma1
0	0	0	0	0	-0.1207	-1.0000
(0)	(0)	(0)	(0)	(0)	(0.0531)	(0.0608)

sigma2 estimated as 5826
log likelihood = -2092.39
aic = 4192.78

residuals Box-Ljung test: X-squared = 14.119, df = 21, p-value = 0.8645

(a) Modelo preliminar (10.35)

O Quadro 10.6 e a Figura 10.11 apresentam o ajustamento do modelo (10.35) e as funções de autocorrelação e autocorrelação parcial dos resíduos. Verificamos, utilizando o Quadro 10.6, que todos os parâmetros são significantes, entretanto, a análise da Figura 10.11 nos mostra que o modelo não é adequado, uma vez que várias autocorrelações residuais são significativamente diferentes de zero. Valores altos de r_2, $\hat{\phi}_{99}$ e $\hat{\phi}_{14,14}$ sugerem o modelo alternativo

$$(1 - B^{12})(1 - \phi_9 B^9 - \phi_{14}B^{14})Z_t = (1 - \theta_1 B - \theta_2 B^2)(1 - \Theta_1 B^{12})a_t, \quad (10.37)$$

que ao ser ajustado revela uma autocorrelação residual de ordem três, r_3, significativamente diferente de zero. Acrescentando um parâmetro de média móvel de ordem três, temos um novo modelo

10.3. SAZONALIDADE ESTOCÁSTICA

Quadro 10.4: Ajustamento do modelo (10.33) à série Chuva–Lavras.

	Estimate	SE	t-value	p-value
ar1	-0.1329	0.0532	-2.4998	0.0129
ar2	0.0888	0.0537	1.6534	0.0991
ar3	0.0647	0.0540	1.1978	0.2318
ar4	0.0359	0.0547	0.6570	0.5116
ar5	0.0587	0.0540	1.0864	0.2780
ar6	-0.0049	0.0549	-0.0894	0.9288
ar7	-0.0360	0.0538	-0.6689	0.5040
ar8	-0.0573	0.0536	-1.0700	0.2854
ar9	0.1032	0.0535	1.9286	0.0546
sar1	-0.7132	0.0487	14.6371	0.0000
sar2	-0.4186	0.0483	-8.6675	0.0000

sigma2 estimated as 7133
log likelihood = -2112.02
aic = 4248.03

Quadro 10.5: Ajustamento do modelo (10.33) incompleto à série Chuva–Lavras (SE entre parênteses).

ar1	ar2	ar3	ar4	ar5	ar6
-0.1364	0	0	0	0	0
(0.0527)	(0)	(0)	(0)	(0)	(0)

ar7	ar8	ar9	sar1	sar2
0	0	0.1091	-0.7128	-0.4228
(0)	(0)	(0.0532)	(0.0483)	(0.0480)

sigma2 estimated as 7261
log likelihood = -2115.24
aic = 4240.47

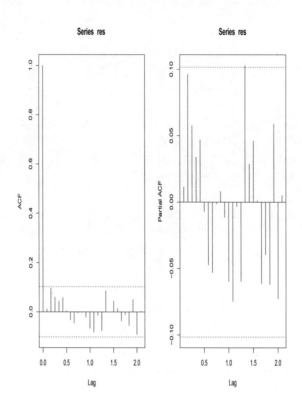

Figura 10.5: Fac e facp dos resíduos do modelo (10.32).

$$(1-B^{12})(1-\phi_9 B^9 - \phi_{14}B^{14})Z_t = (1-\theta_1 B - \theta_2 B^2 - \theta_3 B^3)(1-\theta_1 B^{12})a_t, \quad (10.38)$$

que tem seu ajustamento e fac e facp residuais apresentados no Quadro 10.7 e Figura 10.12, respectivamente. Analisando o Quadro 10.7, constatamos que todos os parâmetros são significantes; além disso, a análise das fac e facp residuais e da estatística de Ljung-Box não revelam nenhuma quebra de comportamento de ruído branco.

Assim, um primeiro modelo adequado à série Índices - IPI é dado por

$$(1-B^{12})(1-0,3271B^9 - 0,2927B^{14})Z_t$$
$$=(1+0,6093B+0,3790B^2+0,2272B^3)(1-0,5178B^{12})a_t, \quad (10.39)$$

10.3. SAZONALIDADE ESTOCÁSTICA

com $\hat{\sigma}_a^2 = (5,18)^2$.

Tabela 10.5: Previsões para a série Chuva–Lavras, utilizando o modelo (10.32), com origem em $t = 372$, $h = 1, 2, \ldots, 12$.

$t + h$	$\hat{Z}_t(h)$	Erro padrão	Z_{t+h}
373	281,4125	77,5554	383,3000
374	209,7010	77,5554	114,5000
375	149,0552	77,5554	96,5000
376	81,2673	77,5532	61,1000
377	35,9498	77,5532	41,0000
378	41,2916	77,5532	52,6000
379	18,3567	77,5531	5,6000
380	37,0248	77,5531	1,2000
381	70,5101	77,5531	38,8000
382	122,5116	78,1451	164,1000
383	208,7317	78,1451	194,8000
384	276,5557	78,1451	253,6000
$EQMP_{372} = 2583,9827$			

Tabela 10.6: Previsões atualizadas para a série Chuva–Lavras, utilizando o modelo (10.34), com origem em $t = 372$, $h = 1, 2, \ldots, 12$.

t	$\hat{Z}_t(h)$	Erro padrão	Z_{t+h}
373	294,8034	85,2124	383,3000
374	275,5695	86,0016	114,5000
375	188,2578	86,0162	96,5000
376	44,3199	86,0165	61,1000
377	128,1415	86,0165	41,0000
378	21,8078	86,0165	52,6000
379	0,0000	86,0165	5,6000
380	30,3922	86,0165	1,2000
381	43,6667	86,0165	38,8000
382	123,7323	86,5179	164,1000
383	213,3514	86,5551	194,8000
384	334,7162	86,5566	253,6000
$EQMP_{372} = 5039,8893$			

Tabela 10.7: Medidas de qualidade de ajuste e previsão
para os modelos (10.32) e (10.34).

Modelos	Ajustamento σ_a^2	AIC	Previsão EQM_{372}
(10.32)	5826	4.192,78	2.583,98
(10.34)	7.261	4.240,47	5.039,89

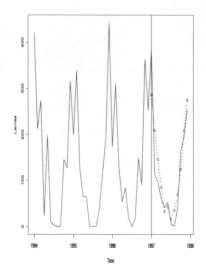

Figura 10.6: Série Chuva–Lavras, observações de janeiro de 1994 a dezembro de 1997 e previsões (linha tracejada com círculos) para o ano de 1997, utilizando o modelo (10.32).

As previsões, com origem em $t = 180$ (dezembro de 1999), para os meses de janeiro a julho de 2000 encontram-se na Tabela 10.8 e a respectiva representação gráfica na Figura 10.13. Observe que, na última linha dessa tabela, apresentamos o erro quadrático médio de previsão, que será utilizado na comparação dos dois modelos propostos para a série Índices: IPI.

(b) Modelo preliminar (10.36)

O Quadro 10.8 e a Figura 10.14 apresentam o ajustamento do modelo (10.36) e as fac e facp residuais. Todos os parâmetros do modelo são significantes, entre-

10.3. SAZONALIDADE ESTOCÁSTICA

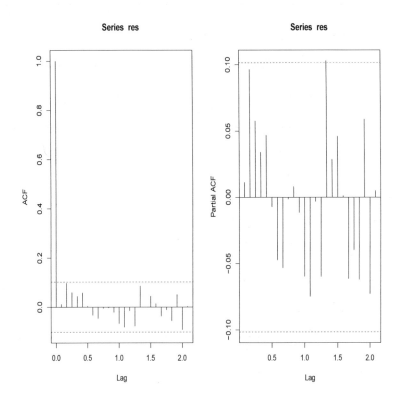

Figura 10.7: **Fac e facp dos resíduos do modelo (10.34).**

tanto, o comportamento da fac mostra que o modelo é inadequado. Os valores grandes de $\hat{\phi}_{44}$ e $\hat{\phi}_{77}$ sugerem a inclusão de um polinômio AR no modelo, isto é,

$$(1 - \phi_4 B^4 - \phi_7 B^7)(1-B)(1-B^{12})Z_t = (1-\theta_1 B)(1-\Theta_1 B^{12})a_t. \quad (10.40)$$

O ajustamento do modelo (10.40) bem como o comportamento dos resíduos são apresentados no Quadro 10.9 e Figura 10.15, respectivamente. O comportamento das fac e facp revela que o modelo (10.40) pode ser melhorado, introduzindo um parâmetro AR de ordem 5 no modelo ($\hat{\phi}_{55} = -0,16$ está no limite do intervalo de confiança). Assim, o novo modelo proposto é

$$(1 - \phi_4 B^4 - \phi_5 B^5 - \phi_7 B^7)(1-B)(1-B^{12})Z_t = (1-\theta_1 B)(1-\Theta_1 B^{12})a_t, \quad (10.41)$$

com ajustamento e fac e facp residual apresentados no Quadro 10.10 e Figura 10.16, respectivamente.

Substituindo os valores estimados dos parâmetros em (10.41), temos que um segundo modelo adequado à série Índices: IPI é dado por

$$(1 + 0,2440B^4 + 0,1752B^5 + 0,2969B^7)(1-B)(1-B^{12})Z_t$$
$$= (1 - 0,5363B)(1 - 0,6545B^{12})a_t, \qquad (10.42)$$

com $\sigma_a^2 = 29,55$.

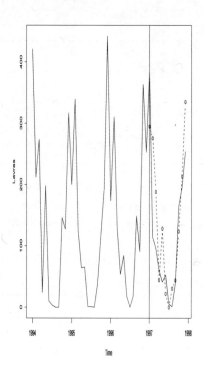

Figura 10.8: Série Chuva–Lavras, observações e previsões utilizando o modelo (10.34).

10.3. SAZONALIDADE ESTOCÁSTICA

Quadro 10.6: Ajustamento do modelo (10.35) à série Índices–IPI.

	Estimate	SE	t-value	p-value
ma1	0.4984	0.0629	7.9266	0
sma1	-0.5457	0.0825	-6.6124	0
constant	0.1975	0.0271	7.2796	0

sigma2 estimated as 31.98
log likelihood = -531.71
aic = 1071.42
residuals Box-Ljung test: X-squared = 24.671, df = 20, p-value = 0.2143

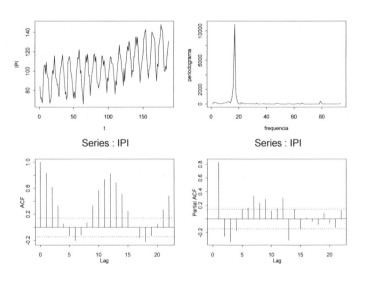

Figura 10.9: Série Índices–IPI, periodograma, fac e facp.

Quadro 10.7: Ajustamento do modelo (10.38) à série Índices–IPI (SE entre parênteses).								
ar1	ar2	ar3	ar4	ar5	ar6	ar7	ar8	ar9
0	0	0	0	0	0	0	0	0.3271
(0)	(0)	(0)	(0)	(0)	(0)	(0)	(0)	(0.0705)
ar10	ar11	ar12	ar13	ar14	ma1	ma2	ma3	sma1
0	0	0	0	0.2927	0.6093	0.3790	0.2272	-0.5178
(0)	(0)	(0)	(0)	(0.0727)	(0.0735)	(0.0815)	(0.0745)	0.0690

sigma2 estimated as 26.84
log likelihood = -518.15
aic = 1050.31
Residuals Box-Ljung test: X-squared = 16.314, df = 18, p-value = 0.5706

Tabela 10.8: Previsões para a série Índices–IPI, utilizando o modelo (10.39), com origem em $t = 180$ e $h = 1, 2, \ldots, 7$.

$t + h$	$\hat{Z}_t(h)$	Erro padrão	Z_{t+h}
181	92,1105	5,1811	100,1300
182	104,1630	6,0672	99,9000
183	102,2110	6,3770	105,3800
184	124,8182	6,4847	101,9600
185	129,1130	6,4847	116,1900
186	142,4084	6,4847	124,6600
187	146,3081	6,4847	131,1000
$EQMP_{180} = 189,76$			

10.3. SAZONALIDADE ESTOCÁSTICA

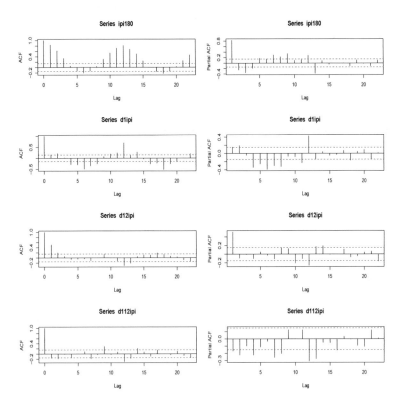

Figura 10.10: Série Índices–IPI, fac e facp das séries Z_t, $(1-B)Z_t$, $(1-B^{12})Z_t$ e $(1-B)(1-B^{12})Z_t$.

	Quadro 10.8: Ajustamento do modelo (10.36) à série Índices–IPI (SE entre parênteses).

ar1	ar2	ar3	ar4	ar5	ar6	ar7	ma1	sma1
0	0	0	-0.2739	0	0	-0.2774	-0.5274	-0.6358
(0)	(0)	(0)	(0.0717)	(0)	(0)	(.0725)	0.1027	0.0626

sigma2 estimated as 32.33
log likelihood=-526.41
AIC=1062.81

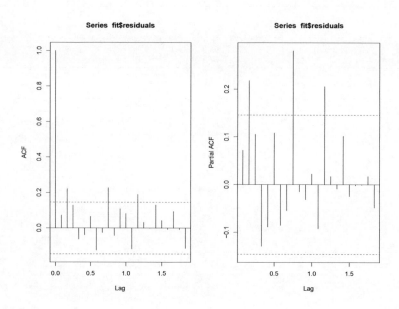

Figura 10.11: Fac e facp dos resíduos do modelo (10.35) ajustado à série Índices–IPI.

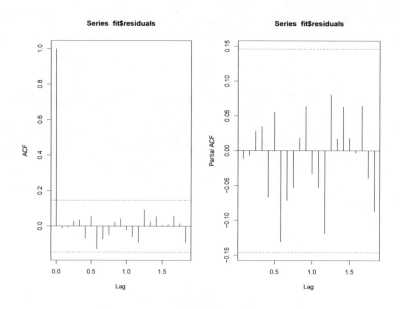

Figura 10.12: Fac e facp dos resíduos do modelo (10.39) ajustado à série Índices–IPI.

10.3. SAZONALIDADE ESTOCÁSTICA

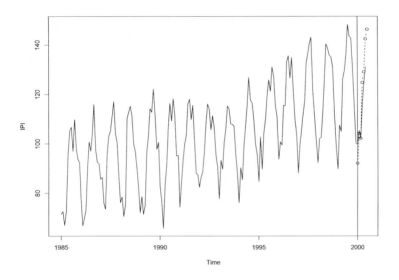

Figura 10.13: Série Índices–IPI, observações de janeiro de 1990 a julho de 2000 e previsões (linha tracejada com círculos) para os meses de janeiro a julho de 2000, utilizando o modelo (10.39).

Quadro 10.9: Ajustamento do modelo (10.40) à série Índices–IPI (SE entre parênteses).								
ar1	ar2	ar3	ar4	ar5	ar6	ar7	ma1	sma1
0	0	0	-0.2739	0	0	-0.2774	-0.5274	-0.6358
(0)	(0)	(0)	(0.0717)	(0)	(0)	(0.0725)	(0.1027)	(0.0626)

sigma2 estimated as 32.33
log likelihood=-526.41
AIC=1062.81

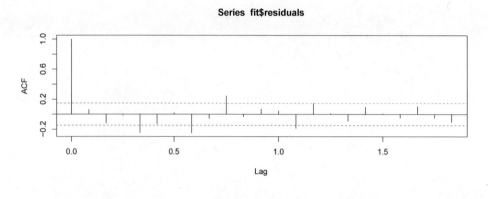

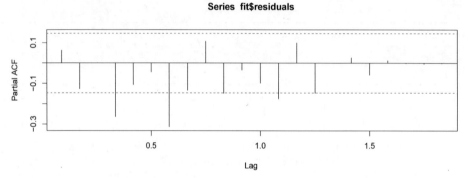

Figura 10.14: Fac e facp dos resíduos do modelo (10.36).

Quadro 10.10: Ajustamento do modelo (10.41) à série Índices–IPI (SE entre parênteses).								
ar1	ar2	ar3	ar4	ar5	ar6	ar7	ma1	sma1
0	0	0	-0.2440	-0.1752	0	-0.2969	-0.5363	-0.6545
(0)	(0)	(0)	(0.0699)	(0.0716)	(0)	(0.0705)	(0.0943)	(0.0592)

sigma2 estimated as 29.55
log likelihood = -523.46
aic = 1058.93
Residuals Box-Ljung test : X-squared = 28.081, df = 19, p-value = 0.08188

10.3. SAZONALIDADE ESTOCÁSTICA 275

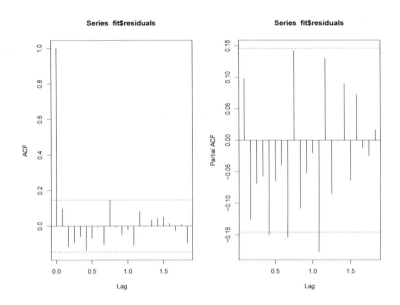

Figura 10.15: Fac e facp dos resíduos do modelo (10.40).

As previsões para os meses de janeiro a julho de 2000, com origem em dezembro de 1999 ($t = 180$), encontram-se na Tabela 10.9 e Figura 10.17.

Finalmente, com o objetivo de comparar os dois modelos ajustados para a série Índices–IPI, expressões (10.39) e (10.42), apresentamos algumas medidas de ajustamento e adequação de previsão na Tabela 10.10.

Os valores EQMP$_{180}$ foram obtidos das Tabelas 10.8 e 10.9. Os valores AIC e BIC, da expressão (6.21) e (6.24), respectivamente.

Analisando as informações da Tabela 10.10 podemos concluir que o modelo (10.39) é o que melhor se ajusta à série Índices - IPI e, também, o que faz melhores previsões para os meses de janeiro a julho de 2000 quando fixamos a origem da previsão em dezembro de 1999.

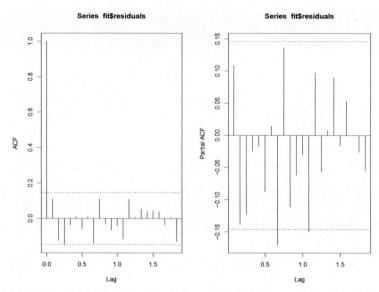

Figura 10.16: Fac e facp dos resíduos do modelo (10.42).

Tabela 10.9: Previsões para a série Índices–IPI, utilizando o modelo (10.42), com origem em $t = 180$ e $h = 1, 2, \ldots, 7$.

$t+h$	$\hat{Z}_t(h)$	Erro padrão	Z_{t+h}
181	95,2730	5,4359	100,1300
182	106,6373	5,19918	99,9000
183	106,8644	6,5003	105,3800
184	124,0673	6,9718	101,9600
185	130,6255	7,0733	116,1900
186	141,8238	7,1372	124,6600
187	148	7,2858	131,1000
$EQMP_{180} = 197,57$			

Tabela 10.10: Medidas de qualidade de ajuste e previsão para os modelos (10.39) e (10.42).

Modelos	Ajustamento $\hat{\sigma}_a^2$	AIC	Previsão $EQMP_{180}$
(10.39)	26,84	1.050,31	189,76
(10.42)	29,55	1.058,93	197,57

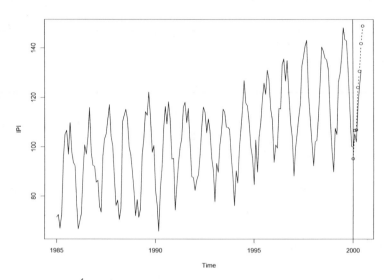

Figura 10.17: Série Índices–IPI, observações de janeiro de 1990 a julho de 2000 e previsões (linha tracejada) para os meses de janeiro a julho de 2000, utilizando o modelo (10.42), com origem em dezembro de 1999 e $h = 1, 2, \ldots, 7$.

10.4 Problemas

1. Considere o modelo SARIMA$(0,1,2) \times (0,1,1)_{12}$:

$$\Delta\Delta_{12} Z_t = (1 - \Theta B^{12})(1 - \theta_1 B - \theta_2 B^2) a_t.$$

   (a) Escreva o modelo na forma de um modelo ARMA.
   (b) Qual a ordem do modelo ARMA resultante?
   (c) Obtenha a fac do modelo.

2. Para o modelo SARIMA$(0,1,1) \times (0,1,1)_{12}$:

   (a) escreva-o explicitamente;
   (b) obtenha a região de invertibilidade;
   (c) obtenha as autocorrelações do processo.

3. Usando um programa de computador apropriado, obtenha as autocorrelações estimadas para Z_t, ΔZ_t, $\Delta_4 Z_t$, $\Delta\Delta_4 Z_t$, sendo Z_t a série de consumo de gasolina da Tabela 3.14.

   (a) O que você pode observar nas autocorrelações de Z_t?

278   *CAPÍTULO 10. MODELOS SAZONAIS*

(b) A mesma pergunta para ΔZ_t.

(c) Qual das séries você consideraria estacionária?

(d) Utilizando um programa de identificação, sugira um ou mais modelos adequados para a série; obtenha as estimativas preliminares para os parâmetros.

(e) Obtenha as estimativas finais para os parâmetros do(s) modelo(s) através de um programa de estimação; verifique se o(s) modelo(s) é(são) adequado(s).

(f) Obtenha previsões para 1974 utilizando o(s) modelo(s) estimado(s).

4. Considere a série Temperatura–Cananéia do Capítulo 1.

(a) Utilizando um programa de identificação, sugira um ou mais modelos adequados para a série; obtenha as estimativas preliminares para os parâmetros.

(b) Obtenha as estimativas finais para os parâmetros do(s) modelo(s) através de um programa de estimação; verifique se o(s) modelo(s) é(são) adequado(s).

(c) Obtenha previsões para 1986 utilizando os modelos estimados.

5. Mesmas questões do Problema 4 para a Série Energia, obtendo previsões para os últimos três meses de 1979.

6. Identificar um modelo para a série que fornece a fac amostral da tabela a seguir (Nerlove et al., 1979, p. 209):

k	1	2	3	4	5	6	7	8
Z_t	0,99	0,98	0,97	0,96	0,95	0,94	0,93	0,93
ΔZ_t	0,35	0,10	0,00	-0,16	-0,24	-0,22	-0,12	0,01
$\Delta\Delta_{12} Z_t$	0,29	0,02	0,00	-0,11	-0,13	-0,08	0,05	0,10

k	9	10	11	12	13	14	15	16
Z_t	0,92	0,92	0,91	0,90	0,89	0,88	0,87	0,86
ΔZ_t	0,07	0,17	0,20	0,16	0,02	0,00	-0,06	-0,15
$\Delta\Delta_{12} Z_t$	0,07	0,11	-0,02	-0,46	-0,17	0,01	0,00	-0,02

k	17	18	19	20	21	22	23	24
Z_t	0,85	0,84	0,84	0,83	0,82	0,82	0,81	0,81
ΔZ_t	-0,13	-0,09	-0,08	0,01	0,00	0,04	0,08	0,11
$\Delta\Delta_{12} Z_t$	0,01	0,04	-0,02	0,00	0,00	-0,07	-0,07	-0,02

7. Obtenha as estimativas dos parâmetros do modelo identificado no Problema 6.

10.4. PROBLEMAS

8. A tabela abaixo dá as distâncias percorridas por aviões do Reino Unido, de janeiro de 1963 a dezembro de 1970 (Kendall, 1973).

   (a) Identifique um ou mais modelos para a série.

   (b) Obtenha as estimativas dos parâmetros para cada modelo.

   (c) Por meio da análise das autocorrelações dos resíduos, do periodograma acumulado e da estatística Q, verifique quais modelos são adequados.

Série de milhas percorridas por aviões do Reino Unido (milhares)

Meses	1963	1964	1965	1966	1967	1968	1969	1970
Jan.	6.827	7.269	8.350	8.186	8.334	8.639	9.491	10.840
Fev.	6.178	6.775	7.829	7.444	7.899	8.772	8.919	10.436
Mar.	7.084	7.819	8.829	8.484	9.994	10.894	11.607	13.589
Abr.	8.162	8.371	9.948	9.864	10.078	10.455	8.852	13.402
Mai.	8.462	9.069	10.638	10.252	10.801	11.179	12.537	13.103
Jun.	9.644	10.248	11.253	12.282	12.950	10.588	14.759	14.933
Jul.	10.466	11.030	11.424	11.637	12.222	10.794	13.667	14.147
Ago.	10.748	10.882	11.391	11.577	12.246	12.770	13.731	14.057
Set.	9.963	10.333	10.665	12.417	13.281	13.812	15.110	16.234
Out.	8.194	9.109	9.396	9.637	10.366	10.857	12.185	12.389
Nov.	6.848	7.685	7.775	8.094	8.730	9.290	10.645	11.595
Dez.	7.027	7.602	7.933	9.280	9.614	10.925	12.161	12.772

   (d) Escolha o melhor modelo, segundo o critério da variância residual mínima.

   (e) Obtenha as previsões para o ano de 1971.

9. Suponha que médias mensais de determinada variável atmosférica possam ser representadas pelo modelo

$$(1 - B^{12})Y_t = (1 + 0,2B)(1 - 0,9B^{12})a_t, \quad \sigma^2 = \text{Var}(a_t) = 2,0.$$

   (a) Calcule os pesos ψ_i.

   (b) Calcule os desvios padrões dos erros de previsão para $h = 1, 2, 3$ e 12 meses à frente.

   (c) Obtenha a função de previsão para "grandes" valores de h.

   (d) Suponha que as observações de 4 anos da série são dadas por:

$$
\begin{array}{cccccccccccc}
2,9 & 3,7 & 5,8 & 5,5 & 9,5 & 7,2 & 11,0 & 13,0 & 10,6 & 5,8 & 4,1 & 3,6 \\
2,8 & 4,5 & 5,2 & 6,3 & 8,6 & 9,1 & 12,3 & 12,8 & 11,4 & 6,9 & 5,1 & 2,8 \\
3,4 & 4,7 & 4,8 & 5,6 & 5,1 & 8,8 & 10,9 & 9,6 & 8,2 & 5,8 & 4,2 & 2,3 \\
2,7 & 4,3 & 6,3 & 5,9 & 6,8 & 8,1 & 10,0 & 6,8 & 6,0 & 3,4 & 3,0 & 2,3 \\
\end{array}
$$

   Utilizando o modelo acima, calcule as previsões para os próximos 24 meses (utilize os valores iniciais dos a_t's iguais a zero).

280   CAPÍTULO 10. MODELOS SAZONAIS

10. Uma série trimestral de dados econômicos com sessenta observações apresenta além de uma tendência crescente um padrão sazonal. A seguinte tabela fornece as doze primeiras autocorrelações de algumas diferenças da série original.

	j	1	2	3	4	5	6	7
$W_t = (1 - B^4)Z_t$	r_j	0,21	0,06	-0,14	-0,38	-0,12	0,03	-0,10
$W_t = (1 - B)(1 - B^4)Z_t$	r_j	-0,39	0,04	0,03	-0,31	0,10	0,18	0,01

	j	8	9	10	11	12	$\overline{w}$	c_0
$W_t = (1 - B^4)Z_t$	r_j	-0,12	0,03	-0,04	0,10	0,05	10,4	25,8
$W_t = (1 - B)(1 - B^4)Z_t$	r_j	-0,11	0,09	-0,05	0,06	-0,10	0,4	38,2

Sugira um ou mais modelos apropriados e calcule estimativas preliminares para os parâmetros do(s) modelo(s), incluindo σ_a^2.

11. Suponha que o modelo

$$(1 - B^4)Z_t = 3,0 + a_t + 1,0a_{t-1} - 0,5a_{t-4}, \quad \sigma_a^2 = 2,25$$

foi ajustado às observações de uma série de dados trimestrais.

(a) Suponha que as observações e resíduos dos últimos quatro trimestres são dadas por

Trimestre	I	II	III	IV
Z_t	124	121	129	139
a_t	2	-1	1	3

Encontre as previsões $\hat{Z}_t(h)$, $h = 1, 2, 3, 4$.

(b) Determine os pesos ψ_j, $j \geq 0$.

(c) Calcule as variâncias dos erros de previsão $e_t(h) = Z_{t+h} - \hat{Z}_t(h)$, $h = 1, 2, 3$ e 4 e utilize-as para construir intervalos de confiança para os futuros valores Z_{t+h}, $h = 1, 2, 3$ e 4.

(d) Determine a equação de diferenças satisfeita pela função de previsão $\hat{Z}_t(h)$ para valores grandes de h e então obtenha explicitamente a forma da função de previsão. (Por conveniência expresse $\hat{Z}_t(h)$ como uma função de $h = 4n + m$, onde $m = 1, 2, 3, 4$ representa o semestre e $n = 0, 1, 2, \ldots$ representa o ano.)

12. Prove as equações (10.26) e (10.27).

10.4. PROBLEMAS

13. Obtenha a função de previsão $\{\hat{Z}_t(h),\ h = 1, 2, \ldots\}$ para o modelo $\Delta_{12} Z_t = (1 - 0,6B^{12})a_t$, utilizando as três formas do modelo SARIMA.

14. Identifique um modelo apropriado para uma série temporal que tem a seguinte função de autocorrelação amostral:

	1	2	3	4	5	6	7	8	9	10	média	variância
$r_x(k)$	0,92	0,83	0,81	0,80	0,71	0,63	0,60	0,58	0,50	0,42	1965,6	376,6
$r_{x^*}(k)$	-0,05	-0,86	0,04	0,79	-0,02	-0,77	0,00	0,78	-0,07	-0,75	22,1	102,9
$r_{x^{**}}(k)$	-0,40	-0,11	0,43	-0,61	0,22	0,15	-0,26	0,15	0,01	-0,10	-0,16	53,77

$$n = 56, \quad x^*(t) = (1 - B)X_t, \quad x^{**}(t) = (1 - B)(1 - B^4)X_t.$$

15. Seja $\{Y_t\}$ um processo estacionário com média zero e sejam a e b constantes.

   (a) Se $X_t = a + bt + S_t + Y_t$, onde S_t é uma componente sazonal determinística com período 12, verifique se $(1-B)(1-B^{12})X_t$ é estacionário.

   (b) Se $X_t = (a + bt)S_t + Y_t$, onde S_t é como no item (a), verifique se $(1 - B^{12})(1 - B^{12})X_t$ é estacionário.

16. Ajuste um modelo SARIMA apropriado à série Índices–MPD.

17. Ajuste um modelo SARIMA à série Ozônio. Compare os resultados com os obtidos no Exemplo 10.1.

18. Considere a Série Manchas. Verifique se existe algum modelo SARIMA adequado para descrever seu comportamento.

19. Ajuste um modelo sazonal determinístico para a série Índices–Bebida.

CAPÍTULO 11

Processos com memória longa

11.1 Introdução

O processo ARMA(p, q) é referenciado como um processo de "memória curta", uma vez que a fac ρ_j decresce rapidamente para zero, como vimos na seção 5.2. Na realidade pode-se demonstrar que

$$|\rho_j| \leq Cr^j, \quad j = 1, 2, \ldots \tag{11.1}$$

onde $C > 0$ e $0 < r < 1$. A expressão (11.1) garante que a função de autocorrelação é geometricamente limitada.

Um processo de memória longa é um processo estacionário em que a função de autocorrelação decresce hiperbolicamente (suavemente) para zero, isto é,

$$\rho_j \sim Cj^{2d-1}, \quad j \to \infty, \tag{11.2}$$

onde $C > 0$ e $0 < d < 0,5$.

Estudos empíricos, principalmente em Climatologia e Hidrologia (década de 50), revelaram a presença de memória longa (ML) em dados de séries temporais e espaciais. Estas séries apresentam persistência nas autocorrelações amostrais, isto é, dependência significativa entre observações separadas por um longo intervalo de tempo. Estas autocorrelações apresentam o comportamento dado por (11.2). Outra característica desse tipo de série é que sua função densidade espectral é não limitada na frequência zero, o que equivale a dizer que sua função de autocorrelação não é absolutamente somável.

Formalmente, suponha que X_t tenha autocorrelação ρ_j. Dizemos que X_t possui memória longa se

$$\lim_{n \to \infty} \sum_{j=-n}^{n} |\rho_j| \tag{11.3}$$

é não finita.

284 CAPÍTULO 11. PROCESSOS COM MEMÓRIA LONGA

O fenômeno de ML foi notado por Hurst (1951, 1957), Mandelbrot e Wallis (1968) e McLeod e Hipel (1978), em conjunção com problemas na área de Hidrologia. Modelos de ML também são de interesse na análise de estudos climáticos, como no estudo da aparente tendência crescente em temperaturas globais devido ao efeito estufa. Veja Seater (1993), por exemplo.

Recentemente (década de 80), os economistas notaram que há evidências que processos de ML descrevem de modo satisfatório dados econômicos e financeiros, tais como taxas de juros e de inflação. Estudos recentes na modelagem da volatilidade de ativos financeiros mostram que tais processos são de grande utilidade. Uma excelente revisão sobre processos de ML em econometria é feita por Baillie (1996).

A Figura 11.1 mostra a conhecida série de índices de preços de trigo de Beveridge (1921) e suas autocorrelações amostrais, notando o seu lento decaimento.

Uma outra característica de séries com memória longa é que as autocorrelações da série original indicam não estacionariedade, ao passo que a série diferençada pode parecer ser "superdiferençada".

Procurando respeitar as características de uma série de memória longa, citadas anteriormente, foram definidos dois modelos importantes, nos quais a função de densidade espectral é proporcional a λ^{-r}, $1 < r < 2$, para λ próximo de zero e o decaimento da função de autocorrelação é do tipo (11.2). Primeiro foi introduzido o ruído gaussiano fracionário por Mandelbrot e Van Ness (1968). Mais tarde Granger e Joyeux (1980) e Hosking (1981) introduziram o modelo ARIMA fracionário (ou ARFIMA), que é uma generalização do modelo ARIMA.

Há trabalhos recentes incorporando ML a processos GARCH, como nos processos FIGARCH ("fractionally integrated generalized autoregressive conditional heteroskedasticity"), introduzidos por Baillie at al. (1996). Também, processos de ML associados a modelos de volatilidade estocástica foram considerados por Harvey (1998) e Breidt et al. (1993). Estes assuntos não serão discutidos neste livro. No Apêndice F apresentamos um teste para memória longa, baseado na estatística R/S, devida a Hurst (1951).

11.2 Modelo ARFIMA

Para qualquer número real $d > -1$, define-se o operador de diferença fracionária

$$(1 - B)^d = \sum_{k=0}^{\infty} \binom{d}{k} (-B)^k \tag{11.4}$$

11.2. MODELO ARFIMA

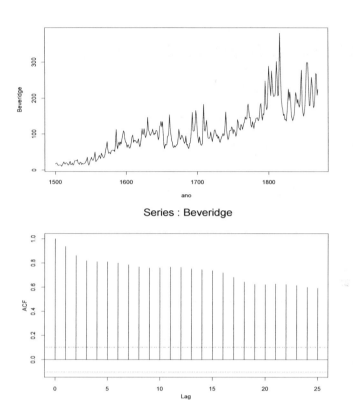

Figura 11.1: (a) Série de índices de preços de trigo de Beveridge (b) fac amostral.

$$= 1 - dB + \frac{1}{2!}d(d-1)B^2 - \frac{1}{3!}d(d-1)(d-2)B^3 + \cdots$$

Dizemos que $\{Z_t\}$ é um processo *autorregressivo fracionário integrado de média móveis*, ou ARFIMA(p,d,q), com $d \in (-\frac{1}{2}, \frac{1}{2})$, se $\{Z_t\}$ for estacionário e satisfizer a equação

$$\phi(B)(1-B)^d Z_t = \theta(B)a_t, \tag{11.5}$$

onde $\{a_t\}$ é ruído branco e $\phi(B)$ e $\theta(B)$ são polinômios em B de graus p e q, respectivamente.

A razão da escolha dessa família de processos, para fins de modelagem das séries com comportamento de memória longa, é que o efeito do parâmetro d em observações distantes decai hiperbolicamente conforme a distância aumenta, enquanto os efeitos dos parâmetros ϕ e θ decaem exponencialmente. Então, d

286   CAPÍTULO 11. PROCESSOS COM MEMÓRIA LONGA

deve ser escolhido com o objetivo de explicar a estrutura de correlação de ordens altas da série, enquanto os parâmetros ϕ e θ explicam a estrutura de correlação de ordens baixas.

A) Estacionariedade e Invertibilidade

Hosking (1981) demonstra que o processo ARFIMA(p, d, q), dado por (11.5), é:

(i) estacionário se $d < \frac{1}{2}$ e todas as raízes de $\phi(B) = 0$ estiverem fora do círculo unitário;

(ii) invertível se $d > -\frac{1}{2}$ e todas as raízes de $\theta(B) = 0$ estiverem fora do círculo unitário.

B) Funções de autocorrelação e densidade espectral

Hosking (1981) também mostra que se Z_t, dado por (11.5), for estacionário e invertível e se $f(\lambda)$ for a função densidade espectral de Z_t, então

(i) $\lim_{\lambda \to 0} \lambda^{2d} f(\lambda)$ existe e é finito;

(ii) $\lim_{k \to \infty} k^{1-2d} \rho_k$ existe e é finito.

Exemplo 11.1. O caso mais simples é o *ruído branco fracionário*, ou seja, um ARFIMA$(0, d, 0)$, dado por

$$(1 - B)^d Z_t = a_t. \tag{11.6}$$

Quando $d < \frac{1}{2}$, Z_t é um processo estacionário e tem representação na forma $Z_t = \psi(B) a_t$ com os pesos dados por

$$\psi_k = \frac{d(1+d) \cdots (k-1+d)}{k!} = \frac{(k+d-1)!}{k!(d-1)!}.$$

Como $\Gamma(d + k) = d(d + 1) \cdots (d + k - 1)/\Gamma(d)$, podemos escrever

$$\psi_k = \frac{\Gamma(k+d)}{\Gamma(d)\Gamma(k+1)},$$

e temos

$$\psi_k \sim \frac{k^{d-1}}{(d-1)!} = c_1 k^{d-1}, k \to \infty$$

sendo c_1 uma constante.

11.2. MODELO ARFIMA

Quando $d > -\frac{1}{2}$ o processo é invertível e tem representação na forma $\pi(B)Z_t = a_t$ com os pesos dados por

$$\pi_k = \frac{-d(1-d)\cdots(k-1-d)}{k!} = \frac{(k-d-1)!}{k!(-d-1)!},$$

e como $\Gamma(k-d) = (k-d-1)\cdots(1-d)(-d)\Gamma(-d)$, podemos também escrever

$$\pi_k = \frac{\Gamma(k-d)}{\Gamma(-d)\Gamma(k+1)}$$

e

$$\pi_k \sim \frac{k^{-d-1}}{(-d-1)!} = c_2 k^{-d-1}, k \to \infty,$$

c_2 constante. É fácil ver que $\pi_{k+1} = (k-d)\pi_k/(k+1)$.

A seguir, assumiremos $-\frac{1}{2} < d < \frac{1}{2}$.

As funções de densidade espectral, autocorrelação, autocorrelação parcial e a variância são dadas, respectivamente, por

$$f(\lambda) \;=\; \begin{cases} \frac{\sigma_a^2}{2\pi}\left(2\mathrm{sen}\left(\frac{\lambda}{2}\right)\right)^{-2d}, & 0 < \lambda \le \pi, \\ \lambda^{-2d}, & \lambda \to 0, \end{cases} \tag{11.7}$$

$$\rho_h \;=\; \frac{(-d)!(h+d-1)!}{(d-1)!(h-d)!} = \prod_{0<k\le h} \frac{k-1+d}{k-d}, \quad h=1,2,\ldots \tag{11.8}$$

$$\phi_{hh} \;=\; \frac{d}{h-d}, \quad h=1,2,\ldots$$

$$\gamma_0 \;=\; \frac{(-2d)!}{(-d)!^2}.$$

Em particular, temos que

$$\rho_1 \;=\; \frac{d}{1-d}, \tag{11.9}$$

$$\rho_h \;\sim\; \frac{(-d)!h^{2d-1}}{(d-1)!} = c_3 h^{2d-1}, \quad h \to \infty,$$

sendo c_3 constante e

$$f(\lambda) \sim \lambda^{-2d}. \tag{11.10}$$

A Figura 11.2(a) apresenta $N = 100$ observações do modelo ARFIMA$(0, d, 0)$ com $d = 0,45$. A Tabela 11.1 (a) e a Figura 11.3 (a) apresentam os valores e os respectivos gráficos das autocorrelações e autocorrelações parciais amostrais.

288   *CAPÍTULO 11. PROCESSOS COM MEMÓRIA LONGA*

Exemplo 11.2. Consideremos, agora, o processo ARFIMA$(1, d, 0)$, dado por

$$(1 - B)^d(1 - \phi B)Z_t = a_t,$$

que é um processo estacionário e invertível se $|d| < \frac{1}{2}$ e $|\phi| < 1$.

Além disso, temos que

(a) os pesos ψ_j e π_j das representações $Z_t = \psi(B)a_t$ e $\pi(B)Z_t = a_t$ são dados por

$$\psi_j = \frac{(j + d - 1)!}{j!(d - 1)!} F(1, -j; 1 - d - j, \phi) \sim \frac{j^{d-1}}{(1 - \phi)(d - 1)!}$$

e

$$\pi_j = \frac{(j - d - 2)!}{(j - 1)!(-d - 1)!}\{1 - \phi - (1 + d)/j\} \sim \frac{(1 - \phi)}{(-d - 1)!}j^{-d-1},$$

respectivamente, em que $F(a, b; c, z) = 1 + \frac{ab}{c}z + \frac{a(a+1)b(b+1)}{c(c+1)}z^2 + \cdots$ é denominada *função hipergeométrica* e a aproximação vale para $j \to \infty$;

(b) a função densidade espectral é

$$f(\lambda) = \begin{cases} \frac{\sigma_a^2}{2\pi} \frac{\left(2\mathrm{sen}\left(\frac{\lambda}{2}\right)\right)^{-2d}}{1 + \phi^2 - 2\phi\cos\lambda}, & 0 < \lambda \leq \pi, \\[3mm] \frac{\lambda^{-2d}}{(1 - \phi)^2}, & \lambda \to 0; \end{cases}$$

(c) a expressão para a fac é bastante complicada mas, em particular, temos que

$$\rho_1 = \frac{(1 + \phi^2)F(1, d; 1 - d; \phi) - 1}{\phi[2F(1, d; 1 - d; \phi) - 1]}$$

e

$$\rho_j = \frac{(-d)!(1 + \phi)j^{2d-1}}{(d - 1)!(1 - \phi)^2 F(1, 1 + d; 1 - d; \phi)}, \quad j \to \infty.$$

Além disso,

$$\gamma_0 = \frac{(-2d)!F(1, 1 + d; 1 - d; \phi)}{(1 + \phi)[(-d)!]^2}.$$

A Figura 11.2(b) apresenta $N = 100$ observações do modelo ARFIMA$(1, d, 0)$ com $\phi = 0,8$ e $d = 0,45$. A Tabela 11.1 (b) e a Figura 11.3 (b) apresentam os valores e os respectivos gráficos das fac e facp amostrais.

11.2. MODELO ARFIMA

Exemplo 11.3. Processo ARFIMA$(0, d, 1)$, dado por

$$(1 - B)^d Z_t = (1 - \theta B) a_t,$$

que pode ser visto como uma média móvel de primeira ordem de um ruído branco fracionário. Z_t é estacionário e invertível se $|\theta| < 1$ e $|d| < \frac{1}{2}$. Além disso, temos que:

(a) os pesos ψ_j e π_j das representações auto-regressiva e de médias móveis infinitas são dadas por

$$\psi_j = \frac{(j - d - 1)!}{j!(-d-1)!} F(1, -j; 1 + d - j, \theta) \sim \frac{j^{-d-1}}{(1-\theta)(-d-1)!}$$

e

$$\pi_j = \frac{(j + d - 2)!}{(j-1)(d-1)!} \left[1 - \theta - \frac{(1+d)}{j} \right] \sim \frac{(1-\theta)}{(d-1)!} j^{d-1},$$

respectivamente, em que $F(\cdot)$ é a função hipergeométrica dada no Exemplo 11.2 e a aproximação vale para $j \to \infty$;

(b) $f(\lambda) = \frac{\sigma_a^2}{2\pi} [1 + \theta^2 - 2\theta \cos \lambda] \left[2\mathrm{sen} \left(\frac{\lambda}{2} \right) \right]^{-2d} \sim [(1-\theta)^2 \lambda^{-2d}]$ quando $\lambda \to 0$;

(c) a expressão para a fac é bastante complicada mas, em particular, temos que

$$\rho_1 = \frac{(1 + \theta^2)d(2 - d) - 2\theta(1 - d + d^2)}{(1-d)(2-d)\{1 + \theta^2 - 2\theta d/(1-d)\}}$$

e

$$\rho_j = \frac{(-d)!}{(d-1)!} a j^{2d-1}, \quad j \to \infty,$$

em que $a = \frac{(1-\theta^2)}{(1+\theta^2 - 2\theta d/(1-d))}$.

A Figura 11.2 (c) apresenta $N = 100$ observações de um processo ARFIMA $(0, d, 1)$ com $d = 0, 45$ e $\theta = 0, 3$. A Tabela 11.1 (c) e a Figura 11.3 (c) apresentam os valores e os respectivos gráficos das fac e facp amostrais.

Em todos os exemplos citados do processo ARFIMA(p, d, q) podemos notar que o comportamento da função densidade espectral, quando $\lambda \to 0$, indica que para $d > 0$, Z_t é um processo de memória longa, que também pode ser caracterizado pelo decaimento hiperbólico da função de autocorrelação.

Para mais detalhes, veja Hosking (1981) e Granger e Joyeux (1980).

Exemplo 11.4. Finalmente, a Figura 11.2 (d) apresenta $N = 100$ observações de um processo ARFIMA$(1, d, 1)$ com $\phi = 0, 8$, $\theta = 0, 3$ e $d = 0, 45$. A Tabela 11.1 (d) e a Figura 11.3 (d) apresentam os valores e os respectivos gráficos das autocorrelações e autocorrelações parciais.

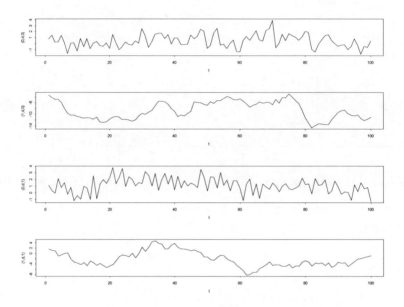

Figura 11.2: Séries **ARFIMA**(p,d,q) **geradas de acordo com os Exemplos 11.1 a 11.4.**

11.3 Identificação

Nesta seção daremos dois exemplos em que os modelos de memória longa podem ser razoáveis.

Exemplo 11.5. Retomemos a série Atmosfera–Umidade, identificada no Exemplo 6.4. Um outro modelo preliminar que pode levar em conta uma possível dependência de memória longa na série é um processo ARFIMA$(0,d,0)$ dado por

$$(1-B)^d Z_t = a_t, \qquad (11.11)$$

11.4. ESTIMAÇÃO DE MODELOS ARFIMA

com $0 < d < 0,5$.

Exemplo 11.6. Voltemos ao Exemplo 6.5, em que identificamos um modelo preliminar AR(3) com θ_0, para a série Poluição: ln(CO). Um outro modelo preliminar, com o objetivo de incorporar o fenômeno de memória longa, é o processo ARFIMA (0,d,0) dado por (11.11).

11.4 Estimação de modelos ARFIMA

Nesta seção vamos estudar dois métodos de estimação do parâmetro d: máxima verossimilhança e estimação semi-paramétrica no domínio da frequência. O parâmetro d também pode ser estimado por métodos semi-paramétricos. Para detalhes, veja Baillie (1996).

11.4.1 Estimação de máxima verossimilhança

A função de verossimilhança de $\mathbf{Z} = (Z_1, \ldots, Z_n)$ proveniente de um processo ARFIMA(p, d, q) pode ser expressa na foram (7.23), isto é,

$$L(\boldsymbol{\eta}, \sigma_a^2) = (2\pi\sigma_a^2)^{-n/2}(r_0 \cdots r_{n-1})^{-1/2} \exp\left[-\frac{1}{2\sigma_a^2} \sum_{j=1}^{n} (Z_j - \hat{Z}_j)^2 / r_{j-1} \right],$$
(11.12)

em que $\boldsymbol{\eta} = (d, \phi_1, \ldots, \phi_p, \theta_1, \ldots, \theta_q)$, $\hat{Z}_j$, $j = 1, \ldots, n$, são as previsões um passo à frente e $r_{j-1} = (\sigma_a^2)^{-1} E(Z_j - \hat{Z}_j)^2$.

Os estimadores de máxima verossimilhança dos parâmetros são dados por

$$\hat{\sigma}_{MV}^2 = n^{-1} S(\hat{\boldsymbol{\eta}}_{MV}),$$
(11.13)

onde

$$S(\hat{\boldsymbol{\eta}}_{MV}) = \sum_{j=1}^{n} (Z_j - \hat{Z}_j)^2 / r_{j-1}$$

e $\hat{\boldsymbol{\eta}}_{MV}$ é o valor de $\boldsymbol{\eta}$ que minimiza

$$\ell(\boldsymbol{\eta}) = \ln(S(\boldsymbol{\eta})|n) + n^{-1} \sum_{j=1}^{n} \ln r_{j-1}.$$

Os estimadores de máxima verossimilhança dos parâmetros são dados por

$$\hat{\sigma}_{MV}^2 = n^{-1} S(\hat{\boldsymbol{\eta}}_{MV}),$$
(11.14)

onde

$$S(\hat{\boldsymbol{\eta}}_{MV}) = \sum_{j=1}^{n} (Z_j - \hat{Z}_j)^2 / r_{j-1}$$

e $\hat{\boldsymbol{\eta}}_{MV}$ é o valor de $\boldsymbol{\eta}$ que minimiza

$$\ell(\boldsymbol{\eta}) = \ln(S(\boldsymbol{\eta})|n) + n^{-1} \sum_{j=1}^{n} \ln r_{j-1}.$$

Tabela 11.1: Fac e facp amostrais dos modelos ARFIMA gerados de acordo com os Exemplos 11.1 a 11.4

lag	(a)		(b)		(c)		(d)	
	acf	pacf	acf	pacf	acf	pacf	acf	pacf
1	0,55	0,35	0,93	0,93	0,09	0,09	0,93	0,93
2	0,48	-0,12	0,82	-0,27	0,30	0,29	0,86	-0,01
3	0,47	0,14	0,69	-0,26	0,31	0,29	0,79	-0,04
4	0,40	0,11	0,55	0,03	0,17	0,08	0,72	-0,03
5	0,39	0,11	0,43	0,00	0,24	0,09	0,66	0,00
6	0,27	-0,01	0,32	-0,01	0,22	0,10	0,60	-0,01
7	0,17	0,01	0,25	0,14	0,16	0,03	0,53	-0,11
8	0,20	-0,01	0,19	-0,01	0,06	-0,13	0,47	0,04
9	0,17	-0,10	0,16	0,02	0,10	-0,08	0,42	0,03
10	0,23	0,01	0,15	-0,02	-0,04	-0,16	0,37	-0,03
11	0,19	0,02	0,14	0,00	0,15	0,10	0,31	-0,14
12	0,09	0,00	0,13	-0,01	-0,04	-0,05	0,24	-0,10
13	0,21	-0,09	0,12	0,03	-0,05	-0,08	0,18	-0,02
14	0,15	-0,06	0,11	-0,04	-0,01	-0,02	0,10	-0,16
15	0,13	0,09	0,09	0,03	-0,01	0,10	0,04	0,08
16	0,08	0,00	0,08	-0,05	0,04	0,13	-0,02	-0,06
17	0,11	0,20	0,06	0,03	0,02	0,07	-0,08	-0,06
18	0,13	-0,17	0,03	-0,11	-0,05	-0,09	-0,12	0,06
19	0,02	0,03	-0,01	-0,13	0,02	0,02	-0,16	0,02
20	0,06	-0,26	-0,06	-0,01	-0,04	-0,06	-0,18	0,04

Entretanto, o cálculo de $\ell(\boldsymbol{\eta})$ é bastante lento. Um procedimento alternativo é considerar uma aproximação para $\ell(\boldsymbol{\eta})$ dada por

$$\ell(\boldsymbol{\eta}) \simeq \ell_*(\boldsymbol{\eta}) = \ln \frac{1}{n} \sum_j \frac{I_n(w_j)}{2\pi f(w_j; \boldsymbol{\eta})}, \qquad (11.15)$$

em que

$$I_n(w_j) = \frac{1}{n} \left| \sum_{t=1}^{n} Z_t e^{-itw_j} \right|^2$$

11.4. ESTIMAÇÃO DE MODELOS ARFIMA

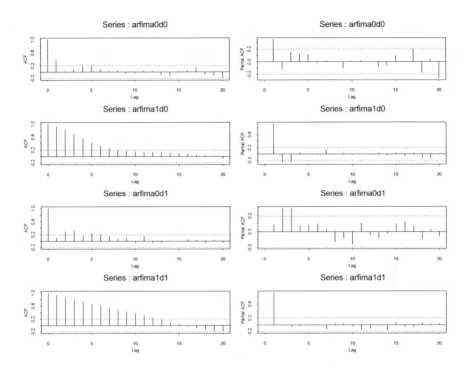

Figura 11.3: Fac e facp amostrais das séries **ARFIMA**(p,d,q) geradas de acordo com os Exemplos 11.1 a 11.4.

é o periodograma dos dados,

$$f(w_j;\boldsymbol{\eta}) = \frac{\sigma_a^2}{2\pi} \frac{|1 - \theta_1 e^{-iw_j} - \cdots - \theta_q e^{-qiw_j}|^2}{|1 - \phi_1 e^{-iw_j} - \cdots - \phi_p e^{-piw_j}|^2} \cdot |1 - e^{-iw_j}|^{-2d}$$

é a função densidade espectral do processo Z_t e $\sum_j$ é a soma sobre todas as frequências de Fourier, $w_j = 2\pi j/n \in (-\pi, \pi]$.

Hannan (1973) e Fox e Taqqu (1986) mostram que:

(i) o estimador $\hat{\boldsymbol{\eta}}_{MV}$ que minimiza (11.15) é consistente;

(ii) se $d > 0$,

$$\hat{\boldsymbol{\eta}}_{MV} \xrightarrow{\mathcal{D}} \mathcal{N}(\boldsymbol{\eta}, n^{-1} A^{-1}(\boldsymbol{\eta})), \tag{11.16}$$

em que $A(\boldsymbol{\eta})$ é uma matriz de ordem $(p+q+1) \times (p+q+1)$ com (j,k)-ésimo elemento dado por

$$A_{jk}(\boldsymbol{\eta}) = \frac{1}{4\pi} \int_{-\pi}^{\pi} \frac{\partial \ln f(\lambda; \boldsymbol{\eta})}{\partial \eta_j} \frac{\partial \ln f(\lambda; \boldsymbol{\eta})}{\partial \eta_k} d\lambda;$$

(iii) a variância σ_a^2 é estimada por

$$\hat{\sigma}_{MV}^2 = \frac{1}{n} \sum_j \frac{I_n(w_j)}{2\pi f(w_j; \hat{\boldsymbol{\eta}}_{MV})}.$$

Exemplo 11.7. Vamos estimar os parâmetros do modelo (11.11), ajustado às séries Atmosfera–Umidade e Poluição: ln (CO), utilizando a biblioteca fracdiff e a função do mesmo nome do R. Obtemos:

(a) Umidade : $\hat{d} = 0,4208$, $\hat{\text{Var}}(\hat{d}) = 1,6 \times e^{-10}$;

(b) $\ln(CO)$: $\hat{d} = 0,4573$, $\hat{\text{Var}}(\hat{d}) = 1,3 \times e^{-12}$.

11.4.2 Método de regressão utilizando o periodograma

Este método para estimação do parâmetro de longa memória foi proposto por Geweke e Porter-Hudak (1983) e se baseia na equação que exibe relação entre a função densidade espectral de um processo ARFIMA(p,d,q) e de um processo ARMA(p,q). Tal equação foi reescrita para que se assemelhasse a uma equação de regressão linear, onde o coeficiente de inclinação é dado por $b = -d$. De uma maneira simplificada o processo de formação desse método é relatado a seguir.

Considere a função densidade espectral do processo Z_t que é um ARFIMA(p,d,q),

$$f_z(\lambda) = |1 - e^{-i\lambda}|^{-2d} f_u(\lambda), \qquad (11.17)$$

em que

$$f_u(\lambda) = \frac{\sigma^2}{2\pi} \frac{|\theta(e^{-i\lambda})|^2}{|\phi(e^{-i\lambda})|^2}$$

é a função densidade espectral do processo

$$U_t = (1 - B)^d Z_t, \qquad (11.18)$$

que é um ARMA(p,q). Multiplicando ambos os lados de (11.17) por $f_u(0)$ e aplicando o logaritmo obtemos

$$\ln f_z(\lambda) = \ln f_u(0) - d \ln |1 - e^{-i\lambda}|^2 + \ln \left(\frac{f_u(\lambda)}{f_u(0)} \right). \qquad (11.19)$$

11.4. ESTIMAÇÃO DE MODELOS ARFIMA

Substituindo λ por $\lambda_j = 2\pi j/n$ e adicionando $\ln(I_z(\lambda_j))$ a ambos os lados de (11.18), em que $I_z(\lambda_j)$ é o periodograma de Z_t (veja o Capítulo 14), temos

$$
\begin{aligned}
\ln I_z(\lambda_j) &= \ln f_u(0) - d\ln\left(4\mathrm{sen}^2\left(\frac{\lambda_j}{2}\right)\right) \\
&\quad + \ln\left(\frac{f_u(\lambda_j)}{f_u(0)}\right) + \ln\left(\frac{I_z(\lambda_j)}{f_z(\lambda_j)}\right).
\end{aligned}
\tag{11.20}
$$

Como veremos, $I_z(\lambda_j)$ é um estimador de $f_z(\lambda_j)$. O termo $\ln(\frac{f_u(\lambda_j)}{f_u(0)})$ pode ser desprezado quando se considerar apenas as frequências λ_j próximas de zero. Assim, podemos reescrever (11.20) como um modelo de regressão linear

$$
Y_j = a - dX_j + \varepsilon_j, \quad j = 1, \ldots, m,
\tag{11.21}
$$

em que

$$
\begin{aligned}
Y_j &= \ln I_z(\lambda_j), \\
X_j &= \ln(4\mathrm{sen}^2(\frac{\lambda_j}{2})), \\
\varepsilon_j &= \ln\left(\frac{I_z(\lambda_j)}{f_z(\lambda_j)}\right), \\
a &= \ln f_u(0) \text{ e } m = n^\alpha, \ \ 0 < \alpha < 1.
\end{aligned}
$$

A relação linear (11.21) sugere a utilização de um estimador de mínimos quadrados para d, isto é,

$$
\hat{d}_{MQ} = -\frac{\sum_{i=1}^{m}(X_i - \overline{X})(Y_i - \overline{Y})}{\sum_{i=1}^{m}(X_i - \overline{X})^2}.
\tag{11.22}
$$

Geweke e Porter-Hudak (1983) demonstram que

$$
\hat{d}_{MQ} \xrightarrow{\mathcal{D}} \mathcal{N}\left(d, \frac{\pi^2}{6\sum_{i=1}^{m}(X_i - \overline{X})^2}\right),
$$

em que $m = g(n) = cT^\alpha$, $0 < \alpha < 1$ e c uma constante qualquer.

Estimando d por meio de (11.21) podemos, agora, identificar e estimar os parâmetros do processo livre de componente de longa memória, $U_t = (1-B)^d Z_t$. Para isso utilizamos o seguinte procedimento:

(i) Calcule a transformada discreta de Fourier da série original Z_t,

$$
d_Z(\lambda_i) = \sum_{t=1}^{n} Z_t e^{-\lambda_i t}, \quad \lambda_i = \frac{2\pi i}{n}, \ i = 0, \ldots, n-1.
$$

296 CAPÍTULO 11. PROCESSOS COM MEMÓRIA LONGA

(ii) Calcule

$$d_U(\lambda_i) = (1 - e^{-i\lambda_i})^{\hat{d}_{MQ}} d_Z(\lambda_i), \quad i = 0, \ldots, n-1.$$

Demonstra-se (veja Brockwell e Davis, 1991) que $d_U(\lambda_i)$ é, aproximadamente, a transformada de Fourier da série filtrada $U_t = (1 - B)^{\hat{d}_{MQ}} Z_t$.

(iii) Calcule a transformada inversa de Fourier

$$\tilde{U}_t = \frac{1}{n} \sum_{j=0}^{n-1} e^{iw_j t} d_U(\lambda_j),$$

em que $\tilde{U}_t$ é uma estimativa da série livre da componente de longa memória, U_t.

(iv) Utilize as fac e facp de $\tilde{U}_t$ para identificar os parâmetros p e q.

(v) Estime os parâmetros $\phi_1, \ldots, \phi_p$, $\theta_1, \ldots, \theta_q$, σ_a^2 e d, conjuntamente, utilizando o método de máxima verossimilhança, mencionado na seção anterior.

A vantagem da utilização desse procedimento é que podemos estimar d sem conhecer os valores de p e q. À série $\tilde{U}_t$ podemos aplicar as ferramentas de identificação adequadas aos processos ARMA(p, q) e, finalmente, utilizar o método de máxima verossimilhança para estimar todos os parâmetros do modelo ARFIMA de ordem (p, d, q).

Exemplo 11.8. Vamos ajustar um modelo de memória longa à série Atmosfera–Umidade, com 358 observações, utilizando o método de Geweke e Porter-Hudak. O Quadro 11.1 apresenta a estimação dos parâmetros de memória longa com o SPlus; o valor obtido foi $\hat{d}_{MQ} = 0,4488$. A estimação também pode ser feita utilizando a função fdGPH da biblioteca fracdiff do R.

Para verificar se o modelo ARFIMA $(0, d, 0)$ é adequado, temos que aplicar o filtro $(1 - B)^{0,4488}$ à série de Umidade corrigida pela média $(Z_t - \overline{Z}_t)$ e verificar se a série filtrada tem um comportamento de ruído branco. Caso isto não ocorra, utilizamos as informações das fac e facp da série filtrada para modificar o modelo (11.11). A série filtrada pode ser obtida utilizando a função deffseries da biblioteca fracdiff.

A Figura 11.4 apresenta a série livre de componente de longa memória $(\tilde{U}_t)$ bem como suas funções de autocorrelação e autocorrelação parcial. Analisando o comportamento dessas funções, podemos perceber que r_1 e r_2 têm valores que indicam a significância de ρ_1 e ρ_2, com um nível de 5%. Podemos notar, também, várias autocorrelações parciais estimadas fora do intervalo de confiança, sendo que

11.4. ESTIMAÇÃO DE MODELOS ARFIMA

a maior delas ocorre no lag 1. Assim, decidimos modificar o modelo proposto, indicando um modelo ARFIMA$(1, d, 2)$, isto é,

$$(1 - B)^d(1 - \phi_1 B)(Z_t - \overline{Z}) = (1 - \theta_1 B - \theta_2 B^2)a_t. \qquad (11.23)$$

Quadro 11.1: Estimação inicial do parâmetro de memória longa da série Atmosfera–Umidade utilizando o método do periodograma.

Coefficients	Value	Std. Error	t value	$Pr(> |t|)$
Intercept	2.5559	0.8911	2.8681	0.0112
X	-0.4488	0.2056	-2.1824	0.0433

Residual standard error: 1.358 on 16 degrees of freedom
Multiple R-Squared: 0.2294
F-statistics: 4.763 on 1 and 16 degrees of freedom, p-value 0.04433
Correlation of Coefficients: 0.933

A estimação do modelo (11.23) é feita utilizando o R. O Quadro 11.2 apresenta os resultados do ajustamento. Podemos notar que os parâmetros d, ϕ_1 e θ_2 são significantemente diferentes de zero o que não ocorre com θ_1. Entretanto, é impossível, devido a restrições do R, quando estima modelos de longa memória, eliminar somente θ_1 do modelo. Assim, um modelo de longa memória para a série Umidade - é dado por

$$(1 - 0,6173B)(1 - B)^{0,0406}(Z_t - 81,24) = (1 - 0,0446B - 0,2170B^2)a_t, \quad (11.24)$$

com ln(verossimilhança) $= -1188,57$.

Exemplo 11.9. Ajustaremos, agora, um modelo de memória longa à série ln(CO).

O Quadro 11.3 apresenta a estimação do parâmetro de longa memória utilizando o método de regressão; o valor obtido foi $\hat{d}_{MQ} = 0,4126$. Vamos ignorar a "não significância" do parâmetro d (nível descritivo igual a 0,0979) pois o estimador utilizado é apenas um estimador inicial. Aplicando o filtro $(1 - B)^{0,4126}$ à série ln(CO) corrigida pela média, obtemos os resultados que são apresentados na Figura 11.5. A análise das funções de autocorrelação e autocorrelação parcial estimadas da série filtrada apresentam valores de $\hat{\phi}_{11}$ e $\hat{\phi}_{22}$ fora do intervalo de confiança, indicando a significância de ϕ_{11} e ϕ_{22}. Por outro lado, a função de autocorrelação amostral estimada apresenta, na pior das hipóteses, valores de r_j próximos dos limites de confiança.

Assim, indicamos um modelo ARFIMA(2,d,0), isto é,

$$(1 - B)^d(1 - \phi_1 B - \phi_2 B^2)(Z_t - \overline{Z}_t) = a_t. \tag{11.25}$$

A estimação do modelo (11.24) é feita utilizando o R e a função fracdiff. O Quadro 11.4 apresenta os resultados do ajustamento.

Podemos notar que todos os parâmetros são significantemente diferentes de zero. Dessa maneira, o modelo de longa memória para a série ln(CO) é dado por

$$(1 - B)^{0,2806}(1 - 0,4031B + 0,2302B^2)(Z_t - 1,2192) = a_t, \tag{11.26}$$

com ln(verossimilhança) $= -83, 68$.

11.5   Previsão de modelos ARFIMA

Considere o processo ARFIMA(p, d, q) estacionário e invertível,

$$\phi(B)(1 - B)^d Z_t = \theta(B)a_t, \quad -0, 5 < d < 0, 5. \tag{11.27}$$

Podemos reescrever o processo na forma de choques aleatórios,

$$Z_t = \sum_{j=0}^{\infty} \psi_j a_{t-j} \tag{11.28}$$

e na forma invertida

$$\sum_{j=0}^{\infty} \pi_j Z_{t-j} = a_t, \tag{11.29}$$

onde

$$\sum_{j=0}^{\infty} \psi_j B^j = \theta(B)\phi^{-1}(B)(1 - B)^{-d}$$

e

$$\sum_{j=0}^{\infty} \pi_j B^j = \phi(B)\theta^{-1}(B)(1 - B)^d.$$

Assim, podemos fazer previsões de valores futuros do processo Z_t, utilizando as equações (11.27) ou (11.28) e as expressões (9.15) ou (9.16). A variância do erro de previsão, também é dada por (9.11).

Uma outra forma de reescrever (11.26) é a da equação de diferenças

$$\varphi(B)Z_t = \theta(B)a_t \tag{11.30}$$

em que $\varphi(B) = \phi(B)(1-B)^d = \phi(B)D(B)$ e $D(B) = 1 - d_1 B - d_2 B^2 - \cdots$ é um polinômio em B, com coeficientes dados por

$$d_j = \frac{-\Gamma(j-d)}{\Gamma(j+1)\Gamma(-d)} = \prod_{0<k\leq j} \frac{k-1-d}{k}, \quad j=0,1,2,\ldots \tag{11.31}$$

e $\Gamma(\cdot)$ é a função gama, dada por

$$\Gamma(x) = \begin{cases} \int_0^\infty t^{x-1} e^{-t} dt, & x > 0, \\ \infty, & x = 0, \\ x^{-1}\Gamma(1+x), & x < 0. \end{cases}$$

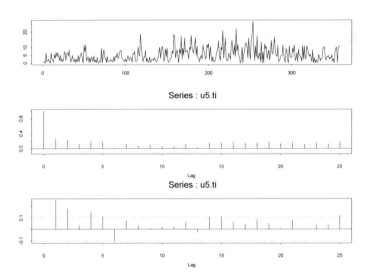

Figura 11.4: Série Umidade livre da componente de longa memória, fac e facp da série filtrada.

Utilizando (11.29) e as expressões (9.13) e (9.14), podemos fazer previsões para a série de memória longa Z_t.

Note que $D(B)$ é um polinômio de ordem infinita. Na prática, quando temos uma série com n observações, utilizamos somente os L primeiros termos desse polinômio, $L < n$.

Para mais detalhes, ver Brockwell e Davis (1991).

CAPÍTULO 11. PROCESSOS COM MEMÓRIA LONGA

Quadro 11.2: Ajustamento do modelo $\text{ARFIMA}(1, d, 2)$
à série Umidade.

	d	ar	ma1	ma2
	0.04063943	0.61728843	0.04465262	0.21697069

mean=   81.24

covariance   matrix

	d	ar1	ma1	ma2
d	0.0002247960	-0.000521802	-0.0001581272	0.0001250582
ar1	-0.0005218024	0.0220447422	0.0192348811	0.0082131160
ma1	-0.0001581272	0.0192348811	0.0197834463	0.0092556616
ma2	0.0001250582	0.0082131160	0.0092556616	0.0073941094

log likelihood =   -1188.566

Quadro 11.3: Estimação inicial do parâmetro de longa
memória da série $\ln(\text{CO})$ pelo método do periodograma.

Coefficients	Value	Std. Error	t value	$Pr(> |t|)$
Intercept	-3.5864	1.0173	-3.5255	0.0028
X	-0.4126	0.2347	-1.7578	0.0979

Residual standard error: 1.55 on 16 degrees of freedom
Multiple R-Squared: 0.1619
F-statistics: 3.09 on 1 and 16 d.f's, p-value 0.09789
Correlation of Coefficients:0.9333

11.5. *PREVISÃO DE MODELOS ARFIMA*   301

Quadro 11.4: Ajustamento do modelo ARFIMA$(2, d, 0)$ à série ln(CO).			
Coefficients	d	ar1	ar2
	0.2805585	0.4030977	-0.2302370
mean =	1.2192		
covariance matrix			
	d	ar1	ar2
d	1.103547e-06	-9.602997e-07	-2.884200e-07
ar1	-9.602997e-07	2.516002e-03	-7.878681e-04
ar2	-2.884200e-07	-7.878681e-04	2.536703e-03
log likelihood =	-83.68124		

Exemplo 11.10. Vamos calcular as previsões para a série Umidade, no período de 25 a 31 de dezembro de 1997, com origem em 24 de dezembro ($t = 358$), utilizando o modelo (11.23).

Para calcularmos as previsões de Z_t, vamos reescrever (11.23) na forma (11.29) com

$$
\begin{aligned}
\varphi(B) &= (1 - 0,6173B)(1 - B)^{0,0406} \\
&= (1 - 0,6173B)(1 - d_1 B - d_2 B - \cdots) \\
&= 1 - \varphi_1 B - \varphi_2 B^2 - \cdots
\end{aligned}
$$

com coeficientes d_j dados pela expressão (11.30).

Utilizamos o valor $L = 50$ para truncar o polinômio $\varphi(B)$. Os coeficientes desse polinômio estão na Tabela 11.2.

Assim, o modelo utilizado para fazer previsões é um modelo ARMA(50,2). Os valores dessa previsão, com origem em 24/12/97, $\hat{Z}_{358}(h)$, $h = 1, 2, \ldots, 7$, estão na Tabela 11.3. As variâncias dos erros de previsão, necessárias para a construção dos intervalos de confiança, foram calculadas com o auxílio do **S-PLUS** e estão na última coluna da Tabela 11.3.

Comparando os EQMP$_{358}$, que aparecem nas Tabelas 9.4 e 11.3, podemos concluir que o modelo de memória longa (expressão (11.23) fornece previsões

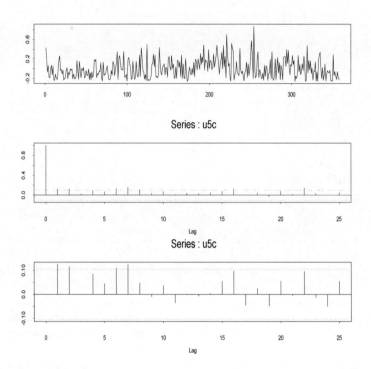

Figura 11.5: Série ln(CO) livre da componente de longa memória, fac e facp da série filtrada.

melhores que o modelo AR(15) (expressão (8.23)).

A representação gráfica das previsões do modelo de longa memória (11.23) encontra-se na Figura 11.6.

11.6 Problemas

1. Mostre que um processo ARFIMA $(0, d, 0)$ com $-0,5 < d < 0,5$ tem representação nas formas $Z_t = \psi(B)a_t$ e $\pi(B)Z_t = a_t$, com pesos dados por

$$\psi_k = \frac{(k+d-1)!}{k!(d-1)!} \quad \text{e} \quad \pi_k = \frac{(k-d-1)!}{k!(-d-1)!},$$

respectivamente.

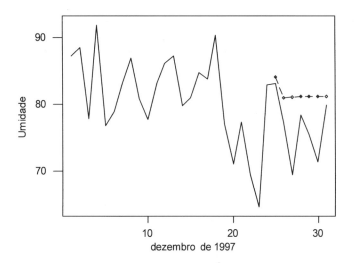

Figura 11.6: Previsões (linha tracejada) para a série Umidade, com origem em 24/12/97, a partir do modelo ARFIMA(p, d, q) dado pela expressão (11.23).

2. Considere um processo ARFIMA $(0, d, 0)$, com $d = 0,43$. Represente graficamente os pesos ψ_k e π_k, k=1,2,3,..., encontrados usando o problema anterior.

3. Considere um processo ARFIMA $(0, d, 0)$. Mostre que a função densidade espectral é dada por (11.7)(Sugestão: utilize as propriedades de filtros lineares).

4. Considere a série Temperatura: Ubatuba.

   (a) Verifique se existe necessidade de uma transformação na série a fim de estabilizar sua variância.

   (b) Verifique a necessidade de tomar diferenças com o objetivo de tornar a série estacionária.

   (c) Após as transformações adequadas, identifique um modelo ARFIMA $(0, d, 0)$ estimando d através do método de regressão.

5. Deduza a expressão da função densidade espectral de um processo ARFIMA$(0, d, 1)$ estacionário e invertível.

CAPÍTULO 11. PROCESSOS COM MEMÓRIA LONGA

6. Mostre que a função densidade espectral de um processo ARFIMA$(1, d, 0)$ estacionário de invertível é dada por

$$f(\lambda) = \frac{[2\mathrm{sen}(0,5\lambda)]^{-2d}}{1 + \phi^2 - 2\cos\lambda}$$

e que

$$f(\lambda) \approx \frac{\lambda^{-2d}}{(1 - \phi)^2}, \quad \lambda \to 0.$$

Tabela 11.2: Coeficientes do polinômio $\varphi(B)$ (truncado em $L = 50$), do modelo de memória longa, expressão (11.23), ajustado à série Umidade.

[1]	0.6577000000	-0.0055784400	0.0007017787	0.0015614177	0.0016448754
[6]	0.0015610455	0.0014429288	0.0013258764	0.0012193481	0.0011250135
[11]	0.0010421404	0.0009693547	0.0009052337	0.0008484952	0.0007980406
[16]	0.0007529486	0.0007124516	0.0006759117	0.0006427970	0.0006126627
[21]	0.0005851349	0.0005598978	0.0005366834	0.0005152627	0.0004954395
[26]	0.0004770447	0.0004599318	0.0004439732	0.0004290578	0.0004150878
[31]	0.0004019773	0.0003896504	0.0003780397	0.0003670852	0.0003567335
[36]	0.0003469368	0.0003376519	0.0003288402	0.0003204669	0.0003125003
[41]	0.0003049117	0.0002976752	0.0002907670	0.0002841655	0.0002778509
[46]	0.0002718050	0.0002660112	0.0002604542	0.0002551198	0.0002499952

7. Simule $N = 1000$ observações (Z_t) de um processo ARFIMA$(1, d, 0)$, com $\phi = 0,6$ e $d = 0,45$.

   (a) Faça um gráfico dos dados simulados e comente.

   (b) Calcule as fac e facp amostrais e comente.

   (c) Estime os parâmetros do modelo, testando a significância de cada um deles.

   (d) Ajuste um modelo ARMA a $X_t = (1 - B)Z_t$.

   (e) Compare o ajustamento dos modelos ARFIMA (item (c)) e ARMA (item (d)).

11.6. PROBLEMAS

8. Considere a série de vazões do Rio Paranaíba (Z_t), medida na Estação 3 – Gamela e dada na Tabela 11.4.

   (a) Calcule as funções de autocorrelação e autocorrelação parcial amostrais e comente.

   Tabela 11.3:   Previsão para a série Umidade, com origem em $t = 358$, utilizando o modelo de memória longa, dado pela expressão (11.23).

h	$\hat{Z}_{t+h}(-)$	$\hat{Z}_t(h)$	$\hat{Z}_{t+h}(+)$	Z_{t+h}	$e_t(h)$	$\hat{V}_Z(h)$
1	70,37	84,10	97,83	83,12	-0,98	49,00
2	64,90	81,00	97,10	77,15	-3,85	64,40
3	64,78	81,07	97,36	69,42	-11,65	69,06
4	64,76	81,13	97,50	78,35	-2,78	69,72
5	64,78	81,18	97,58	75,47	-5,71	70,06
6	64,79	81,21	97,63	71,41	-9,80	70,07
7	64,80	81,23	97,66	79,94	-1,29	70,22

$\text{EQMP}_{358} = 41,36$

   (b) Faça o teste de periodicidade de Fisher para comprovar a existência de um período anual (Veja a Seção 14.5).

   (c) Aplique a transformação $X_t = (1 - B^{12})Z_t$ a fim de eliminar a componente sazonal determinística da série.

   (d) Identifique um modelo de memória longa para a série X_t, utilizando o método de regressão (seção 11.4.2).

   (e) Utilizando os itens (c) e (d), identifique um modelo de memória longa à série Z_t.

9. Refaça o Problema 4 utilizando a série Poluição–NO_2.

10. Estime o modelo de memória longa da série de vazões do rio Paranaíba, identificado no Problema 8. Faça uma análise residual para verificar a adequação do modelo e, caso necessário, faça as modificações necessárias.

11. Utilize o modelo ajustado no Problema 10 para fazer previsões, a partir da última observação, das vazões do rio Paranaíba, considerando $h = 1, 2, \ldots, 12$.

CAPÍTULO 11. PROCESSOS COM MEMÓRIA LONGA

12. Ajuste um modelo SARIMA à série de vazões do rio Paranaíba (Tabela 11.4). Compare esse modelo com aquele de memória longa ajustado no Problema 10. Comente os resultados.

13. Estime o modelo de memória longa ajustado à série Poluição–NO_2, identificado no Problema 9. Verifique se o modelo é adequado e, caso necessário, faça as modificações necessárias para torná-lo adequado. Utilize o modelo final para fazer previsões até 12 passos à frente. Faça um gráfico da série original e das previsões obtidas.

Tabela 11.4: Vazões históricas mensais do rio Paranaíba, Estação Gamela (Companhia Furnas).

Ano	Jan	Fev	Mar	Abr	Mai	Jun	Jul	Ago	Set	Out	Nov	Dez
1955	202	183	129	198	68	51	41	30	26	48	78	405
1956	238	163	271	113	131	106	67	46	46	36	145	282
1957	489	389	458	465	231	148	108	86	69	62	92	254
1958	242	305	195	139	108	81	67	54	50	64	51	49
1959	206	136	211	102	65	51	40	33	27	45	95	81
1960	222	310	260	153	101	73	58	43	34	37	122	264
1961	602	568	384	199	172	108	83	68	48	40	57	95
1962	333	374	396	150	136	95	75	62	62	56	82	541
1963	377	278	163	106	77	62	47	40	32	29	42	42
1964	203	234	121	104	77	49	43	35	29	56	97	207
1965	343	473	508	242	145	107	85	71	57	74	148	305
1966	667	499	285	233	144	111	86	65	54	129	184	362
1967	444	403	307	189	128	97	77	61	53	51	119	317
1968	305	288	272	148	103	79	65	56	54	69	74	187
1969	147	146	125	92	67	51	42	36	32	54	236	280
1970	487	404	251	164	109	84	70	55	58	74	82	85
1971	57	57	91	59	39	37	30	27	30	55	92	344
1972	19	201	172	145	82	66	61	49	39	113	218	194
1973	253	225	230	264	134	101	79	62	51	87	139	147
1974	167	110	250	225	126	92	72	59	45	57	44	113
1975	229	192	104	116	72	53	52	40	32	53	95	102

Fonte: Companhia Energética de São Paulo (CESP).

14. Ajuste um modelo ARIMA à série Poluição–NO_2. Compare esse modelo com o modelo de longa memória ajustado no Problema 13. Comente os resultados.

CAPÍTULO 12

Análise de intervenção

12.1 Introdução

Por uma *intervenção* entendemos a ocorrência de algum tipo de evento em dado instante de tempo T, conhecido *a priori*. Tal ocorrência pode manifestar-se por um intervalo de tempo subsequente e que afeta temporariamente, ou permanentemente, a série em estudo. A análise de intervenção tem por objetivo avaliar o impacto de tal evento no comportamento da série.

Usualmente, as séries indicadoras de intervenções podem ser representadas por dois tipos de variáveis binárias:

(a) função degrau ("step function")

$$X_{j,t} = S_t^{(T)} = \begin{cases} 0, & t < T, \\ 1, & t \geq T; \end{cases} \tag{12.1}$$

(b) função impulso

$$X_{j,t} = I_t^{(T)} = \begin{cases} 0, & t \neq T, \\ 1, & t = T. \end{cases} \tag{12.2}$$

No caso da função (12.1), o efeito da intervenção é permanente após o instante T ao passo que, para a função (12.2), o efeito é temporário.

Uma classe geral de modelos, que leva em conta a ocorrência de múltiplas intervenções, é dada por

$$Z_t = \sum_{j=1}^{k} v_j(B) X_{j,t} + N_t \tag{12.3}$$

em que

- $X_{j,t}$, $j = 1, 2, \ldots, k$, são variáveis de intervenção do tipo (12.1) ou (12.2);

308 CAPÍTULO 12. ANÁLISE DE INTERVENÇÃO

- $v_j(B)$, $j = 1, \ldots, k$, são funções racionais da forma $\frac{\omega_j(B)B^{b_j}}{\delta_j(B)}$, onde

$$\omega_j(B) = \omega_{j,0} - \omega_{j,1}B - \cdots - \omega_{j,s}B^s \text{ e } \delta_j(B) = 1 - \delta_{j,1}B - \cdots - \delta_{j,r}B^r$$

são polinômios em B, b_j é a defasagem no tempo para o início do efeito da j-ésima intervenção e

- N_t é a série temporal livre do efeito das intervenções e é denominada série residual.

O modelo da série residual é um modelo SARIMA representado de forma geral por

$$\varphi(B)N_t = \theta(B)a_t \tag{12.4}$$

e identificado utilizando os procedimentos citados nos Capítulos 6 e 10 e os valores da série temporal Z_t antes da ocorrência de intervenções.

Em geral, o efeito de uma intervenção é mudar o nível da série ou, então, a inclinação. Entretanto, há três fontes de "ruídos" que podem obscurecer o efeito da intervenção:

(i) tendência;

(ii) sazonalidade e

(iii) erro aleatório.

O fato de existir tendência numa série pode levar a falsas conclusões. De fato, se esta existir e uma intervenção ocorrer no instante T, o fato do nível pós-intervenção ser maior do que o nível pré-intervenção pode ser devido simplesmente à tendência. A utilidade dos modelos SARIMA é que os três elementos citados anteriormente são levados em conta quando a componente residual N_t de (12.3) é modelada.

12.2 Efeitos da intervenção

Uma intervenção pode afetar uma série temporal de interesse de várias maneiras.

Na sua manifestação, ela pode ser *abrupta* ou *residual*; na sua duração, pode ser *permanente* ou *temporária*. Os tipos mais comuns de efeitos de uma intervenção estão resumidos na Figura 12.1 (Glass et al., 1975, McDowall et al., 1980).

Pode haver, também, mudança na variabilidade da série, após a intervenção, bem como um efeito de evolução pode aparecer: a série decai inicialmente e depois retoma o crescimento, até atingir um novo nível.

12.2. EFEITOS DA INTERVENÇÃO

Para cada efeito de intervenção tem-se uma forma apropriada para a função de transferência $v_i(B)$ de (12.3). Consideremos, por simplicidade, o caso de uma única função de transferência,

$$Z_t = v(B)X_t + N_t, \tag{12.5}$$

com $v(B) = \frac{\omega(B)}{\delta(B)}$.

A Figura 12.2 mostra algumas formas de $v(B)$, para X_t da forma (12.1) ou (12.2) (ver Pack, 1977, e Box et al., 1994).

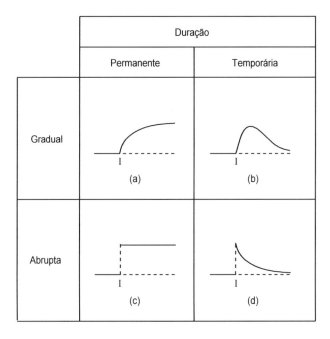

Figura 12.1: Efeitos da intervenção.

Para os casos da Figura 12.2 chamemos $u_t = v(B)X_t$. Então temos os casos:

(a) Suponha $u_t = \begin{cases} 0, & t < T, \\ \omega_0, & t \geq T \end{cases}$

e obtemos a situação (a) da Figura 12.1, isto é, um efeito permanente, após um início abrupto (imediato) de mudança de nível.

310   *CAPÍTULO 12. ANÁLISE DE INTERVENÇÃO*

(b) Neste caso, $u_t = \begin{cases} 0, & t \neq T, \\ \omega_0, & t = T, \end{cases}$

de modo que tem-se uma mudança do nível da série apenas no instante T.

(c) Aqui, $v(B) = \frac{\omega_0}{1-\delta B}$, $Z_t = \delta Z_{t-1} + \omega_0 X_t + N_t$. Segue-se que

$$u_t = \begin{cases} 0, & t < T, \\ \omega_0 \sum_{j=0}^{k} \delta^j, & t = T + k,\ k = 0, 1, 2, \dots \end{cases}$$

de modo que $u_t \to \omega_0/(1-\delta)$, quando $t \to \infty$, e tem-se uma manifestação gradual da intervenção, com duração permanente, até atingir a assíntota $\omega_0/(1-\delta)$. É o caso (c) da Figura 12.1.

(d) Se $u_t = \begin{cases} 0, & t < T, \\ \delta^k \omega_0, & t = T + k,\ k = 0, 1, 2, \dots, \end{cases}$

então a série muda abruptamente de nível, sendo ω_0 o valor da mudança, e depois decai exponencialmente para zero. É o caso (d) da Figura 12.1.

(e) Aqui, $\delta = 1$ e após a intervenção o modelo torna-se não estacionário: $Z_t = Z_{t-1} + \omega_0 X_t + N_t$ e

$$u_t = \begin{cases} 0, & t < T, \\ (k+1)\omega_0, & t = T + k,\ k = 0, 1, 2, 3, \dots. \end{cases}$$

Esta situação, não explicitada na Figura 12.1, corresponde a uma mudança de direção da série, apresentando uma tendência determinística a partir do instante T.

(f) Neste caso, $u_t = \begin{cases} 0, & t < T, \\ \omega_0, & t \geq T \end{cases}$

e obtemos novamente a situação (c) da Figura 12.1.

Observe que em todas as situações apresentadas na Figura 12.2 o valor do parâmetro de atraso é $b = 0$. A alteração que teremos quando $b > 0$ é que o efeito da intervenção ocorrerá no instante $T+b$, no caso (b), e a partir (inclusive) do instante $T + b$ para os demais casos.

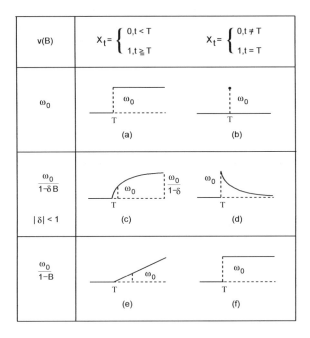

Figura 12.2: Estrutura da função de transferência.

12.3 Exemplos de intervenção

Nesta seção apresentaremos alguns trabalhos que utilizaram a técnica da análise de intervenção. Não temos a intenção de ser exaustivos mas tão somente ilustrar situações onde a técnica foi utilizada com sucesso.

A utilidade da análise de intervenção pode se manifestar nas mais diversas áreas: ciências sociais e políticas, economia, sociologia, história, psicologia, meio ambiente etc.

As primeiras propostas de tal tipo de análise parecem ter sido feitas na área de ciências sociais, com Campbell (1963) e Campbell e Stanley (1966), que introduziram a noção de *quase-experimentos* com séries temporais. Eles estavam interessados em avaliar o impacto de uma intervenção num processo social. O termo *intervenção* foi introduzido por Glass (1972), baseado no artigo de Box e Tiao (1965). Uma exposição detalhada sobre intervenção é dada por Glass et al. (1975).

312   CAPÍTULO 12.   ANÁLISE DE INTERVENÇÃO

12.3.1   Intervenção e meio-ambiente

Tiao et al. (1975) usaram análise de intervenção para avaliar o impacto de certas medidas sobre a poluição em Los Angeles, no período de janeiro de 1955 a dezembro de 1972. Tais medidas incluiram a abertura, em 1960, da Golden State Freeway, que poderia ter influências benéficas sobre o nível de poluentes, bem como a introdução de regulamentações que reduziram a proporção de hidrocarbonetos na gasolina vendida em Los Angeles. Entre 1966 e 1970 apareceram, também, leis regulando a emissão de poluentes pelos novos veículos produzidos.

Uma outra aplicação a dados de poluição em New Jersey foi feita por Ledolter et al. (1978). Ver também Box e Tiao (1975) e Reinsel et al. (1981).

12.3.2   Intervenção e leis de trânsito

Bhattacharyya e Layton (1979) analisaram o efeito da introdução de legislação sobre o uso de cinto de segurança em automóveis, no estado de Queensland (Austrália), sobre o número de mortes por acidentes rodoviários. As intervenções ocorreram em três anos, a saber: (I_1) em 01-01-1969 tornou obrigatória a instalação de cintos dianteiros em veículos novos; (I_2) em 01-01-1971, a instalação de cintos dianteiros e traseiros foi considerada obrigatória. Mas em ambos os casos, o uso dos cintos era voluntário; (I_3) em 01-01-1972, o uso de cintos foi considerado obrigatório, se eles tivessem sido instalados previamente nos veículos. Multas foram impostas a quem não cumprisse a lei. Os dados consistiam de observações trimestrais sobre mortes em acidentes rodoviários em Queensland, de 01-1950 a 04-1976.

Outras aplicações nesta área são os artigos de Campbell e Ross (1968), Glass (1968) e Ross et al. (1970).

12.3.3   Intervenção e previsão de vendas

A série de vendas do medicamento fabricado por Lydia E. Pinkham foi analisada por muitos autores, notadamente com o objetivo de determinar a relação desta série com a de gastos com propaganda. Resenhas destes trabalhos foram feitas por Pereira et al. (1989) e Pollay (1979). Ver também Bhattacharyya (1982). Pack (1977) utilizou análise de intervenção para avaliar o efeito da propaganda nas vendas. Os dados compreendiam 78 observações de janeiro de 1954 a junho de 1960, para as séries de venda e propaganda.

12.3.4   Intervenção e epidemiologia

Saboia (1976) analisa a série de índices de mortalidade infantil do município de São Paulo e tem por objetivo verificar a influência do poder aquisitivo das

12.3. EXEMPLOS DE INTERVENÇÃO

famílias sobre esta série. Verifica-se que o salário mínimo real apresenta um acréscimo considerável entre 1952 e 1957, estabilizando-se em 1961. A partir de 1962 sofre uma queda devida à inflação e, a partir de 1964, à política de controle salarial e inflacionário.

12.3.5 Intervenção e economia agrícola

Pino e Morettin (1981) aplicam a análise de intervenção para avaliar o impacto de variações climáticas e medidas de política agrícola sobre séries de produção e produtividade de leite no estado de São Paulo e sobre séries de produção e preço de café no Brasil.

Vários fatores afetaram a produção e a produtividade de leite na década de 70: (a) preços desestimulantes forçaram produtores ineficientes e eventuais a sair do mercado; (b) bons preços da carne levaram pecuaristas de corte a usar leite como alimento de bezerros, diminuindo sua participação na produção de leite; (c) geadas afetaram pastagens em alguns anos, prejudicando a alimentação do gado; (d) a maior rentabilidade de outros setores (como as culturas da soja e cana-de-açúcar) levou produtores a abandonar a atividade leiteira (Pino, 1980). O efeito destes fatores parece ter sido a diminuição do número de produtores, o aumento da produtividade média no estado a partir de 1976/1977 e a ligeira diminuição seguida de pequeno aumento na produção.

12.3.6 Outras referências

Ledolter et al. (1978) estudaram dados de poluição atmosférica em New Jersey e verificaram o efeito de vários eventos: leis regulando a emissão de CO, crise de energia em 1973, etc.

Hipel et al. (1975) estudaram o efeito da construção da represa de Assuã no Egito sobre a vazão do rio Nilo. Aplicações análogas foram feitas por Hipel et al. (1977) e D'Astous e Hipel (1979).

Neves e Franco (1978) estudaram o efeito do depósito compulsório, instituído em junho de 1976, sobre o movimento mensal de passageiros das linhas aéreas entre o Brasil e a Europa, de 1/70 a 3/77.

Cunha (1997) estudou a relação de causalidade entre séries de consumo, renda e juros e, para tanto, usou análise de intervenção para modelar as séries, que sofreram os efeitos dos diversos planos econômicos instituídos no Brasil a partir de 28 de fevereiro de 1986 (Plano Cruzado).

Enders e Sandler (1993) estudaram a eficácia de políticas de antiterrorismo por meio de uma análise de intervenção usando modelos autorregressivos vetoriais.

314 CAPÍTULO 12. ANÁLISE DE INTERVENÇÃO

Chareka et al. (2006) introduziram um teste para valores atípicos aditivos em séries temporais com memória longa.

Santos et al. (2010) compararam as abordagens clássica e bayesiana na análise de intervenção.

12.4 Estimação e teste

Suponha que temos $N = N_1 + N_2$ observações de uma série temporal X_t, com N_1 anteriores à ocorrência de uma intervenção e N_2 posteriores. Se as observações fossem independentes, supondo-se $X_1, \ldots, X_{N_1} \sim \mathcal{N}(\mu_1, \sigma^2)$ e $X_{N_1+1}, \ldots, X_N \sim \mathcal{N}(\mu_2, \sigma^2)$, então poderíamos testar a hipótese $H_0 : \delta = \delta_0$, onde $\delta = \mu_2 - \mu_1$, usando a estatística

$$\frac{\overline{X}_1 - \overline{X}_2 - \delta}{S\sqrt{\frac{1}{N_1} + \frac{1}{N_2}}},$$

onde $\overline{X}_1$ e $\overline{X}_2$ são as médias amostrais das duas sub-séries e S é a estimativa de σ. A estatística tem distribuição t de Student, sob H_0.

Contudo, as observações de uma série temporal são usualmente correlacionadas e a série pode ser não estacionária, apresentando tendências e/ou componentes sazonais. Logo, o procedimento sugerido não pode ser aplicado.

O que fazemos, então, para testar os efeitos de intervenções é utilizar a teoria desenvolvida anteriormente, para estimar os parâmetros do modelo de FT que inclui variáveis indicadoras, descrevendo eventos que ocasionam intervenções. A significância estatística dos parâmetros correspondentes a estas variáveis indicará se o efeito da intervenção foi significativo.

Box e Tiao (1976) sugerem o seguinte procedimento alternativo para testar intervenções:

(a) Identificamos e estimamos um modelo estocástico para a parte da série anterior à intervenção.

(b) Usamos este modelo para fazer previsões dos valores posteriores à intervenção; estas previsões são comparadas com os valores reais para avaliar o efeito da intervenção.

(c) Calculamos funções apropriadas dos erros de previsões, que possam indicar possíveis mudanças no modelo postulado.

Para um modelo ARIMA escrito na forma de choques aleatórios

$$Z_t = \sum_{j=0}^{\infty} \psi_j a_{t-j}, \quad \psi_0 = 1,$$

12.5. VALORES ATÍPICOS

considere a estatística

$$Q = \sum_{j=1}^{m} a_j^2 / \sigma_a^2, \tag{12.6}$$

onde $a_j = e_{t-1}(1) = Z_j - \hat{Z}_{t-1}(1)$, $j = 1, \ldots, m$, são os erros de previsão a um passo e m é o comprimento do período pós-intervenção. Q tem uma distribuição qui-quadrado, com m graus de liberdade, se m for grande. Se Q for maior que o valor tabelado, as previsões são consideradas significativamente diferentes dos valores observados.

Como σ_a^2 não é conhecido, usamos $\hat{\sigma}_a^2$ obtido no ajustamento do modelo identificado e estimado no item (a), obtendo-se

$$\hat{Q} = \sum_{j=1}^{m} a_j^2 / \hat{\sigma}_a^2.$$

Se o número total de observações for relativamente pequeno, este procedimento não é adequado. Ver também Bhattacharyya e Andersen (1976).

Um procedimento alternativo sugerido por Glass et al (1975) é transformar o modelo ARIMA no modelo linear geral e então usar os procedimentos usuais. Ver Pino (1980) para detalhes.

12.5 Valores atípicos

Os valores de uma série temporal podem, muitas vezes, ser afetados por eventos inesperados tais como mudanças de política ou crises econômicas, ondas inespe-
radas de frio ou calor, erros de medida, erros de digitação etc. A consequência da ocorrência desses tipos de eventos é a criação de observações espúrias que são inconsistentes com o resto da série; tais observações são denominadas *valores atípicos* ou *"outliers"*. A presença de valores atípicos tem efeito no comportamento da fac e facp amostrais, na estimação dos parâmetros do modelo SARIMA e, consequentemente, na especificação correta do modelo e nas previsões de valores futuros.

Quando o instante T de ocorrência de um valor atípico é conhecido, podemos utilizar a análise de intervenção, discutida nas seções anteriores, para modelar o efeito de tal ocorrência. Entretanto, no início de uma análise, a presença ou não de valores atípicos dificilmente é conhecida, o que faz necessário o desenvolvimento de procedimentos para detectá-los e, posteriormente, incluí-los no modelo ou, então, removê-los.

316 *CAPÍTULO 12. ANÁLISE DE INTERVENÇÃO*

A detecção de valores atípicos em séries temporais foi introduzida por Fox (1972) que apresentou dois modelos estatísticos para valores atípicos: aditivo e de inovação.

Outras referências são: Tsay (1986a, 1988), Peña (1987), Hotta e Neves (1992), Hotta (1993), Chen e Liu (1993), Tsay et al. (2000), Peña et al. (2001), Chareka et al. (2006), Galeano et al. (2006), Galeano e Peña (2012), Hotta e Tsay (2012).

O efeito da presença de valores atípicos na previsão de séries temporais foi analisado por Hillmer (1984) e Ledolter (1990).

12.5.1 Modelos para valores atípicos

Para um dado processo não estacionário homogêneo, seja Z_t a série observada e Y_t a série livre de observações atípicas. Assumimos que $\{Y_t\}$ segue um modelo ARIMA geral (sazonal ou não),

$$\varphi(B)Y_t = \theta(B)a_t, \tag{12.7}$$

em que $\varphi(B) = \Delta^d \Delta^D \phi(B)$. Veja detalhes nos Capítulos 5 e 10.

Para descrever uma série com eventos atípicos, consideraremos o modelo

$$Z_t = Y_t + \omega v(B) I_t^{(T)}, \tag{12.8}$$

em que $I_t^{(T)}$ é a função impulso dada em (12.2).

Iremos considerar cinco tipos de observações atípicas. Todos eles são modelados por (12.8), com expressões diferentes para $v(B)$, no instante T:

[1] Valor atípico aditivo (AO, de *additive outlier*), em que

$$v(B) = 1. \tag{12.9}$$

[2] Valor atípico de inovação (IO, de *innovation outlier*), em que

$$v(B) = \frac{\theta(B)}{\varphi(B)}. \tag{12.10}$$

[3] Valor atípico com mudança de nível (LS, de *level shift*), com

$$v(B) = \frac{1}{1 - B}. \tag{12.11}$$

12.5. VALORES ATÍPICOS

[4] Valor atípico com mudança temporária (TC, de *temporary change*), em que

$$v(B) = \frac{1}{1 - \delta B},$$ (12.12)

com $\delta = 0,7$, o valor usualmente tomado.

[5] Valor atípico com mudança sazonal (SLS, de *seasonal level shift*), com

$$v(B) = \frac{1}{(1 - B^s)},$$ (12.13)

s sendo o período sazonal, usualmente igual a 12.

De (12.9) a (12.13) podemos notar que, exceto para o caso IO, o efeito do valor atípico independe do modelo ajustado para a série transformada em estacionária. Os valores atípicos AO e LS são casos limites do TC, com $\delta = 0$ e $\delta = 1$, respectivamente.

O efeito do valor atípico sobre a série depende do seu particular tipo. Temos, pois:

AO: afeta somente o nível da T-ésima observação;
IO: afeta as observações $Z_T, Z_{T+1}, \ldots$ de acordo com a memória do modelo dada por $\theta(B)/\varphi(B)$;
LS: produz uma mudança abrupta e permanente na série;
TC: produz um efeito inicial ω, no instante T, que vai decrescendo para zero gradualmente, de acordo com o parâmetro δ;
SLS: produz uma variação em um único mês, mas dado que o efeito do valor atípico tem uma média diferente de zero,poderá acarretar também um efeito na tendência.

De uma forma geral, uma série temporal pode conter k valores atípicos de diferentes tipos e pode ser representada pelo modelo

$$Z_t = \sum_{j=1}^{k} \omega_j v_j(B) I_t^{(T_j)} + Y_t,$$ (12.14)

em que $Y_t = \frac{\theta(B)}{\varphi(B)} a_t$ e $v_j(B)$ depende do j-ésimo valor atípico presente na série.

Para mais detalhes, ver Fox (1972), Chen e Liu (1993) e Kaiser e Maravall (1999).

12.5.2 Estimação do efeito de observações atípicas

Vamos considerar a estimação do impacto ω de uma observação atípica, quando T e todos os parâmetros de (12.7) são conhecidos.

318   CAPÍTULO 12. ANÁLISE DE INTERVENÇÃO

Consideremos $\pi(B) = \theta^{-1}(B)\varphi(B) = 1 - \sum_{i=1}^{\infty} \pi_i$ e definamos $e_t = \pi(B)Y_t$, $t = 1, \ldots, N$. Com essa notação podemos reescrever os modelos de (12.9) a (12.13) nas seguintes formas:

$$
\begin{align}
e_t &= \omega\pi(B)I_t^{(T)} + a_t \ : \ \text{AO}, \tag{12.15}\\
e_t &= \omega I_t^{(T)} + a_t \ : \ \text{IO}, \tag{12.16}\\
e_t &= \omega[\pi(B)/(1 - \delta B)]I_t^{(T)} + a_t \ : \ \text{TC}, \tag{12.17}\\
e_t &= \omega[\pi(B)/(1 - B)]I_t^{(T)} + a_t \ : \ \text{LS}, \tag{12.18}\\
e_t &= \omega[\pi(B)/(1 - B^s)]I_t^{(T)} + a_t \ : \ \text{SLS}, \tag{12.19}
\end{align}
$$

respectivamente.

Observando que

$$
\pi(B)I_t^{(T)} = \begin{cases} -\pi_i, & t = T + i \geq T, \\ 0, & t < T, \\ \pi_0 = 1 \end{cases}
$$

e utilizando o método de mínimos quadrados, temos que

$$
\hat{\omega}_{AT} = \frac{e_T - \sum_{j=1}^{N-T} \pi_j e_{T+j}}{\sum_{j=0}^{N-T} \pi_j^2} = \frac{\pi^*(F)e_t}{\sum_{j=0}^{N-T} \pi_j^2}, \tag{12.20}
$$

com $\pi^*(F) = 1 - \pi_1 F - \pi_2 F^2 - \ldots - \pi_{N-T}F^{N-T}$,

$$
\hat{\omega}_{IT} = e_T. \tag{12.21}
$$

Podemos escrever (12.17) e (12.18) como

$$
e_t = \omega x_{it} + a_t, \quad t = T, T+1, \ldots, N, \ i = 1, 2,
$$

em que $x_{it} = 0$, para todo i e $t < T$, e $x_{it} = 1$, para todo i e $k \geq 1$,

$$
x_{1(T+k)} = 1 - \sum_{j=1}^{k} \pi_j,
$$

$$
x_{2(T+k)} = \delta^k - \sum_{j=1}^{k-1} \delta^{k-j}\pi_j - \pi_k.
$$

Então, os estimadores de mínimos quadrados para o efeito de um único valor atípico, em $t = T$, podem ser expressos como

12.5. VALORES ATÍPICOS

$$\hat{\omega}_{LS,T} = \frac{\sum_{t=T}^{N} e_t x_{1t}}{\sum_{t=T}^{N} x_{1t}^2}, \tag{12.22}$$

$$\hat{\omega}_{TC,T} = \frac{\sum_{t=T}^{N} e_t x_{2t}}{\sum_{t=T}^{N} x_{2t}^2}. \tag{12.23}$$

Para o valor atípico do tipo SLS, Gómez e Maravall (1996) mostram que $\hat{\omega}_{SLS,T}$ é o estimador de mínimos quadrados generalizados, obtidos da decomposição de Cholesky da matriz de covariâncias de $\mathbf{Y}$.

As expressões (12.17)-(12.18) e (12.22)-(12.23) são os estimadores do impacto ω dos correspondentes valores atípicos.

Além disso, vemos que o melhor estimador do efeito de uma observação atípica aditiva é uma combinação linear dos resíduos $e_T, e_{T+1}, \ldots, e_N$, com pesos dependendo da estrutura da série temporal.

Utilizando as expressões citadas, temos que

$$\text{Var}(\hat{\omega}_{AO,T}) = \frac{\hat{\sigma}_a^2}{\sum_{j=0}^{N-T} \pi_j^2}, \tag{12.24}$$

$$\text{Var}(\hat{\omega}_{IO,T}) = \hat{\sigma}_a^2, \tag{12.25}$$

$$\text{Var}(\hat{\omega}_{LS,T}) = \frac{\hat{\sigma}_a^2}{\sum_{t=T}^{N} x_{1t}^2}, \tag{12.26}$$

$$\text{Var}(\hat{\omega}_{TC,T}) = \frac{\hat{\sigma}_a^2}{\sum_{t=T}^{N} x_{2t}^2}. \tag{12.27}$$

Para a variância de $\hat{\omega}_{SLS,T}$, veja Gómez e Maravall (1996). Veja, também, Chen e Liu (1993).

Testes de hipóteses podem ser utilizados para verificar a presença de uma observação atípica de um dos tipos citados, no instante T:

$$H_0 : \omega = 0, \text{ em } (12.20)\text{-}(12.24),$$
$$H_1 : \omega \neq 0, \text{ em } (12.20)\text{-}(12.24). \tag{12.28}$$

As estatísticas do teste da razão de verossimilhança para as observações atípicas de cada um dos tipos citados são dadas pelas estatísticas padronizadas $\hat{\lambda}_{i,T}$, $i = 1, \ldots, 5$, $t = 1, \ldots, N$, ou seja, estimadores divididos pelas estimativas dos correspondentes desvios padrões. Sob a hipótese H_0 ($\omega = 0$), todas as estatísticas têm distribuição $\mathcal{N}(0,1)$.

320 CAPÍTULO 12. ANÁLISE DE INTERVENÇÃO

12.5.3 Detecção de observações atípicas

Na prática, o instante T de ocorrência de uma observação atípica, bem como os parâmetros do modelo são desconhecidos. Chang e Tiao (1983) e Chen e Liu (1993) propõem um procedimento iterativo para identificar observações atípicas e ajustar um modelo apropriado, quando for de interesse. Os passos desse procedimento são:

(i) Ajustar um modelo para a série original Z_t, supondo que não existem observações atípicas e calcular os resíduos do modelo

$$\hat{e}_t = \hat{\pi}(B)Z_t = \frac{\hat{\varphi}(B)}{\hat{\theta}(B)}Z_t \qquad (12.29)$$

e uma estimativa inicial de σ_a^2 dada por $\hat{\sigma}_a^2 = \frac{1}{N}\sum \hat{e}_t^2$.

(ii) Calcular as estatísticas $\hat{\lambda}_{i,t}$, $t = 1, \ldots, N$. Em seguida calcular

$$\hat{\lambda}_T = \max_t \max_j \{|\lambda_{j,t}|\},$$

onde T é o tempo em que ocorre o máximo. Se $\hat{\lambda}_T = |\hat{\lambda}_{i,T}| > C$, onde C é uma constante positiva pré-determinada, assumindo valores entre 3 e 4, então existe uma observação atípica do tipo i, com efeito estimado dado por $\hat{\omega}_{i,T}$. Os dados são, então, corrigidos por meio da expressão

$$\tilde{Z}_t = Z_t - \hat{\omega}_{i,T}I_t^{(T)}$$

e, utilizando a expressão de e_t do correspondente modelo (12.15)-(12.19), pode- -se calcular novos resíduos

$$\tilde{e}_t = \hat{e}_t - \hat{\omega}_{i,T}\hat{\pi}(B)I_t^{(T)}. \qquad (12.30)$$

Finalmente, calcula-se um novo estimador de σ_a^2, denotado por $\tilde{\sigma}_a^2$, utilizando os resíduos dados pela expressão (12.30), dependendo do tipo de observação atípica detectada.

(iii) Recalcular $\hat{\lambda}_{i,t}$, $i = 1, \ldots, 5$, $t = 1, \ldots, N$, utilizando os resíduos modificados e $\tilde{\sigma}_a^2$. Repetir o passo (ii) até que todas as observações atípicas sejam identificadas. Observe que as estimativas iniciais $\hat{\pi}(B)$ permanecem inalteradas.

(iv) Suponha que tenham sido identificadas preliminarmente k observações atípicas nos instantes $T_1, T_2, \ldots, T_k$. Assumindo esses instantes de tempo conhecidos, podemos estimar simultaneamente os parâmetros das observações

12.6. APLICAÇÕES

atípicas $\omega_1, \omega_2, \ldots, \omega_k$ e os parâmetros da série de tempo, utilizando o modelo

$$Z_t = \sum_{i=1}^{k} \omega_i v_i(B) I_t^{(T_i)} + \frac{\theta(B)}{\varphi(B)} a_t, \tag{12.31}$$

com $v_i(B)$ dada por (12.9)-(12.13), relativa ao tipo de observação atípica detectada no instante T_i.

A estimação do modelo (12.31) leva a novos resíduos

$$\hat{e}_t^{(1)} = \hat{\pi}^{(1)}(B) \left[Z_t - \sum_{j=1}^{k} \hat{\omega}_j v_j(B) I_t^{(T_j)} \right]$$

e a uma nova estimativa para σ_a^2.

Repete-se os passos de (ii) a (iv), até que todas as observações atípicas sejam identificadas e seus impactos estimados simultaneamente.

Assim, o modelo ajustado com observações atípicas é dado por

$$Z_t = \sum_{j=1}^{k} \hat{\omega}_j v_j(B) I_t^{(T_j)} + \frac{\hat{\theta}(B)}{\hat{\varphi}(B)} a_t, \tag{12.32}$$

com $\hat{\omega}_j$, $\hat{\varphi}(B)$ e $\hat{\theta}(B)$ obtidos na iteração final.

Para mais detalhes ver Tsay (1986a), Wei (1990), Chen e Liu (1993), Box et al. (1994), Gómez e Maravall (1996) e Kaiser e Maravall (1999).

12.6 Aplicações

Vamos utilizar a análise de detecção de valores atípicos nas séries Umidade, Ozônio e Consumo.

Os quatro estágios, (i)-(iv), para a detecção de observações atípicas, serão implementados utilizando o repositório R da seguinte forma:

Passo (i): função arima da biblioteca stats;

Passo (ii): função locate.outliers da biblioteca tsoutliers;

Passo (iii): função locate.outliers.oloop da biblioteca tsoutliers;

Passo (iv): função discard.ouliers da biblioteca tsoutliers.

Para uma descrição detalhada da biblioteca tsoutliers veja López-de-Lacalle (2016).

322 CAPÍTULO 12. ANÁLISE DE INTERVENÇÃO

(a) Série Atmosfera–Umidade

Esta série foi analisada na Seção 8.4, Exemplo 8.3. O modelo adequado para a série é um AR (2) com constante, dado pela expressão (8.21).

Analisando o gráfico da série, apresentado na Figura 1.13, notamos uma possível mudança no nível da série, em torno da observação Z_{250}, referente ao mês de setembro de 1997. Para verificar a significância dessa afirmação, vamos fazer uma análise de valores atípicos para detectar os instantes em que houve uma mudança no comportamento da série.

Passando para o passo (ii), verificamos que, inicialmente, temos dois valores atípicos, veja o Quadro 12.1.

Quadro 12.1: Detecção inicial de valores atípicos para a série Umidade.			
type	ind	coefhat	tstat
AO	252	-23.85776	-4.537874
IO	253	24.54820	4.017269

No passo (iii), verificamos que o número de possíveis valores atípicos encontrados altera-se, conforme resultados apresentados no Quadro 12.2, que incorporados à expressão (12.4), sugerem o seguinte modelo inicial:

$$
\begin{aligned}
Z_t \;=\; & -23,86 I_t^{(252)} + \frac{24,55}{(1 - 0,5839B + 0,0997B^2)} I_t^{(253)} + \\
& + \frac{31,41}{(1 - 0,5839B + 0,0997B^2)} I_t^{(254)} + 29,96 I_t^{(255)} + \quad (12.33) \\
& + \frac{1}{(1 - 0,5839B + 0,0997B^2)} a_t.
\end{aligned}
$$

12.6. APLICAÇÕES

Quadro 12.2: Detecção de valores atípicos, passo intermediário, série Umidade.

type	ind	coefhat	tstat
AO	252	-23.85776	-4.537874
IO	253	24.54820	4.017269
IO	254	31.41404	5.217967
AO	255	29.95609	5.677832

No último passo do procedimento, reestimamos simultaneamente os efeitos das observações atípicas e os parâmetros do modelo, testando a significância de cada um deles. O Quadro 12.3 apresenta os resultados.

Quadro 12.3: Detecção final de valores atípicos, série Umidade.

Coefficients	ar1	ar2	intercept	AO252
	0.5925	-0.0941	81.2132	-23.9012
s.e.	0.0521	0.0524	0.6805	5.6303

sigma2 estimated as 42.7
log likelihood = -1203.23
aic = 2416.46

Analisando os resultados desse quadro, sugere-se o modelo final

$$Z_t = -23,9012 I_t^{(252)} + \frac{1}{(1 - 0,5925B + 0,0941B^2)} a_t. \qquad (12.34)$$

Podemos notar que $Z_{252} = 53,34$, referente a 09/09/1997, é um valor bem menor que valores anteriores e posteriores.

A primeira parcela do modelo (12.34) refere-se ao efeito do valor atípico Z_{252} e, a segunda, ao valor ajustado pelo modelo AR(2).

Comparando os resultados apresentados no Quadro 8.3 (ajustamento de um modelo AR (2)) e Quadro 12.3 (ajustamento de um modelo AR (2) com valor atípico), podemos constatar um decréscimo do valor do AIC quando colocamos o valor atípico, indicando uma melhora no ajuste.

(b) Série Ozônio

A Figura 1.10 apresenta o gráfico da série de concentração de ozônio em Azuza, Califórnia, de janeiro de 1956 a dezembro de 1970, com $N = 180$ observações. A Figura 12.3 apresenta as funções de autocorrelação e autocorrelação parcial da série e de sua diferença de ordem 12, $(1 - B^{12})Z_t$.

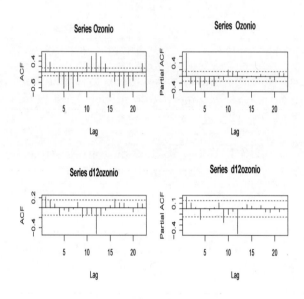

Figura 12.3: Fac e facp da série Ozônio e de sua primeira diferença sazonal.

A análise do comportamento dessas funções indica a necessidade de uma diferença sazonal para tornar a série estacionária.

Aplicando o ciclo de identificação, estimação e verificação, chegamos ao modelo univariado SARIMA$(0,0,1) \times (0,1,1)_{12}$, sem constante. O Quadro 12.4 apresenta o ajustamento do modelo. Fazendo uma análise residual, verificamos que, para $k \geq 10$, o resíduo do modelo pode ser considerado ruído branco, de acordo com a estatística Q de Ljung-Box. Temos, pois, o modelo ajustado

$$(1 - B^{12})Z_t = (1 - 0,1403B)(1 + 0,8713B^{12})a_t, \qquad (12.35)$$

com $\hat{\sigma}_a^2 = 1,023$.

12.6. APLICAÇÕES

> **Quadro 12.4: Estimação do modelo SARIMA $(0,0,1) \times (0,1,1)_{12}$ para a série Ozônio.**
>
> | | Estimate | SE | t.value | p-value |
> |---|---|---|---|---|
> | ma1 | 0.1403 | 0.068 | 2.0630 | 0.0406 |
> | sma1 | -0.8713 | 0.094 | -9.2654 | 0.0000 |
>
> sigma2 estimated as 1.023
> log likelihood = -248.72
> aic = 503.44

Inicialmente, temos um único valor atípico, do tipo TC, que afeta a série no instante $T = 25$, janeiro de 1958. Veja o Quadro 12.5.

No passo seguinte, verificamos que o número de valores atípicos aumenta, conforme resultados apresentados no Quadro 12.6, que, incorporados à expressão (12.35), sugerem o seguinte modelo inicial:

$$
\begin{aligned}
Z_t &= \frac{2,64}{1-0,7B} I_t^{(25)} - \frac{2,43}{1-0,7B} I_t^{(29)} - \frac{2,28}{1-0,7B} I_t^{(102)} \\
&\quad - 2,74 I_t^{(16)} + 2,67 I_t^{(154)} - \frac{1,65}{1-B^{12}} I_t^{(53)} \\
&\quad + \frac{(1-0,1403B)(1+0,8713B^{12})}{(1-B^{12})} a_t.
\end{aligned}
\tag{12.36}
$$

> **Quadro 12.5: Detecção inicial de valores atípicos, série Ozônio.**
>
> | type | ind | coefhat | tstat |
> |---|---|---|---|
> | TC | 25 | 2.644233 | 3.607625 |

CAPÍTULO 12. ANÁLISE DE INTERVENÇÃO

Quadro 12.6: Detecção de valores atípicos, passo intermediário, série Ozônio.

type	ind	coefhat	tstat
TC	25	2.644233	3.607625
TC	29	-2.429523	-3.448668
TC	102	-2.273777	-3.384170
AO	16	-2.744349	-3.346617
AO	154	2.673444	3.577772
SLS	53	-1.650935	-3,477368

No último passo, reestimamos simultaneamente todos os coeficientes do modelo (12.36), testando a significância de cada parâmetro, com os resultados apresentados no Quadro 12.7.

Quadro 12.7: Detecção final de valores atípicos, série Ozônio. (S.E. entre parênteses)

ma1	sma1	TC25	TC29	TC102	AO16	SLS53
0.0880	-0.8558	2.9093	-3.0059	-2.3366	-3.2512	-1.8826
(0.0769)	(0.0845)	(0.6630)	(0.6877)	(0.6335)	(0.8543)	(0.5586)

sigma2 estimated as 0.7376
log likelihood = -220.67
aic = 457.34

O modelo final sugerido é

$$Z_t = \frac{2,91}{1-0,7B}I_t^{(25)} - \frac{3,01}{1-0,7B}I_t^{(29)} - \frac{2,34}{1-0,7B}I_t^{(102)} - 3,25I_t^{(16)}$$

$$- \frac{1,88}{1-B^{12}}I_t^{(53)} + \frac{(1-0,0880B)(1+0,8558B^{12})}{(1-B^{12})}a_t, \qquad (12.37)$$

com $\hat{\sigma}_a^2 = 0,7376, AIC = 457,34$.

Analisando os instantes em que ocorreram as intervenções, verificamos, analisando a Figura 10.1, que

12.6. APLICAÇÕES

(a) em $t = 16$, abril de 1957, houve um decréscimo abrupto e instantâneo na concentração de ozônio, $Z_{16} = 1,6$;

(b) em $t = 25$, janeiro de 1958, houve um aumento abrupto na concentração de ozônio, que foi decrescendo gradualmente;

(c) em $t = 29$, maio de 1958, houve uma oscilação atípica na concentração em torno desse ponto;

(d) em $t = 102$, junho de 1964, houve um decréscimo temporário na concentração.

(e) em $t = 53$, maio de 1960, houve uma queda abrupta na concentração de ozônio, indicando uma alteração do padrão sazonal.

A Tabela 12.1 apresenta as medidas de qualidade de ajuste para os três modelos ajustados à série de concentração de ozônio em Azuza, California.

Tabela 12.1: Medidas de qualidade de ajuste à Série Ozônio.

Modelos	$\hat{\sigma}_a^2$	AIC
(10.12)	0,981	NA
(12.35)	1,023	501,44
(12.37)	0,7376	457,34

De acordo com a tabela, o modelo SARIMA com valores atípicos é o que melhor se ajusta à Série Ozônio.

(c) Série Consumo

O objetivo da análise dessa série de consumo físico da região metropolitana de São Paulo, de janeiro de 1984 a outubro de 1996, com $N = 154$ observações, é detectar intervenções governamentais causadas por um ou mais dos seguintes planos econômicos:

Plano Cruzado - 28/02/86, correspondente a $t = 26$;

Plano Bresser - 15/06/87, correspondente a $t = 42$;

Plano Verão - 18/01/89, correspondente a $t = 61$;

Plano Collor I - 15/03/90, correspondente a $t = 75$;

Plano Collor II - 31/01/91, correspondente a $t = 85$ e

Plano Real - 30/06/94, correspondente a $t = 126$.

Vamos, inicialmente, ajustar um modelo para a série e depois utilizar o procedimento da seção 12.5.3 para verificar se existem valores atípicos, ou seja, valores que não estão sendo bem explicados pelo modelo.

Uma análise revela uma diminuição da variabilidade com o tempo, sugerindo a utilização de uma transformação logarítmica para estabilizar a variância. Desta forma, será considerada o transformação $Y_t = \ln(\text{Consumo})$. A Figura 12.4 apresenta o gráfico da série transformada, o periodograma e as funções de autocorrelação e autocorrelação parcial.

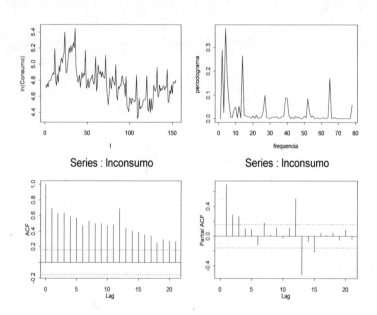

Figura 12.4: Série ln(Consumo), periodograma e funções de autocorrelação e autocorrelação parcial.

O decaimento lento da fac revela a presença de uma tendência na série e, provavelmente, a necessidade da aplicação de uma diferença simples para torná-la estacionária. O periodograma apresenta picos em frequências próximas a $2\pi j/12$, $j = 1, 2, \ldots, 6$, indicando uma periodicidade de 12 meses e, consequentemente, a necessidade de uma diferença sazonal, além da diferença simples já mencionada. A Figura 12.5 apresenta as fac e facp de várias transformações, reforçando a necessidade de utilizar a série transformada $(1 - B)(1 - B^{12})Y_t$ no ajustamento do modelo.

12.6. APLICAÇÕES

Um modelo adequado para o ln(Consumo) é o $ARIMA(0,1,1) \times (0,1,1)_{12}$, com ajustamento apresentado no Quadro 12.8 e fac e facp residuais na Figura 12.6. Assim, o modelo univariado para a série Y_t é dado por

$$(1 - B)(1 - B^{12})Y_t = (1 - 0,3222B)(1 - B^{12})a_t, \qquad (12.38)$$

onde $\hat{\sigma}_a^2 = 0,004635$.

Quadro 12.8: Estimação do modelo $ARIMA(0,1,1) \times (0,1,1)_{12}$, ajustado à série ln(Consumo).

	ma1	sma1
	-0.3222	-1.000
s.e.	0.0848	0.103

sigma2 estimated as 0.004635
log likelihood= 163.48
aic= -322.97

Utilizando o modelo (12.38) no processo iterativo para detecção de observações atípicas, verificamos inicialmente a existência de cinco observações atípicas, ver Quadro 12.9.

Quadro 12.9: Detecção inicial de valores atípicos, série ln(Consumo).

type	ind	coefhat	tstat
AO	75	-0.19451357	-4.357323
LS	39	-0.18268972	-3.514902
LS	128	0.18309754	3.522749
TC	63	0.21159019	4.130841
SLS	111	0.08951098	4.010219

No passo seguinte, verificamos um aumento de valores atímpicos, conforme resultados apresentados no Quadro 12.10, que incorporados à expressão (12.38) sugere o modelo inicial

CAPÍTULO 12. ANÁLISE DE INTERVENÇÃO

Quadro 12.10: Detecção intermediária de valores atípicos
para a série ln(Consumo).

type	ind	coefhat	tstat
AO	75	-0.19451357	-4.357323
TC	63	0.21159019	4.130841
LS	39	-0.18268972	-3.514902
LS	128	0.18309754	3.522749
SLS	111	0.08951098	4.010219
AO	73	0.12155389	3.268906
AO	100	0.13343994	3.588553
TC	28	0.14832899	3.476423
LS	95	-0.15436061	-3.565327

$$
\begin{aligned}
Y_t \;=\; & -0,20 I_t^{(75)} + \frac{0,21}{1-0,7B} I_t^{(63)} - \frac{0,18}{1-B} I_t^{(39)} + \frac{0,18}{1-B} I_t^{(128)} \\
& + \frac{0,09}{1-B^{12}} I_t^{(111)} + 0,12 I_t^{73} + 0,13 I_t^{(100)} + \frac{0,15}{1-0,7B} I_t^{(28)} \quad (12.39) \\
& - \frac{0,15}{1-B} I_t^{(95)} + \frac{(1-0,3222B)(1-B^{12})}{(1-B)(1-B^{12})} a_t.
\end{aligned}
$$

Reestimando simultaneamente todos os coeficientes do modelo (12.39) e testando a significância de cada parâmetro, temos os resultados apresentados no Quadro 12.11.

Quadro 12.11: Detecção final de valores atípicos para a
série ln(Consumo). (S.E. entre parênteses)

ma1	sma1	AO75	TC63	LS39	LS128
-0.5473	-1.0000	-0.2062	0.2203	-0.2348	0.1753
(0.0728)	(0.1054)	(0.0484)	(0.0493)	(0.0481)	(0.0451)

SLS111	LS95
0.0979	-0.18940
(0.0282)	(0.0451)

sigma2 estimated as 0.0026
log likelihood = 203.36
aic = -388.71

12.6. APLICAÇÕES

Segue-se que o modelo final sugerido é

$$Y_t = -0,20 I_t^{(75)} + \frac{0,22}{1-0,7B} I_t^{(63)} - \frac{0,23}{1-B} I_t^{(39)} + \frac{0,18}{1-B} I_t^{(128)} \qquad (12.40)$$
$$+ \frac{0,10}{(1-B^{12})} I_t^{(111)} - \frac{0,19}{1-B} I_t^{(95)} + \frac{(1-0,5473B)(1-B^{12})}{(1-B)(1-B^{12})} a_t,$$

com $\hat{\sigma}_a^2 = 0,002628$, AIC$= -388,71$.

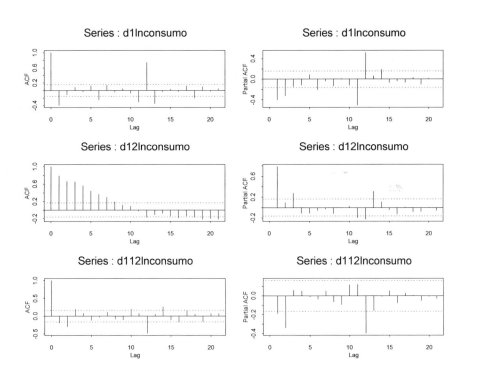

Figura 12.5: Fac e facp das séries $(1-B)Y_t$, $(1-B^{12})Y_t$ e $(1-B)(1-B^{12})Y_t$.

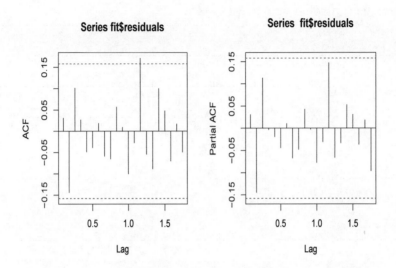

Figura 12.6: Fac e facp dos resíduos do modelo (12.38).

Comparando os modelos sem intervenção (12.38) e com intervenção, vemos que houve uma redução de 43% na variância residual. De acordo com os Quadros 12.8 e 12.11, vemos também que o AIC do modelo com intervenção é bem menor.

Um resumo da presença de valores atípicos na série ln(Consumo) é dado na Tabela 12.2. A análise dessa tabela revela:

(a) Efeito instantâneo do Plano Collor I, acarretando uma diminuição no consumo;

(b) efeito após dois meses de implantação do Plano Real, acarretando um aumento temporário no consumo;

(c) efeito após dois meses de implantação do Plano Verão, acarretando um aumento permanente no consumo;

(d) efeito positivo na tendência sazonal do consumo (valor atípico do tipo SLS)

Efeito permanente significa que as observações subsequentes ao instante de ocorrência também são afetadas, de acordo com a memória do modelo.

12.7 Problemas

1. Considere as seguintes funções de transferência ou funções resposta de intervenções:

    (a) $\omega_0 I_t^{(T)}$, $\omega_0 = 1,5$.

12.7. PROBLEMAS

(b) $\dfrac{\omega_0 B}{(1 - \delta B)} I_t^{(T)}$, $\omega_0 = 1$ e $\delta = 0,5$.

(c) $\dfrac{\omega_0 B}{1 - B} I_t^{(T)}$, $\omega_0 = 0,5$.

(d) $\left(\dfrac{\omega_0}{1 - \delta B} + \dfrac{\omega_1}{1 - B} \right) I_t^{(T)}$, $\omega_0 = 1$, $\delta = 0,5$ e $\omega_1 = 0,3$.

(e) $\left(\omega_0 + \dfrac{\omega_1 B}{1 - \delta B} \right) I_t^{(T)}$, $\omega_0 = 1,5$, $\omega_1 = -1$ e $\delta = 0,5$.

(f) $\dfrac{\omega_0}{(1 - \delta B)(1 - B)} I_t^{(T)}$, $\omega_0 = 1$ e $\delta = 0,5$.

(i) Faça o gráfico de cada uma delas.

(ii) Discuta possíveis aplicações dessas várias intervenções.

Tabela 12.2: Presença de valores atípicos na série ln(Consumo).

Valor atípico	Instante de ocorrência	Tipo	Duração	Relação com os planos econômicos
1	março/90 ($t = 75$)	aditivo	instantânea	Plano Collor I
2	março/87 ($t = 39$)	LS	permanente	não tem
3	agosto/94 ($t = 128$)	LS	permanente	2 meses após o Plano Real
4	março/93 ($t = 111$)	SLS	permanente	não tem
5	marq/89 ($t = 63$)	TC	temporária	2 meses após o Plano Verão
6	novembro/91 ($t = 95$)	TC	temporária	não tem

2. Considere a série ICV.

(a) Utilize o modelo ARIMA(0,1,1) com θ_0 (expressão (8.20)) ajustado ao ln(ICV) com $N = 114$ observações (até junho de 1979), para verificar a existência de observações atípicas.

(b) Caso existam observações discrepantes, ajuste um novo modelo com a inclusão desses valores atípicos e compare o ajustamento desse novo modelo com o do modelo anterior. Qual foi a redução na variância residual?

334   *CAPÍTULO 12. ANÁLISE DE INTERVENÇÃO*

3. Considere a série Chuva–Lavras e um SARIMA $(1, 0, 0) \times (0, 1, 1)_{12}$ como modelo inicial. Utilize as observações de janeiro de 1966 a dezembro de 1998 ($N = 384$ observações).

   (a) Utilize esse modelo para verificar a existência de observações atípicas. Localize-as no tempo e explique os significados de suas ocorrências.

   (b) Ajuste um novo modelo, incorporando essas observações atípicas. Compare o ajustamento desse novo modelo com o do anterior. Houve redução na variância residual?

4. Refaça o Problema 3 utilizando o logaritmo da série Poluição–CO e o modelo dado pela expressão (8.22) no item (a).

5. Considere a série Energia.

   (a) Ajuste um modelo SARIMA adequado.

   (b) Utilizando o modelo ajustado no item (a), verifique a existência de valores atípicos na série.

   (c) Modifique o modelo ajustado na parte (a), inserindo os valores atípicos encontrados no item (b). Comente a influência que esses valores têm na série.

6. Refaça o Problema 5 utilizando as séries:

   (i) Temperatura–Cananéia;

   (ii) Temperatura–Ubatuba;

   (iii) Manchas;

   (iv) Chuva–Fortaleza.

   Observação: Note que os modelos ARMA e ARIMA são casos particulares de um modelo SARIMA.

CAPÍTULO 13

Análise de Fourier

13.1 Introdução

A Análise de Fourier, ou Análise Harmônica, tem sido utilizada tradicionalmente para resolver algumas equações diferenciais parciais que aparecem na Física Matemática, como a equação do calor e a equação das ondas.

Na análise de séries temporais, resultantes da observação de processos estocásticos, o objetivo básico é aproximar uma função do tempo por uma combinação linear de harmônicos (componentes senoidais), os coeficientes dos quais são as transformadas de Fourier discretas da série.

Em muitas aplicações, como em Meteorologia e Oceanografia, estamos em busca de periodicidades nos dados observados. Há duas situações que frequentemente ocorrem:

(a) conhecemos frequências e queremos estimar amplitudes e fases;

(b) queremos estimar amplitudes, frequências e fases.

No primeiro caso temos, por exemplo, o fenômeno das marés, onde as frequências são determinadas astronomicamente. O segundo caso é a situação mais geral encontrada na prática.

Vale a pena ressaltar que, mesmo que os dados não apresentem periodicidades, a Análise Harmônica é útil para analisá-los em componentes harmônicas periódicas.

13.2 Modelos com uma periodicidade

Consideraremos aqui o modelo

$$Z_t = \mu + R\cos(\omega t + \phi) + \varepsilon_t \tag{13.1}$$

335

336   CAPÍTULO 13.   ANÁLISE DE FOURIER

ou, equivalentemente,

$$Z_t = \mu + A\cos(\omega t) + B\text{sen}(\omega t) + \varepsilon_t \ , \tag{13.2}$$

em que $A = R\cos\phi$, $B = -R\text{sen}\phi$; R é denominado amplitude, ϕ é o ângulo de fase, ω é a frequência e ε_t a componente aleatória.

De (13.1) e (13.2) temos que

$$
\begin{aligned}
R^2 &= A^2 + B^2 \ , \\[1em]
\phi &= \begin{cases}
\text{arctg}\left(-\dfrac{B}{A}\right), & A > 0, \\[1em]
\text{arctg}\left(-\dfrac{B}{A}\right) - \pi, & A < 0, \ B > 0, \\[1em]
\text{arctg}\left(-\dfrac{B}{A}\right) + \pi, & A < 0, \ B < 0, \\[1em]
-\dfrac{\pi}{2}, & A = 0, \ B > 0, \\[1em]
\dfrac{\pi}{2}, & A = 0, \ B < 0, \\[1em]
\text{arbitrário}, & A = 0 \text{ e } B = 0.
\end{cases}
\end{aligned}
\tag{13.3}
$$

Iremos resolver o problema elementar de estimar μ, A e B para um ω fixado, conhecido ou não. O método a usar será o de mínimos quadrados (MQ).

13.2.1   Estimadores de MQ: frequência conhecida

Suponha $Z_1, \ldots, Z_N$ uma série temporal gerada pelo modelo (13.2). Os estimadores de mínimos quadrados ($\hat{\mu}$, $\hat{A}$ e $\hat{B}$) serão obtidos quando minimizarmos a soma de quadrados dos erros,

$$\text{SQR}(\mu, A, B) = \sum_{t=1}^{N} \left(Z_t - \mu - A\cos(\omega t) - B\text{sen}(\omega t)\right)^2 . \tag{13.4}$$

Assim, derivando (13.4) com relação a μ, A e B e igualando a zero, temos que os estimadores de mínimos quadrados podem ser obtidos resolvendo o conjunto de equações

$$
\begin{aligned}
&\sum_{t=1}^{N} \left(Z_t - \hat{\mu} - \hat{A}\cos(\omega t) - \hat{B}\text{sen}(\omega t)\right) = 0, \\[1em]
&\sum_{t=1}^{N} \cos(\omega t) \left(Z_t - \hat{\mu} - \hat{A}\cos(\omega t) - \hat{B}\text{sen}(\omega t)\right) = 0, \\[1em]
&\sum_{t=1}^{N} \text{sen}(\omega t) \left(Z_t - \hat{\mu} - \hat{A}\cos(\omega t) - \hat{B}\text{sen}(\omega t)\right) = 0.
\end{aligned}
\tag{13.5}
$$

13.2. MODELOS COM UMA PERIODICIDADE

Uma maneira alternativa de obter os estimadores de MQ é reescrever (13.2) utilizando notação matricial,

$$\mathbf{Z} = \mathbf{W}\boldsymbol{\theta} + \boldsymbol{\varepsilon} \tag{13.6}$$

em que

$$
\begin{aligned}
\mathbf{Z} &= (Z_1, Z_2, \ldots, Z_N)', \\
\boldsymbol{\theta} &= (\mu, A, B), \\
\mathbf{W} &= \begin{bmatrix} 1 & \cos(\omega) & \mathrm{sen}(\omega) \\ 1 & \cos(2\omega) & \mathrm{sen}(2\omega) \\ \vdots & \vdots & \vdots \\ 1 & \cos(N\omega) & \mathrm{sen}(N\omega) \end{bmatrix},
\end{aligned}
$$

fornecendo o estimador

$$\hat{\boldsymbol{\theta}} = (\mathbf{W}'\mathbf{W})^{-1}\mathbf{W}'\mathbf{Z}, \tag{13.7}$$

com

$$\mathbf{W}'\mathbf{W} = \begin{bmatrix} N & \sum_{t=1}^{N}\cos(\omega t) & \sum_{t=1}^{N}\mathrm{sen}(\omega t) \\ \sum_{t=1}^{N}\cos(\omega t) & \sum_{t=1}^{N}\cos^2(\omega t) & \sum_{t=1}^{N}\cos(\omega t)\mathrm{sen}(\omega t) \\ \sum_{t=1}^{N}\mathrm{sen}(\omega t) & \sum_{t=1}^{N}\cos(\omega t)\mathrm{sen}(\omega t) & \sum_{t=1}^{N}\mathrm{sen}^2(\omega t) \end{bmatrix}. \tag{13.8}$$

No caso em que $\omega = \omega_k = \frac{2\pi k}{N}$, $k = 1, 2, \ldots, [\frac{N}{2}]$, podemos utilizar as relações de ortogonalidade,

$$\sum_{t=1}^{N}\cos(\omega_k t) = \sum_{t=1}^{N}\mathrm{sen}(\omega_k t) = 0 \ ,$$

$$\sum_{t=1}^{N}\cos(\omega_k t)\cos(\omega_j t) = \begin{cases} 0, & j \neq k, \\ N, & j = k = N/2, \\ N/2, & j = k \neq N/2, \end{cases} \tag{13.9}$$

$$\sum_{t=1}^{N}\mathrm{sen}(\omega_k t)\mathrm{sen}(\omega_j t) = \begin{cases} 0, & j \neq k, \\ 0, & j = k = N/2, \\ N/2, & j = k \neq N/2, \end{cases}$$

$$\sum_{t=1}^{N}\cos(\omega_k t)\mathrm{sen}(\omega_j t) = 0, \quad \text{todo } j \text{ e } k,$$

obtendo

$$W'W = \begin{pmatrix} N & 0 & 0 \\ 0 & N/2 & 0 \\ 0 & 0 & N/2 \end{pmatrix}, \quad \omega \neq \pi \ . \tag{13.10}$$

Substituindo (13.10) em (13.7), temos a solução

$$\hat{\mu} = \frac{\sum_{t=1}^{N} Z_t}{N} = \overline{Z},$$

$$\hat{A} = \frac{2}{N} \sum_{t=1}^{N} Z_t \cos(\omega t), \ \omega \neq \pi,$$

$$\hat{B} = \frac{2}{N} \sum_{t=1}^{N} Z_t \mathrm{sen}(\omega t), \ \omega \neq \pi; \ \hat{B} = 0, \ \mathrm{se} \ \omega = \pi, \qquad (13.11)$$

$$\hat{A} = \frac{1}{N} \sum_{t=1}^{N} Z_t (-1)^t, \ \omega = \pi,$$

$$\hat{R}^2 = \hat{A}^2 + \hat{B}^2 \ \mathrm{e} \ \hat{\phi} = \mathrm{arctg} \left(-\frac{\hat{B}}{\hat{A}} \right).$$

Quando $\omega \neq \frac{2\pi k}{N}$ e não muito próxima de zero, uma solução aproximada é dada por

$$\tilde{\mu} = \hat{\mu} = \overline{Z},$$

$$\tilde{A} = \frac{2}{N} \sum_{t=1}^{N} (Z_t - \overline{Z}) \cos(\omega t), \qquad (13.12)$$

$$\tilde{B} = \frac{2}{N} \sum_{t=1}^{N} (Z_t - \overline{Z}) \mathrm{sen}(\omega t),$$

$$\tilde{R}^2 = \tilde{A}^2 + \tilde{B}^2 \ \mathrm{e} \ \tilde{\phi} = \mathrm{arctg} \left(-\frac{\tilde{B}}{\tilde{A}} \right).$$

Veja Bloomfield (2000) para detalhes.

A adequação do modelo (13.2) pode ser verificada examinando a soma de quadrados residuais

$$\mathrm{SQR}\,(\hat{\mu}, \hat{A}, \hat{B}) = \mathrm{SQR} = \sum_{t=1}^{N} \hat{\varepsilon}_t^2 = \sum_{t=1}^{N} (Z_t - \overline{Z} - \hat{A}\cos\omega t - \hat{B}\mathrm{sen}\omega t)^2$$

$$= \sum_{t=1}^{N} (Z_t - \overline{Z})^2 - 2 \sum_{t=1}^{N} (Z_t - \overline{Z})(\hat{A}\cos(\omega t) + \hat{B}\mathrm{sen}(\omega t))$$

$$+ \sum_{t=1}^{N} (\hat{A}\cos(\omega t) + \hat{B}\mathrm{sen}(\omega t))^2 .$$

13.2. MODELOS COM UMA PERIODICIDADE

Quando $\omega = \frac{2\pi k}{N}$, temos

$$SQR = \sum_{t=1}^{N}(Z_t - \overline{Z})^2 - (\hat{A}^2 + \hat{B}^2) + \frac{N}{2}[\hat{A}^2 + \hat{B}^2]$$

e, portanto,

$$SQR = SQT - \frac{N}{2}\hat{R}^2 \qquad (13.13)$$

onde SQT$=\sum_{t=1}^{N}(Z_t - \overline{Z})^2$ denota a soma de quadrados total.

Quando $\omega \neq \frac{2\pi k}{N}$, temos

$$SQR \cong \sum_{t=1}^{N}(Z_t - \overline{Z})^2 - \frac{N}{2}(\tilde{A}^2 + \tilde{B}^2),$$

isto é,

$$SQR \cong SQT - \frac{N}{2}\tilde{R}^2 . \qquad (13.14)$$

A quantidade $\frac{N}{2}\hat{R}^2$ (ou $\frac{N}{2}\tilde{R}^2$ quando $\omega \neq \frac{2\pi k}{N}$) pode ser interpretada como a quantidade de variabilidade nos dados, devido à presença da frequência ω.

Exemplo 13.1. Vamos ajustar um modelo harmônico, com uma única periodicidade conhecida e igual a 12 meses, à série Temperatura–Cananéia, constituída de 120 observações mensais no período de janeiro de 1976 a dezembro de 1985. A Figura 13.1 apresenta o gráfico da série.

O modelo ajustado (veja o Quadro 13.1) é dado por

$$\hat{Z}_t = 21,53 + 2,74\cos\left(\frac{2\pi t}{12}\right) + 2,56\text{sen}\left(\frac{2\pi t}{12}\right), \qquad (13.15)$$

com $\hat{R}^2 = (2,74)^2 + (2,56)^2 = 14,06$ e $\hat{\phi} = \text{arctg}\left(-\frac{2,56}{2,74}\right) = 0,24\pi$.

A Figura 13.2 apresenta a série original e o modelo ajustado (expressão (13.15)).

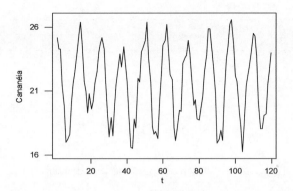

Figura 13.1: Série Temperatura–Cananéia.

13.2.2 Estimadores de MQ: frequência desconhecida

Iremos estender o método utilizado na seção anterior de forma a incluir a estimação da frequência ω. Nesta seção os estimadores de μ, A e B dependerão de ω e, portanto, serão denotados por $\hat{\mu}(\omega)$, $\tilde{A}(\omega)$ e $\tilde{B}(\omega)$, respectivamente.

O melhor valor para ω, utilizando o critério de mínimos quadrados, é o valor de ω que minimiza a soma de quadrados residual, SQR, dada pela expressão (13.14) ou, equivalentemente, maximiza a quantidade

$$\tilde{R}^2(\omega) = \tilde{A}^2(\omega) + \tilde{B}^2(\omega), \qquad (13.16)$$

com $\tilde{A}(\omega)$ e $\tilde{B}(\omega)$ dados pela expressão (13.12).

Maximizar $\tilde{R}^2(\omega)$ é equivalente a maximizar a quantidade

$$\begin{aligned} I(\omega) &= \frac{N}{8\pi}\tilde{R}^2(\omega) \qquad (13.17) \\ &= \frac{1}{2\pi N}\left[\left(\sum_{t=1}^{N}(Z_t - \overline{Z})\cos\omega t\right)^2 + \left(\sum_{t=1}^{N}(Z_t - \overline{Z})\text{sen}\omega t\right)^2\right], \end{aligned}$$

denominada *periodograma*.

13.2. MODELOS COM UMA PERIODICIDADE

> Quadro 13.1: Ajustamento de um modelo harmônico, com frequência $2\pi/12$, à série Temperatura–Cananéia.
>
> The regression equation is
> Cananeia $= 21, 5 + 2, 74 \cos 12 + 2, 56 \operatorname{sen} 12$
>
> | Predictor | Coef | SE Coef | T | P-value |
> |---|---|---|---|---|
> | Constant | $21, 5317$ | $0, 0878$ | $245, 27$ | $0, 000$ |
> | cos12 | $2, 7376$ | $0, 1242$ | $22, 05$ | $0, 000$ |
> | sen12 | $2, 5628$ | $0, 1242$ | $20, 64$ | $0, 000$ |
>
> $S = 0, 9617$ R-Sq $= 88, 6\%$ R-Sq (adj) $= 88, 4\%$

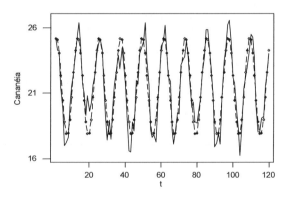

Figura 13.2: Série Temperatura–Cananéia (–) e série ajustada (- - -) utilizando um harmônico de período 12, modelo (13.15).

Assim, estimamos ω maximizando $\tilde{R}^2(\omega)$ (expressão (13.16)) ou, equivalentemente, maximizando o periodograma (expressão (13.17)), e obtemos os demais estimadores do modelo utilizando (13.11).

Uma outra maneira de estimar os parâmetros é observar que (13.2), para ω desconhecido, é um modelo de regressão não linear e, assim, a utilização de técnicas apropriadas para minimização de funções não lineares podem ser empregadas.

Exemplo 13.2. Vamos ajustar um modelo harmônico com frequência desconhecida à série Manchas, com 176 observações anuais de 1949 a 1924.

A Figura 13.3 apresenta a série original e o periodograma calculado nas frequências de Fourier. Analisando os valores do periodograma, Tabela 13.1, verificamos que o valor máximo, igual a 20.383,7, ocorre quando $j = 15$, indicando uma periodicidade de $N/15 = 176/15 = 11,73$ anos. Apresentaremos, no Capítulo 14, um teste de hipótese, para verificar a significância dessa periodicidade.

O periodograma pode ser calculado usando a função **periodogram** da biblioteca TSA do R.

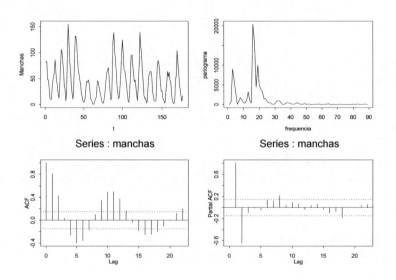

Figura 13.3: Série Manchas. Periodograma e fac e facp amostrais.

13.2. MODELOS COM UMA PERIODICIDADE 343

> **Quadro 13.2:** Ajustamento de um modelo harmônico com frequência $2\pi/15$, à série Manchas.
>
> The regression equation is
> Manchas = 44, 8 - 19, 7 C3 - 8, 53 C4
>
> | Predictor | Coef | SE Coef | T | P-value |
> |-----------|------|---------|---|---------|
> | Constant | 44, 760 | 2, 369 | 18, 89 | 0, 000 |
> | C3 | -19, 714 | 3, 351 | -5, 88 | 0, 000 |
> | C4 | -8, 525 | 3, 351 | -2, 54 | 0, 012 |
>
> S = 31, 43 R-Sq = 19, 2% R-Sq (adj) = 18, 3%

Tabela 13.1: Valores do periodograma da série Manchas, nas frequências $2\pi j/n$, $1 \leq n \leq 88$.

j	$I(\omega_j)$	j	$I(\omega_j)$	j	$I(\omega_j)$	j	$I(\omega_j)$	j	$I(\omega_j)$	j	$I(\omega_j)$
1	685,5	16	15532,8	31	971,8	46	27,3	61	101,5	76	25,5
2	9069,9	17	4459,7	32	890,8	47	79,2	62	30,0	77	2,3
3	6197,5	18	10013,1	33	354,5	48	277,3	63	195,7	78	3,8
4	3067,9	19	4963,0	34	12,3	49	13,6	64	41,3	79	57,6
5	21,5	20	3917,2	35	62,8	50	62,9	65	14,8	80	7,2
6	806,8	21	3201,9	36	364,5	51	94,7	66	26,6	81	88,3
7	1717,6	22	1383,6	37	424,5	52	7,4	67	16,4	82	60,5
8	1184,1	23	1534,1	38	360,9	53	10,7	68	1,6	83	47,1
9	489,8	24	821,3	39	177,8	54	35,8	69	4,8	84	8,1
10	323,2	25	454,7	40	84,8	55	84,8	70	75,7	85	25,4
11	1089,1	26	466,9	41	84,6	56	10,3	71	24,8	86	84,7
12	3279,4	27	26,0	42	206,9	57	135,2	72	1,6	87	69,4
13	945,9	28	56,5	43	457,5	58	0,7	73	10,5	88	0,8
14	396,6	29	220,8	44	224,1	59	1,2	74	15,0		
15	20383,7	30	824,6	45	76,4	60	51,2	75	43,1		

Utilizando $\hat{\omega} = (2\pi)(15)/176 = 0, 5355$ radianos, podemos estimar os demais parâmetros do modelo harmônico, utilizando uma regressão linear com ω conhecido. De acordo com os resultados apresentados no Quadro 13.2, o modelo ajustado é

$$\hat{Z}_t = 44,76 - 19,71\cos(0,5355t) - 8,53\text{sen}(0,5355t), \qquad (13.18)$$

com $\hat{\sigma}_\varepsilon^2 = (31,43)^2$.

A Figura 13.4 apresenta a série original e o modelo ajustado (13.18).
De (13.18) e (13.12), temos que

$$\tilde{R}^2 = (19,71)^2 + (8,53)^2 = 461,25$$

e

$$\tilde{\phi} = \text{arctg}\left(\frac{-8,53}{19,71}\right) + \pi = -0,4328 + 3,1415 = 2,71\,\text{rad}.$$

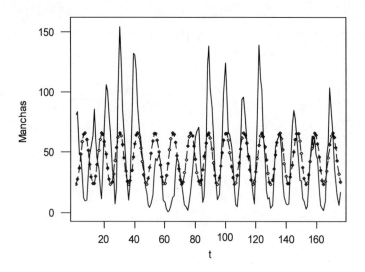

Figura 13.4: Série Manchas (—) e modelo harmônico ajustado (- - -), dado pela expressão (13.18).

Um outro procedimento que pode ser adotado é estimar os parâmetros de um modelo de regressão não linear. O resultado do ajuste do modelo é apresentado no Quadro 13.3, isto é,

$$\hat{Z}_t = 45,25 + 20,62\cos(0,5531t) - 18,91\text{sen}(0,5531t), \qquad (13.19)$$

13.2. MODELOS COM UMA PERIODICIDADE 345

com $\hat{\sigma}_\varepsilon^2 = (28, 80)^2$.

De (13.19) temos que $\tilde{R}^2 = 782, 77$ e $\tilde{\phi} = \text{arctg} \left(\frac{18,91}{20,62} \right) = 0, 74 \, \text{rad}$.

A Figura 13.5 apresenta a série original e o modelo harmônico ajustado utilizando (13.19).

Comparando os dois procedimentos por meio da variância residual, temos que o procedimento de minimização não linear fornece um modelo que se ajusta melhor à série Manchas.

De acordo com os resultados apresentados no Quadro 13.3, temos que a periodicidade do modelo harmônico não linear ajustado é de $\frac{2\pi}{0,5531} = 11, 359$ anos.

Quadro 13.3: Ajuste do modelo de regressão não linear à série Manchas.

*** Nonlinear Regression Model ***

Formula : Manchas$\sim$ u + a * cos (w * t) + b * sin (w * t)
Parameters :

	Value	Std. Error	t-value
u	45. 2492	2. 17183	20. 835
a	20. 6217	4. 73042	4. 359
b	-18. 9144	4. 95408	-3. 818
w	0. 5531	0. 00216	256. 068

Residual standard error : 28. 8001 on 172 degrees of freedom

Correlation of Parameter Estimates :

	u	a	b
a	0. 005170		
b	-0. 017300	0. 597000	
w	0. 000379	0. 761000	0. 785000

13.2.3 Propriedades dos estimadores

Vamos supor que ε_t seja uma sequência de ruído branco com média zero e variância σ_ε^2.

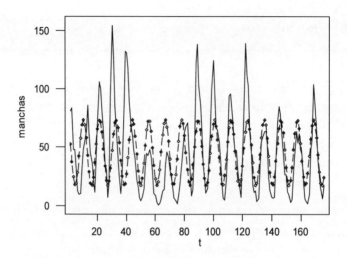

Figura 13.5: Série Manchas (linha cheia) e modelo não linear ajustado (linha tracejada), dado pela expressão (13.19).

Para ω conhecido, pode-se demonstrar que

$$E(\tilde{A}) \cong A, \ E(\tilde{B}) \cong B, \ E(\overline{Z}) \cong \mu,$$
$$\text{Var}(\tilde{A}) \cong \text{Var}(\tilde{B}) \cong \frac{2\sigma_\varepsilon^2}{N}, \ \text{Var}(\overline{Z}) \cong \frac{\sigma^2}{N} \qquad (13.20)$$

e

$$\text{Corr}\,(\tilde{A}, \tilde{B}) \cong \text{Corr}\,(\tilde{B}, \tilde{Z}) \cong \text{Corr}\,(\overline{Z}, \tilde{A}) \cong 0.$$

Se a sequência ε_t for um ruído branco gaussiano, então os estimadores $\tilde{A}$, $\tilde{B}$ e $\overline{Z}$ serão assintoticamente normais.

Quando ω é desconhecido e tem que ser estimado, Whittle (1952) e Walker (1971) mostraram que

$$E(\tilde{\omega}) = \omega + O(N^{-1}) \qquad (13.21)$$

e

$$\text{Var}(\tilde{\omega}) \cong \frac{24\sigma_\varepsilon^2}{N^3(A^2 + B^2)}.$$

Além disso, as variâncias que aparecem na expressão (13.20) também se alteram quando substituímos ω por $\tilde{\omega}$. As novas expressões são

$$\text{Var}(\tilde{A}) \ \cong \ \frac{2\sigma_\varepsilon^2}{N} \cdot \frac{A^2 + 4B^2}{R^2},$$

13.3. MODELOS COM PERIODICIDADES MÚLTIPLAS

$$\text{Var}(\tilde{B}) \cong \frac{2\sigma_\varepsilon^2}{N} \cdot \frac{4A^2 + B^2}{R^2} ,$$

$$\text{Cov}(\tilde{A}, \tilde{B}) \cong \frac{6\sigma_\varepsilon^2}{N} \cdot \frac{AB}{R^2} , \tag{13.22}$$

$$\text{Cov}(\tilde{A}, \tilde{\omega}) \cong \frac{12\sigma_\varepsilon^2}{N^2} \cdot \frac{B}{R^2} ,$$

$$\text{Cov}(\tilde{B}, \tilde{\omega}) \cong \frac{-12\sigma_\varepsilon^2}{N^2} \cdot \frac{A}{R^2} .$$

Walker (1971), também, mostra que, sob a hipótese de ruído branco gaussiano, todos os estimadores são assintoticamente normais. Para mais detalhes, ver Bloomfield (2000).

13.3 Modelos com periodicidades múltiplas

Vamos considerar, para ilustrar, apenas o modelo com duas componentes periódicas,

$$Z_t = \mu + A_1 \cos(\omega_1 t) + B_1 \text{sen}(\omega_1 t) + A_2 \cos(\omega_2 t) + B_2 \text{sen}(\omega_2 t) + \varepsilon_t . \tag{13.23}$$

Quando ω_1 e ω_2 são frequências conhecidas, o modelo (13.23) é uma regressão linear, seguindo a equação (13.6) onde, agora,

$$\boldsymbol{\theta} = (\mu, A_1, A_2, B_1, B_2)'$$

e

$$\mathbf{W} = \begin{bmatrix} 1 & \cos(\omega_1) & \text{sen}(\omega_1) & \cos(\omega_2) & \text{sen}(\omega_2) \\ 1 & \cos(2\omega_1) & \text{sen}(2\omega_1) & \cos(2\omega_2) & \text{sen}(2\omega_2) \\ \vdots & \vdots & \vdots & \vdots & \vdots \\ 1 & \cos(N\omega_1) & \text{sen}(N\omega_1) & \cos(N\omega_2) & \text{sen}(N\omega_2) \end{bmatrix} .$$

Quando $\omega_1 = \frac{2\pi k}{N}$ e $\omega_2 = \frac{2\pi j}{N}$, isto é, são frequências de Fourier, a solução exata é dada por

$$\hat{\mu} = \overline{Z},$$

$$\hat{A}_i = \frac{2}{N} \sum_{t=1}^{N} Z_t \cos(\omega_i t), \ i = 1, 2,$$

$$\hat{B}_i = \frac{2}{N} \sum_{t=1}^{N} Z_t \text{sen}(\omega_i t), \ i = 1, 2, \tag{13.24}$$

$$\hat{A}_i = \frac{1}{N} \sum_{i=1}^{N} Z_t (-1)^t, \ \hat{B}_i = 0, \ \text{para } \omega = \pi.$$

348   CAPÍTULO 13. ANÁLISE DE FOURIER

Quando ω_1 e ω_2 são frequências desconhecidas, o modelo (13.23) torna-se um modelo não linear. A extensão natural do método utilizado anteriormente (seção 13.2.2) é notar que para ω_1 e ω_2 fixos, o modelo é linear nos outros parâmetros. Assim, estimativas condicionais de ω_1 e ω_2 podem ser encontradas utilizando

$$\text{SQR} = U(\omega_1, \omega_2) \;\; = \;\; \sum_{t=0}^{N-1} (Z_t - \hat{\mu} - \hat{A}_1 \cos(\omega_1 t) - \hat{B}_1 \text{sen}(\omega_1 t)$$
$$-\hat{A}_2 \cos(\omega_2 t) - \hat{B}_2 \text{sen}(\omega_2 t))^2,$$

onde $\hat{\mu}$, $\hat{A}_1$, $\hat{B}_1$, $\hat{A}_2$ e $\hat{B}_2$ são funções de ω_1 e ω_2. Pode-se então utilizar métodos numéricos para minimizar a função U.

Bloomfield (2000) sugere um procedimento denominado método de decrescimento cíclico.

Exemplo 13.3. Vamos ajustar um modelo harmônico à série Chuva–Fortaleza; de acordo com Morettin et al. (1985), essa série apresenta duas componentes periódicas, que consideraremos desconhecidas. A Figura 13.6 apresenta o gráfico da série. Os resultados do ajustamento do modelo (13.23) usando regressão não linear estão no Quadro 13.4; observamos que B_2 não é significativamente diferente de zero ($P = 0, 10$). Eliminando B_2 e reestimando o modelo temos (Quadro 13.5)

$$\hat{Z}_t = 1430 + 158 \cos(0, 2555t) - 152 \text{sen}(0, 2555t) + 165 \cos(0, 0968t), \quad (13.25)$$

com $\hat{\sigma}_\varepsilon^2 = (469, 49)^2$.

Às frequências estimadas $\tilde{\omega}_1 = 0, 2555$ e $\tilde{\omega}_2 = 0, 0968$ correspondem periodicidades de $2\pi/0, 2555 = 24, 59$ anos e $2\pi/0, 0968 = 64, 90$ anos, respectivamente. A Figura 13.7 apresenta a série original e o modelo ajustado, dado por (13.25).

Voltaremos a analisar essa mesma série, utilizando a metodologia apresentada na próxima seção.

13.4   Análise de Fourier ou harmônica

Um procedimento alternativo para descobrir periodicidades desconhecidas em uma dada série temporal consiste em ajustar o modelo para todas as frequências de Fourier, isto é, ajustar o modelo

$$Z_t = a_0 + \sum_{j=1}^{\frac{N}{2}-1} \left[a_j \cos \frac{2\pi j t}{N} + b_j \text{sen} \frac{2\pi j t}{N} \right] + a_{\frac{N}{2}} \cos \pi t, \; t = 1, \ldots, N, \quad (13.26)$$

13.4. ANÁLISE DE FOURIER OU HARMÔNICA

cujos coeficientes, denominados *coeficientes de Fourier discretos*, são dados por

$$a_0 = \overline{Z},$$

$$a_{N/2} = \frac{1}{N}\sum_{t=1}^{N}(-1)^t Z_t,$$

$$a_j = \frac{2}{N}\sum_{t=1}^{N} Z_t \cos\left(\frac{2\pi jt}{N}\right), \tag{13.27}$$

$$b_j = \frac{2}{N}\sum_{t=1}^{N} Z_t \operatorname{sen}\left(\frac{2\pi jt}{N}\right), \ j = 1, \ldots, \frac{N}{2} - 1$$

e que são exatamente iguais às estimativas de mínimos quadrados dos parâmetros do modelo (13.6).

A expressão (13.26) fornece a decomposição da série Z_t em componentes periódicas; tal decomposição é denominada *análise de Fourier* ou *análise harmônica*. Assim, a análise de Fourier corresponde à partição da variabilidade da série em componentes de frequências $\frac{2\pi}{N}, \frac{4\pi}{N}, \ldots, \pi$. A componente de frequência $\omega_j = \frac{2\pi j}{N}$,

$$a_j \cos\omega_j t + b_j \operatorname{sen}\omega_j t = R_j \cos(\omega_j t + \phi_j),$$

tem amplitude dada por $R_j = \sqrt{a_j^2 + b_j^2}$ e fase $\phi_j = \operatorname{arctg}\left(\frac{-b_j}{a_j}\right)$.

Pode-se demonstrar que

$$\sum_{t=1}^{N}(Z_t - \overline{Z})^2 = \frac{N}{2}\sum_{j=1}^{\left(\frac{N}{2}\right)-1} R_j^2 + N a_{N/2}^2$$

e, consequentemente,

$$\frac{1}{N}\sum_{t=1}^{N}(Z_t - \overline{Z})^2 = \frac{1}{2}\sum_{j=1}^{\left(\frac{N}{2}\right)-1} R_j^2 + a_{N/2}^2, \tag{13.28}$$

ou seja, temos uma partição da variância da série com $\frac{R_j^2}{2}$ representando a contribuição do j-ésimo harmônico. O gráfico $\frac{R_j^2}{2} \times j$ é denominado *espectro de linhas de Fourier*.

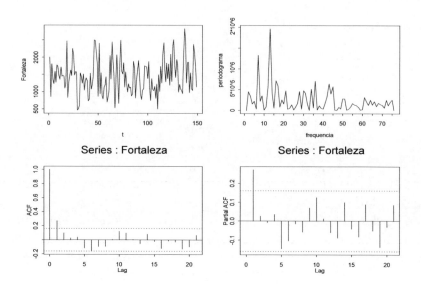

Figura 13.6: Série Chuva–Fortaleza, periodograma, fac e facp amostrais.

Exemplo 13.4. Análise de Fourier da série Temperatura–Cananéia. A Tabela 13.2 apresenta as amplitudes dos 60 harmônicos, isto é, R_j, $j = 1, \ldots, \left[\frac{120}{2}\right]$ ($N = 120$ observações). A Figura 13.8 apresenta o espectro de linhas $\left(\frac{R_j^2}{2} \times j\right)$. Notamos que o valor 7,02 corresponde ao espectro para $j = 10$, responsável por 88,62% da variabilidade da série; este harmônico corresponde à periodicidade de 12 meses.

Exemplo 13.5. Análise harmônica da série Fortaleza. A Tabela 13.3 apresenta as amplitudes dos harmônicos (R_j, $j = 1, \ldots, \left[\frac{149}{2}\right]$) e a Figura 13.9, o espectro de linhas que corresponde à partição da variância da série, dada pela expressão (14.27). Notamos que várias componentes de frequências contribuem para a variância das séries. Os dois harmônicos principais são $\omega_{12} = \frac{2\pi.12}{149}$ e $\omega_6 = \frac{2\pi.6}{149}$ que contribuem, conjuntamente, com 18,08% da variância da série. As periodicidades correspondentes a esses harmônicos são 12,42 e 24,83 anos, respectivamente.

13.5 Problemas

1. Utilizando (13.1) e (13.2) mostre que $R^2 = A^2 + B^2$ e que ϕ satisfaz a expressão (13.3).

2. Supondo $w_k = \frac{2\pi k}{N}$, $k = 1, \ldots, [\frac{N}{2}]$, demonstre as relações de ortogonalidade dadas pela expressão (13.9).

3. Suponha uma série temporal, $Z_1, Z_2, \ldots, Z_N$, gerada pelo modelo (13.2). Mostre que para $w = \frac{2\pi k}{N}$, $k = 1, 2, \ldots, [\frac{N}{2}]$, os estimadores de MQ dos parâmetros são dados pela expressão (13.11).

Quadro 13.4: Regressão não linear, série Chuva–Fortaleza.

*** Nonlinear Regression Model ***

Formula : Fortaleza   a0 + a1 * cos (w1 * t) + b1 * sin (w1 * t)
           + a2 * cos (w2 * t) + b2 * sin(w2 * t)
                    Parameters :

	Value	Std. Error	t-value
a0	1427. 5900000	39. 41210000	36. 222300
a1	162. 4920000	84. 65740000	1. 919410
b1	-149. 3440000	88. 22790000	-1. 692710
w1	0. 2558190	0. 00579038	44. 180000
a2	158. 9480000	64. 02920000	2. 482430
b2	48. 8105000	108. 62600000	0. 449344
w2	0. 0994142	0. 00760288	13. 075900

Residual standard error : 470. 86 on 142 degrees of freedom
Correlation of Parameter Estimates :

	ao	a1	b1	w1	a2	b2
a1	-0. 0642					
b1	-0. 0341	0. 5910				
w1	-0. 0550	0. 7660	0. 7790			
a2	-0. 0168	-0. 1020	-0. 1640	-0. 1470		
b2	-0. 1580	0. 1300	0. 0848	0. 1160	-0. 4130	
w2	-0. 0909	0. 1510	0. 0810	0. 1380	-0. 4640	0. 8670

CAPÍTULO 13. ANÁLISE DE FOURIER

Quadro 13.5: Ajustamento do modelo (13.25).

** Nonlinear Regression Model ***

Formula : Fortaleza   a0 + a1 * cos (w1 * t) + b1 * sin (w1 * t) + a2 * cos (w2 * t)

Parameters :

	Value	Std. Error	t-value
a0	1430. 640000	38. 75900000	36. 91120
a1	158. 048000	84. 9452000	1. 86058
w1	0. 255537	0. 00576155	44. 35220
b1	-152. 530000	86. 38840000	-1. 76563
a2	165. 680000	56. 29540000	2. 94305
w2	0. 096834	0. 00370495	26. 13630

Residual standard error : 469. 493 on 143 degrees of freedom

Correlation of Parameter Estimates :

	ao	a1	w1	b1	a2
a1	-0. 0456				
w1	-0. 0396	0. 7700			
b1	-0. 0210	0. 5870	0. 7690		
a2	-0. 0894	-0. 0479	-0. 1030	-0. 1390	
w2	0. 0585	0. 0619	0. 0458	-0. 0280	0. 0433

---

4. Considerando os resultados do Problema 3, mostre que a soma de quadrados residuais (SQR) é dada pela expressão (13.13).

5. Considere $Z_t = \sum_n G_n e^{i2\pi f_n t}$, $f_n = \frac{n}{T}$, uma série periódica e determinística de período T. Mostre que

$$Z_t = \frac{c_0}{2} + \sum_{n=1}^{T} c_n \cos\left(\frac{2\pi n t}{T} + \phi_n\right).$$

Expresse c_n e ϕ_n em função de G_n e vice-versa.

13.5. PROBLEMAS

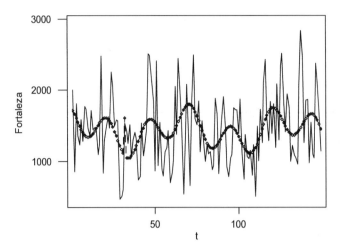

Figura 13.7: Série Chuva–Fortaleza (—) e série ajustada (- - -) utilizando o modelo (13.25).

Tabela 13.2: Análise de Fourier da série Temperatura–Cananéia: amplitudes dos 60 harmônicos.

j	R_j	j	R_j	j	R_j	j	R_j
1	0,1692	16	0,0916	31	0,0343	46	0,0473
2	0,1333	17	0,1200	32	0,0138	47	0,0725
3	0,2811	18	0,1967	33	0,0540	48	0,1625
4	0,3051	19	0,1949	34	0,0548	49	0,1316
5	0,0608	20	0,3088	35	0,2151	50	0,2362
6	0,2271	21	0,1284	36	0,2287	51	0,0989
7	0,4458	22	0,2484	37	0,1266	52	0,0962
8	0,2856	23	0,1665	38	0,1142	53	0,2386
9	0,2230	24	0,1253	39	0,0993	54	0,0993
10	3,7472	25	0,1292	40	0,1668	55	0,1140
11	0,2859	26	0,2369	41	0,1822	56	0,0822
12	0,1559	27	0,1752	42	0,1184	57	0,1026
13	0,1359	28	0,1467	43	0,0578	58	0,1396
14	0,3104	29	0,1510	44	0,0368	59	0,0858
15	0,0630	30	0,1623	45	0,1500	60	0,0685

Tabela 13.3 - Análise de Fourier da série Chuva–Fortaleza: amplitudes dos 75 harmônicos.

j	R_j	j	R_j	j	R_j	j	R_j	j	R_j
1	110,06	16	125,82	31	64,54	46	13,74	61	77,17
2	95,94	17	47,78	32	12,60	47	45,88	62	58,71
3	64,99	18	82,39	33	117,75	48	31,60	63	81,41
4	76,92	19	65,72	34	42,32	49	87,44	64	60,18
5	32,16	20	112,80	35	137,74	50	86,41	65	76,09
6	188,99	21	29,07	36	20,02	51	19,04	66	51,52
7	76,81	22	35,80	37	55,17	52	29,92	67	68,04
8	97,52	23	60,85	38	39,05	53	48,39	68	62,45
9	19,57	24	21,26	39	31,50	54	67,91	69	57,39
10	48,14	25	47,13	40	67,07	55	59,79	70	40,67
11	123,50	26	68,37	41	93,94	56	56,68	71	82,04
12	229,74	27	110,81	42	131,10	57	46,46	72	57,20
13	104,82	28	30,90	43	104,17	58	18,76	73	72,92
14	40,16	29	113,12	44	123,79	59	25,83	74	82,46
15	138,63	30	105,39	45	19,78	60	92,34	75	16,96

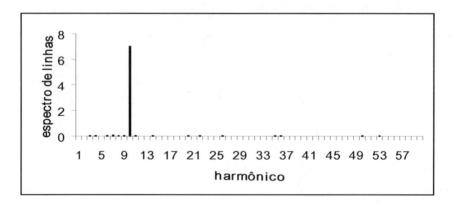

Figura 13.8: Espectro de linhas da série Temperatura–Cananéia.

6. Ajuste um modelo harmônico, com uma única periodicidade de 12 meses,

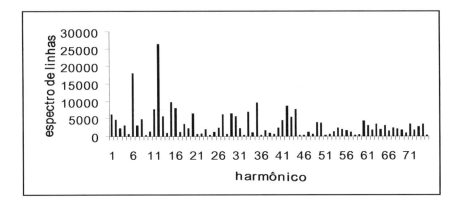

Figura 13.9: **Espectro de linhas da série Chuva–Fortaleza.**

à série Temperatura–Ubatuba.

7. Ajuste um modelo harmônico, com frequência desconhecida, à série Chuva–Lavras. Compare graficamente a série original e o modelo harmônico ajustado.

8. Mostre que os estimadores de mínimos quadrados, dos parâmetros do modelo (13.23), são dados por (13.24).

9. Ajuste um modelo harmônico, com frequência(s) desconhecida(s), à série Ozônio.

10. Faça uma análise de Fourier, calculando as amplitudes de cada harmônico, para cada uma das seguites séries:

    (a) série Temperatura–Ubatuba;
    (b) série Chuva–Lavras;
    (c) série Ozônio.

CAPÍTULO 14

Análise espectral

14.1 Introdução

A Análise espectral é fundamental em áreas onde o interesse básico é a procura de periodicidade nos dados, como em Meteorologia e Oceanografia, por exemplo. Campos de aplicação da análise espectral incluem a Engenharia Elétrica, Comunicações, Física, Economia, Medicina, entre outros. Para exemplos e referências, ver Brillinger (1975, Capítulo 1).

Na análise espectral de processos estocásticos, duas linhas de pensamento são possíveis. Um é devido aos trabalhos de Wiener (1930) e tiveram início com Schuster (1898, 1906); neste caso a teoria é desenvolvida para uma classe bastante ampla de processos estocásticos e não estocásticos. A outra linha, que será abordada neste texto, tem seus primórdios nos trabalhos de Khintchine (1932, 1934) e continua com Cramér (1942) e Kolmogorov (1941); neste caso a análise é restrita à classe dos processos estocásticos estacionários.

De uma forma geral, a análise espectral de séries temporais estacionárias $\{Z_t\}$ decompõe a série em componentes senoidais com coeficientes aleatórios não correlacionados. Juntamente com essa decomposição, existe a correspondente decomposição, em senóides, da função de autocovariância $\gamma(t)$. Assim, a decomposição espectral de um processo estacionário é um análogo à representação de Fourier de funções determinísticas.

14.2 Função densidade espectral

Suponha $\{Z_t, t \in \mathbb{Z}\}$ um processo estocástico estacionário com média zero e função de autocovariância satisfazendo uma condição de independência assintótica, no sentido que valores do processo bastante separados no tempo sejam pouco dependentes, que pode ser expressa na forma

$$\sum_{\tau=-\infty}^{\infty} |\gamma(\tau)| < \infty. \tag{14.1}$$

Nessas condições a *função densidade espectral* ou, simplesmente, *espectro* de Z_t é definida como a transformada de Fourier de $\gamma(t)$, ou seja,

$$f(\lambda) = \frac{1}{2\pi} \sum_{\tau=-\infty}^{\infty} \gamma(\tau)e^{-i\lambda\tau}, \quad -\infty < \lambda < \infty, \tag{14.2}$$

com $e^{i\lambda} = \cos\lambda + i\text{sen}\lambda$ e $i = \sqrt{-1}$.

Teorema 14.1 O espectro $f(\lambda)$, definido por (14.2) , é limitado, não negativo e uniformemente contínuo. Além disso, $f(\lambda)$ é par e periódico de período 2π.

Demonstração: O fato que $f(\lambda)$ é limitado segue de (14.1) e de (14.2), pois $|f(\lambda)| \le \frac{1}{2\pi} \sum_{\tau=-\infty}^{\infty} |\gamma(\tau)|$. Como

$$
\begin{aligned}
|f(\lambda + \omega) - f(\lambda)| &\le \frac{1}{2\pi} \sum_{\tau=-\infty}^{\infty} |e^{-i(\lambda+\omega)\tau} - e^{-i\lambda\tau}||\gamma(\tau)| \\
&= \frac{1}{2\pi} \sum_{\tau=-\infty}^{\infty} |\gamma(\tau)||e^{-i\omega\tau} - 1|,
\end{aligned}
$$

vemos que o último tende a zero para $\omega \to 0$, independentemente de λ; logo, $f(\lambda)$ é uniformemente contínuo.

Como a facv $\gamma(\tau)$ é par, segue-se facilmente que o espectro também é par e, portanto, real. Que é periódico, de período 2π, segue do fato que $e^{-i2\pi\tau} = 1$, τ inteiro.

Para mostrar que $f(\lambda) \ge 0$, considere a quantidade

$$I^{(N)}(\lambda) = \frac{1}{2\pi N} \left| \sum_{t=0}^{N-1} Z_t e^{-i\lambda t} \right|^2.$$

Então,

$$
\begin{aligned}
E[I^{(N)}(\lambda)] &= \frac{1}{2\pi N} \sum_{t=0}^{N-1} \sum_{s=0}^{N-1} E[Z_t Z_s] e^{-i\lambda(t-s)} \\
&= \frac{1}{2\pi N} \sum_{t=0}^{N-1} \sum_{s=0}^{N-1} \gamma(t-s) e^{-i\lambda(t-s)}.
\end{aligned}
$$

14.2. FUNÇÃO DENSIDADE ESPECTRAL

Fazendo a transformação $\tau = t - s$, temos que

$$E[I^{(N)}(\lambda)] = \frac{1}{2\pi N} \sum_{\tau=-N+1}^{N-1} (N - |\tau|)\gamma(\tau)e^{-i\lambda\tau}.$$

Passando ao limite temos, $E(I^{(N)}(\lambda)] \to f(\lambda)$, $N \to \infty$. Como $I^{(N)}(\lambda) \geq 0$, então $E[I^{(N)}(\lambda)] \geq 0$ e, consequentemente, $f(\lambda) \geq 0$.

Observações: Como $f(\lambda)$ é periódico de período 2π, basta considerar o intervalo $[-\pi, \pi]$. Como $f(\lambda)$ é par, basta representá-lo no intervalo $[0, \pi]$.

Notemos que, de (14.2) segue

$$\gamma(\tau) = \int_{-\pi}^{\pi} e^{i\lambda\tau} f(\lambda)\mathrm{d}\lambda, \quad \tau \in \mathbb{Z}, \tag{14.3}$$

ou seja, a sequência $\gamma(\tau)$ pode ser "recuperada" de $f(\lambda)$ utilizando a transformada inversa de Fourier. Assim, sob o ponto de vista da quantidade de informação probabilística que fornecem, o espectro e a função de autocovariância são ferramentas equivalentes. Além disso, a equação (14.3) expressa a facv $\gamma(\tau)$, de uma série estacionária satisfazendo (14.1), como os coeficientes de Fourier da função densidade espectral $f(\lambda)$.

Se colocarmos $\tau = 0$ em (14.3), temos que

$$\gamma(0) = \mathrm{Var}(Z_t) = \int_{-\pi}^{\pi} f(\lambda)\mathrm{d}\lambda$$

e o espectro $f(\lambda)$ pode ser interpretado como uma decomposição da variância do processo. Assim, o termo $f(\lambda)\mathrm{d}\lambda$ é a contribuição à variância, atribuída à componente do processo com frequência no intervalo $(\lambda, \lambda+\mathrm{d}\lambda)$. Dessa forma, um pico no espectro indica uma contribuição importante, à variância do processo, das componentes de frequência do intervalo relacionado ao pico e o gráfico $f(\lambda) \times \lambda$ pode ser pensado como uma análise de variância em que a coluna "efeito" é constituída pelas frequências.

Para um processo com parâmetro contínuo $\{Z(t), t \in \mathbb{R}\}$, as relações (14.1), (14.2) e (14.3) ficam

$$\int_{-\infty}^{\infty} |\gamma(\tau)|\mathrm{d}\tau < \infty, \tag{14.4}$$

$$f(\lambda) = \frac{1}{2\pi} \int_{-\infty}^{\infty} e^{-i\lambda\tau}\gamma(\tau)\mathrm{d}\tau \tag{14.5}$$

e

$$\gamma(\tau) = \int_{-\infty}^{\infty} e^{i\lambda\tau} f(\lambda)\mathrm{d}\lambda, \tag{14.6}$$

respectivamente.

Exemplo 14.1. Considere um processo $Z_t \sim RB(0, \sigma^2)$; neste caso,

$$\begin{aligned} \gamma(0) &= \sigma^2, \\ \gamma(\tau) &= 0, \quad |\tau| \geq 1, \\ f(\lambda) &= \frac{1}{2\pi}\gamma(0) = \frac{\sigma^2}{2\pi}, \quad -\pi \leq \lambda \leq \pi, \end{aligned} \qquad (14.7)$$

representado na Figura 14.1.

Exemplo 14.2. Considere o processo $Z_t = \frac{1}{3}(a_{t-1} + a_t + a_{t+1})$, $a_t \sim RB(0, \sigma_a^2)$. Pode-se demonstrar facilmente que

$$\gamma_z(\tau) = \begin{cases} 3\sigma_a^2/9 &, \tau = 0, \\ 2\sigma_a^2/9 &, \tau = \pm 1, \\ \sigma_a^2/9 &, \tau = \pm 2, \\ 0 &, |\tau| > 2. \end{cases}$$

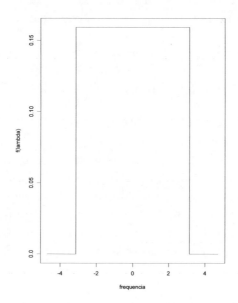

Figura 14.1: Espectro de um ruído branco.

Assim,

$$f_z(\lambda) = \frac{1}{2\pi} \sum_{\tau=-\infty}^{\infty} \gamma_z(h) e^{-i\lambda\tau}$$

14.2. FUNÇÃO DENSIDADE ESPECTRAL

$$= \frac{1}{2\pi}\left[\frac{\sigma_a^2}{9}(e^{-2i\lambda}+e^{2i\lambda})+\frac{2\sigma_a^2}{9}(e^{-i\lambda}+e^{i\lambda})+\frac{3\sigma_a^2}{9}\right]$$

$$= \frac{\sigma_a^2}{2\pi}\left(\frac{2}{9}\cos 2\lambda+\frac{4}{9}\cos\lambda+\frac{3}{9}\right)$$

ou ainda,

$$f_z(\lambda) = \frac{\sigma_a^2}{2\pi}\left(\frac{2\cos 2\lambda+4\cos\lambda+3}{9}\right), \quad -\pi \leq \lambda \leq \pi, \qquad (14.8)$$

representado na Figura 14.2.

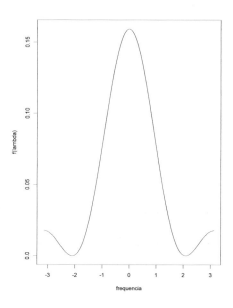

Figura 14.2: Espectro do processo do Exemplo 14.2

Veremos, na seção 14.7, que Z_t é obtido através de uma filtragem linear de um processo ruído branco. Neste caso, o espectro da série filtrada, expressão (14.8), poderá ser obtido como função do espectro do ruído branco, expressão (14.7) e dos coeficientes do filtro linear.

Exemplo 14.3. Considere o processo AR(1) dado pela expressão $Z_t = \phi Z_{t-1}+a_t$,

$a_t \sim RB(0, \sigma_a^2)$. De (5.32) e (5.33) temos que

$$\gamma_z(\tau) = \begin{cases} \dfrac{\sigma_a^2}{1-\phi^2}, & \tau = 0, \\[3mm] \dfrac{\sigma_a^2}{1-\phi^2}\phi^{|\tau|}, & |\tau| \geq 1, \end{cases}$$

e, portanto,

$$\begin{aligned} f_z(\lambda) &= \frac{\sigma_a^2}{2\pi(1-\phi^2)}\left(1 + \sum_{\tau=1}^{\infty}\phi^\tau e^{-i\lambda\tau} + \sum_{\tau=1}^{\infty}\phi^\tau e^{i\lambda\tau}\right) \\ &= \frac{\sigma_a^2}{2\pi(1-\phi^2)}\left(1 + \frac{\phi e^{-i\lambda}}{1-\phi e^{-i\lambda}} + \frac{\phi e^{i\lambda}}{1-\phi e^{i\lambda}}\right) \\ &= \frac{\sigma_a^2}{2\pi}\frac{1}{|1-\phi e^{-i\lambda}|^2}. \end{aligned}$$

Assim,

$$f_z(\lambda) = \frac{\sigma_a^2}{2\pi(1+\phi^2-2\phi\cos\lambda)}, \quad -\pi \leq \lambda \leq \pi,$$

que coincide com a expressão (5.34). A Figura 5.4 apresenta $f_z(\lambda)$ para $\phi = 0,8$ e $\phi = -0,8$, com $\sigma_a^2 = 1$.

Observação: É fácil verificar que a condição $\sum_{\tau=-\infty}^{\infty}|\gamma(\tau)| < \infty$ está satisfeita para os processos citados nos três exemplos anteriores.

De uma forma geral, as condições (14.1) e (14.4), para processos discretos e contínuos, respectivamente, podem não estar satisfeitas. Nestes casos é necessário introduzir o espectro de uma outra maneira.

14.3 Representações espectrais

Consideremos um processo estocástico estacionário $\{Z(t), t \in \mathbb{R}\}$, real, de média zero e facv $\gamma(\tau)$, suposta contínua para todo τ.

Teorema 14.2. [Bochner-Wiener-Khintchine] Uma condição necessária e suficiente para que $\gamma(\tau)$ seja a facv de um processo estacionário é que

$$\gamma(\tau) = \int_{-\infty}^{\infty} e^{i\lambda\tau}\mathrm{d}F(\lambda), \quad \tau \in \mathbb{R}, \tag{14.9}$$

em que $F(\lambda)$ é uma função real, não decrescente e limitada.

$F(\lambda)$ é denominada *função distribuição espectral* do processo $Z(t)$.

Observações:

14.3. REPRESENTAÇÕES ESPECTRAIS

1. Wiener (1930) e Khintchine (1934) provaram o teorema para classes de funções distintas. Bochner (1936) demonstrou um teorema para funções positivas definidas.

2. Dividindo (14.9) por $\gamma(0)$ temos

$$\rho(\tau) = \int_{-\infty}^{\infty} e^{i\lambda\tau} dG(\lambda), \tag{14.10}$$

em que $G(\lambda)$ tem propriedades análogas às de $F(\lambda)$.

3. $F(\lambda)$ é definida a menos de uma constante. Supõem-se $F(-\infty) = 0$ e $F(+\infty) = \gamma(0)$, de modo que $G(\lambda)$ pode ser considerada uma função distribuição. Usualmente tomamos $F(\lambda)$ contínua à direita.

4. De (14.9) temos

$$\gamma(0) = \int_{-\infty}^{\infty} dF(\lambda)$$

que nos diz que a variância total do processo é determinada por $F(\lambda)$ e, portanto, ela fornece a distribuição espectral de $Z(t)$ sobre o eixo das frequências.

Como $F(\lambda)$ tem o caráter de uma função distribuição, ela pode ser escrita na forma

$$F(\lambda) = a_1 F_d(\lambda) + a_2 F_c(\lambda) + a_3 F_s(\lambda),$$

em que a_1, a_2 e a_3 são constantes não negativas com $a_1 + a_2 + a_3 = 1$, $F_d(\lambda)$ é uma função escada (componente discreta da função distribuição espectral), $F_c(\lambda)$ é uma função absolutamente contínua (componente contínua da função distribuição espectral) e $F_s(\lambda)$ é a componente singular, com $F_s'(\lambda) = 0$ em quase toda parte.

Na prática a componente $F_s(\lambda)$ é ignorada e, portanto,

$$F(\lambda) = a_1 F_d(\lambda) + a_2 F_c(\lambda), \ a_1 + a_2 = 1. \tag{14.11}$$

Utilizando (14.11) e (14.9), temos

$$\gamma(\tau) = a_1 \gamma_d(\tau) + a_2 \gamma_c(\tau),$$

com

$$\gamma_d(\tau) = \int_{-\infty}^{\infty} e^{i\lambda\tau} dF_d(\lambda) = \sum_{j=-\infty}^{\infty} e^{i\lambda_j\tau} p(\lambda_j)$$

e

$$\gamma_c(\tau) = \int_{-\infty}^{\infty} e^{i\lambda\tau} dF_c(\lambda) = \int_{-\infty}^{\infty} e^{i\lambda\tau} f_c(\lambda) d\lambda$$

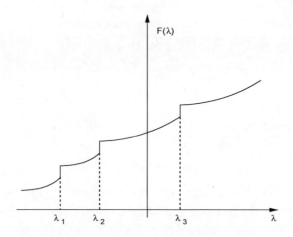

Figura 14.3: Função distribuição espectral de um processo estacionário.

pois $F_d(\lambda) = \sum_{\lambda_j \leq \lambda} p(\lambda_j)$ e $F_c(\lambda) = \int_{-\infty}^{\lambda} f_c(\alpha) d\alpha$.

Assim, a função distribuição espectral é uma mistura de uma função escada, com saltos iguais a $p(\lambda_j)$ nas frequências λ_j, e de uma função contínua, ambas não decrescentes como representado na Figura 14.3.

Além disso, podemos escrever

$$\gamma(\tau) = \sum_{j=-\infty}^{\infty} e^{i\lambda_j \tau} p(\lambda_j) + \int_{-\infty}^{\infty} e^{i\lambda \tau} f_c(\lambda) d\lambda \qquad (14.12)$$

e se $\int_{-\infty}^{\infty} |\gamma_c(\tau)| < \infty$, então

$$f_c(\lambda) = \frac{1}{2\pi} \int_{-\infty}^{\infty} e^{-i\lambda \tau} \gamma_c(\tau) d\tau \qquad (14.13)$$

No caso em que temos um processo estacionário discreto, isto é, $\{Z_t, t \in \mathbb{Z}\}$, vale a seguinte representação:

Teorema 14.3. [Herglotz] Uma condição necessária e suficiente para que $\gamma(k)$, $k \in \mathbb{Z}$, seja a função de autocovariância de Z_t é que

$$\gamma(k) = \int_{-\pi}^{\pi} e^{i\lambda k} dF(\lambda), \quad k \in \mathbb{Z}, \qquad (14.14)$$

em que $F(\lambda)$ é uma função real, não decrescente e limitada.

14.3. REPRESENTAÇÕES ESPECTRAIS

Se $\sum_{k=-\infty}^{\infty} |\gamma(k)| < \infty$, então $F(\lambda)$ é derivável com

$$F(\lambda) = \int_{-\pi}^{\lambda} dF(\alpha)$$

e

$$\gamma(k) = \int_{-\pi}^{\pi} e^{i\lambda k} f(\lambda) d\lambda$$

com relação inversa dada por

$$f(\lambda) = \frac{1}{2\pi} \sum_{k=-\infty}^{\infty} \gamma(k) e^{-i\lambda k}, \quad -\pi \le \lambda \le \pi,$$

que é a definição já apresentada na seção 14.2 (expressão (14.2)).

Para mais detalhes ver Priestley (1988), Morettin (2014) e Brockwell & Davis (2002).

Exemplo 14.4. Considere o processo harmônico

$$Z(t) = R\cos(\omega t + \phi), \tag{14.15}$$

em que R e ω são constantes e ϕ é uma variável aleatória com distribuição uniforme em $(-\pi, \pi)$.

Então

$$E[Z(t)] = \frac{1}{2\pi} \int_{-\pi}^{\pi} R\cos(\omega t + \phi) d\phi = \frac{1}{2\pi} \int_{-\pi}^{\pi} R\cos\phi\, d\phi = 0.$$

Também,

$$
\begin{aligned}
\gamma(\tau) &= E[Z(t + \tau)Z(t)] \\
&= \frac{1}{2\pi} \int_{-\pi}^{\pi} R\cos[\omega(t + \tau) + \phi] R\cos(\omega t + \phi) d\phi \\
&= \frac{1}{2\pi} \int_{-\pi}^{\pi} R\cos(\omega\tau + \phi) R\cos\phi\, d\phi \\
&= \frac{R^2}{2\pi} \int_{-\pi}^{\pi} \frac{\cos(\omega\tau - \phi) + \cos\omega\tau}{2} d\phi.
\end{aligned}
$$

Logo

$$\gamma(\tau) = \frac{R^2}{2} \cos\omega\tau.$$

Como $\gamma(\tau)$ não é absolutamente somável, temos que

$$\gamma(\tau) = \int_{-\pi}^{\pi} e^{i\omega'\tau} dF(\omega'),$$

em que
$$F(\omega') = \begin{cases} 0, & -\pi < \omega' < -\omega, \\ R^2/4, & -\omega \le \omega' < \omega, \\ 2R^2/4, & \omega \le \omega' < \pi. \end{cases}$$

Usando a função δ de Dirac podemos escrever

$$f(\lambda) = \frac{\mathrm{d}}{\mathrm{d}\lambda} F(\lambda) = \frac{R^2}{4}\delta(\lambda+\omega) + \frac{R^2}{4}\delta(\lambda-\omega).$$

A Figura 14.4 apresenta a função densidade espectral e a função distribuição do processo harmônico.

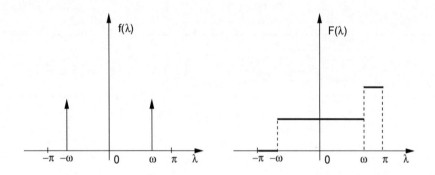

Figura 14.4: Função densidade espectral e função distribuição espectral do processo (14.15).

Enunciaremos a seguir um resultado que mostra que qualquer processo estacionário pode ser representado como um limite de somas de senos e cossenos com coeficientes aleatórios (amplitudes aleatórias) e fases aleatórias.

Teorema 14.4. [Teorema espectral de Cramér] Seja $\{Z(t), t \in \mathbb{R}\}$ um processo estacionário de média zero e contínuo em média quadrática. Então existe um processo estocástico $\{U(\lambda), \lambda \in \mathbb{R}\}$ de incrementos ortogonais tais que

$$Z(t) = \int_{-\infty}^{\infty} e^{it\lambda} \mathrm{d}U(\lambda), \ t \in \mathbb{R}. \tag{14.16}$$

O processo estocástico $U(\lambda)$, denominado processo espectral associado a $Z(t)$, tem as seguintes propriedades:

(a) $E[\mathrm{d}U(\lambda)] = 0$, para todo λ;

14.4. ESTIMADORES DO ESPECTRO

(b) $E|\mathrm{d}U(\lambda)|^2 = \mathrm{d}F(\lambda)$, para todo λ;

(c) $\mathrm{Cov}[\mathrm{d}U(\lambda), \mathrm{d}U(\lambda')] = E[\overline{\mathrm{d}U(\lambda)}\mathrm{d}U(\lambda')] = 0,\ \lambda \neq \lambda'$.

Dizemos que $U(\lambda)$ tem *incrementos ortogonais*.

Se tivermos um processo estacionário discreto, $\{Z_t, t \in \mathbb{Z}\}$, então

$$Z_t = \int_{-\pi}^{\pi} e^{it\lambda} \mathrm{d}U(\lambda),\ t \in \mathbb{Z}, \tag{14.17}$$

sendo $U(\lambda)$ um processo com as mesmas propriedades anteriores, somente que $\lambda \in [-\pi, \pi]$.

14.4 Estimadores do espectro

14.4.1 Transformada de Fourier discreta

A ideia é correlacionar uma série com periodicidade conhecida à série estacionária de interesse.

Suponha $\{Z_t, t = 0, 1, \ldots, N\}$ uma realização de um processo estacionário com média zero. Então

$$d^{(N)}(\lambda) = \frac{1}{\sqrt{2\pi N}} \sum_{t=1}^{N} Z_t e^{-i\lambda t},\ -\infty < \lambda < \infty, \tag{14.18}$$

é denominada *transformada de Fourier finita* (TFF) de $(Z_1, Z_2, \ldots, Z_N)$.

Observações: (a) $d^{(N)}(\lambda) = d^{(N)}(\lambda + 2\pi)$, isto é, tem período 2π e, portanto, basta considerar as frequências no intervalo $[-\pi, \pi]$.

(b) $d^N(-\lambda) = \overline{d^N(\lambda)}$.

Embora (14.18) seja definida para todas as frequências, ela, na prática, é calculada para frequências da forma $\omega_j = \frac{2\pi j}{N},\ -\left[\frac{N-1}{2}\right] \leq j \leq \left[\frac{N}{2}\right]$, denominadas *frequências de Fourier*. Assim, obtemos a *transformada de Fourier discreta*

$$
\begin{aligned}
d_j^{(N)} &= \frac{1}{\sqrt{2\pi N}} \sum_{t=1}^{N} Z_t e^{-i2\pi jt/N},\ j = 0, 1, \ldots, \left[\frac{N}{2}\right], \\
&= \frac{1}{\sqrt{2\pi N}} \sum_{t=1}^{N} Z_t \cos\left(\frac{2\pi jt}{N}\right) + i \frac{1}{\sqrt{2\pi N}} \sum_{t=1}^{N} Z_t \mathrm{sen}\left(\frac{2\pi jt}{N}\right). \tag{14.19}
\end{aligned}
$$

Se a série temporal, em análise, não tiver média zero, então

$$d_j^{(N)} = \frac{1}{\sqrt{2\pi N}} \sum_{t=1}^{N} (Z_t - \overline{Z}) e^{-i2\pi jt/N},\ j = 0, 1, \ldots, \left[\frac{N}{2}\right].$$

368   *CAPÍTULO 14. ANÁLISE ESPECTRAL*

Vamos supor, no que segue, que $\{Z_t\}$ tem média zero, facv $\gamma(\tau)$ e espectro dado por (14.2). Temos então que $E[d_j^{(N)}] = 0$. Para calcular a variância de $d_j^{(N)}$ utilizamos a representação espectral (14.17) obtendo,

$$
\begin{aligned}
d_j^{(N)} &= \frac{1}{\sqrt{2\pi N}} \sum_{t=1}^{N} e^{-i\lambda_j t} \int_{-\pi}^{\pi} e^{i\lambda t} dU(\lambda) \\
&= \int_{-\pi}^{\pi} (2\pi N)^{-\frac{1}{2}} \sum_{t=1}^{N} e^{i(\lambda - \lambda_j)t} dU(\lambda), \ \lambda_j = \frac{2\pi j}{N}.
\end{aligned}
$$

Chamando

$$
\Delta^{(N)}(\omega) = \frac{1}{(2\pi N)^{\frac{1}{2}}} \sum_{t=1}^{N} e^{i\omega t},
$$

temos que

$$
d_j^{(N)} = \int_{-\pi}^{\pi} \Delta^{(N)} \left(\lambda - \frac{2\pi j}{N} \right) dU(\lambda).
$$

É fácil ver que $|\Delta^{(N)}(\lambda)|^2 = \frac{1}{2\pi N} \left[\frac{\mathrm{sen} N(\lambda/2)}{\mathrm{sen} \lambda/2} \right]^2$ é o *núcleo de Féjer* e este comporta- -se como uma função δ de Dirac, quando $N \to \infty$.

Assim,

$$
\begin{aligned}
\mathrm{Var}(d_j^{(N)}) &= E|d_j^{(N)}|^2 \\
&= E[d_j^{(N)} \overline{d_j^{(N)}}] \\
&= \int_{-\pi}^{\pi} \int_{-\pi}^{\pi} \Delta^{(N)} \left(\lambda - \frac{2\pi j}{N} \right) \overline{\Delta^{(N)} \left(\omega - \frac{2\pi j}{N} \right)} E[dU(\lambda) \overline{dU(\omega)}]
\end{aligned}
$$

e como $E[dU(\lambda) \overline{dU(\omega)}] = f(\lambda)d\lambda$ se $\lambda = \omega$, segue-se que

$$
E|d_j^{(N)}|^2 = \int_{-\pi}^{\pi} \left| \Delta^{(N)} \left(\lambda - \frac{2\pi j}{N} \right) \right|^2 f(\lambda)d\lambda. \tag{14.20}
$$

Pela propriedade anteriormente referida de $|\Delta^{(N)}(\cdot)|^2$, segue-se que se $f(\lambda)$ é contínua, para N grande,

$$
E|d_j^{(N)}|^2 \cong f(\lambda_j), \ \lambda_j = \frac{2\pi j}{N}, \tag{14.21}
$$

e esta aproximação é tanto melhor quanto mais suave for $f(\lambda)$ na vizinhança de $\lambda_j = \frac{2\pi j}{N}$.

Vamos supor agora que Z_t seja Gaussiano (veja a definição 2.4). Segue-se de (14.19) que $d_j^{(N)}$, sendo uma combinação linear de variáveis normais, terá uma

14.4. ESTIMADORES DO ESPECTRO

distribuição conjunta multivariada normal complexa. Então, temos o seguinte Teorema Limite Central:

Teorema 14.5. Se o espectro $f(\lambda)$ for contínuo, então as variáveis aleatórias $d_j^{(N)}$, $-\left[\frac{N-1}{2}\right] \leq j \leq \left[\frac{N-1}{2}\right]$, são assintoticamente independentes, quando $N \to \infty$, com distribuição assintótica $\mathcal{N}_1^c(0, f(\lambda_j))$, se $j \neq 0$, $\frac{N}{2}$, e $\mathcal{N}_1(0, f(\lambda_j))$, se $j = 0$, $\frac{N}{2}$.

A notação $\mathcal{N}_1^c(\cdot, \cdot)$ indica uma distribuição normal complexa. Para mais detalhes, veja o Apêndice E. A demonstração pode ser encontrada em Morettin (2014).

O Teorema 14.5 supõe que $Z(t)$ seja Gaussiano. Se esta suposição não estiver satisfeita, temos o resultado seguinte.

Teorema 14.6. Se Z_t é um processo estacionário qualquer satisfazendo a condição

$$\gamma(0) < \infty, \ \sum_{\tau=-\infty}^{\infty} |\tau||\gamma(\tau)| < \infty,$$

então

$$\mathrm{Cov}(d_j^{(N)}, d_k^{(N)}) = \begin{cases} f(\lambda_j) + o(1), & \text{se } j = k, \\ o(1), & \text{se } j \neq k. \end{cases}$$

Além disso,

$$d_j^{(N)} \xrightarrow{\mathcal{D}} \begin{cases} \mathcal{N}^c(0, f(\lambda_j)), & \text{se } j \neq 0, \frac{N}{2}, \\ \mathcal{N}(0, f(\lambda_j)), & \text{se } j = 0, \frac{N}{2}. \end{cases}$$

O Teorema (14.6) também é válido para λ qualquer desde que $\lambda_j = \frac{2\pi j}{N} \to \lambda$, $N \to \infty$.

Vamos agora discutir a estimação do espectro do processo estacionário $\{Z_t, t \in \mathbb{Z}\}$.

14.4.2 O Periodograma

A expressão (14.21) sugere que, dada uma realização $\{Z_t, t = 1, \ldots, N\}$ do processo estacionário, um estimador para $f(\lambda_j)$ é

$$I_j^{(N)} = |d_j^{(N)}|^2 = \frac{1}{2\pi N} \left| \sum_{t=1}^{N} Z_t e^{-i\lambda_j t} \right|^2 \tag{14.22}$$

denominado *periodograma*.

370   *CAPÍTULO 14. ANÁLISE ESPECTRAL*

O periodograma pode também ser definido para qualquer frequência $\lambda \in [-\pi, \pi]$, ou seja,

$$I^{(N)}(\lambda) = |d^{(N)}(\lambda)|^2, \tag{14.23}$$

mas na prática só poderá ser calculado para um número finito de frequências. Pode-se demonstrar que (14.23) é completamente determinado por seus valores nas frequências $\lambda_j = 2\pi j/N$.

De (14.21) temos que $I_j^{(N)}$ é assintoticamente não viesado, isto é,

$$\lim_{N \to \infty} E(I_j^{(N)}) = f(\lambda_j). \tag{14.24}$$

O resultado seguinte apresenta a distribuição assintótica do periodograma, supondo Z_t Gaussiano.

Teorema 14.7. As ordenadas do periodograma $I_j^{(N)}$ são variáveis aleatórias assintoticamente independentes e têm distribuição assintótica múltipla de uma variável aleatória qui-quadrado, isto é,

$$I_j^{(N)} \xrightarrow{\mathcal{D}} \begin{cases} \frac{1}{2}f(\lambda_j)\chi_2^2, & j \neq 0, N/2, \\ f(\lambda_j)\chi_1^2, & j = 0, N/2. \end{cases} \tag{14.25}$$

A demonstração pode ser encontrada em Priestley (1988), Brillinger (1975) e Morettin (2014).

Temos, então, que assintoticamente

$$E(I_j^{(N)}) = f(\lambda_j), \tag{14.26}$$

$$\text{Var}(I_j^{(N)}) = \begin{cases} f^2(\lambda_j), & j \neq 0, \frac{N}{2}, \\ 2f^2(0), & j = 0, \\ 2f^2(\pi), & j = \frac{N}{2}. \end{cases} \tag{14.27}$$

Vê-se, então, que embora o periodograma seja assintoticamente não viesado ele é não consistente, isto quer dizer que, mesmo aumentando o número de observações, a variância de $I_j(N)$ não decresce e permanece ao nível de $f^2(\lambda_j)$. Pode-se demonstrar que as relações (14.27) valem para frequências quaisquer e que o Teorema 14.7 continua válido, removendo-se a suposição de que Z_t é Gaussiano. Para detalhes, ver Brillinger (1975).

Observações:

(a) Temos que

$$\sum_{t=1}^{N} (Z_t - \overline{Z})^2 = \sum_{k=-\left[\frac{N-1}{2}\right]}^{\left[\frac{N}{2}\right]} 2\pi I_k^{(N)}, \tag{14.28}$$

14.4. ESTIMADORES DO ESPECTRO

ou seja, $I_k^{(N)}$ é a contribuição da frequência $\lambda_k = 2\pi k/N$ à soma de quadrados da série temporal ajustada pela média.

(b) Também,

$$I_j^{(N)} = \frac{1}{2\pi} \sum_{h=-[N-1]}^{[N-1]} \hat{\gamma}_Z(h) \exp(-ih\lambda_j), \qquad (14.29)$$

ou seja, o periodograma é o análogo amostral de $f_Z(\lambda_j)$.

A expressão (14.29) segue do fato que

$$\begin{aligned} I_j^{(N)} &= |d_j^{(N)}| = \frac{1}{2\pi N} \sum_{t=1}^{N} Z_t e^{-i\lambda_j t} \sum_{s=1}^{N} Z_s e^{i\lambda_j s} \\ &= \frac{1}{2\pi N} \sum_{t=1}^{N} \sum_{s=1}^{N} Z_t Z_s \exp(-i\lambda_j(t-s)). \end{aligned}$$

Fazendo a transformada $h = t - s$, temos

$$\begin{aligned} I_j^{(N)} &= \frac{1}{2\pi} \sum_{h=-(N-1)}^{N-1} \left[\frac{1}{N} \sum_{t=1}^{N-|h|} Z_t Z_{t+h} \right] \exp(-i\lambda_j h) \\ &= \frac{1}{2\pi} \sum_{h=-[N-1]}^{N-1} \hat{\gamma}_Z(h) \exp(-i\lambda_j h), \end{aligned}$$

em que $\hat{\gamma}_Z(h) = \frac{1}{N} \sum_{t=1}^{N-|h|} Z_t Z_{t+|h|}$ (supondo $\mu_Z = 0$).

Exemplo 14.5. As Tabelas 14.1 e 14.2 contém os valores dos periodogramas das séries Temperatura–Cananéia e Chuva–Fortaleza. Tais valores estão representados nas Figuras 14.5 e 14.6, respectivamente.

De (13.17) temos que a relação entre o períodograma e o espectro de linhas $\left(\frac{\hat{R}_j^2}{2} \right)$ é dada por

$$I_j^{(N)} = \frac{N}{4\pi} \cdot \frac{\hat{R}_j^2}{2}.$$

Lembremos que os espectros de linhas, para as séries Temperatura–Cananéia e Chuva–Fortaleza, são apresentados nas Figuras 13.8 e 13.9, respectivamente.

O periodograma pode ser calculado com a função **periodogram** da biblioteca TSA do R.

Tabela 14.1: Ordenadas do periodograma, $I_j^{(120)}$, da série Temperatura–Cananéia.

j	$I_j^{(120)}$	j	$I_j^{(120)}$	j	$I_j^{(120)}$	j	$I_j^{(120)}$
1	0,137	16	0,040	31	0,006	46	0,011
2	0,000	17	0,069	32	0,000	47	0,025
3	0,377	18	0,185	33	0,014	48	0,126
4	0,444	19	0,181	34	0,014	49	0,083
5	0,018	20	0,455	35	0,221	50	0,266
6	0,246	31	0,079	36	0,250	51	0,047
7	0,949	32	0,295	37	0,078	52	0,044
8	0,389	23	0,132	38	0,062	53	0,272
9	0,237	24	0,075	39	0,047	54	0,047
10	67,043	25	0,080	40	0,133	55	0,062
11	0,390	26	0,268	41	0,158	56	0,032
12	0,116	27	0,147	42	0,067	57	0,050
13	0,088	28	0,103	43	0,016	58	0,093
14	0,460	29	0,109	44	0,006	59	0,035
15	0,019	30	0,126	45	0,107	60	0,022

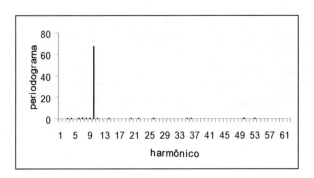

Figura 14.5: Periodograma da série Temperatura–Cananéia.

14.4. ESTIMADORES DO ESPECTRO

Tabela 14.2: Ordenadas do periodograma, $I_j^{(149)}$, da série Chuva–Fortaleza.

j	$I_j^{(149)}$	j	$I_j^{(149)}$	j	$I_j^{(149)}$	j	$I_j^{(149)}$
1	71825,2778	20	75446,1267	39	5882,89354	58	2088,33069
2	54577,5753	21	5010,34324	40	26671,1439	59	3958,33957
3	25042,4995	22	7699,12301	41	52317,622	60	50554,7869
4	35083,4391	23	21954,2128	42	101904,875	61	35311,9109
5	6134,29402	24	2679,93863	43	64338,9275	62	20435,1454
6	211756,893	25	13169,2096	44	90852,7367	63	39293,0689
7	34983,4602	26	27716,5361	45	2320,59059	64	21472,3538
8	56387,493	27	72802,2969	46	1119,59624	65	34332,9211
9	2270,71428	28	5662,20033	47	12480,9849	66	15737,201
10	13740,1166	29	75872,9111	48	5922,79608	67	27449,8348
11	90433,7081	30	65851,7202	49	45336,603	68	23127,1768
12	312911,171	31	24695,2296	50	44273,7432	69	19528,1665
13	65138,2003	32	941,392541	51	2149,52817	70	9809,83456
14	9561,99929	33	82205,4893	52	5307,47647	71	39907,0876
15	113937,929	34	10620,548	53	13883,16	72	19403,1295
16	93864,3853	35	112482,346	54	27344,5755	73	31527,3867
17	13538,6463	36	2378,17506	55	21200,4976	74	40318,1897
18	40247,671	37	18050,3804	56	19050,0286	75	1705,75352
19	25608,3669	38	9041,59166	57	12801,4516		

14.4.3 Estimadores suavizados do espectro

Constatamos que o periodograma não é um bom estimador do espectro, dada a sua grande instabilidade. Há dois métodos para se obter estimadores mais estáveis que o periodograma, ambos conduzindo aos denominados estimadores suavizados do espectro. Podemos fazer o processo de suavização no tempo e depois transformar para o domínio de frequências, obtendo estimadores suavizados de covariâncias. Uma alternativa é fazer o processo de suavização no próprio domínio de frequências, obtendo os estimadores suavizados de periodogramas. Em ambos os casos obtemos estimadores que são assintoticamente não viesados e com variâncias que decrescem com o número de observações da série temporal.

(a) Estimador suavizado de covariâncias

Da expressão (14.29) temos que

$$E[I_j^{(N)}] = \frac{1}{2\pi} \sum_{j=-[N-1]}^{[N-1]} E(\hat{\gamma}_Z(h)) \exp(-ih\lambda_j)$$

$$= \frac{1}{2\pi} \sum_{h=-[N-1]}^{[N-1]} \left(1 - \frac{|h|}{N}\right) \gamma_Z(h) \exp(-ih\lambda_j).$$

Assim,

$$E[I_j^{(N)}] = \frac{1}{2\pi} \sum_{h=-[N-1]}^{[N-1]} \omega(h)\gamma_Z(h) \exp(-ih\lambda_j) \qquad (14.30)$$

em que

$$\omega(h) = \begin{cases} 1 - \frac{|h|}{N}, & |h| \leq N-1, \\ 0, & |h| > N-1. \end{cases}$$

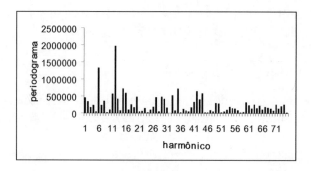

Figura 14.6: Periodograma da série Chuva–Fortaleza.

O resultado (14.30) e o fato de que o periodograma é um estimador assintoticamente não viesado do espectro sugerem considerar estimadores espectrais da forma

$$\hat{f}(\lambda) = \frac{1}{2\pi} \sum_{h=-\infty}^{\infty} \omega_M(h)\hat{\gamma}_Z(h)e^{-i\lambda h} \qquad (14.31)$$

14.4. ESTIMADORES DO ESPECTRO

em que, para um inteiro $M < N$, $\omega_M(h)$, $h = 0, \pm 1, \ldots$ é uma sequência de pesos satisfazendo

(i) $0 \leq \omega_M(h) \leq \omega_M(0) = 1$;

(ii) $\omega_M(-h) = \omega_M(h)$, para todo h;

(iii) $\omega_M(h) = 0$, $|h| \geq M$.

O estimador $\hat{f}(\lambda)$, dado pela expressão (14.31), é denominado *estimador suavizado de covariâncias*.

A *janela espectral* correspondente à *função peso* ou *núcleo* $\omega_M(h)$ é definida por

$$W_M(\lambda) = \frac{1}{2\pi} \sum_{h=-\infty}^{\infty} \omega_M(h)e^{-i\lambda h}. \tag{14.32}$$

Segue-se que $W_M(\lambda)$ satisfaz

(i) $W_M(-\lambda) = W_M(\lambda)$, para todo λ;

(ii) $\int_{-\pi}^{\pi} W_M(\lambda)d\lambda = \omega_M(0) = 1$.

De (14.31) verificamos que $\hat{f}(\lambda)$ é a convolução das transformadas de Fourier de $\omega_M(h)$ e $\hat{\gamma}_Z(h)$, isto é,

$$\hat{f}(\lambda) = \int_{-\pi}^{\pi} W_M(\lambda - \alpha)I^{(N)}(\alpha)d\alpha. \tag{14.33}$$

O seguinte resultado pode ser demonstrado. Veja Koopmans (1974) para mais informação.

Teorema 14.8. Supondo a janela $W_M(\lambda)$ concentrada ao redor de $\lambda = 0$ e $f(\lambda)$ aproximadamente constante sobre todo o intervalo de frequência de comprimento comparável com a largura do pico da janela, temos

(i) $E[\hat{f}(\lambda)] \cong f(\lambda)$,

(ii) $\mathrm{Cov}[\hat{f}(\lambda), \hat{f}(\mu)] \cong \dfrac{2\pi}{N} \displaystyle\int_{-\pi}^{\pi} W_M(\lambda-\alpha)[W_M(\mu-\alpha)W_M(\mu+\alpha)]f^2(\alpha)d\alpha.$

$$\tag{14.34}$$

Fazendo $\lambda = \mu$ em (ii), temos

$$\mathrm{Var}[\hat{f}(\lambda)] \approx \frac{2\pi}{N}f^2(\lambda) \int_{-\pi}^{\pi} W_M^2(\alpha)d\alpha. \tag{14.35}$$

376   CAPÍTULO 14. ANÁLISE ESPECTRAL

A relação (14.34) mostra que a covariância entre os estimadores espectrais suavizados depende da intersecção entre as janelas espectrais centradas em λ e μ.

(b) Estimador suavizado de periodogramas

Substituindo a integral (14.33) por sua soma de Riemann, temos

$$\hat{f}(\lambda) \approx \frac{2\pi}{N} \sum_{j=-[\frac{N-1}{2}]}^{[\frac{N}{2}]} W_M(\lambda - \lambda_j) I_j^{(N)}, \tag{14.36}$$

em que $\lambda_j = \frac{2\pi j}{N}$.

Como $\frac{2\pi}{N} \sum_j W_M(\lambda_j) \approx \int_{-\pi}^{\pi} W_M(\lambda) \mathrm{d}\lambda = 1$, temos que o estimador suavizado de covariâncias, dado por (14.31), é assintoticamente equivalente ao estimador

$$\tilde{f}(\lambda) = \sum_{j=-[\frac{N-1}{2}]}^{[\frac{N}{2}]} W(\lambda - \lambda_j) I_j^{(N)}, \tag{14.37}$$

em que $W(\lambda)$ é uma função peso real, par, periódica e tal que

$$\sum_{-[\frac{N-1}{2}]}^{[\frac{N}{2}]} W(\lambda_j) = 1.$$

O estimador (14.37) é denominado *estimador suavizado de periodogramas*.

O fato dos estimadores suavizado de covariâncias, $\hat{f}(\lambda)$, e suavizado de periodogramas, $\tilde{f}(\lambda)$, serem assintoticamente equivalentes implica que a média e a variância de $\tilde{f}(\lambda)$ sejam dadas pelas expressões (i) e (ii) do Teorema 14.8.

Sob as condições do Teorema 14.9, a seguir, os estimadores espectrais suavizados serão consistentes em média quadrática se

$$\lim_{N\to\infty} \left[\frac{1}{N} \int_{-\pi}^{\pi} W_N^2(\theta) \mathrm{d}\theta \right] = 0,$$

isto é, se

$$\lim_{N\to\infty} \left[\frac{1}{N} \sum_{h=-\infty}^{\infty} \omega_N^2(h) \right] = 0,$$

que estão satisfeitas se $M \to \infty$, $\frac{M}{N} \to 0$, quando $N \to \infty$.

Teorema 14.9. Se $f(\lambda)$ é aproximadamente constante sobre a largura do pico principal de $W_M(\lambda)$, então o estimador suavizado, dado por (14.37), pode ser

14.4. ESTIMADORES DO ESPECTRO

expresso na forma

$$\hat{f}(\lambda_k) = \frac{f(\lambda_j)\pi}{N} \sum_j W_M(\lambda - \lambda_j) U_j^{(N)}, \qquad (14.38)$$

em que

$$U_j^{(N)} = \frac{I_j^{(N)}}{f(\lambda_j)/2}$$

tem uma distribuição assintótica χ_2^2 e $\hat{f}(\lambda_k)$ tem uma distribuição que, para M e N grandes, é uma combinação linear de variáveis χ_2^2 independentes.

Como é difícil obter a distribuição desta variável aleatória, utiliza-se uma aproximação, que consiste em supor que $\hat{f}(\lambda_k)$ tenha uma distribuição $c\chi_r^2$, onde r e c são determinados de modo que os dois primeiros momentos do estimador coincidam com os dois primeiros momentos da distribuição proposta. Temos, então

$$E[\hat{f}(\lambda_k)] \approx E[c\chi_r^2] = cr$$

e

$$\mathrm{Var}[\hat{f}(\lambda_k)] = \mathrm{Var}[c\chi_r^2] = 2c^2 r.$$

Segue-se que

$$r = \frac{N}{\int_{-\pi}^{\pi} W_M^2(\alpha)d\alpha} = \frac{2}{\sum_{j=[\frac{N-1}{2}]}^{[\frac{N}{2}]} W^2(\lambda_j)} \qquad (14.39)$$

e

$$c = \frac{f(\lambda_k)}{r}.$$

Concluímos, portanto, que $\hat{f}(\lambda_k)$ (ou $\tilde{f}(\lambda_k)$) tem uma distribuição aproximada $\frac{f(\lambda_k)}{r}\chi_r^2$, com r dado por (14.39). Esse resultado pode ser utilizado para construção de intervalos de confiança. Assim, um intervalo de confiança para $f(\lambda_k)$, com coeficiente de confiança γ, é dado por

$$\left[r\frac{\hat{f}(\lambda)}{b} ; r\frac{\hat{f}(\lambda)}{a} \right], \qquad (14.40)$$

em que a e b são os quantis $\xi_{\alpha/2}$ e $\xi_{(1-\alpha)/2}$ da distribuição χ_r^2, isto é,

$$P\left(a \leq r\frac{\hat{f}(\lambda)}{f(\lambda)} \leq b \right) = \gamma,$$

e $\gamma = 1 - \alpha$.

14.4.4 Alguns núcleos e janelas espectrais

Vamos citar aqui somente algumas das janelas mais utilizadas na prática.

(a) Janela de Bartlett

O núcleo de Bartlett é dado por

$$\omega_M(h) = \begin{cases} 1 - \frac{|h|}{M}, & |h| \leq M, \\ 0, & |h| > M. \end{cases} \tag{14.41}$$

A correspondente janela espectral é

$$\begin{aligned} W_M(\theta) &= \frac{1}{2\pi} \sum_{h=-M}^{M} \left(1 - \frac{|h|}{M}\right) e^{-i\theta h} \\ &= \frac{1}{2\pi M} \left[\frac{\text{sen}(M\theta/2)}{\text{sen}(\theta/2)}\right]^2 = F_M(\theta), \end{aligned} \tag{14.42}$$

que é o núcleo de Féjer. A Figura 14.7 apresenta o núcleo e a janela espectral de Bartlett.

(b) Janela de Tukey

$$\omega_M(h) = \begin{cases} 1 - 2a + 2a\cos(\pi h/M), & |h| \leq M, \\ 0, & |h| > M. \end{cases} \tag{14.43}$$

A correspondente janela espectral é

$$\begin{aligned} W_M(\theta) &= \frac{1}{2\pi} \sum_{h=-M}^{M} [(1 - 2a) + a[\exp(i\pi h/M) \\ &\quad + \exp(-i\pi h/M)]] \exp(-ih\theta) \\ &= aD_M\left(\theta - \frac{\pi}{M}\right) + (1-2a)D_M(\theta) + aD_M\left(\theta + \frac{\pi}{M}\right), \end{aligned} \tag{14.44}$$

em que

$$D_M(\theta) = \frac{1}{2\pi} \left[\frac{\text{sen}[(M + \frac{1}{2})\theta]}{\text{sen}(\theta/2)}\right]$$

é o *núcleo de Dirichlet*.

Tomando $a = 0,23$ em (14.43) e (14.44), temos o *núcleo* e a *janela espectral de Tukey-Hamming*.

Se colocarmos $a = 0,25$ em (14.43) e (14.44), temos o *núcleo* e a *janela espectral de Tukey-Hanning*.

14.4. ESTIMADORES DO ESPECTRO

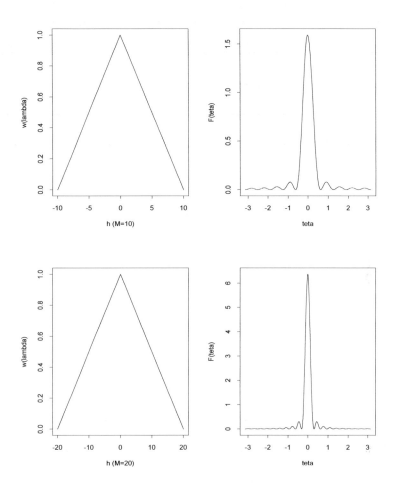

Figura 14.7: Núcleo e janela espectral de Bartlett ($M = 10$ e $M = 20$).

(c) **Janela de Parzen**

$$\omega_M(h) = \begin{cases} 1 - 6(h/M)^2 + 6(|h|/M)^3, & |h| \leq M/2, \\ 2(1 - |h|/M)^3, & \frac{M}{2} \leq |h| \leq M, \\ 0, & |h| > M, \end{cases} \quad (14.45)$$

e a correspondente janela espectral é

$$W_M(\theta) = \frac{3}{8\pi M^3} \left[\frac{\operatorname{sen}(M\theta/4)}{\operatorname{sen}(\theta/2)} \right]^4 \left(1 - \frac{2}{3}\operatorname{sen}^2(\theta/2) \right). \quad (14.46)$$

380 CAPÍTULO 14. ANÁLISE ESPECTRAL

(d) **Janela de Daniell** (ou retangular)

$$W_M(\theta) = \begin{cases} \frac{M}{2\pi}, & -\frac{\pi}{M} \leq \theta \leq \frac{\pi}{M}, \\ 0, & \text{caso contrário.} \end{cases} \tag{14.47}$$

e

$$\omega_M(h) = \frac{\text{sen}(\pi h/M)}{\pi h/M}, \text{ todo } h. \tag{14.48}$$

Assim, a utilização da janela de Daniell faz com que o estimador do espectro $f(\lambda)$ seja constituído de uma média de periodogramas no intervalo $\left(\lambda - \frac{\pi}{M}; \lambda + \frac{\pi}{M}\right)$.

Neste caso, o núcleo $\omega_M(h)$ não tem ponto de truncamento e a estimativa espectral (14.31) envolve somente as autocovariâncias estimadas até ordem $(N - 1)$, isto é,

$$\hat{f}(\lambda) = \frac{1}{2\pi} \sum_{h=-(N-1)}^{N-1} \frac{\text{sen}(\pi h/M)}{\pi h/M} \hat{\gamma}_Z(h) \exp(-ih\lambda). \tag{14.49}$$

Para mais detalhes, ver Priestley (1981).

Exemplo 14.6. As Figuras 14.8 e 14.9 mostram os estimadores espectrais suavizados das séries Temperatura - Cananéia e Chuva - Fortaleza, utilizando a janela espectral de Daniell, isto é,

$$\hat{f}(\lambda_k) = \sum_{j=-m}^{m} \frac{1}{2m+1} I_{k+j}^{(N)},$$

ou seja, o estimador é constituído de média de periodogramas no intervalo $\left(\lambda_k - \frac{2\pi(k-m)}{N}; \lambda_k + \frac{2\pi(k+m)}{N}\right)$. O estimador foi calculado para $m = 1$ e 2, em ambas as séries.

O periodograma suavizado pode ser calculado utilizando a função spec.pgram da biblioteca stats do R.

14.5 Testes para periodicidades

Vamos considerar aqui dois testes de periodicidades que utilizam as ordenadas do periodograma.

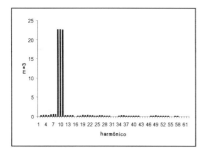 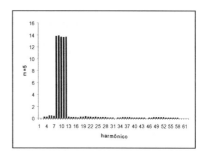

Figura 14.8: Periodogramas suavizados da série Temperatur–Cananéia.

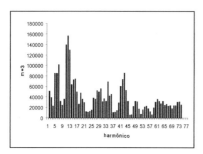 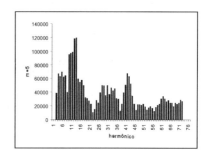

Figura 14.9: Periodogramas suavizados da série Chuva–Fortaleza.

Suponha que um modelo adequado para a série temporal observada seja

$$Z_t = \sum_{i=1}^{K} R_i \cos(\omega_i t + \phi_i) + \varepsilon_t, \ t = 1, \ldots, N, \quad (14.50)$$

em que K, R_i e ω_i, $i = 1, \ldots, K$, são constantes, $\phi_i \sim \mathcal{U}(-\pi, \pi)$ independentes, $\{\varepsilon_t\}$ sequência de ruídos brancos independentes de Z_t, com média zero e variância σ_ε^2.

Utilizando uma amostra $Z_1, Z_2, \ldots, Z_N$ de (14.50) podemos calcular o periodograma $I_j^{(N)}$, $j = 1, \ldots, \left[\frac{N}{2}\right]$, dado pela expressão (14.22). Mesmo que $R_i = 0$, todo i, é possível que ocorram picos nas ordenadas do periodograma devido a flutuações aleatórias. Em resumo, mesmo que o periodograma apresente vários

382   CAPÍTULO 14. ANÁLISE ESPECTRAL

picos, não poderemos concluir, *a priori*, que cada um dos picos corresponda a
uma componente periódica na série Z_t.

Supondo que o processo Z_t seja Gaussiano, Fisher (1929) apresenta um procedimento para testar a hipótese

$$H_0 : R_i \equiv 0, \text{ todo } i \text{ (não existe periodicidade)}$$

baseado na estatística

$$g = \frac{\max I_j^{(N)}}{\sum_{j=1}^{[\frac{N}{2}]} I_j^{(N)}} = \frac{I^{(1)}}{\sum_{j=1}^{[\frac{N}{2}]} I_j^{(N)}} . \tag{14.51}$$

Fisher mostrou que, para N ímpar, a distribuição exata de g, sob H_0, é dada
por

$$P(g > a) = n(1-a)^{n-1} - \binom{n}{2}(1-2a)^{n-1} + \cdots + (-1)^x \binom{n}{x}(1-xa)^{n-1}, \tag{14.52}$$

em que

$$n = \left[\frac{N}{2}\right] \text{ e } x \text{ é o maior inteiro menor que } \frac{1}{a}\left(x = \left[\frac{1}{a}\right]\right).$$

Assim, para um dado nível de significância α, podemos utilizar a equação
(14.52) para encontrar o valor crítico $a(\alpha)$ tal que $P(g > a(\alpha)) = \alpha$. Se o
valor observado da estatística (g_{obs}) for maior que $a(\alpha)$, rejeitaremos H_0, o que
significa afirmar que a série apresenta uma periodicidade igual a $1/\omega^*$, sendo ω^*
a frequência em ciclos, correspondente a $I^{(1)}$.

Uma boa aproximação para a expressão (14.52) é obtida utilizando somente
o primeiro termo da expansão, isto é,

$$P(g > a) \equiv n(1-a)^{n-1}, \tag{14.53}$$

que pode ser utilizada para encontrar o p-valor aproximado do teste, fazendo
$a = g_{\text{obs}}$.

Fisher (1929) obteve a expressão (14.52) utilizando argumentos geométricos;
Grenander e Rosenblatt (1957) e Hannan (1970) apresentaram demonstrações
analí-
ticas.

Whittle (1952) sugeriu uma extensão para o teste de Fisher, que fornece um
teste para a segunda maior ordenada do periodograma ($I^{(2)}$), omitindo o termo
$I^{(1)}$ do denominador da estatística g, isto é, considerando a estatística

$$g' = \frac{I^{(2)}}{\sum_{j=1}^{[\frac{N}{2}]} I_j^{(N)} - I^{(1)}} \tag{14.54}$$

14.5. TESTES PARA PERIODICIDADES

e utilizando a distribuição g de Fisher com n substituído por $(n-1)$.

Se a segunda maior ordenada for significante, pode-se aplicar o procedimento de Whittle para testar a terceira maior ordenada $(I^{(3)})$ e assim por diante, até que se obtenha um resultado não significante. Dessa maneira, obtemos uma estimativa do número de componentes periódicas, K, do modelo (14.50).

O teste de Whittle é bom se todas as componentes periódicas tiverem frequências iguais ou muito próximas a múltiplos de $2\pi/N$; se isto não ocorrer o poder do teste será bastante afetado. O pior caso ocorre quando uma ou mais frequências estiverem no ponto médio entre duas frequências de Fourier adjacentes, isto é, entre $2\pi j/N$ e $2\pi(j+1)/N$.

Priestley (1981) apresenta outros testes de periodicidade que são adequados para processos mais gerais do que aquele representado pela expressão (14.50), ou seja, processos em que o termo de ruído ε_t é substituído por um modelo linear da forma $\sum_{u=0}^{\infty} g_u \varepsilon_{t-u}$.

Exemplo 14.7. Vamos aplicar o teste de Fisher à série Temperatura–Cananéia. Podemos verificar que $\max I_j^{(120)} = 67,05$, para $j = 10$. Utilizando (14.51) podemos calcular o valor da estatística de Fisher

$$g_{\text{obs}} = \frac{67,05}{\sum_{j=1}^{60} I_j^{(120)}} = \frac{67,05}{75,65} = 0,8863$$

e o p-valor, utilizando (14.53), é

$$\alpha^* = P(g > g_{\text{obs}}) \cong n(1 - g_{\text{obs}})^{n-1},$$

ou seja,

$$\alpha^* = P(g > 0,8863) \cong 60(1 - 0,8863)^{59} = 1,1695 \times 10^{-54},$$

que é menor do que qualquer valor usual de nível de significância. Esse p-valor nos leva a rejeitar a hipótese de não existência de periodicidade e a concluir que a série de temperatura em Cananéia possui uma periodicidade de $N/j = 120/10 = 12$ meses.

O teste de Fisher pode ser realizado utilizando a função fisher.g.test da biblioteca GeneCycle do R.

Exemplo 14.8. Vamos utilizar, agora, a série Chuva: Fortaleza. Podemos verificar que

$$\max I_j^{(149)} = 312.911,17, \quad j = 12,$$

e

$$\sum_{j=1}^{75} I_j^{(149)} = 2.902.343,46.$$

384 CAPÍTULO 14. ANÁLISE ESPECTRAL

Assim,

$$g_{\text{obs}} = \frac{312.911,17}{2.902.343,46} = 0,1078$$

e

$$\alpha^* = P(g > 0,1078) \approx 74 \times (1 - 0,1078)^{73} = 0,0179.$$

Fixando um nível de significância de 0,02, podemos concluir que existe uma periodicidade de $\frac{149}{12} = 12,41$ anos na série de chuvas em Fortaleza.

Para verificar a existência de uma segunda periodicidade, utilizamos a estatística g', expressão (14.55), com

$$I^{(2)} = 211.756,89, \quad j = 6,$$

e

$$\sum_{j=1}^{[\frac{N}{2}]} I_j^{(149)} - I^{(1)} = 2.902.343,46 - 312.911,17 = 2.589.432,29.$$

Assim,

$$g'_{\text{obs}} = \frac{211.756,89}{2.589.432,29} = 0,08178$$

e

$$\alpha^* = P(g' > 0,0818) \approx 73(1 - 0,0818)^{72} = 0,1566,$$

indicando a não existência de uma segunda periodicidade na série.

Siegel (1980) dá uma extensão do teste de Fisher para várias periodicidades. Veja Morettin et al. (1985) para uma aplicação à série de chuvas em Fortaleza.

14.6 Filtros lineares

Uma das principais razões da ampla utilização da análise espectral como ferramenta analítica deve-se ao fato de que o espectro fornece uma descrição bastante simples do efeito de uma transformação linear de um processo estacionário.

A denominação "filtro" vem da engenharia de comunicações significando um mecanismo que deixa passar componentes com frequências em uma dada faixa de frequência. Suponha um sistema com um único terminal de entrada e um único terminal de saída, como abaixo.

$$\xrightarrow{X(t)} \boxed{\begin{array}{c} \text{Sistema} \\ \mathcal{F} \end{array}} \xrightarrow{Y(t)}$$

$X(t)$ é denominada série de entrada, $Y(t)$ série de saída (ou série filtrada) e $\mathcal{F}$ filtro do sistema; podemos utilizar a notação

$$Y(t) = \mathcal{F}(X(t)). \tag{14.55}$$

14.6. FILTROS LINEARES

Dizemos que $\mathcal{F}$ é *invariante no tempo* se o atraso (ou adiantamento) de $X(t)$ em τ unidades implicar no atraso (ou adiantamento) de $Y(t)$ em τ unidades, ou seja, $\mathcal{F}[X(t \pm \tau)] = Y(t \pm \tau)$.

Exemplo 14.9. Alguns filtros invariantes no tempo:

(a) $Y(t) = \int_{-\infty}^{\infty} h(u)X(t-u)\mathrm{d}u$;

(b) $Y(t) = \int_{-\infty}^{\infty} h(u)h(v)X(t-u)X(t-v)\mathrm{d}u\mathrm{d}v$;

(c) $Y(t) = \max_{s \le t} X(s)$.

Dizemos que $\mathcal{F}$ é *linear* se para um conjunto de séries de entrada $X_j(t)$ e constantes α_j, $j = 1, \ldots, k$,

$$\mathcal{F}\left[\sum_{j=1}^{k} \alpha_j X_j(t)\right] = \sum_j \alpha_j \mathcal{F}[X_j(t)]. \tag{14.56}$$

Chamaremos *filtro linear* ou *sistema linear* a um filtro $\mathcal{F}$ que seja linear e invariante no tempo.

14.6.1 Filtro convolução

Um caso particular importante é o *filtro convolução*

$$Y(t) = \int_{-\infty}^{\infty} h(u)X(t-u)\mathrm{d}u \tag{14.57}$$

em que $h(u)$, denominada *função resposta de impulso* do filtro, é uma função determinística que depende da estrutura do sistema mas é independente da forma da entrada. Assumiremos que

$$\int_{-\infty}^{\infty} |h(u)|\mathrm{d}u < \infty. \tag{14.58}$$

Dizemos que o sistema é *fisicamente realizável* se $h(u) = 0$, $u < 0$; isto implica que $Y(t)$ não depende de valores futuros de $X(t)$.

A *função de transferência do filtro*, $H(\lambda)$, é dada pela transformada de Fourier da função resposta de impulso, isto é,

$$H(\lambda) = \int_{-\infty}^{\infty} h(u)e^{-i\lambda u}\mathrm{d}u. \tag{14.59}$$

A condição (14.58) garante a existência de $H(\lambda)$, para todo λ.

Teorema 14.10. Se $X(t)$ é um processo estacionário com função distribuição espectral $F_X(\lambda)$, então

$$dF_Y(\lambda) = |H(\lambda)|^2 dF_X(\lambda). \tag{14.60}$$

Prova: De (14.16), temos que

$$X(t) = \int_{-\infty}^{\infty} e^{i\lambda t} dU_X(\lambda),$$

e substituindo em (14.57) podemos escrever a série filtrada na forma

$$
\begin{aligned}
Y(t) &= \int_{-\infty}^{\infty} h(u) \left[\int_{-\infty}^{\infty} e^{i\lambda(t-u)} dU_X(\lambda) \right] du \\
&= \int_{-\infty}^{\infty} e^{i\lambda t} \left[\int_{-\infty}^{\infty} h(u) e^{-i\lambda u} du \right] dU_X(\lambda) \\
&= \int_{-\infty}^{\infty} e^{i\lambda t} H(\lambda) dU_X(\lambda).
\end{aligned}
$$

Utilizando a decomposição espectral de $Y(t)$,

$$Y(t) = \int_{-\infty}^{\infty} e^{i\lambda t} dU_Y(\lambda),$$

temos que

$$dU_Y(\lambda) = H(\lambda) dU_X(\lambda). \tag{14.61}$$

Assim,

$$E|dU_Y(\lambda)|^2 = |H(\lambda)|^2 E|dU_X(\lambda)|^2,$$

ou seja,

$$dF_Y(\lambda) = |H(\lambda)|^2 dF_X(\lambda).$$

Se $F_Y(\lambda)$ for absolutamente contínua, temos

$$f_Y(\lambda) = |H(\lambda)|^2 f_X(\lambda). \tag{14.62}$$

Para que o lado direito de (14.57) represente um processo bem definido, isto é, a integral convirja em média quadrática, é necessário que $Y(t)$ tenha variância finita, ou,

$$\int_{-\infty}^{\infty} f_Y(\lambda) d\lambda < \infty \Rightarrow \int_{-\infty}^{\infty} |H(\lambda)|^2 f_X(\lambda) d\lambda < \infty. \tag{14.63}$$

Assim, se $f_X(\lambda) \leq M$ (uma constante), todo λ, então uma condição suficiente para que a expressão (14.63) esteja satisfeita é que

$$\int_{-\infty}^{\infty} |H(\lambda)|^2 d\lambda < \infty \Leftrightarrow \int_{-\infty}^{\infty} h^2(u) du < \infty. \tag{14.64}$$

14.6. FILTROS LINEARES

No caso de um processo estacionário discreto, temos

$$Y_t = \sum_{u=-\infty}^{\infty} h_u X_{t-u}, \tag{14.65}$$

com

$$\sum_{u=-\infty}^{\infty} |h_u| < \infty \text{ (filtro somável ou estável)} \tag{14.66}$$

e função de transferência dada por

$$H(\lambda) = \sum_{u=-\infty}^{\infty} h_u e^{-i\lambda u}, \quad -\pi \le \lambda \le \pi. \tag{14.67}$$

Além disso, se a expressão (14.1) estiver satisfeita, então

$$f_Y(\lambda) = |H(\lambda)|^2 f_X(\lambda), \quad -\pi \le \lambda \le \pi. \tag{14.68}$$

A expressão (14.65) estará bem definida se

$$\int_{-\pi}^{\pi} |H(\lambda)|^2 f_X(\lambda) \mathrm{d}\lambda < \infty.$$

Exemplo 14.10. O processo linear geral pode ser visto como a saída de um filtro linear aplicado a uma sequência $\{\varepsilon_t\}$ de ruído branco com média zero e variância σ_ε^2, isto é,

$$Y_t = \sum_{j=0}^{\infty} \psi_j \varepsilon_{t-j} = \sum_{j=-\infty}^{\infty} \psi_j \varepsilon_{t-j},$$

em que $\psi_j = 0$, $j < 0$ e $\psi_0 = 1$.

A função de transferência é dada por

$$H(\lambda) = \sum_{j=0}^{\infty} \psi_j e^{-i\lambda j}.$$

Utilizando a expressão (14.68) temos a função densidade espectral da série filtrada,

$$f_Y(\lambda) = \frac{\sigma_\varepsilon^2}{2\pi} \left| \sum_{j=0}^{\infty} \psi_j e^{-i\lambda j} \right|^2.$$

14.6.2 Ganho e fase

Em geral, a função de transferência de um filtro, $H(\lambda)$, é uma função complexa. Reescrevendo-a na forma polar, temos

$$H(\lambda) = G(\lambda)e^{i\theta(\lambda)}, \tag{14.69}$$

em que $|H(\lambda)| = G(\lambda)$ é denominado *ganho do filtro* e $\theta(\lambda) = \arg|H(\lambda)|$ é denominada *mudança de fase* ("phase-shift").

Exemplo 14.11. Considere o filtro convolução, dado por (14.57),

$$Y(t) = \int_{-\infty}^{\infty} h(u)X(t-u)\mathrm{d}u.$$

Utilizando as representações espectrais (expressão (14.16)) das séries de entrada e saída temos

$$X(t) = \int_{-\infty}^{\infty} e^{it\lambda}\mathrm{d}U_X(\lambda)$$

e

$$Y(t) = \int_{-\infty}^{\infty} e^{it\lambda}\mathrm{d}U_Y(\lambda),$$

com $\mathrm{d}U_Y(\lambda) = H(\lambda)\mathrm{d}U_X(\lambda)$ (expressão (14.61)). Essas representações indicam que o termo $e^{it\lambda}$ da série de entrada, $X(t)$, tem amplitude $|\mathrm{d}U_X(\lambda)|$ e fase igual ao $\arg\{\mathrm{d}U_X(\lambda)\}$, enquanto que o termo $e^{it\lambda}$ da série filtrada, $Y(t)$, tem amplitude

$$\begin{aligned} |\mathrm{d}U_Y(\lambda)| &= |H(\lambda)|.|\mathrm{d}U_X(\lambda)| \\ &= G(\lambda).|\mathrm{d}U_X(\lambda)| \end{aligned} \tag{14.70}$$

e fase

$$\begin{aligned} \arg\{\mathrm{d}U_Y(\lambda)\} &= \arg\{H(\lambda).\mathrm{d}U_X(\lambda)\} \\ &= \theta(\lambda) + \arg\{\mathrm{d}U_X(\lambda)\}. \end{aligned} \tag{14.71}$$

Analisando as expressões (14.70) e (14.71) podemos concluir que a utilização do filtro convolução faz com que a série filtrada tenha uma amplitude igual à amplitude da série de entrada multiplicada pelo ganho do filtro $(G(\lambda))$ e tenha fase acrescida da quantidade $\theta(\lambda)$, que por esse motivo é denominada mudança de fase.

Para que $\theta(\lambda) \equiv 0$, $\forall \lambda$, isto é, não haja mudança de fase, $H(\lambda)$ deve ser real, isto significa $h(u)$ ser uma função par. Isto implicaria em um filtro não fisicamente realizável $(h(u) \neq 0,\ u < 0)$.

Na prática, a maior parte dos filtros que são utilizados tem função de transferência complexa e, portanto, produz mudança de fase em algumas (ou todas) as frequências.

14.6. FILTROS LINEARES

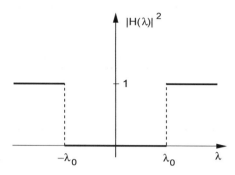

Figura 14.10: Função de transferência quadrática de um filtro passa-alto.

14.6.3 Alguns tipos de filtros

(a) Filtro passa-alto ("high-pass")

Deixa passar componentes com frequências altas e elimina (ou atenua) componentes com frequências baixas. A função de transferência quadrática do filtro passa-alto é

$$|H(\lambda)|^2 = \begin{cases} 1, & |\lambda| \geq \lambda_0, \\ 0, & |\lambda| < \lambda_0. \end{cases}$$

e está representada na Figura 14.10.

Versões aproximadas desse tipo de filtro são utilizadas em amplificadores para suprimir distorções de baixa frequência.

(b) Filtro passa-baixo ("low-pass")

Atenua componentes com frequências altas e deixa passar componentes com frequências baixas. Assim,

$$|H(\lambda)|^2 = \begin{cases} 1, & |\lambda| \leq \lambda_1, \\ 0, & |\lambda| > \lambda_1, \end{cases}$$

representada na Figura 14.11.

Esse tipo de filtro também é utilizado em amplificadores de áudio para reduzir o efeito de distorção de alta-frequência.

(c) Fitro passa-banda ("band-pass")

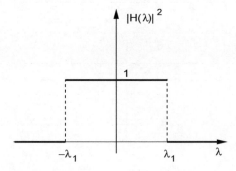

Figura 14.11: Função de transferência quadrática de um filtro passa-baixo.

Neste caso,
$$|H(\lambda)|^2 = \begin{cases} 1, & \lambda_0 \leq |\lambda| \leq \lambda_1, \\ 0, & \text{caso contrário}, \end{cases}$$
com representação na Figura 14.12.

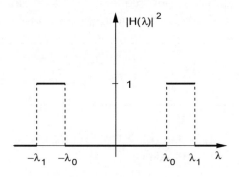

Figura 14.12: Função de transferência quadrática de um filtro passa-banda.

Exemplo 14.12. Filtro diferença
$$Y_t = (1 - B)X_t = X_t - X_{t-1}.$$
Aqui temos $h_0 = 1$, $h_1 = -1$ e $h_j = 0$, $j \neq 0, 1$. A função de transferência do filtro é dada por
$$H(\lambda) = \sum_{j=-\infty}^{\infty} h_j e^{-i\lambda j} = 1 - e^{-i\lambda}, \quad -\pi \leq \lambda \leq \pi \qquad (14.72)$$

e, consequentemente,

$$|H(\lambda)|^2 = (1 - e^{-i\lambda})(1 - e^{i\lambda})$$
$$= 2[1 - \cos(\lambda)], \quad -\pi \leq \lambda \leq \pi,$$

representada na Figura 14.13.

Analisando a Figura 14.13 vemos que o filtro diferença elimina componentes de baixa frequência (tendência) e pode ser classificado aproximadamente como um filtro passa-alto. Além disso,

$$G(\lambda) = |H(\lambda)| = 2|\operatorname{sen}\frac{\lambda}{2}|$$

e

$$\theta(\lambda) = \begin{cases} \frac{\pi - \lambda}{2}, & \lambda > 0, \\ \left(-\frac{(\pi - \lambda)}{2}\right), & \lambda < 0. \end{cases}$$

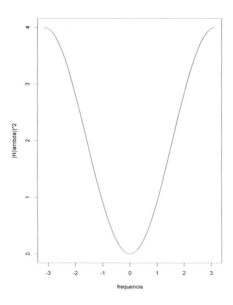

Figura 14.13: Função de transferência quadrática de um filtro diferença.

Exemplo 14.13. Filtro diferença sazonal ($S = 12$)

$$Y_t = (1 - B^{12})X_t = X_t - X_{t-12}.$$

392   CAPÍTULO 14. ANÁLISE ESPECTRAL

Neste caso, $h_0 = 1$, $h_{12} = -1$ e $h_j = 0$, $j \neq 0, 12$. A função de transferência é dada por

$$H(\lambda) = \sum_{k=-\infty}^{\infty} h_k e^{-i\lambda k} = 1 - \exp(-12i\lambda), \; -\pi \leq \lambda \leq \pi \qquad (14.73)$$

e

$$\begin{aligned} |H^2(\lambda)| &= |1 - \exp(-12i\lambda)|^2 = 2 - 2\cos(12\lambda) \\ &= 2(1 - \cos(12\lambda)), \end{aligned}$$

representada na Figura 14.14.

A análise dessa figura indica que o filtro diferença sazonal elimina as frequências correspondentes à componente sazonal e seus harmônicos.

Exemplo 14.14. Filtro de médias móveis simétrico

$$Y_t = \frac{1}{m} \sum_{j=-\frac{(m-1)}{2}}^{\frac{m-1}{2}} X_{t-j}, \; m \text{ ímpar.}$$

Aqui, $H(\lambda) = (\text{sen}\frac{\lambda m}{2})/(m\text{sen}\frac{\lambda}{2})$ e , consequentemente,

$$G(\lambda) = H(\lambda)$$

e

$$\theta(\lambda) = \left\{ \begin{array}{ll} 0, & \text{se sen}\frac{\lambda m}{2} \geq 0, \\ \pm\pi, & \text{se sen}\frac{\lambda m}{2} < 0. \end{array} \right.$$

A função de transferência quadrática, com $m = 5$, está representada na Figura 14.15, indicando que o filtro de médias móveis simétrico é um filtro passa-baixo, ou seja, diminui a variabilidade (ruído) da série.

14.6.4 Filtros recursivos

A forma geral de um filtro recursivo é dada por

$$Y_t = \sum_{s=1}^{p} h_s Y_{t-s} + X_t + \sum_{s=1}^{q} g_s X_{t-s}, \qquad (14.74)$$

onde $h_1, \ldots, h_p$, $g_1, \ldots, g_q$ são constantes denominadas coeficientes do filtro.

14.6. FILTROS LINEARES

Um caso particular importante é o filtro

$$Y_t = aY_{t-1} + X_t, \ t = 1, \ldots, N, \ |a| < 1, \ Y_0 = 0. \qquad (14.75)$$

De (14.75) temos

$$
\begin{aligned}
Y_1 &= X_1, \\
Y_2 &= aY_1 + X_2, \\
&\vdots \\
Y_t &= aY_{t-1} + X_t,
\end{aligned}
$$

e substituindo-se recursivamente em (14.75), vem

$$Y_t = X_t + aX_{t-1} + a^2 X_{t-2} + \cdots + a^{t-1} X_1,$$

ou seja, Y_t é uma combinação linear dos valores passados da série de entrada, X_t.

Reescrevendo (14.74) temos que

$$Y_t - \sum_{s=1}^{p} h_s Y_{t-s} = X_t - \sum_{s=1}^{q} g_s X_{t-s}. \qquad (14.76)$$

Calculando e igualando as funções espectrais de ambos os lados da expressão (14.76) temos que

$$|H(\lambda)|^2 f_Y(\lambda) = |G(\lambda)|^2 f_X(\lambda),$$

ou seja,

$$f_Y(\lambda) = \frac{|G(\lambda)|^2}{|H(\lambda)|^2} \cdot f_X(\lambda), \qquad (14.77)$$

com

$$G(\lambda) = 1 - \sum_{s=1}^{q} g_s \exp(-i\lambda s)$$

e

$$H(\lambda) = 1 - \sum_{s=1}^{p} h_s \exp(-i\lambda s).$$

Exemplo 14.15. Considere o filtro (modelo AR(2))

$$Y_t = Y_{t-1} - 0,89 Y_{t-2} + a_t, \quad a_t \sim RB(0, \sigma_a^2).$$

De (14.77) temos que

$$
\begin{aligned}
f_Y(\lambda) &= \frac{1}{|1 - \exp(-i\lambda) + 0,89 \exp(-2i\lambda)|^2} \cdot f_a(\lambda) \\
&= \frac{\sigma_a^2}{2\pi} \cdot \frac{1}{2,79 - 3,78 \cos(\lambda) + 1,78 \cos(2\lambda)}, \quad -\pi \le \lambda \le \pi.
\end{aligned}
$$

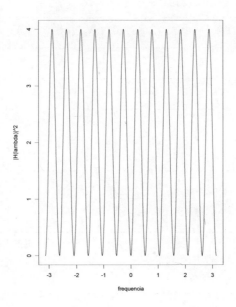

Figura 14.14: Função de transferência quadrática de um filtro diferença sazonal de ordem 12.

14.6.5 Aplicação sequencial de filtros

Considere a aplicação sequencial de dois filtros $\mathcal{F}_1$ e $\mathcal{F}_2$ a uma série de entrada $X(t)$, isto é,
$$Y(t) = \mathcal{F}[X(t)] = \mathcal{F}_2[\mathcal{F}_1[X(t)]].$$
Demonstra-se que a função de transferência do filtro $\mathcal{F}$ é dada por

$$H(\lambda) = H_2(\lambda).H_1(\lambda), \qquad (14.78)$$

em que $H_j(\lambda)$ é a função de transferência do filtro $\mathcal{F}_j$, $j = 1, 2$. Além disso, utilizando (14.68) e (14.78), temos que a função densidade espectral da série filtrada é dada por
$$f_Y(\lambda) = |H_2(\lambda)|^2 |H_1(\lambda)|^2 f_X(\lambda). \qquad (14.79)$$

Esses resultados podem ser generalizados para uma aplicação sequencial de K filtros, $\mathcal{F}_1, \mathcal{F}_2, \ldots, \mathcal{F}_K$, com resultados dados por

$$H(\lambda) = \prod_{j=1}^{K} H_j(\lambda)$$

14.6. FILTROS LINEARES

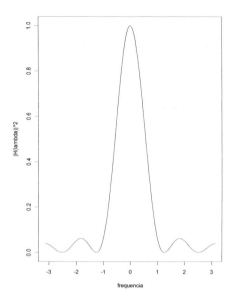

Figura 14.15: Função de transferência quadrática de um filtro de médias móveis simétrico com $m = 5$.

e

$$f_Y(\lambda) = f_X(\lambda) \prod_{j=1}^{K} |H_j(\lambda)|^2.$$

Exemplo 14.16. Considere a aplicação sequencial dos filtros diferença e diferença sazonal:

$$Y_t = (1 - B)(1 - B^{12})X_t.$$

Neste caso, $\mathcal{F}_1 = (1 - B)$ e $\mathcal{F}_2 = (1 - B^{12})$. Utilizando as expressões (14.72) e (14.73) temos que

$$H(\lambda) = (1 - e^{-i\lambda}).(1 - \exp(-12i\lambda)), \quad -\pi \leq \lambda \leq \pi$$

e, consequentemente,

$$f_Y(\lambda) = 4(1 - \cos(\lambda))(1 - \cos(12\lambda))f_X(\lambda).$$

A função de transferência quadrática, $|H^2(\lambda)|$, está representada na Figura 14.16, indicando que a aplicação sequencial dos filtros diferença e diferença sazonal eli-

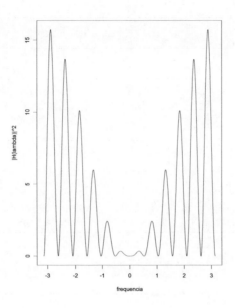

Figura 14.16: Função de transferência quadrática do filtro $(1-B)(1-B^{12})$.

mina componentes de baixas frequências (tendência) e componentes com frequências correspondentes ao período de sazonalidade ($S = 12$) e suas frações.

Para mais detalhes, ver Priestley (1981).

14.7 Problemas

1. Seja $Z_t = \varepsilon_t + a\varepsilon_{t-1}$, $t = 0, \pm 1, \pm 2, \ldots$, onde ε_t é ruído branco de média zero e $|a| < 1$. Obtenha a função de autocovariância e o espectro de Z_t.

2. Determine o espectro do processo autorregressivo $Z_t + bZ_{t-2} = a_t$, $t \in \mathbb{Z}$, onde $\varepsilon_t \sim RB(0,1)$ e $|b| < 1$.

3. Sejam $\{X_t, t = 0, \pm 1, \ldots\}$ e $\{Y_t, t = 0, \pm 1, \ldots\}$ processos estacionários independentes, com espectros $f_X(\lambda)$ e $f_Y(\lambda)$, respectivamente, Prove que o espectro de $\{X_t Y_t, t = 0, \pm 1, \ldots\}$ é dado por $\int_{-\pi}^{\pi} f_X(\lambda - \alpha) f_Y(\alpha) d\alpha$.

4. Suponha que $X(t) = R\cos(\Lambda t + \phi)$, onde R é uma constante, Λ é uma v.a. com função densidade contínua $g(\lambda)$ e ϕ é uma variável aleatória uniforme

14.7. PROBLEMAS

em $(-\pi, \pi)$. Mostre que o espectro de $X(t)$ é dado por

$$\frac{R^2}{4} \sum_{j=-\infty}^{\infty} [g(\lambda + 2\pi j) + g(-\lambda + 2\pi j)].$$

5. Seja $Z(t) = \sum_{k=1}^{L} c_k \cos(\lambda_k t + \phi_k)$, $t \in \mathbb{R}$, onde c_k e λ_k são constantes, $k = 1, \ldots, L$ e ϕ é uniforme em $(-\pi, \pi)$. Prove que o espectro de $Z(t)$ é dado por

$$f(w) = \sum_{k=1}^{L} \frac{c_k^2}{2} \{\delta(w + \lambda_k) + \delta(w - \lambda_k)\},$$

onde $\delta(\cdot)$ é a função delta de Dirac, $-\pi \le w < \pi$.

6. Determine o espectro do processo de médias móveis

$$Z_t = a_{t-2} + 4a_{t-1} + 6a_t + 4a_{t+1} + a_{t+2},$$

em que $a_t \sim RB(0,1)$. Faça um gráfico do espectro e verifique quais as frequências que o domina.

7. Prove que

$$\gamma(h) = \begin{cases} 1, & h = 0, \\ \rho, & h = \pm 1, \\ 0, & \text{caso contrário} \end{cases}$$

é uma função de autocovariância se e somente se $|\rho| \le \frac{1}{2}$.

Sugestão: Utilize o fato de que $f(\lambda) \ge 0$, $\forall \lambda$.

8. Obter o espectro do processo cuja função de autocovariância é dada por $\gamma(t) = M e^{-\gamma|\tau|} \cos \beta t$, $M > 0$, $\alpha > 0$, $\beta > 0$ e $-\infty < \tau < \infty$.

9. Considere o processo $Z_t = a_1 \cos \frac{\pi t}{3} + a_2 \text{sen} \frac{\pi t}{3} + Y_t$, onde a_1 e a_2 são variáveis aleatórias independentes com média zero e variância π; além disso, $Y_t = W_t + 2,5 W_{t-1}$, $W_t \sim \mathcal{N}(0, \sigma^2)$ independentes entre si e independentes de a_1 e a_2.

   (a) Encontre a função de autocovariância de Z_t.

   (b) A função de autocovariância encontrada é absolutamente somável? Se a resposta for afirmativa, encontre a função densidade espectral de Z_t.

10. Prove que

   (a) $\displaystyle\sum_{t=0}^{N-1} e^{-i\lambda t} = e^{-i\lambda(N-1)/2} \frac{\text{sen}(\lambda N/2)}{\text{sen}(\lambda/2)}$, $\lambda \ne 0$;

(b) $\sum_{t=0}^{N-1} e^{-i\lambda t} e^{i\mu t} = \begin{cases} N, & \text{se } \lambda \equiv \mu(\text{mod } 2\pi) \\ 0, & \text{se } \lambda = \frac{2\pi r}{N}, \mu = \frac{2\pi s}{N}, r \text{ e } s \text{ inteiros.} \end{cases}$

11. Se $\overline{Z} = \dfrac{1}{N} \sum_{t=1}^{N} Z_t$, prove que

$$d_Z^{(N)} \left(\frac{2\pi\nu}{N} \right) = d_X^{(N)} \left(\frac{2\pi\nu}{N} \right),$$

para $\nu \neq 0$, $\nu \neq \frac{N}{2}$ e $X_t = Z_t - \overline{Z}$.

12. Sob a condição

$$\sum_{\tau=-\infty}^{\infty} |\tau||\gamma(\tau)| < \infty,$$

prove que

$$\text{Cov}[d^{(N)}(\lambda), d^{(N)}(\mu)] = f(\lambda) + O(1).$$

Observação: Dizemos que $a_n = O(g_n)$ se existe um número real M tal que $g_N^{-1}|a_n| \leq M, \forall n$.

13. Para $a > 0$, considere

$$Z(t) = \begin{cases} 1, & |t| \leq a, \\ 0, & \text{caso contrário.} \end{cases}$$

Prove que

$$d(f) = \int_{-a}^{a} Z(t)e^{-i2\pi ft} dt = \frac{\text{sen}(2\pi fa)}{\pi a}.$$

14. Obter $d_j^{(N)}$ para $Z_t = e^{i\lambda t}$, $t = 0, \pm 1, \ldots$.

15. Sejam g_t e h_t duas sequências reais de quadrado somável e, portanto, com transformadas de Fourier

$$G(f) = \sum_t g_t e^{-i2\pi ft}, \quad H(f) = \sum_t h_t e^{-i2\pi ft}, \quad |f| \leq \frac{1}{2}.$$

Seja também

$$(g * h)_t = \sum_u g_u h_{t-u}$$

a convolução de g_t e h_t. Mostre que a transformada de Fourier de $(g * h)$ é a função $G(f)H(f)$.

14.7. PROBLEMAS 399

16. Encontre a função de transferência do filtro

$$Y_t = \frac{1}{m+1} \sum_{t=0}^{m} Z_t.$$

17. Se

$$H(\lambda) = \begin{cases} 1, & |\lambda \pm \lambda_0| \leq \Delta, \\ 0, & \text{caso contrário,} \end{cases}$$

onde $-\pi < \lambda \leq \pi$, prove que

$$h(u) = \begin{cases} \dfrac{2\Delta}{\pi}, & u = 0, \\ \dfrac{2\cos(\lambda_0 u)\text{sen}(\Delta u)}{\pi u}, & u \neq 0. \end{cases}$$

18. Suponha $Y(t) = \int_{-\infty}^{\infty} a(u)X(t-u)du + \varepsilon(t)$, onde $X(t)$ e $\varepsilon(t)$ são processos estacionários, $-\infty < t < \infty$, de média zero e não correlacionados entre si. Encontre a facv e o espectro de $Y(t)$.

19. Seja $X_t = \rho X_{t-1} + a_t$, $|\rho| < 1$ e $a_t \sim \mathcal{N}(0, \sigma_a^2)$ independentes. Encontre a função de autocorrelação e a função densidade espectral de

   (a) $Y_t = X_t - X_{t-1}$;

   (b) $W_t = X_t - 2X_{t-1} + X_{t-2}$.

20. Uma adição leva X_t em $Y_t = \frac{X_t + X_{t-1}}{\sqrt{2}}$ e uma subtração leva X_t em $W_t = \frac{X_t - X_{t-1}}{\sqrt{2}}$. Seja ε_t um ruído branco, com média zero e variância 1. Suponha que ε_t seja sujeito a n adições seguidas de n subtrações. Obtenha a densidade espectral do processo resultante.

21. Seja I o filtro identidade, isto é, $I(Z_t) = Z_t$. Considere L um filtro passa baixo simétrico e a operação $F = I - L$. Obtenha a função de transferência de F. Que tipo de filtro é F?

   Sugestão: Utilize $|L(\lambda)|^2 = \begin{cases} 1, & |\lambda| \leq \lambda_0, \\ 0, & |\lambda| > \lambda_0. \end{cases}$

22. (a) Determine a função de transferência do filtro linear com coeficientes $h_0 = 1$, $h_1 = -2a$, $h_2 = 1$ e $h_j = 0$, $j \neq 0, 1, 2$.

   (b) Se o objetivo é utilizar esse filtro para eliminar oscilações com período igual a 6, que valor de a deveria ser utilizado?

400 CAPÍTULO 14. ANÁLISE ESPECTRAL

(c) Se o filtro do item (b) for aplicado ao processo $Z_t = a_1 \cos \frac{\pi t}{3} + a_2 \mathrm{sen} \frac{\pi t}{3} + Y_t$, com a_1 e a_2 variáveis aleatórias independentes com média zero e variância π, $Y_t = W_t + 2,5 W_{t-1}$ e $W_t \sim RB(0, \sigma_W^2)$ independente de a_1 e a_2, qual será a função densidade espectral do processo filtrado?

23. Suponha $X_t = m_t + Z_t$, onde $\{Z_t, t = 0, \pm 1, \ldots\}$ é uma sequência de variáveis aleatórias normais independentes com média zero e variância σ^2. Além disso, $m_t = c_0 + c_1 t + c_2 t^2$, c_0, c_1 e c_2 constantes. Sejam

$$U_t = \sum_{i=-2}^{2} a_i X_{t+i}; \quad a_2 = a_{-2} = \frac{-3}{35}, \quad a_1 = a_{-1} = \frac{12}{35}, \quad a_0 = \frac{17}{35}$$

e

$$V_t = \sum_{i=-3}^{3} b_i X_{t+i}; \quad b_3 = b_{-3} = \frac{-2}{21}; \quad b_2 = b_{-2} = \frac{3}{21},$$

$$b_1 = b_{-1} = \frac{6}{21}, \quad b_0 = \frac{7}{21}.$$

   (a) Encontre a média e a variância de U_t e V_t.

   (b) Calcule $\rho(U_t, U_{t+1})$ e $\rho(V_t, V_{t+1})$.

   (c) Qual das duas séries filtradas tem uma aparência mais suave? Justifique.

24. Suponha que o estimador de $f(\lambda)$ para $\lambda = \lambda'$ resultou $\hat{f}(\lambda') = 10$ e que vinte minutos de registro contínuo foram utilizados para obter $\hat{f}(\lambda)$. Se o "lag" máximo M utilizado na função de autocovariância foi 2 minutos, determine o intervalo de confiança, com coeficiente de confiança 0,95, para $f(\lambda')$. Use a janela de Tukey-Hanning e $\Delta t = 30$ segundos. Obtenha o número de graus de liberdade do estimador.

25. Considere a série Temperatura–Ubatuba.

   (a) Faça o gráfico da série e calcule a função de autocorrelação amostral.

   (b) Aplique um teste de raiz unitária para verificar se a série apresenta tendência. Caso isso aconteça, utilize um filtro para eliminar essa componente.

   (c) Calcule o periodograma da série obtida no item (b) e encontre as frequências que contribuem com aproximadamente 80% da variabilidade da série.

14.7. PROBLEMAS

(d) A série é periódica? Qual(is) o(s) período(s)?

(e) Calcule estimadores suavizados do espectro utilizando dois pontos de truncamento diferentes. Escolha, justificando, o melhor deles.

(f) Caso a série seja periódica, aplique um filtro para eliminar a periodicidade e verifique se o resultado foi satisfatório.

26. Refaça o problema anterior utilizando as séries Chuva–Lavras e Ozônio.

27. Suponha que experiências passadas sugerem que o espectro de um processo Z_t seja da forma

$$f(\lambda) = \begin{cases} c - \dfrac{c\lambda}{7\pi} + \cos\lambda, & 0 < \lambda < 7\pi, \\ c + \dfrac{c\lambda}{7\pi} + \cos\lambda, & -7\pi < \lambda < 0, \\ 0, & |\lambda| > 7\pi, \end{cases}$$

$c = $ constante. Qual o maior intervalo de amostragem adequado para estimar $f(\lambda)$? Explique.

[Sugestão: Veja Priestley (1981, seção 7.1.1).]

Apêndice A
Equações de diferenças

A.1 Preliminares

Vamos introduzir alguns conceitos básicos relativos a equações de diferenças lineares. Para relacioná-las com modelos estudados no texto, vamos nos fixar no modelo AR(p)

$$Z_t - \phi_1 Z_{t-1} - \phi_2 Z_{t-2} - \cdots - \phi_p Z_{t-p} = a_t, \qquad (A.1)$$

que é uma equação de diferenças linear, com coeficientes constantes $-\phi_1$, ..., $-\phi_p$. Associada a (A.1) temos a *equação homogênea* (EH)

$$Z_t - \phi_1 Z_{t-1} - \cdots - \phi_p Z_{t-p} = 0 \ . \qquad (A.2)$$

Um teorema fundamental afirma que:

(i) se $Z_t^{(1)}$ e $Z_t^{(2)}$ são soluções de (A.2), então $A_1 Z_t^{(1)} + A_2 Z_t^{(2)}$ também é uma solução de (A.2), para constantes A_1 e A_2;

(ii) se $Z_t^{(g)}$ é uma solução de (A.2) e $Z_t^{(p)}$ é uma *solução particular* de (A.1), então $Z_t^{(g)} + Z_t^{(p)}$ é uma solução da equação completa (E.C.) (A.1).

Exemplo A.1. Considere o modelo AR(1)

$$Z_t - \phi Z_{t-1} = a_t, \qquad (A.3)$$

com $-1 < \phi < 1$. A equação homogênea é $Z_t - \phi Z_{t-1} = 0$ e é fácil verificar, por substituição, que $Z_t = A\phi^t$ é uma solução da EH, logo $Z_t = A\phi^t + Z_t^{(p)}$ é solução de (A.3), se $Z_t^{(p)}$ é uma solução particular de (A.3).

404   APÊNDICE A

Em (A.3), consideramos que $t = 1, 2, 3, \ldots$ e Z_0 é um valor inicial especificado. Observe que ϕ é raiz de $m - \phi = 0$ e que a constante A é determinada pelo valor inicial $Z_0 : Z_0 = A\phi^0 = A$.

Exemplo A.2. Consideremos, agora, o modelo AR(2)

$$Z_t - \phi_1 Z_{t-1} - \phi_2 Z_{t-2} = a_t, \qquad (A.4)$$

cuja EH é $Z_t - \phi_1 Z_{t-1} - \phi_2 Z_{t-2} = 0$, $t = 2, 3, 4, \ldots$ Suponha que Z_0 e Z_1 são valores iniciais especificados. Considere a equação $m^2 - \phi_1 m - \phi_2 = 0$ e m_1, m_2 suas raízes (distintas, por simplicidade). Substituindo $Z_t = A_1 m_1^t + A_2 m_2^t$ na EH, vemos que esta é uma solução, com A_1 e A_2 constantes determinadas pelos valores iniciais Z_0 e Z_1 (isto é, A_1 e A_2 satisfazem $Z_0 = A_1 + A_2$, $Z_1 = A_1 m_1 + A_2 m_2$).

A.2 Solução da equação homogênea

Inicialmente, consideremos o caso $p = 2$, dado em (A.4) e a EH respectiva

$$Z_t - \phi_1 Z_{t-1} - \phi_2 Z_{t-2} = 0. \qquad (A.5)$$

Então, temos os resultados seguintes:

(i) Se $Z_t^{(1)}$ e $Z_t^{(2)}$ são soluções da equação homogênea (A.5) e $Z_t = A_1 Z_t^{(1)} + A_2 Z_t^{(2)}$, A_1 e A_2 constantes, então Z_t é a solução geral de (A.5) se

$$\begin{vmatrix} Z_0^{(1)} & Z_0^{(2)} \\ Z_1^{(1)} & Z_1^{(2)} \end{vmatrix} \neq 0. \qquad (A.6)$$

Se $Z_t^{(1)}$ e $Z_t^{(2)}$ satisfizerem (A.6), dizemos que elas formam um *sistema fundamental de soluções* (SFS);

(ii) se $Z_t^{(p)}$ é uma solução particular da EH e $Z_t^{(1)}$ e $Z_t^{(2)}$ formam um SFS, então $Z_t = A_1 Z_t^{(1)} + A_2 Z_t^{(2)} + Z_t^{(p)}$ é a solução geral de EC, A_1 e A_2 constantes.

Seja $m^2 - \phi_1 m - \phi_2 = 0$ a *equação característica* (EC) associada a (A.5). Então, a solução geral da EH depende de como são as raízes desta equação. Temos três casos a considerar:

(a) *Raízes reais e distintas*: $m_1 \neq m_2$. Neste caso, $Z_t^{(1)} = m_1^t$ e $Z_t^{(2)} = m_2^t$ são soluções de (A.5) e formam um SFS, pois $\begin{vmatrix} 1 & 1 \\ m_1 & m_2 \end{vmatrix} = m_2 - m_1 \neq 0$, logo a solução geral da EH é

$$Z_t = A_1 m_1^t + A_2 m_2^t \, , \qquad (A.7)$$

APÊNDICE A 405

com A_1, A_2 constantes.

(b) *Raízes reais e iguais*: $m_2 = m_1 = m$. Neste caso, (A.6) fornece $\begin{vmatrix} 1 & 1 \\ m & m \end{vmatrix} = 0$ se $Z_t^{(1)} = m^t = Z_t^{(2)}$, logo estas não formam um SFS. Neste caso, considere-remos $Z_t^{(1)} = m^t$ e $Z_t^{(2)} = tm^t$, de modo que (A.6) fica $\begin{vmatrix} 1 & 0 \\ m & m \end{vmatrix} = m \neq 0$, portanto a solução geral da EH é

$$Z_t = (A_1 + A_2 t)m^t . \tag{A.8}$$

(c) *Raízes complexas*: $m_1 = r(\cos\theta + i\mathrm{sen}\theta)$, $m_2 = r(\cos\theta - i\mathrm{sen}\theta)$, onde $r = \sqrt{a^2 + b^2}$, $\cos\theta = \frac{a}{r}$, $\mathrm{sen}\theta = \frac{b}{r}$, se $m_1 = a + ib$, $m_2 = a - ib$.

Neste caso, não é difícil mostrar que a solução geral da EH é

$$Z_t = Ar^t \cos(t\theta + B), \tag{A.9}$$

A e B constantes, ou então,

$$Z_t = r^t(A_1 \cos t\theta + A_2 \mathrm{sen}\theta), \tag{A.10}$$

com $A_1 = A\cos B$, $A_2 = -A\mathrm{sen}B$.

Exemplo A.3. Consideremos o modelo AR(2)

$$Z_t = 0,5Z_{t-1} + 0,2Z_{t-2} + a_t,$$

de modo que $\phi_1 = 0,5$, $\phi_2 = 0,2$.

A EC é $m^2 - 0,5m - 0,2 = 0$, cujas raízes são $m_1 \simeq 0,76$, $m_2 \simeq -0,26$. Segue-se que a solução geral da EH é

$$Z_t = A_1(0,76)^t + A_2(-0,26)^t.$$

Para determinar A_1 e A_2 devemos ter os valores de Z_0 e Z_1.

Exemplo A.4. Considere agora

$$Z_t = Z_{t-1} - 0,89Z_{t-2} + a_t , \tag{A.11}$$

de modo que $\phi_1 = 1$, $\phi_2 = -0,89$. As raízes de $m^2 - m + 0,89 = 0$ são $m_1 = 0,5 + 0,8i$ e $m_2 = \overline{m}_1 = 0,5 - 0,8i$, ou seja, complexas conjugadas; $r = [(0,5)^2 + (0,8)^2]^{1/2} = 0,943$, $\cos\theta = \frac{a}{r} = \frac{0,5}{0,943} = 0,53$, portanto $\theta \simeq 1,012$ radianos. Segue-se que a solução geral da EH é

$$Z_t = (0,943)^t(A_1 \cos(1,012t) + A_2\mathrm{sen}(1,012t)),$$

que é uma senóide amortecida, de período $\frac{2\pi}{\theta} = 6,2$ unidades de tempo.

Observe que, usando a notação de operadores, temos que (A.11) resulta a EH

$$(1 - \phi_1 B - \phi_2 B^2)Z_t = 0,$$

ou seja,

$$\phi(B) = 1 - \phi_1 B - \phi_2 B^2 = 1 - B + 0,89B^2.$$

As raízes de $m^2 - \phi_1 m - \phi_2 = 0$ são recíprocas das raízes de $\phi(B) = 0$, isto é, se m_1 e m_2 são as raízes de $m^2 - \phi_1 m - \phi_2 = 0$, então $B_1 = m_1^{-1}$ e $B_2 = m_2^{-1}$ são as raízes de $\phi(B) = 0$. Logo, para (A.11) ser estacionário, as raízes de $m^2 - \phi_1 m - \phi_2 = 0$ devem ser *menores que um em valor absoluto*.

No exemplo, $r = |m_1| = |m_2| = 0,943 < 1$, logo o processo (A.11) é estacionário.

Consideremos, agora, a EH geral dada em (A.2). A equação característica é

$$m^p - \phi_1 m^{p-1} - \phi_2 m^{p-2} - \cdots - \phi_{p-1} m - \phi_p = 0, \qquad (A.12)$$

e chamemos suas raízes de $m_1, m_2, \ldots, m_p$.

Como no caso $p = 2$, $Z_t^{(1)}, \ldots, Z_t^{(p)}$ formam um SFS se

$$\begin{vmatrix} Z_0^{(1)} & \cdots & Z_0^{(p)} \\ Z_1^{(1)} & \cdots & Z_1^{(p)} \\ \vdots & \vdots & \vdots \\ Z_{p-1}^{(1)} & \cdots & Z_{p-1}^{(p)} \end{vmatrix} \neq 0 . \qquad (A.13)$$

Novamente, a solução geral de (A.2) depende das raízes de (A.12).

(i) A cada raiz real m, não repetida, um termo da forma Am^t é incluído na solução geral da EH. Em particular, se as p raízes são reais e distintas, a solução geral é

$$Z_t = A_1 m_1^t + A_2 m_2^t + \cdots + A_p m_p^t, \qquad (A.14)$$

com $A_1, \ldots, A_p$ determinadas por condições iniciais sobre $Z_0, Z_1, \ldots, Z_{p-1}$.

(ii) Se a raiz m tem multiplicidade $s > 1$, então um termo da forma $(A_1 + A_2 t + \cdots + A_s t^{s-1})m^t$ é incluído na solução geral. Em particular, se $m = 1$, o termo acima é um polinômio em t de grau $s - 1$.

(iii) A todo par de raízes complexas conjugadas, com amplitude r e argumento θ, é incluído um termo da forma $Ar^t \cos(t\theta + B)$, ou então, $r^t(A_1 \text{sen} t\theta + A_2 \cos t\theta)$.

APÊNDICE A   407

(iv) A todo par de raízes complexas conjugadas, de multiplicidade $s > 1$, incluímos um termo da forma $r^t[a_1 \cos(t\theta + b_1) + a_2 t \cos(t\theta + b_2) + \cdots + a_s t^{s-1} \cos(t\theta + b_s)]$ ou $r^t[A_1 \cos(t\theta) + B_1 \mathrm{sen}(t\theta) + A_2 t \cos(t\theta) + B_2 t \mathrm{sen}(t\theta) + \cdots + A_s t^{s-1} \cos(t\theta) + B_s t^{s-1} \mathrm{sen}(t\theta)]$.

Se a EC (A.12) possui raízes dos tipos mencionados em (i) – (iv), a solução geral de (A.2) é a soma das soluções explicitadas anteriormente. Segue-se que a solução geral da EH é uma mistura de exponenciais (amortecidas), termos polinomiais e senóides (amortecidas).

Usando o operador AR, $\phi(B)$, a EC de (A.2) também pode ser escrita

$$(1 - \phi_1 B - \phi_2 B^2 - \cdots - \phi_p B^p)m^p = 0 \qquad (A.15)$$

ou, então,

$$\phi(B)m^p = 0. \qquad (A.16)$$

Assim como no caso $p = 2$, as raízes de (A.12) são recíprocas das raízes de $\phi(B) = 0$. Logo, se (A.1) é estacionário, as raízes de $\phi(B) = 0$ estão *fora* do círculo unitário, portanto as raízes de (A.12) estão *dentro* do círculo unitário. Este fato implica o amortecimento das exponenciais e senóides, mencionado anteriormente, pois $|m_i| < 1$ e $|r| < 1$. Uma análise detalhada é dada a seguir.

A.3 Comportamento assintótico das soluções

Retomemos o Exemplo A.3, onde a solução geral da EH era

$$Z_t = A_1(0,76)^t + A_2(-0,26)^t.$$

Temos:

$$Z_t = 0,76^t \left[A_1 + A_2 \left(\frac{-0,26}{0,76} \right)^t \right]$$

e quando $t \to \infty$, Z_t tem o mesmo comportamento de $A_1(0,76)^t$ e este tende a zero, para $t \to \infty$.

De um modo geral, temos os casos seguintes (analisaremos o caso $p = 2$; o caso geral é equivalente).

(i) *Raízes reais, $m_1 \neq m_2$.*
   Suponha $|m_1| > |m_2|$. Então o comportamento da solução geral (A.7) é o mesmo que de $A_1 m_1^t$, se $A_1 \neq 0$. Como $|m_1| < 1$, se o processo é estacionário, este termo converge para zero, quando $t \to \infty$, independentemente dos valores iniciais Z_0 e Z_1.

408   APÊNDICE A

(ii) *Raízes reais, $m_1 = m_2$.*
Devido ao fato que $t^n m_1^t \to 0$, quando $t \to \infty$ para todo inteiro positivo n, se $|m_1| < 1$, então a sequência $tm_1^t \to 0$, quando $t \to \infty$. Logo, no caso de processos estacionários, $Z_t = (A_1 + A_2 t)m_1^t \to 0$, quando $t \to \infty$.

(iii) *Raízes complexas.*
Como a sequência $\cos(t\theta + B)$ oscila entre -1 e $+1$ e $|r| < 1$, se (A.1) deve ser estacionário, a solução geral (A.9) representa uma oscilação que decresce para zero de forma oscilatória, devido à presença do termo cosseno.

De modo geral, seja $\rho = \max(|m_1|, |m_2|, \ldots, |m_p|)$. Então $\rho < 1$ é uma condição necessária e suficiente para a solução geral Z_t convergir para zero, independentemente dos valores iniciais. Ver Goldberg (1967) para detalhes.

Se (Z_t) é estacionário, $\rho < 1$ e a solução geral tem a forma mencionada em (A.2).

A.4 Solução particular da equação completa

Para se determinar a solução geral da EC é necessário obter, além da solução geral da EH, uma solução particular da EC.

Considere, por exemplo, a equação de diferença de segunda ordem (não estocástica)

$$x_j - 3x_{j-1} + 2x_{j-2} = -1. \qquad (A.17)$$

É fácil ver que $x_j^* = j$ é uma solução particular desta equação, de modo que a solução geral é

$$x_j = A_1 + A_2 2^j + j,$$

dado que a EC de (A.17), $m^2 - 3m + 2 = 0$, tem raízes $m_1 = 1$, $m_2 = 2$.

Existem procedimentos para se determinar uma solução particular de uma equação de diferenças. O método dos coeficientes indeterminados é um deles.

Como não faremos uso deste material no texto, não o trataremos aqui. O leitor pode consultar Goldberg (1967), para detalhes.

No caso de modelos AR e modelos ARIMA, ver Box et al. (1994, p.124) para detalhes sobre como se determinar soluções particulares.

O problema que pode ocorrer é que o segundo membro em (A.1) pode dar origem a uma solução divergente, mesmo a solução da EH sendo convergente.

Por outro lado, a solução da EH (A.2) nos dá idéia do comportamento da solução geral apenas, como vimos na seção anterior. Para se ter idéia do comportamento do "processo todo", teríamos que obter uma solução particular.

APÊNDICE A

Por exemplo, considere o processo AR(2) dado por (A.11). Como vimos, a solução geral da EH é uma senóide amortecida. Mas como o processo é estacionário, a solução particular deve ser tal que Z_t se mova ao redor da sua média, com um comportamento "pseudoperiódico", dada a natureza da solução geral, mas sem efetivamente tender a zero, para t muito grande.

A.5 Função de autocorrelação de um processo AR(p)

Vimos que a fac ρ_j de um processo AR(p) dado por (A.1) satisfaz à equação de diferenças

$$\rho_j - \phi_1 \rho_{j-1} - \phi_2 \rho_{j-2} - \cdots - \phi_p \rho_{j-p} = 0, \ j > 0, \qquad (A.18)$$

que é homogênea e da mesma forma que (A.2). A EC associada é (A.12), portanto a solução geral de (A.18) pode ser encontrada como antes.

Exemplo A.5. Retomemos o Exemplo A.4. A fac de Z_t satisfaz

$$\rho_j - \rho_{j-1} + 0,89\rho_{j-2} = 0, \quad j > 0,$$

de onde,

$$\rho_j = (0,943)^j (A_1 \cos(1,012j) + A_2 \mathrm{sen}(1,012j)),$$

que mostra que a fac é uma senóide amortecida.

Para determinar A_1 e A_2, usamos

$$\rho_0 = 1, \quad \rho_1 = \frac{\phi_1}{1 - \phi_2} = 0,529,$$

de modo que

$$\begin{aligned}
\rho_0 &= 1 = A_1, \\
\rho_1 &= 0,529 = 0,943(A_1 \cos(1,012) + A_2 \mathrm{sen}(1,012)),
\end{aligned}$$

do que obtemos $A_1 = 1$, $A_2 = 0,036$. Logo,

$$\rho_j = (0,943)^j [\cos(1,012j) + 0,036 \mathrm{sen}(1,012j)]$$

é a fac do processo (A.11).

Apêndice B
Raízes unitárias

B.1 Introdução

O problema de raíz unitária em modelos ARMA aparece quando o polinômio auto-regressivo apresenta uma raíz sobre o círculo unitário. Isto implica que devemos tomar uma diferença da série original antes de ajustar o modelo. Podemos ter raízes unitárias também no polinômio de médias móveis; isto pode indicar que os dados foram super-diferençados.

Neste apêndice vamos considerar testes para raízes unitárias em modelos AR e ARMA. Para efeito de ilustração, consideremos o modelo AR(1) estacionário

$$Z_1 = \theta_0 + \phi Z_{t-1} + a_t, \quad a_t \sim \mathrm{RB}\,(0, \sigma^2), \qquad (B.1)$$

no qual $\theta_0 = (1 - \phi)\mu$, $\mu = E(Z)$, $|\phi| < 1$. Se $\hat{\phi}_{MV}$ indica o EMV de ϕ, então sabemos que, para N observações do processo,

$$\hat{\phi}_{MV} \stackrel{a}{\sim} \mathcal{N}(\phi, (1 - \phi^2)/N). \qquad (B.2)$$

Se quisermos testar a hipótese $H_0 : \phi = \phi_0$ contra a alternativa $H_1 : \phi \neq \phi_0$, usamos a estatística

$$\frac{\hat{\phi}_{MV} - \phi_0}{\widehat{\mathrm{e.p.}}(\hat{\phi}_{MV})}, \qquad (B.3)$$

em que o denominador indica o erro padrão estimado de $\hat{\phi}_{MV}$. Sob a hipótese nula, a estatística (B.3) tem uma distribuição t de Student. Observe que (B.2) pode ser escrita

$$\sqrt{N}(\hat{\phi}_{MV} - \phi) \overset{a}{\sim} \mathcal{N}(0, (1 - \phi^2)), \tag{B.4}$$

de modo que podemos dizer que $\hat{\phi}_{MV} = O_p(N^{-1/2})$, ou seja, a taxa de convergência do estimador é $1/\sqrt{N}$.

No caso de raízes unitárias, a aproximação normal (B.2) não se aplica, logo, não podemos usar a distribuição t para testar

$$H_0 : \phi = 1,$$

$$H_1 : \phi < 1. \tag{B.5}$$

Suponha $\theta_0 = 0$ em (B.1). Sabemos que os EMV são assintoticamente equivalentes a EMQ, de modo que supondo $a_t \sim \mathcal{N}(0, \sigma^2)$, teremos

$$\hat{\phi}_{MQ} = \frac{\sum_{t=2}^{N} Z_{t-1} Z_t}{\sum_{t=2}^{N} Z_{t-1}^2}. \tag{B.6}$$

É fácil ver que

$$\hat{\phi}_{MQ} - \phi = \frac{\sum_{t=2}^{N} Z_{t-1} a_t}{\sum_{t=2}^{N} Z_{t-1}^2}, \tag{B.7}$$

que entra no numerador de (B.3) com $\phi = \phi_0$.

Para testar (B.5) temos que estudar o comportamento de

$$\hat{\phi}_{MQ} - 1 = \frac{\sum_{t=2}^{N} Z_{t-1} a_t}{\sum_{t=2}^{N} Z_{t-1}^2}. \tag{B.8}$$

B.2 O teste de Dickey-Fuller

Consideremos o modelo (B.1) com média zero, isto é,

$$Z_t = \phi Z_{t-1} + a_t, \quad a_t \sim \text{RB}\mathcal{N}(0, \sigma^2). \tag{B.9}$$

Segue-se que

$$\Delta Z_t = \phi^* Z_{t-1} + a_t, \tag{B.10}$$

na qual $\phi^* = \phi - 1$. Podemos obter o EMQ de ϕ^* por meio da regressão de MQ de ΔZ_t sobre Z_{t-1}. Logo, (B.5) é equivalente a

$$H_0^* : \phi^* = 0,$$

APÊNDICE B

$$H_1^* : \phi^* < 0. \tag{B.11}$$

Teorema B.1. *Supondo-se $a_t \sim i.i.d.(0, \sigma^2)$,*

$$N(\hat{\phi}_{MQ} - 1) \xrightarrow{\mathcal{D}} \frac{\frac{1}{2}([W(1)]^2 - 1)}{\int_0^2 [W(r)]^2 \mathrm{d}r}, \tag{B.12}$$

onde $W(r)$ é o movimento Browniano (MB) padrão, ou seja, para cada t, $W(t) \sim \mathcal{N}(0, t)$.

Em particular, $W(1)^2 \sim \chi^2(1)$ e como $P(\chi^2(1) < 1) = 0,68$, de (B.12) temos que a probabilidade de que o lado esquerdo de (B.12) seja negativo converge para 0,68, para $N \to \infty$. Ou seja, mesmo que tenhamos um passeio aleatório ($\phi = 1$), simulando-se muitas amostras de tal processo, em aproximadamente 2/3 delas o estimador $\hat{\phi}_{MQ}$ será menor que 1. De (B.12) vemos que a taxa de convergência do estimador é diferente do caso estacionário: $\hat{\phi}_{MQ} = O_p(N^{-1})$.

Para testar (B.5) ou (B.11) podemos usar a estatística

$$\hat{\tau} = \frac{\hat{\phi}_{MQ}^*}{\widehat{\text{e.p.}}(\hat{\phi}_{MQ}^*)}, \tag{B.13}$$

em que

$$\widehat{\text{e.p.}}(\hat{\phi}_{MQ}^*) = \frac{S}{\left(\sum_{t=2}^N Z_{t-1}^2\right)^{1/2}}, \tag{B.14}$$

e

$$S^2 = \frac{1}{N-2} \sum_{t=2}^N (\Delta Z_t - \hat{\phi}_{MQ}^* Z_{t-1})^2 \tag{B.15}$$

é o estimador de σ^2 na regressão (B.10). Segue-se que a estatística (B.13) é equivalente a

$$\hat{\tau} = \frac{\hat{\phi}_{MQ} - 1}{\left(S^2 / \sum Z_{t-1}^2\right)^{1/2}}, \tag{B.16}$$

que pode ainda ser escrita na forma

$$\hat{\tau} = \frac{N^{-1} \sum Z_{t-1} a_t}{S\left(N^{-2} \sum Z_{t-1}^2\right)^{1/2}}. \tag{B.17}$$

Teorema B.2. *Sob a mesma suposição do teorema anterior,*

$$\hat{\tau} \xrightarrow{\mathcal{D}} \frac{\frac{1}{2}([W(1)]^2 - 1)}{\left(\int_0^1 [W(r)]^2 \mathrm{d}r\right)^{1/2}} . \qquad (B.18)$$

Os testes usando (B.12) ou (B.18) são chamados *teste de Dickey-Fuller*, abreviadamente DF. As distribuições das estatísticas correspondentes são tabuladas. Valores críticos de $\hat{\tau}$ para níveis de significância 0,01, 0,05 e 0,10 são dados, respectivamente, por $-2,60$, $-1,95$ e $-1,61$, para amostras de tamanho $n = 100$. Para amostras grandes, maiores que 500, esses valores são, respectivamente, $-2,58$, $-1,95$ e $-1,62$. Observe que rejeitamos H_0 se $\hat{\tau}$ for menor que o valor crítico apropriado. As densidades simuladas de $N(\hat{\phi}_{MQ} - 1)$ e $\hat{\tau}$, sob H_0, estão representadas na Figura B.1.

Suponha, agora, que a média não seja zero e temos o modelo (B.1). Neste caso,

$$\Delta Z_t = \theta_0 + \phi^* Z_{t-1} + a_t, \qquad (BN.19)$$

onde $\phi^* = \phi - 1$. Novamente, teremos (B.5) e (B.11) como hipóteses equivalentes. O EMQ de ϕ^* é obtido por meio da regressão de ΔZ_t sobre 1 e Z_{t-1}. O denominador de (B.14) ficará, agora, $\left(\sum (Z_{t-1} - \overline{Z})^2\right)^{1/2}$. Embora $\hat{\tau}$ ainda seja dada por (B.13), ou pelas expressões equivalentes (B.16) e (B.17), com os denominadores corrigidos, a presença de θ_0 altera a distribuição assintótica da estatística. Neste caso, a notação padrão utilizada para $\hat{\tau}$ é $\hat{\tau}_\mu$, entendendo-se que o processo Z_t tem média $\mu = \theta_0/(1 - \phi)$. No lugar de (B.12) e (B.18) teremos, respectivamente,

$$N(\hat{\phi}_{MQ} - 1) \xrightarrow{\mathcal{D}} \frac{\frac{1}{2}([W(1)]^2 - 1) - W(1) \int_0^1 W(r)\mathrm{d}r}{\int_0^1 [W(r)]^2 \mathrm{d}r - \left(\int_0^1 W(r)\mathrm{d}r\right)^2} , \qquad (B.20)$$

$$\hat{\tau}_\mu \xrightarrow{\mathcal{D}} \frac{\frac{1}{2}([W(1)]^2 - 1) - W(1) \int_0^1 W(r)\mathrm{d}r}{\left[\int_0^1 [W(r)]^2 \mathrm{d}r - \left(\int_0^1 W(r)\mathrm{d}r\right)^2\right]^{1/2}} . \qquad (B.21)$$

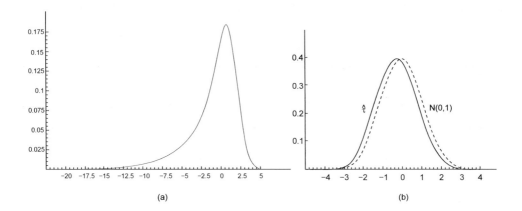

Figura B.1: Distribuições, sob $H_0 : \phi = 1$, de (a) $N(\hat{\phi}_{MQ} - 1)$ e (b) $\hat{\tau}$.

A distribuição de $\hat{\tau}_\mu$ afasta-se mais da normal do que no caso $\mu = 0$. Veja a Figura B.2. Valores críticos de $\hat{\tau}_\mu$ para níveis de significância 5%, 2,5% e 1% são dados por $-2,86$, $-3,12$ e $-3,43$, respectivamente.

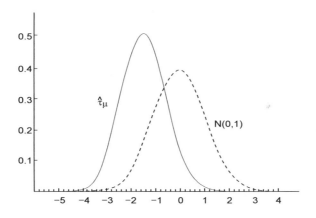

Figura B.2: Distribuição de $\hat{\tau}_\mu$ sob $H_0 : \phi = 1$.

Na realidade, as estatísticas $\hat{\tau}$ e $\hat{\tau}_\mu$ são usadas para testar

$$H_0 : \phi = 1 \mid \theta_0 = 0.$$

Poderíamos testar separadamente $\theta_0 = 0$, mas a estatística t novamente não é apropriada.

Para testar a hipótese

$$H_0 : \theta_0 = 0, \quad \phi = 1, \qquad (B.22)$$

podemos usar um teste do tipo Wald. Sob H_0, o processo é um passeio aleatório sem "drift", de modo que podemos usar um teste da forma

$$\Phi_1 = \frac{[\text{SQR(restrita)} - \text{SQR(irrestrita)}]/r}{\text{SQR(irrestrita)}/(N-k)}, \tag{B.23}$$

onde r é o número de restrições sob H_0 e k é o número de parâmetros do modelo irrestrito (de modo que $N - k$ é o número de graus de liberdade do modelo irrestrito).

A estatística Φ_1 não tem distribuição $F(r, N-k)$ e foi tabulada em Dickey e Fuller (1981).

Em nosso caso, $r = k = 2$ e

$$\Phi_1 = \frac{\left(\sum \Delta Z_t^2 - \sum \hat{a}_t^2\right)/2}{\sum \hat{a}_t^2/(N-2)}. \tag{B.24}$$

Note que $\sum \hat{a}_t^2 = \sum (Z_t - \hat{\theta}_0 - \hat{\phi}_{MQ} Z_{t-1})^2$. Valores críticos de Φ_1 para níveis de significância 5% e 1% são, respectivamente, 4,59 e 6,43.

B.3 Extensões do teste DF

Suponha, agora, que a série possa ser representada por um processo AR(p):

$$Z_t - \mu = \phi_1(Z_{t-1} - \mu) + \cdots + \phi_p(Z_{t-p} - \mu) + a_t, \tag{B.25}$$

onde a_t como sempre é ruído branco de média zero e variância σ^2. O modelo pode, ainda, ser escrito na forma

$$Z_t = \theta_0 + \sum_{i=1}^{p} \phi_i Z_{t-i} + a_t, \tag{B.26}$$

ou, ainda,

$$\Delta Z_t = \theta_0 + \phi_1^* Z_{t-1} + \phi_2^* \Delta Z_{t-1} + \cdots + \phi_p^* \Delta Z_{t-p+1} + a_t, \tag{B.27}$$

onde $\phi_1^* = \sum_{t=1}^{p} \phi_i - 1$, $\phi_j^* = -\sum_{i=j+1}^{p} \phi_i$, $j = 2, \ldots, p$.

Se o polinômio auto-regressivo $\phi(B)$ tiver uma raíz unitária, então $\phi(1) = 0$, ou seja, $1 - \phi_1 - \phi_2 - \cdots - \phi_p = 0$, ou ainda, $\sum_{i=1}^{p} \phi_i = 1$ e portanto $\phi_1^* = 0$. Logo, testar a hipótese que o polinômio auto-regressivo tem uma raíz unitária é equivalente a testar a hipótese que $\phi_1^* = 0$.

Vemos que ϕ_1^* pode ser estimado como o coeficiente de Z_{t-1} na regressão de mínimos quadrados de ΔZ_t sobre 1, $Z_{t-1}, \Delta Z_{t-1}, \ldots, \Delta Z_{t-p+1}$.

APÊNDICE B

Para N grande, as estatísticas $N(\hat{\phi}_1^* - 1)$ e $\hat{\tau}_\mu = \hat{\phi}_1^*/\widehat{\text{e.p.}}(\hat{\phi}_1^*)$ têm as mesmas distribuições assintóticas dadas em (B.20) e (B.21). O teste usando $\hat{\tau}_\mu$ é chamado *teste de Dickey-Fuller aumentado* ("augmented Dickey-Fuller test"), abreviadamente, teste ADF.

No caso de $X_t \sim \text{ARMA}(p, q)$, Said e Dickey (1985) provaram que $\hat{\tau}_\mu$, obtida do modelo

$$\Delta Z_t = \theta_0 + \phi_1^* Z_{t-1} + \sum_{i=1}^{k} \phi_i^* \Delta Z_{t-i} + a_t - \sum_{j=1}^{q} \theta_j a_{t-j}, \qquad (B.28)$$

tem a mesma distribuição assintótica que $\hat{\tau}_\mu$ obtida de (B.27). Aqui supomos p e q conhecidos e o lag k usualmente é escolhido como $k = [N^{1/4}]$.

Na seção B.2 consideramos o modelo (B.9) e o teste (B.5) ou (B.11). É claro que uma hipótese equivalente a (B.5) é

$$H_0 : \Delta Z_t = a_t, \qquad (B.29)$$

onde $a_t \sim \text{RB}(0, \sigma^2)$. Esta hipótese indica que a diferença de Z_t é estacionária (Z_t é "difference stationary"). A hipótese alternativa é $\phi < 1$ ou Z_t é estacionário.

Uma primeira extensão foi considerar adicionar ao modelo um termo constante, de modo que

$$H_0 : \Delta Z_t = \theta_0 + a_t \ . \qquad (B.30)$$

Uma possível alternativa a esta hipótese é supor que

$$H_1 : Z_t = \beta_0 + \beta_1 t + a_t, \qquad (B.31)$$

ou seja, Z_t apresenta uma tendência determinística (o processo é "trend stationary").

Perron (1988) mostra que $\hat{\tau}_\mu$ não é capaz de distinguir entre (B.31) e (B.30). Para testar H_0 contra H_1 acima, temos que estender o procedimento anterior, de modo a incluir uma tendência linear em (B.27):

$$\Delta Z_t = \beta_0 + \beta_1 t + \phi_1^* Z_{t-1} + \sum_{i=1}^{k} \phi_i^* \Delta Z_{t-i} + a_t, \qquad (B.32)$$

com $k = p - 1$. A estatística para testar $H_0 : \phi_1^* = 0$ é

$$\hat{\tau}_\tau = \frac{\hat{\phi}_{MQ} - 1}{\widehat{\text{e.p.}}(\hat{\phi}_{MQ})}, \qquad (B.33)$$

cuja distribuição limite é dada pelo resultado a seguir.

Teorema B.3. *Sob a condição de que os erros sejam i.i.d., de média zero e variância σ^2,*

$$\hat{\tau}_\tau \xrightarrow{\mathcal{D}} \frac{\frac{1}{2}([W(1)]^2 - 1) - W(1)\int_0^1 W(r)\mathrm{d}r + A}{\left[\int_0^1 [W(r)]^2 \mathrm{d}r - \left(\int_0^1 W(r)\mathrm{d}r\right)^2 + B\right]^{1/2}}, \quad (B.34)$$

em que

$$A = 12\left[\int_0^1 tW(t)\mathrm{d}t - \frac{1}{2}\int_0^1 W(t)\mathrm{d}t\right]\left[\int_0^1 W(t)\mathrm{d}t - \frac{1}{2}W(1)\right],$$

$$B = 12\left[\int_0^1 tW(t)\mathrm{d}t \int_0^1 tW(t)\mathrm{d}t - \left(\int_0^1 tW(t)\mathrm{d}t\right)^2\right] - 3\left[\int_0^1 W(t)\mathrm{d}t\right]^2.$$

Na Figura B.3, temos a densidade limite de $\hat{\tau}_\tau$ sob H_0. Valores críticos da estatística para níveis 1%, 2,5% e 5% são dados por $-3,96$, $-3,66$ e $-3,41$, respectivamente.

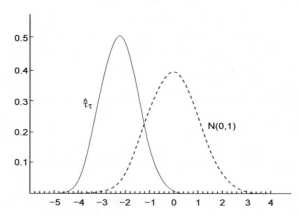

Figura B.3: Distribuição limite de $\hat{\tau}_\tau$.

Um teste conjunto $H_0 : \phi_1^* = 0$, $\beta_1 = 0$ em (B.33) pode ser construído utilizando (B.23). Ver tabelas em Hamilton (1994).

Phillips (1987) e Phillips e Perron (1988) generalizaram os resultados de Dickey e Fuller para o caso em que os erros a_t são correlacionados e possivelmente heteroscedástico. Contudo, as distribuições limites são as mesmas que nos casos anteriores. As estatísticas por eles consideradas são modificadas para levar em conta a autocorrelação, após estimar os modelos por MQ ordinários. Para detalhes, ver Hamilton (1994).

APÊNDICE B

Os testes de raiz unitária de Dickey-Fuller podem ser realizados utilizando a função ur.df da biblioteca urca do Repositório R. Neste caso, o valor do argumento *lags* é igual a $p - 1$.

O teste de Phillips-Perron pode ser realizado utilizando a função ur.pp, da mesma biblioteca.

Apêndice C
Testes de normalidade e linearidade

Para realizar os testes vamos considerar uma amostra $X_1, X_2, \ldots, X_N$ de uma série temporal.

C.1 Teste de normalidade

Se uma série for considerada normal (gaussiana), seu comportamento poderá ser descrito por um modelo linear, tipo ARMA. Uma propriedade da distribuição normal é que todos os momentos ímpares maiores do que dois são nulos. Segue-se que o coeficiente de assimetria A de (2.54) deve ser igual a zero. Podemos usar, então, o resultado (2.58) para testar a hipótese $H_0 : A = 0$, ou seja, considerar a estatística $\sqrt{N/6}\hat{A}$, que terá distribuição limite $\mathcal{N}(0, 1)$.

Por outro lado, a medida de curtose K, dada por (2.55) será igual a 3 para distribuições normais e a hipótese $H_0 : K = 3$ pode ser testada usando-se a estatística $\sqrt{N/24}(\hat{K} - 3)$, que terá também distribuição aproximada normal padrão, sob H_0.

Um teste largamente utilizado em econometria é o teste de Bera e Jarque (1981), que combina esses dois testes, usando a estatística

$$S = \left(\frac{N}{6} \right) \hat{A}^2 + \left(\frac{N}{24} \right) (\hat{K} - 3)^2, \qquad (C.1)$$

que, sob H_0: a série é normal, tem distribuição qui-quadrado com dois graus de liberdade.

422   APÊNDICE C

Portanto, para testar a normalidade de uma série, basta calcular as estimativas de A e K, dadas por (2.56) e (2.57), respectivamente, calcular S por (C.1) e comparar o valor obtido com o valor tabelado de uma distribuição $\chi^2(2)$, com o nível de significância apropriado. Uma forma alternativa é calcular o p-valor do teste, dado o valor obtido usando S. Para realizar o teste pode-se usar a função jarque.bera.test da biblioteca tseries.

C.2 Teste de linearidade

Apresentamos aqui o teste de McLeod e Li (1983) para verificar a linearidade de uma série temporal.

O teste é baseado no resultado de que se X_t é uma série temporal estacionária e gaussiana, então

$$\rho_{X^2}(j) = [\rho_X(j)]^2, \text{ todo } j. \tag{C.2}$$

Granger e Andersen (1978) afirmam que a não-validade de (C.2) indica possibilidade de não linearidade. Maravall (1983) considerou a utilização de $\rho_{\hat{e}^2}(j)$, sendo $\hat{e}_t$ os resíduos do ajuste de um modelo linear. McLeod e Li (1983) propõem um teste do tipo "Portmanteau", baseado na autocorrelação amostral dos quadrados dos resíduos de uma série temporal estacionária e gaussiana.

A hipótese a ser testada é

$$H_0 : \text{ a série é linear.}$$

Sejam $(\hat{e}_1, \ldots, \hat{e}_N)$ os resíduos ajustados de um modelo ARMA e $\hat{\rho}_{e^2}$ a autocorrelação amostral do quadrado dos resíduos dada por

$$\hat{\rho}_{e^2}(k) = \frac{\sum\limits_{j=1}^{N-k} (\hat{e}_j^2 - \hat{\sigma}^2)(\hat{e}_{j+k}^2 - \hat{\sigma}^2)}{\sum\limits_{j=1}^{N} (\hat{e}_j^2 - \hat{\sigma}^2)^2} \, ,$$

em que $\hat{\sigma}^2 = \frac{\sum\limits_{j=1}^{T} \hat{e}_j^2}{N}$.

Para detectar um modelo ARMA mal especificado, McLeod e Li propuseram a seguinte estatística.

$$Q = N(N+2) \sum_{k=1}^{m} \frac{[\hat{\rho}_{e^2}(k)]^2}{N-k}, \tag{C.3}$$

APÊNDICE C

que é equivalente à aplicação do teste de Ljung-Box aos quadrados dos resíduos do modelo ARMA ajustado.

A estatística (C.3) pode expressar a possibilidade de detectar não linearidade de um modelo na direção de bilinearidade e, sob H_0, possui distribuição χ_m^2.

Rejeitamos H_0 quando $Q > q$, em que q é o $(1 - \alpha)$-ésimo percentil da distribuição χ_m^2.

Segundo Tong (1990), não é claro se este teste distingue entre um modelo não-linear e um modelo ARMA mal ajustado, quando obtemos um resultado significante. De acordo com Davies e Petruccelli (1985) e Luukkonen et al. (1988), este teste é adequado para testar a hipótese de que o modelo é linear contra a hipótese de que o modelo é não-linear do tipo ARCH.

O teste (C.3) foi amplamente aplicado em todos os exemplos do Capítulo 2, Volume 2, com o objetivo de detectar heteroscedasticidade condicional e, posteriormente, ajustar modelos do tipo GARCH.

Outros testes de linearidade, no domínio do tempo, podem ser encontrados em Tsay (1986b, 2010), Poggi e Portier (1997), Cromwell et al. (1994). No domínio de frequências, temos como referências Subba Rao e Gabr (1984), Hinich (1982), Ashley et al. (1986), Priestley (1988) e Brillinger e Irizarry (1998), dentre outros. Ventura (2000) apresenta uma coletânea de vários testes de linearidade, em ambos os domínios: tempo e frequência.

Apêndice D
Distribuições normais multivariadas

Introduzimos neste apêndice as distribuições normais multivariadas real e complexa e uma generalização da normal multivariada.

D.1 Distribuição normal multivariada

As variáveis aleatórias $X_1, \ldots, X_p$, reais, têm uma distribuição conjunta normal multivariada de dimensão p (ou, simplesmente, p-variada), se sua função densidade for dada por

$$f(x_1, \ldots, x_p) = (2\pi)^{-p/2} |\mathbf{A}|^{1/2} \exp\left\{-\frac{1}{2}(\mathbf{x} - \boldsymbol{\mu})' \mathbf{A}(\mathbf{x} - \boldsymbol{\mu})\right\}, \qquad (D.1)$$

onde $\mathbf{A}$ é uma matriz $p \times p$ positiva definida, $|\mathbf{A}|$ é o determinante de $\mathbf{A}$, $\mathbf{x} = (x_1, \ldots, x_p)'$ e $\boldsymbol{\mu} = (\mu_1, \ldots, \mu_p)'$.

Se $\mathbf{X} = (X_1, \ldots, X_p)'$, segue-se que $E(\mathbf{X}) = \boldsymbol{\mu}$ e a matriz de covariâncias de $\mathbf{X}$ é $\boldsymbol{\Sigma} = \mathbf{A}^{-1}$.

Se $\mathbf{X}$ tem distribuição normal p-variada com média $\boldsymbol{\mu}$ e matriz de covariâncias $\boldsymbol{\Sigma}$, escrevemos $\mathbf{X} \sim \mathcal{N}_p(\boldsymbol{\mu}, \boldsymbol{\Sigma})$. Pode-se verificar que a função característica de $\mathbf{X}$ é

$$e^{i\mathbf{t}'\boldsymbol{\mu} - \mathbf{t}'\boldsymbol{\Sigma}\mathbf{t}/2}, \qquad (D.2)$$

para todo vetor real $\mathbf{t}$, de ordem $p \times 1$.

426   *APÊNDICE D*

A densidade (D.1) não existe se $\boldsymbol{\Sigma}$ for singular. É possível dar uma definição mais geral e, para detalhes, o leitor deve consultar Rao (1973).

Propriedades

(i) Se $\mathbf{X} \sim \mathcal{N}_p(\boldsymbol{\mu}, \boldsymbol{\Sigma})$ então qualquer combinação linear $\mathbf{a}'\mathbf{X} = a_1 X_1 + a_2 X_2 + \ldots + a_p X_p$ tem distribuição $\mathcal{N}(\mathbf{a}'\boldsymbol{\mu}, \mathbf{a}'\boldsymbol{\Sigma}\mathbf{a})$. Também, se $\mathbf{a}'\mathbf{X} \sim \mathcal{N}(\mathbf{a}'\boldsymbol{\mu}, \mathbf{a}'\boldsymbol{\Sigma}\mathbf{a})$, para todo $\mathbf{a}$, então $\mathbf{X} \sim \mathcal{N}_p(\boldsymbol{\mu}, \boldsymbol{\Sigma})$.

(ii) Todo subconjunto de componentes de $\mathbf{X}$ tem distribuição normal multivariada.

(iii) Se $\begin{bmatrix} \mathbf{X}_1 \\ \mathbf{X}_2 \end{bmatrix}$ for normal multivariada (de dimensão $q_1 + q_2$), com média $\begin{bmatrix} \boldsymbol{\mu}_1 \\ \boldsymbol{\mu}_2 \end{bmatrix}$ e matriz de covariâncias

$$\begin{bmatrix} \boldsymbol{\Sigma}_{11} & \boldsymbol{\Sigma}_{12} \\ \boldsymbol{\Sigma}_{21} & \boldsymbol{\Sigma}_{22} \end{bmatrix},$$

então $\mathbf{X}_1$ e $\mathbf{X}_2$ são independentes se e somente se $\boldsymbol{\Sigma}_{12} = \mathbf{O}$.

(iv) Se $\mathbf{X}_1$ e $\mathbf{X}_2$ são independentes e com distribuições $\mathcal{N}_{q_1}(\boldsymbol{\mu}_1, \boldsymbol{\Sigma}_{11})$ e $\mathcal{N}_{q_2}(\boldsymbol{\mu}_2, \boldsymbol{\Sigma}_{22})$, respectivamente, então

$$\begin{bmatrix} \mathbf{X}_1 \\ \mathbf{X}_2 \end{bmatrix} \sim \mathcal{N}_{q_1+q_2} \left(\begin{bmatrix} \boldsymbol{\mu}_1 \\ \boldsymbol{\mu}_2 \end{bmatrix}, \begin{bmatrix} \boldsymbol{\Sigma}_{11} & \mathbf{O} \\ \mathbf{O} & \boldsymbol{\Sigma}_{22} \end{bmatrix} \right).$$

(v) Se tivermos

$$\mathbf{X} = \begin{bmatrix} \mathbf{X}_1 \\ \mathbf{X}_2 \end{bmatrix} \sim \mathcal{N}_{q_1+q_2} (\boldsymbol{\mu}, \boldsymbol{\Sigma}),$$

com

$$\boldsymbol{\mu} = \begin{bmatrix} \boldsymbol{\mu}_1 \\ \boldsymbol{\mu}_2 \end{bmatrix}, \quad \boldsymbol{\Sigma} = \begin{bmatrix} \boldsymbol{\Sigma}_{11} & \boldsymbol{\Sigma}_{12} \\ \boldsymbol{\Sigma}_{21} & \boldsymbol{\Sigma}_{22} \end{bmatrix}, \quad |\boldsymbol{\Sigma}_{12}| > 0,$$

então a distribuição condicional de $\mathbf{X}_1$ dado $\mathbf{X}_2 = \mathbf{x}_2$ é $\mathcal{N}_{q_1}(\boldsymbol{\mu}^*, \boldsymbol{\Sigma}^*)$, onde $\boldsymbol{\mu}^* = \boldsymbol{\mu}_1 + \boldsymbol{\Sigma}_{12}\boldsymbol{\Sigma}_{22}^{-1}(\mathbf{x}_2 - \boldsymbol{\mu}_2)$ e $\boldsymbol{\Sigma}^* = \boldsymbol{\Sigma}_{11} - \boldsymbol{\Sigma}_{12}\boldsymbol{\Sigma}_{22}^{-1}\boldsymbol{\Sigma}_{21}$.

(vi) Sejam $\mathbf{X}_1, \ldots, \mathbf{X}_n$ mutuamente independentes, com $\mathbf{X}_j \sim \mathcal{N}_p(\boldsymbol{\mu}_j, \boldsymbol{\Sigma})$, $j = 1, \ldots, n$. Então $\mathbf{V}_1 = \sum_{j=1}^{n} c_j \mathbf{X}_j$ tem distribuição $\mathcal{N}_p(\sum_{j=1}^{n} c_j \boldsymbol{\mu}_j, (\sum_{j=1}^{n} c_j^2)\boldsymbol{\Sigma})$. Além disso, $\mathbf{V}_1$ e $\mathbf{V}_2 = \sum_{j=1}^{n} b_j \mathbf{X}_j$ têm distribuição conjunta normal multivariada, com matriz de covariâncias

$$\begin{bmatrix} (\sum_{j=1}^{n} c_j^2)\boldsymbol{\Sigma} & (\mathbf{b}'\mathbf{c})\boldsymbol{\Sigma} \\ (\mathbf{b}'\mathbf{c})\boldsymbol{\Sigma} & (\sum_{j=1}^{n} b_j^2)\boldsymbol{\Sigma} \end{bmatrix}.$$

Consequentemente, $\mathbf{V}_1$ e $\mathbf{V}_2$ são independentes se $\mathbf{b}'\mathbf{c} = \sum_{j=1}^{n} b_j c_j = 0$.

Para mais informação sobre distribuições normais multivariadas, veja Johnson e Wichern (1992).

APÊNDICE D 427

D.2 Distribuição normal multivariada complexa

Se $\mathbf{Z} = \mathbf{X} + i\mathbf{Y}$ for um vetor aleatório $p \times 1$, então $\mathbf{Z}$ terá uma distribuição normal complexa multivariada, se o vetor $(\mathbf{X}, \mathbf{Y})'$, de ordem $2p \times 1$, tiver uma distribuição normal multivariada, de dimensão $2p$. Há alguma ambiguidade na escolha da distribuição conjunta desse vetor e, portanto, nos fixaremos na definição a seguir.

Se $\mathbf{Z} = \mathbf{X} + i\mathbf{Y}$ for um vetor $p \times 1$, com componentes complexas, dizemos que $\mathbf{Z}$ tem distribuição normal complexa multivariada com média $\boldsymbol{\mu}$ e matriz de covariâncias $\boldsymbol{\Sigma}$, se e somente se o vetor $(\mathbf{X}, \mathbf{Y})'$, de ordem $2p \times 1$, com componentes reais, tiver distribuição normal $2p$-variada, com média $(\mathcal{R}\boldsymbol{\mu}, \mathcal{I}\boldsymbol{\mu})'$ e matriz de covariâncias $\boldsymbol{\Omega} = \frac{1}{2}\mathbf{V}$, sendo

$$\mathbf{V} = \left[\begin{array}{cc} \mathcal{R}\boldsymbol{\Sigma} & -\mathcal{I}\boldsymbol{\Sigma} \\ \mathcal{I}\boldsymbol{\Sigma} & \mathcal{R}\boldsymbol{\Sigma} \end{array} \right],$$

para algum vetor $\boldsymbol{\mu}$ de ordem $p \times 1$ e alguma matriz $\boldsymbol{\Sigma}$, de ordem $p \times p$, hermitiana não-negativa definida.

Usamos a notação $\mathbf{Z} \sim \mathcal{N}_p^c(\boldsymbol{\mu}, \boldsymbol{\Sigma})$.

Um caso de interesse é $p = 1$. Se $Z = X + iY$ tem distribuição normal complexa $\mathcal{N}_1^c(\mu, \sigma)$, então X e Y serão variáveis aleatórias independentes, com distribuições normais $\mathcal{N}_1(\mu_1, \sigma/2)$ e $\mathcal{N}_1(\mu_2, \sigma/2)$, respectivamente, onde $\mu_1 = \mathcal{R}\mu$ e $\mu_2 = \mathcal{I}\mu$.

Um fato importante é o resultado a seguir:

Teorema D.1 (Isserlis) *Se $\mathbf{Z} = (Z_1, Z_2, Z_3, Z_4)'$ for uma variável aleatória com distribuição normal complexa, com média zero e matriz de covariâncias $\boldsymbol{\Sigma}$, então*

$$E\{Z_1 Z_2 Z_3 Z_4\} = E\{Z_1 Z_2\}E\{Z_3 Z_4\} + E\{Z_1 Z_3\}E\{Z_2 Z_4\} + E\{Z_1 Z_4\}E\{Z_2 Z_3\}. \tag{D.3}$$

No caso de variáveis aleatórias normais reais com média zero, o teorema reduz-se a

$$\mathrm{Cov}\{Z_1 Z_2, Z_3 Z_4\} = E\{Z_1 Z_3\}E\{Z_2 Z_4\} + E\{Z_1 Z_4\}E\{Z_2 Z_3\}. \tag{D.4}$$

Algumas propriedades que podem ser de interesse são:

(i) Se $\mathbf{Z}$ for uma variável aleatória complexa $p \times 1$, então

$$\boldsymbol{\Sigma}_{ZZ} = \boldsymbol{\Sigma}_{XX} + \boldsymbol{\Sigma}_{YY} + i(\boldsymbol{\Sigma}_{YX} - \boldsymbol{\Sigma}_{XY}).$$

428   *APÊNDICE D*

(ii) Se $Z = X + iY$, então $\text{Var}(Z) = \text{Var}(X) + \text{Var}(Y)$.

(iii) Se $\mathbf{Z} \sim \mathcal{N}_p^c(\boldsymbol{\mu}, \boldsymbol{\Sigma})$ e se $\mathcal{I}\boldsymbol{\Sigma} = 0$, então as componentes de $\mathbf{Z}$ são independentes.

D.3 Distribuição normal matricial

Dizemos que a matriz aleatória $\mathbf{X}$, de ordem $n \times p$, tem uma *distribuição normal matricial*, com parâmetro de localização $\mathbf{M}$ (uma matriz real $n \times p$) e parâmetros de escala $\mathbf{U}$(uma matriz real, positiva definida, $n \times n$) e $\mathbf{V}$ (uma matriz real, positiva definida, $p \times p$), e escrevemos

$$\mathbf{X} \sim M\mathcal{N}_{n \times p}(\mathbf{U}, \mathbf{U}, \mathbf{V}), \tag{14.80}$$

se, e somente se,

$$\text{vec}(\mathbf{X}) \sim \mathcal{N}_{np}(\text{vec}(\mathbf{M}), \mathbf{V} \otimes \mathbf{U}), \tag{14.81}$$

onde vec $(\mathbf{M})$ denota a vetorização de $\mathbf{M}$ e $\otimes$ denota o produto de Kronecker. Aqui, $\mathbf{U}$ é a matriz de covariâncias das linhas e $\mathbf{V}$ a matriz de covariâncias das colunas.

A função densidade de probabilidades de $\mathbf{X}$ é dada por

$$f(\mathbf{x}; \mathbf{M}, \mathbf{U}, \mathbf{V}) = \frac{\exp\left(-\frac{1}{2}\text{tr}\left[\mathbf{V}^{-1}(\mathbf{X} - \mathbf{M})'\mathbf{U}^{-1}(\mathbf{X} - \mathbf{M})\right]\right)}{(2\pi)^{np/2}|\mathbf{V}|^{n/2}|\mathbf{U}|^{p/2}}, \tag{14.82}$$

onde tr $(\mathbf{A})$ denota o traço da matriz $\mathbf{A}$.

Apêndice E
Teste para memória longa

E.1 Introdução

Apresentamos neste apêndice um procedimento para testar se uma série temporal apresenta memória longa e estimar o parâmetro de longa dependência.

O modelo proposto para a série Z_t é o *processo integrado fracionário*

$$(1 - B)^d(Z_t - \mu) = U_t, \qquad (E.1)$$

onde U_t é um processo estacionário, com espectro $f_u(\lambda)$, e para qualquer número real $d > -1$, define-se o operador de diferença fracionária

$$(1 - B)^d = \sum_{k=0}^{\infty} \binom{d}{k}(-B)^k$$

$$= 1 - dB + \frac{1}{2!}d(d-1)B^2 - \frac{1}{3!}d(d-1)(d-2)B^3 + \cdots, \qquad (E.2)$$

ou seja,

$$\binom{d}{k} = \frac{d!}{k!(d-k)!} = \frac{\Gamma(d+1)}{\Gamma(k+1)\Gamma(d-k+1)}.$$

Se $0 < d < 1/2$, então X_t é estacionário com memória longa. Se $-1/2 < d < 0$, dizemos que X_t é estacionário com memória curta, ou anti-persistente.

E.2 Estatística R/S

A estatística R/S foi introduzida por Hurst (1951) com o nome "rescaled range" (ou "range over standard deviation"), com o propósito de testar a existência de memória longa em uma série temporal.

429

Dadas as observações $Z_1, \ldots, Z_n$, a estatística R/S é dada por

$$Q_n = \frac{1}{S_n} \left[\max_{1 \le k \le n} \sum_{j=1}^{k} (Z_j - \overline{Z}) - \min_{1 \le k \le n} \sum_{j=1}^{k} (Z_j - \overline{Z}) \right], \qquad (E.3)$$

onde $\overline{Z}$ é a média amostral e S_n^2 é a variância amostral.

Pode-se demonstrar que, se Z_t são i.i.d. normais, então $Q_n/\sqrt{n}$ converge fracamente para uma v.a., que está no domínio de atração de uma ponte browniana. Lo (1991) fornece os quantis desta variável limite. Ele nota que a estatística definida por (E.3) não é robusta à dependência de curta memória e propõe substituir Q_n por

$$\tilde{Q}_n = \frac{1}{\hat{\sigma}_n(q)} \left[\max_{1 \le k \le n} \sum_{j=1}^{k} (Z_j - \overline{Z}) - \min_{1 \le k \le n} \sum_{j=1}^{k} (Z_j - \overline{Z}) \right], \qquad (E.4)$$

onde $\hat{\sigma}_n(q)$ é a raiz quadrada do estimador da variância de longo prazo de Newey--West, com largura de faixa q, dado por

$$\hat{\sigma}_n^2(q) = S_n^2 (1 + \frac{2}{n} \sum_{j=1}^{q} w_{qj} r_j),$$

sendo $w_{qj} \doteq 1 - j/(q+1)$, $q < n$ e r_j são as autocorrelações amostrais usuais de Z_t. Newey e West (1987) sugerem escolher $q = [4(n/100)^{2/9}]$.

Se o processo Z_t não tiver ML, a estatística R/S converge para sua distribuição limite à taxa $n^{1/2}$, mas se há ML presente, a taxa de convergência é n^H, com $H = d + 1/2$.

Estes fatos sugerem construir gráficos (na escala log-log) de R/S contra o tamanho amostral. Para uma série com MC, os pontos devem estar ao longo de uma reta com inclinação $1/2$, ao passo que, para uma série com ML, a reta deve ter inclinação $H > 1/2$, para grandes amostras.

Para a construção deste gráfico, considerar os valores de R/S contra k_i, para $k_i = f k_{i-1}$, $i = 2, \ldots, s$, k_1 grande inicialmente e f um fator conveniente. Por exemplo, divida a amostra em $[n/k_i]$ blocos.

A função rosTest do S+FinMetrics calcula (F.4) com $q = [4(n/100)^{1/4}]$. Esta função pode ser usada para testar se há ML na série temporal. A função d.ros estima o valor de d segundo o procedimento gráfico descrito acima.

Outra possibilidade é usar a função rsFit da biblioteca fARMA do R.

Exemplo E.1. Considere a série de retornos diários do Ibovespa de 1995 a 2000 e a série de volatilidades, dada pelos valores absolutos dos retornos, mostrada na

APÊNDICE E

Figura F.1. O Quadro E.1 mostra o resultado da aplicação da função rosTest. O valor da estatística $\tilde{Q}_n$ é $2,4619$, significativa com o nível $0,01$, o que confirma que a série apresenta memória longa. A Figura E.2 apresenta o loglog plot de R/S, com a reta ajustada. O valor estimado de d é igual a $0,21$. O gráfico foi feito com $k_1 = 5$ e $f = 2$. A reta pontilhada, que indica a existência de memória curta, está bem distante da reta ajustada, que indica memória longa.

Test for Long Memory: Modified R/S Test
Null Hypothesis: no long-term dependence

Test Statistics:
2.4619**
*: significant at 5% level
**: significant at 1% level

Total Observ.: 1498
Bandwidth: 7

Quadro E.1: Teste para ML para volatilidade do Ibovespa.

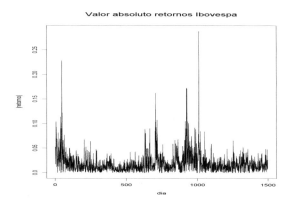

Figura E.1: Volatilidade do Ibovespa.

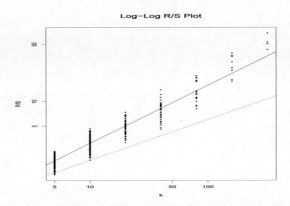

Figura E.2: Plot R/S para a volatilidade do Ibovespa

Referências

Akaike, H. (1969). Fitting autoregressive models for prediction. *Annals of the Institute of Statistical Mathematics*, **21**, 243–247.

Akaike, H. (1973). Maximum likelihood identification of Gaussian autoregressive moving average models. *Biometrika*, **60**, 255–265.

Akaike, H. (1974). A new look at the statistical model identification. *IEEE Transactions on Automatic Control*, AC-19, 716–723.

Akaike, H. (1977). On entropy maximization principle. In *Applications of Statistics* (P. R. Krishnaiah, Ed.), 27–41. Amsterdam: North-Holland.

Akaike, H. (1979). A Bayesian extension of the minimum AIC procedure of autoregressive model fitting. *Biometrika*, **66**, 237–242.

Anderson, O. D. (1976). *Time Series Analysis and Forecasting – The Box and Jenkins Approach.* London and Boston: Butterworths.

Anderson, T. W. (1971). *The Statistical Analysis of Time Series.* New York: Wiley.

Ansley, C. F. (1979). An algorithm for the exact likelihood of a mixed autoregressive moving average process. *Biometrika*, **66**, 59–65.

Ara, A. B. (1982). *Estimadores Espectrais Autorregressivos.* Dissertação de mestrado, Instituto de Matemática e Estatística da USP.

Ashley, R. A. and Granger, C. W. J. (1979). Time series analysis of residuals from St. Louis model. *Journal of Macroeconomics*, **1**, 373–394.

Ashley, R. A., Patterson, D. M. and Hinich, M. J. (1986). A diagnostic test for nonlinearity serial dependence in time series fitting errors. *Journal of Time Series Analysis*, **7**, 165–178.

Baillie, R. T. (1996). Long memory processes and fractional integration in econometrics. *Journal of Econometrics*, **73**, 5–59.

Baillie, R. T., Bollerslev, T. and Mikkelsen, H.-O. (1996). Fractionally integrated generalized autoregressive conditional heteroskedasticity. *Journal of Econometrics*, **74**, 3–30.

Bera, A. K. and Jarque, C. M. (1981). An efficient large sample test for normality of observations and regression residuals. *Working Papers in Econometrics*, **40**, Australian National University, Camberra.

Beveridge, W. H. (1921). Weather and harvest cycles. *Economics Journal*, **31**, 429–452.

Bhattacharyya, M. N. (1980). *Comparison of Box-Jenkins and Bonn Monetary model prediction performance*. Lecture Notes in Economics and Mathematical Systems, n. 178. New York: Springer.

Bhattacharyya, M. N. (1982). Lydia Pinkham data remodelled. *Journal of Time Series Analysis*, **3**, 81–102.

Bhattacharyya, M. N. and Andersen, A. P. (1976). A post-sample diagnostic test for a time series model. *Australian Journal of Management*, **1**, 33–56.

Bhattacharyya, M. N. and Layton, A. P. (1979). Effectiveness of seat belt legislation on the Queensland road toll – An Australian case study in intervention analysis. *Journal of the American Statistical Association*, **74**, 596–603.

Bickel, P. J. and Doksum, K. A. (1981). An analysis of transformations revisited. *Journal of the American Statistical Association*, **76**, 296–311.

Bloomfield, P. (2000). *Fourier Analysis of Time Series: An Introduction*. Second Edition. New York: Wiley.

Bochner, S. (1936). *Lectures on Fourier Analysis*. Princeton University Press, Princeton.

Box, G. E. P. and Cox, D. R. (1964). An analysis of transformations. *Journal of the Royal Statistical Society*, Series B, **26**, 211–243.

Box, G. E. P. and Jenkins, G. M. (1976). *Time Series Analysis: Forecasting and Control*. Revised Edition. San Francisco: Holden-Day (Revised edition, 1976).

REFERÊNCIAS

Box, G. E. P., Jenkins, G. M. and Reinsel, G. (1994). *Time Series Analysis: Forecasting and Control.* Third Edition. Englewood Cliffs: Prentice Hall.

Box, G. E. P. and Pierce, D. A. (1970). Distribution of residual autocorrelations in autoregressive-integrated moving average time series models. *Journal of the American Statistical Association,* **64**, 1509–1526.

Box, G. E. P. and Tiao, G. C. (1965). A change in level of a nonstationary time series. *Biometrika,* **52**, 181–192.

Box, G. E. P. and Tiao, G. C. (1975). Intervention analysis with applications to economic and environmental problems. *Journal of the American Statistical Association,* **70**, 70–79.

Box, G. E. P. and Tiao, G. C. (1976). Comparison of forecast and actuality. *Applied Statistics,* **25**, 195–200.

Breidt, F. J., Crato, N. and de Lima, P. J. F. (1998). The detection and estimation of long memory in stochastic volatility. *Journal of Econometrics,* **83**, 325–348.

Brillinger, D. R. (1975). *Time Series: Data Analysis and Theory.* New York: Holt, Rinehart and Winston, Inc.

Brillinger, D. R. and Irizarry, R. A. (1998). An investigation of the second and higher-order spectra of music. *Signal Processing,* **65**, 161–179.

Brockwell, P. J. and Davis, R. A. (1991). *Time Series: Theory and Methods.* Second Edition. New York: Springer.

Brockwell, D. J. and Davis, R. A. (2002). *Introduction to Time Series and Forecasting.* Second Edition. New York: Springer.

Brown, R. G. (1962). *Smoothing, Forecasting and Prediction of Discrete Time Series.* Englewood Cliffs, New Jersey: Prentice Hall.

Burg, J. P. (1967). Maximum entropy spectral analysis. Paper presented at the *37th. Annual Intern. Meeting,* Soc. of Explor. Geophysics, Oklahoma City, October, 1967.

Burg, J. P. (1975). *Maximum Entropy Spectral Analysis.* Ph. D. Dissertation, Dept. of Geophysics, Stanford University.

Campbell, D. T. (1963). From description to experimentation: Intepretatrends as quasi-experiments. In C. W. Harris (ed.) *Problems of Measuring Change.*

Madison: Univ. of Wisconsin Press.

Campbell, D. T. and Stanley, J. C. (1966). *Experimental and Quasi-Experimental Designs for Research.* Skokie, IL: Rand McNally.

Campbell, D. T. and Ross, H. L. (1968). The Connecticut crackdown on speeding: Time series data in quasi-experimental analysis. *Law and Society Review*, **3**, 33–53.

Chambers, J. M., Cleveland, W. S., Kleiner, B. and Tukey, P. A. (1983). *Graphical Methods for Data Analysis.* Belmont: Wadsworth.

Chang, I. and Tiao, G. C. (1983). Estimation of time series parameters in the presence of outliers. *Technical Report 8*, University of Chicago, Statistics Research Center.

Chareka, P., Matarise, F. and Turner, R. (2006). A test for additive outliers applicable to long-memory time series. *Journal of Economic Dynamics and Control*, **30**, 595–621.

Chen, C. and Liu, L. (1993). Joint estimation of model parameters and outlier effects in time series. *Journal of the American Statistical Association*, **88**, 284–297.

Choi, B. (1992). *ARMA Model Identification.* New York: Springer.

Cleveland, W. S. (1972a). *Analysis and forecasting of seasonal time series.* Ph. D. Dissertation, Dept. of Statistics, University of Wisconsin.

Cleveland, W. S. (1972b). The inverse autocorrelations of a time series and their applications. *Technometrics*, **14**, 277–298.

Cleveland, W. S. and Tiao, G. C. (1976). Decomposition of seasonal time series: A model for the $X-11$ Program. *Journal of the American Statistical Association*, **71**, 581–587.

Cleveland, W. S. (1979). Robust locally weighted regression and smoothing scatterplots. *Journal of the American Statistical Association*, **74**, 829–836.

Cleveland, W. S. (1983). Seasonal and calendar adjustment. In *Handbook of Statistics 3: Time Series Analysis in the Frequency Domain.* Eds. D. R. Brillinger and P. R. Krishnaiah. Amsterdam: Elsevier, 39–72.

Conover, W. J. (1980). *Practical Nonparametric Statistics.* Second Edition. New York: Wiley.

REFERÊNCIAS 437

Cordeiro, G. M. and Klein, R. (1994). Bias correction of maximum likelihood estimates for ARMA models. *Probability and Statistics Letters*, 169–76.

Cramér, H. (1942). On harmonic analysis in certain functional spaces. *Ark. Mat. Astron. Fys.* **283**, 17p.

Cramér, H. and Leadbetter, M. R. (1967). *Stationary and Related Stochastic Processes*. New York: Wiley.

Cromwell, J. B., Hanan, M. J., Labys, W. C. and Terraza, M. (1994). *Multivariate Tests for Time Series Model*. California: SAGE Publications.

Cunha, D. M. S. (1997). *Causalidade entre Séries Temporais*. Dissertação de Mestrado, IME-USP.

Dagum, E. B. (1988). *The X-11-ARIMA/88-Seasonal Adjustment Method - Foundations and User's Manual*. Ottawa: Statistics Canada.

D'Astous, F. and Hipel, K. W. (1979). Analyzing environmental time series. *Journal of the Environmental Engineering Division*, **105**, 979–992.

Davies, N. and Petrucelli, J. D. (1985). Experience with detecting non-linearity in time series: Identification and diagnostic checking. Research Report, MSOR/8/85, Trent Polytechnic, Nottingham.

Dickey, D. A. and Fuller, W. A. (1979). Distribution of the estimators for autoregressive time series with a unit root. *Journal of the American Statistical Association*, **74**, 427–431.

Dickey, D. A. and Fuller, W. A. (1981). Likelihood ratio statistics for autoregressive time series with a unit root. *Econometrica*, **49**, 1052–1072.

Draper, N. R. and Smith, H. (1998). *Applied Regression Analysis*. Third Edition. New York: Wiley.

Dufour, J. M. and Roy, R. (1986). Generalized portmanteau statistics and tests for randomness. *Communications in Statistics: A- Theory and Methods*, **15**, 2953–2972.

Durbin, J. (1960). The fitting of time series models. *Revue Institut International Statistique*, **28**, 233–244.

Durbin, J. (1962). Trend elimination by moving-average and variate-difference filters. *Bulletin of the International Statistical Institute*, **139**, 130–141.

Durbin, J. (1970). Testing for serial correlation in least-squares regression when some of the regressors are lagged dependent variables. *Econometrica*, **38**, 410–421.

Durbin, J. and Murphy, J. J. (1975). Seasonal adjustment based on a mixed aditive-multiplicative model. *Journal of the Royal Statistical Society*, Series B, **138**, 385–410.

Dufour, J.M. and Roy, R. (1986). Generalized portmanteau statistics and tests for randomness. *Communications in Statistics: A- Theory and Methods*, **15**, 2953–2972.

Enders, W. and Sandler, T. (1993). The effectiveness of antiterrorism policies: A vector-autoregression- intervention Analysis. *The American Political Science Review*, **87**, 829–844.

Findley, D. F., Monsell, B. C., Bell, W. R., Otto, M. C. and Chen, B. (1998). New capabilities and methods of the X-12-ARIMA seasonal-adjustment program. *Journal of Business and Economic Statistics*, **16**, 127–177.

Fisher, R. A. (1929). Tests of significance in harmonic analysis. *Proceedings of the Royal Society*, Series A, **125**, 54–59.

Fox, A. J. (1972). Outliers in time series. *Journal of the Royal Statistical Society*, Series B, **34**, 350–363.

Fox, R. and Taqqu, M. S. (1986). Large sample properties of parameter estimates for strongly dependent stationary Gaussian time series. *The Annals of Statistics*, **14**, 517–532.

Fuller, W. A. (1996). *Introduction to Statistical Time Series*. Second Edition. New York: Wiley.

Galeano, P. and Peña, D. (2012). Additive outlier detection in seasonal ARIMA models by a modified Bayesian information criterion. In W. R. Bell, S. H. Holan and T. S. McElroy (Eds.), *Economic time series: modelling and seasonality* (pp. 317–336). Boca Raton: Chapman and Hall.

Galeano P., Peña, D. and Tsay, R. S. (2006). Outlier detection in multivariate time series by projection pursuit. *Journal of the American Statistical Association*, **101**, 654–669.

Gait, N. (1975). *Ajustamento Sazonal de Séries Temporais*. Dissertação de Mestrado, Instituto de Matemática e Estatística da USP.

REFERÊNCIAS

Geweke, J. and Porter-Hudak, S. (1983). The estimation and application of long memory time series models. *Journal of Time Series Analysis*, **4**, 221–238.

Glass, G. V. (1968). Analysis of data on the Connecticut speeding crack down as a time series quasi-experiment. *Law and Society Review*, **3**, 55–76.

Glass, G. V. (1972). Estimating the effects of intervention into a nonstationary time series. *American Educational Research Journal*, **9**, 463–477.

Glass, G. V., Willson, V. L. and Gottman, J. M. (1975). *Design and Analysis of Time Series Experiments*. Boulder: Colorado Associated Universities Press.

Goldberg, S. (1967). *Introduction to Difference Equations*. New York: Wiley.

Gómez, V. and Maravall, A. (1996). Programs TRAMO and SEATS. Instructions for the user. Banco de España, Servicio de Estudios. Working paper number 9628.

Gonzalez-Farias, G. M. (1982). *A New Unit Root Test for Autoregressive Time Series*. Ph. D. Dissertation, North Carolina State University, Raleigh, North Carolina.

Granger, C. W. J. and Andersen, A. P. (1978). *An Introduction to Bilinear Time Series Models*. Gottingen: Vandenhoeck an Ruprecht.

Granger, C. M. G. and Joyeux, R. (1980). An introduction to long memory time series models and fractional differencing. *Journal of Time Series Analysis*, **1**, 15–29.

Granger, C. W. J. and Newbold, J. P. (1976). Forecasting transformed series. *Journal of the Royal Statistical Society*, Series B, **38**, 189–203.

Granger, C. W. J. and Newbold, J. P. (1977). *Forecasting Economic Time Series*. New York: Academic Press.

Grenander, U. and Rosenblatt, M. (1957). *Statistical Analysis of Stationary Time Series*. New York: Wiley.

Hamilton, J. D. (1994). *Time Series Analysis*. Princeton: Princeton University Press.

Hannan, E. J. (1970). *Multiple Time Series*. New York: Wiley.

Hannan, E. J. (1973). The asymptotic theory of linear time series models. *Journal of Applied Probability*, **10**, 130–145.

Hannan, E. J. (1980). The estimation of the order of an ARMA process. *Annals of Statistics*, **8**, 1071–1081.

Hannan, E. J. (1982). Testing for autocorrelation and Akaike's criterion. In *Essays in Statistical Science*, special volume 19A of *Journal of Applied Probability*, The Applied Probability Trust, Sheffield, 403–412.

Hannan, E. J. and Quinn, B. G. (1979). The determination of the order of an autoregression. *Journal of the Royal Statistical Society*, Series B, **41**, 190–195.

Harvey, A. C. and Souza, R. C. (1987). Assessing and modelling the cyclical behavior of the rainfall in northeast Brazil. *Journal of Climate and Applied Meteorology*, **26**, 1339–1344.

Harvey, A. C. (1998). Long memory in stochastic volatility. In *Forecasting Volatility in Financial Markets* (J. Knight and S. Satchell, eds), 307–320. Oxford: Butterworth-Heineman.

Harvey, A. C. and Streibel, M. (1998). Test for deterministic versus indeterministic cycles. *Journal of Time Series Analysis*, **19**, 505–529.

Hasza, D. P. (1980). A note on maximum likelihood estimation for the first-order autoregressive process. *Communications in Statistics - Theory and Methods*, A9, 1411–1415.

Hillmer, S. C. (1984). Monitoring and adjusting forecasts in the presence of additive outliers. *Journal of Forecasting*, **3**, 205–215.

Hinich, M. J. (1982). Testing for gaussianity and linearity of stationary time series. *Journal of Time Series Analysis*, **3**, 169–76.

Hinkley, D. (1977). On quick choice of power transformation. *Applied Statistics*, **26**, 67–69.

Hipel, K. W., Lennox, W. C. and McLeod, A. I. (1975). Intervention analysis in water resources. *Water Resources Research*, **11**, 855–861.

Hipel, K. W., McLeod, A. I. and McBean, E. A. (1977). Stochastic modelling of the effects of reservoir operation. *Journal of Hydrology*, **32**, 92–113.

Hokstad, P. (1983). A method for diagnostic checking of time series models. *Journal of Time Series Analysis*, **4**, 177–184.

Hosking, J. R. M. (1981). Fractional differencing. *Biometrika*, **68**, 165–176.

REFERÊNCIAS

Hotta, L. K. (1993). The effect of additive outliers on the estimates from aggregated and disaggregated ARIMA models. *International Journal of Forecasting*, **9**, 85–93.

Hotta, L. K. and Neves, M. M. C. (1992). A brief review on tests for detection of time series outliers. *Estadística*, **44**, 103–140.

Hotta, L. K. and Tsay, R. S. (2012). Outliers in GARCH processes. In: Holan, S., Bell, W. R., McElroy, T. (Eds), *Economic Time Series: Modeling and Seasonality* (Festschrift David F. Findley). 337-358. Boca Raton, Florida: Chapman and Hall/CRC Press.

Hurst, H. E. (1951). Long-term storage capacity of reservoirs. *Transactions of the American Society of Civil Engineers*, **16**, 770–799.

Hurst, H. E. (1957). A suggested statistical model of time series that occur in nature. *Nature*, **180**, 494.

Hurvich, C. M. and Tsai, C. L. (1989). Regression and time series model selection in small samples. *Biometrika*, **76**, 297–307.

ITSM (2002). B & D Enterprises Inc. Version 7.0.

Izenman, A. J. (1983). J. R. Wolf and H. A. Wolfer: An historical note on the Zurich sunspot relative numbers. *Journal of the Royal Statistical Society*, Series A, **146** 311–318.

Jenkins, G. M. (1979). *Practical Experiences with Modelling and Forecasting Time Series.* Jersey, Channel Islands: GJP Publications.

Johnson, R. A. and Wichern, D. W. (1992). *Applied Multivariate Analysis.* Englewood Cliffs: Prentice Hall.

Jørgenson, D. W. (1964). Minimum variance, linear, unbiased seasonal adjustment of economic time series. *Journal of the American Statistical Association*, **59**, 681–687.

Kaiser, R. and Maravall, A. (1999). Seasonal outliers in time series. Publicaciones de Banco de España.

Kendall, M. G. (1973). *Time Series.* London: Griffin.

Khintchine, A. (1932). Mathematisches über die erwartung von ein offentlichen Schaffer. *Math. Sbornick*, **39**, 73.

Khintchine, A. (1934). Korrelationtheorie der stationären prozesse. *Math. Ann.*, **109**, 604–615.

Kolmogorov, A. (1941). Stationary sequences in Hilbert spaces (in Russian). *Bull. Math. Univ. Moscow*, **2**(6).

Koopmans, L. H. (1974). *The Spectral Analysis of Time Series*. New York and London: Academic Press.

Ledolter, J., Tiao, G. C., Hudak, G., Hsieh, J. T., and Graves, S. (1978). Statistical analysis of multiple time series associated with air quality: New Jersey CO data. Technical Report 529, Department of Statistics, University of Wisconsin, Madison.

Ledolter, J. (1990). Outlier diagnostics in time series models. *Journal of Time Series Analysis*, **11**, 317–324.

Levinson, N. (1946). The Wiener RMS (root mean square) error criterion in filter design and prediction. *Journal of Mathematical Physics*, **25**, 261–278.

Ljung, G. M. and Box, G. E. P. (1978). On a measure of lack of fit in time series models. *Biometrika*, **65**, 297–303.

Ljung, G. M. and Box, G. E. P. (1979). The likelihood function of stationary autoregressive-moving average models. *Biometrika*, **66**, 265–270.

Lo, A. W. (1991). Long term memory in stochastic market prices. *Econometrica*, **59**, 1279–1313.

López-de-Lacalle, J. (2016). Tsoutliers R Package for Detection of Outliers in Time Series. Draft Version: December, 2016. See https://jalobe.com/software/.

Luukkonen, R., Saikkonen, P. and Teräsvirta, T. (1988). Testing linearity in univariate time series models. *Scandinavian Journal of Statistics*, **15**, 161–175.

Makridakis, S. and Hibon, M. (1979). Accuracy of forecasting: An empirical investigation. *Journal of the Royal Statistical Society*, Series A, **142**, 97–145.

Mandelbrot, B. B. and Van Ness, J. W. (1968). Fractional Brownian motion, fractional noises and applications. *SIAM Review*, **10**, 422–437.

Mandelbrot, B. B. and Wallis, J. (1968). Noah, Joseph and operational hydrology. *Water Resources Research*, **4**, 909–918.

Manly, B. F. (1976). Exponential data transformation. *The Statistician*, **25**,

REFERÊNCIAS

37–42.

Maravall, A. (1983). An application of nonlinear time series forecasting. *Journal of Business and Economic Statistics*, **1**, 66–74.

McDowall, D., McCleary, R., Meidinger, E. E. and Hay, R. A. (1980). *Interrupted Time Series Analysis*. Beverly Hills: Sage Publications.

McLeod, A. I. and Hipel, K. W. (1978). Preservation of the rescaled adjusted range, 1: A reassessment of the Hurst phenomenon. *Water Resources Research*, **14**, 491–508.

McLeod, G. (1983). *Box-Jenkins in Practice*. Lancaster: Gwilym Jenkins and Partners Ltd.

McLeod, A. I. and Li, W. K. (1983). Diagnostic checking ARMA time series models using squared-residual autocorrelations. *Journal of Time Series Analysis*, **4**, 269–273.

Mentz, R. P., Morettin, P. A. and Toloi, C. M. C. (1997). Residual variance estimation in moving average models. *Communications in Statistics - Theory Methods*, **26**, 1905–1923.

Mentz, R. P., Morettin, P. A. and Toloi, C. M. C. (1998). On residual variance estimation in autoregressive models. *Journal of Time Series Analysis*, **19**, 187–208.

Mentz, R. P., Morettin, P. A. and Toloi, C. M. C. (1999). On least squares estimation of the residual in the first order moving average model. *Computational Statistics and Data Analysis*, **29**, 485–499.

Mentz, R. P., Morettin, P. A. and Toloi, C. M. C. (2001). Bias correction for the ARMA(1,1). *Estadística*, **53**, 160, 161, 1-40.

Mesquita, A. R. and Morettin, P. A. (1979). Análise de séries temporais oceanográficas com pequeno número de observações. *Atas do 3º Simpósio Nacional de Probabilidade e Estatística*, São Paulo, IME-USP, 165–173.

Minitab (2000). Minitab Inc., Release 13.0.

Montgomery, D. C. and Johnson, L. A. (1976). *Forecasting and Time Series Analysis*. New York: McGraw-Hill.

Morettin, P. A. (2014). *Ondas e Ondaletas. Segunda edição*. São Paulo: EDUSP.

Morettin, P. A. (1984). The Levinson algorithm and its applications in time series analysis. *International Statistical Revue*, **52**, 83–92.

Morettin, P. A., Mesquita, A. R. and Rocha, J. G. C. (1985). Rainfall at Fortaleza in Brasil Revisited. In: Anderson, O. D. Robinson, E. A. and Ord, K. (eds.), *Time Series Analysis: Theory and Practice 6*, 67–85. Amsterdam: North-Holland.

Morettin, P. A. and Toloi, C. M. C. (1981). *Modelos para Previsão de Séries Temporais*. Vol. 1. Rio de Janeiro: Instituto de Matemática Pura e Aplicada.

Morettin, P. A. and Toloi, C. M. C. (1987). *Previsão de Séries Temporais*. São Paulo: Editora Atual.

Morry, M. (1975). A test to determine whether the seasonality is additively or multiplicatively related to the trend-cycle component. *Time Series and Seasonal Adjustment Staff Research Papers*, Statistics Canada.

Nelson, H. L. (1976). *The Use of Box-Cox Transformations in Economic Time Series Analysis: An Empirical Study*. Doctoral Dissertation, Univ. of California, San Diego.

Nerlove, M. (1964). Spectral analysis of seasonal adjustment procedures. *Econometrica*, **32**, 241–286.

Nerlove, M., Grether, D. M. and Carvalho, J. L. (1979). *Analysis of Economic Time Series: A Synthesis*. New York: Academic Press.

Neves, C. and Franco, F. M. (1978). A influência do depósito compulsório no movimento de passagens das linhas aéreas entre o Brasil e a Europa. *Revista Brasileira de Estatística*, **39**, 45–58.

Newbold, P. (1974). The exact likelihood function for a mixed autoregressive-moving average process. *Biometrika*, **61**, 423–426.

Newey, W. K. and West, K. D. (1987). A simple positive semidefinite heteroskedasticity and autocorrelation consistent covariance matrix. *Econometrica*, **55**, 703–708.

Nicholls, D. F. and Hall, A. D. (1979). The exact likelihood function of multivariate autoregressive moving average models. *Biometrika*, **66**, 259–264.

Ozaki, T. (1977). On the order determination of ARIMA models. *Journal of the Royal Statistical Society*, Series C, **26**, 290–301.

Pack, D. J. (1977). Forecasting time series affected by identifiable isolated events.

REFERÊNCIAS

Working Paper Series 77–46, College of Adm. Sciences, Ohio State University.

Parzen, E. (1978). Time series modelling, spectral analysis and forecasting. In *Reports on Directions in Time Series* (D. R. Brillinger and G. C. Tiao, eds.), 80–111. Institute of Mathematical Statistics.

Parzen, E. (1979a). Forecasting and whitening filter estimation. *Management Sciences*, **12**, 149–165.

Parzen, E. (1979b). Nonparametric statistical data modeling. *Journal of the American Statistical Association*, **74**, 105–131.

Parzen, E. and Pagano, M. (1979). An approach to modeling seasonality stationary time series. *Journal of Econometrics*, **9**, 137–153.
Paulsen, J. and Tjøstheim, D. (1985). On the estimation of residual variance and order in autoregressive time series. *Journal of the Royal Statistical Association, Series B*, **47**, 216–28.

Peña, D. (1987). Measuring the importance of outliers in ARIMA models. In Puri (ed.), *New Perspectives in Theoretical and Applied Statistics*, 109–118. New York: Wiley.

Peña, D., Tiao, G. C. and Tsay, R. S. (2001). *A Course in Time Series Analysis*. New York: John Wiley and Sons.

Percival, D.B. and Walden, A.T. (1993). *Spectral Analysis for Physical Applications*. Cambridge: Cambridge University Press.

Pereira, B. B., Druck, S., Rocha, E. C. and Rocha, J. G. C. (1989). Lydiametrics revisitada. *Atas da 2ª Escola de Séries Temporais e Econometria*, Rio de Janeiro, 28–37.

Perron, P. (1988). Trends and random walks in macroeconomic time series: Further evidence from a new approach. *Journal of Economic Dynamics and Control*, **12**, 297–332.

Phillips, P. C. B. (1987). Time series regression with a unit root. *Econometrica*, **55**, 277–301.

Phillips, P. C. B. and Perron, P. (1988). Testing for unit roots in time series regression. *Biometrika*, **75**, 335–346.

Pierce, D. A. (1978). Some recent developments in seasonal adjustment. In *Reports on Directions in Time Series* (D. R. Brillinger and G. C. Tiao, eds.),

123–146. Institute of Mathematical Statistics.

Pierce, D. A. (1979). Seasonal adjustment when both deterministic and stochastic seasonality are present. In *Seasonal Analysis of Economic Time Series* (Arnold Zellner, ed.), 242–269. Washington, D. C., U. S. Dept. of Commerce, Bureau of the Census.

Pierce, D. A. (1980). A survey of recent developments in seasonal adjustment. *The American Statistician*, **34**(3), 125–134.

Pino, F. A. (1980). *Análise de Intervenção em Séries Temporais – Aplicações em Economia Agrícola*. Dissertação de Mestrado, IME-USP.

Pino, F. A. and Morettin, P. A. (1981). Intervention analysis applied to Brazilian milk and coffee time series. *RT-MAE-8105*, IME-USP.

Plosser, C. I. (1979). Short-term forecasting and seasonal adjustment. *Journal of the American Statistical Association*, **74**, 365, 15–24.

Poggi, J. and Portier, B. (1997). A test of linearity for functional autoregressive models. *Journal of Time Series Analysis*, **18**, 616–639.

Pollay, R. W. (1979). Lydiametrics: Applications of econometrics to the history of advertising. *Journal of Advertising History*, **1**, 3–18.

Pötscher, B. M. (1990). Estimation of autoregressive moving-average order given an infinite number of models and approximation of spectral densities. *Journal of Time Series Analysis*, **11**, 165–179.

Priestley, M. B. (1981). *Spectral Analysis and Time Series*. Vol. 1: Univariate Series. New York: Academic Press.

Priestley, M.B. (1981). *Spectral Analysis and Time Series*. Vol 2: Multivariate Series, Prediction and Control. New York: Academic Press.

Priestley, M. B. (1988). *Non-linear and Non-stationary Time Series Analysis*. New York: Academic Press.

Quenouille, M. H. (1949). Approximate tests of correlation in time series. *Journal of the Royal Statistical Society*, Series B, **11**, 68–84.

Rao, C. R. (1973). *Linear Statistical Inference and Its Applications*. Second Edition. New York: Wiley.

Reinsel, G., Tiao, G. C., Wang, M. N., Lewis, R. and Nychka, D. (1981). Statis-

REFERÊNCIAS

tical analysis of stratospheric ozone data for the detection of trends. *Atmospheric Environment*, **15**, 1569–1577.

Rissanen, J. (1978). Modelling by shortest data description. *Automatica*, **14**, 465–471.

Ross, H. L., Campbell, D. T. and Glass, G. V. (1970). Determining the effects of a legal reform: The British "breathalyzer" crackdown of 1967. *American Behavioral Scientist*, **13**, 493–509.

Saboia, J. L. M. (1976). Mortalidade infantil e salário mínimo – uma análise de intervenção para o Município de São Paulo. *Revista de Administração de Empresas*, **16**, 47–50.

Said, S. E. and Dickey, D. A. (1985). Hypothesis testing in ARIMA$(p, 1, q)$ models. *Journal of the American Statitical Association*, **80**, 369–374.

Santos, T. R. , Franco, G. C. ; Gamerman (2010). Comparison of classical and Bayesian approaches for intervention analysis. *International Statistical Review*, **78**, 218–239.

SCA. SCA Statistical System. Scientific Computing Associates. Illinois, USA.

Schuster, A. (1898). On the investigation of hidden periodicities with application to the supposed 26-day period of metereological phenomena. *Terrestrial Magnetism and Atmospheric Electricity*, **3**, 13–41.

Schuster, A. (1906). On the periodicities of sunspots. *Philosophical Transactions of the Royal Society*, Series A, **206**, 69–100.

Schwarz, G. (1978). Estimating the dimension of a model. *Annals of Statistics*, **6**, 461–464.

Seater, J. J. (1993). World temperature – Trend uncertainties and their implications for economic policy. *Journal of Business and Economic Statistics*, **11**, 265–277.

Shaman, F. and Stine, R. A. (1988). The bias of autoregressive coefficient estimators. *Journal of The American Statistical Association*, **83**, 842–48.

Shibata, R. (1976). Selection of the order of an autoregressive model by Akaike's information criterion. *Biometrika*, **63**, 117–126.

Shiskin, J., Young, A. H. and Musgrave, J. C. (1967). The X-11 variant of the Census Method-II seasonal adjustment program. Technical Paper, N. 15, U. S.

Bureau of the Census.

Shumway, R. H. and Stoffer, D. S. (2017). *Time Series Analysis and Its Applications*. 4th Edition. New York: Springer.

Siegel, A. F. (1980). Testing for periodicity in a time series. *Journal of the American Statistical Association*, **75**, 345–348.

Stephenson, J. A. and Farr, H. T. (1972). Seasonal adjustment of economic data by application of the general linear statistical model. *Journal of the American Statistical Association*, **67**, 37–45.

Subba Rao, T. and Gabr, M. M. (1984). *An Introduction to Bispectral Analysis and Bilinear Time Series Models*. Berlin: Springer.

Tanaka, K. (1984). An asymptotic expansion associated with the maximum likelihood estimators in ARMA models. *Jornal of the Royal Statistical Society*, Series B, **46**, 58–67.

Tiao, G. C., Box, G. E. P. and Hamming, W. J. (1975). Analysis of Los Angeles photochemical smog data: A statistical overview. *Journal of the Air Polution Control Association*, **25**, 260–268.

Tjøstheim, D. (1996). Measures of dependence and tests of independence. *Statistics*, **28**, 249–284.

Tong, H. (1977). More on autoregressive model fitting with noisy data by Akaike's information criterion. *IEEE Transactions on Information Theory*, **IT-23**, 409–410.

Tong, H. (1979). A note on a local equivalence of two recent approaches to autoregressive order determination. *International Journal of Control*, **29**, 441–446.

Tong, H. (1990). *Non-Linear Time Series Models*. Oxford: Oxford University Press.

Tsay, R. S. (1986a). Time series model specification in the presence of outliers. *Journal of the American Statistical Association*, **81**, 132–141.

Tsay, R. S. (1986b). Nonlinearity tests for time series. *Biometrika*, **73**, 461–466.

Tsay, R. S. (2010). *Analysis of Financial Time Series*. Third edition. New York: Wiley.

REFERÊNCIAS

Tsay, R.S. (1988). Outliers, level shifts, and variance changes in time series. *Journal of Forecasting*, **7**, 1–20.

Tsay, R. S., Peña, D. and Pankratz, A. E. (2000). Outliers in multivariate time series. *Biometrika*, **87**, 789–804.

Ulrych, T. J. and Bishop, T. N. (1975). Maximum entropy spectral analysis and autoregressive decomposition. *Revue Geophysics and Space Physics*, **13**, 183–200.

Ventura, A. M. (2000). *Alguns Testes de Linearidade para Séries Temporais nos Domínios do Tempo e da Frequência*. Dissertação de Mestrado, IME-USP.

Walker, A. M. (1971). On the estimation of a harmonic component in a time series with stationary independent residuals. *Biometrika*, **58**, 21–36.

Wei, W. W. S. (1990). *Time Series Analysis – Univariate and Multivariate Methods*. New York: Addison-Wesley.

Wheelwright, S. C. and Makridakis, S. (1978). *Forecasting Methods and Applications*. New York: Wiley.

Whittle, P. (1952). The simultaneous estimation of a time series harmonic components and covariance structure. *Trabajos de Estadística*, **3**, 43–57.

Wiener, N. (1930). Generalized harmonic analysis. *Acta Mathematika*, **55**, 117–258.

Winters, P. R. (1960). Forecasting sales by exponentially weighted moving average. *Management Science*, **6**, 324–342.

Zellner, A. (1979). *Seasonal Analysis of Economic Time Series*. Washington, D. C., U. S. Dept. of Commerce, Bureau of the Census.

Índice

Additive
  outlier, 316
Airline
  model, 255
Análise
  de Fourier, 335
  harmônica, 335, 348
Análise Espectral, 357
Análise
  de Fourier, 349
  espectral, 2
  Harmônica, 349
ARFIMA
  estacionariedade, 286
  invertibilidade, 286
Autocorrelação
  de modelo MA, 128
  de um processo AR, 118
  função de, 32
  parcial, 138
Autocorrelações
  de ARMA, 133
Autocovariância, 28
  função de, 31

Beveridge
  série de, 284
Biblioteca

urca, 419
Box-Cox
  transformação, 9

Cananéia, 13
  periodograma, 372
Condição
  de compatibilidade, 28
  de simetria, 27
Continuidade
  em média quadrática, 32
Cramér
  teorema espectral, 366

Degrau
  função, 307
Diagnóstico
  de modelos sazonais, 256
Diagnóstico
  de modelos, 111
  de modelos ARIMA, 203
Diferença
  sazonal, 253
Diferenças, 63
Dirac
  delta de, 366
Distribuição
  especral, 362

Distribuições
finitas, 27
Durbin-Levinson
algoritmo, 120

EMQ
frequência conhecida, 336
frequência desconhecida, 340
Espectro, 40, 358
de AR, 121
de ARMA, 135
de linhas, 349
de MA, 129
de processo linear, 116
de um modelo ARFIMA, 286
estimadores suavizados, 373
Estacionariedade, 5
condições, 115
de ARMA, 133
de modelo MA, 128
estrita, 30
fraca, 30
Estados, 26
espaço de, 26
Estimação
de modelos sazonais, 256
Estimação
de modelos, 111
de modelos ARFIMA, 291
de modelos ARIMA, 185
não linear, 194
Estimador suavizado
de covariâncias, 373
de periodogramas, 376
Estimadores
do espectro, 367

Fase
de um filtro, 388
Filtro

diferença sazonal, 391
linear, 113
passa-alto, 389
passa-baixo, 389
passa-banda, 389
recursivo, 392
Filtros
convolução, 385
lineares, 384
sequenciais, 394
Fisher
teste de, 382
Fortaleza
periodograma, 373, 374
Função
densidade espectral, 357

Ganho
de um filtro, 388
GPH
método, 295

Identificação
de modelos sazonais, 256
Identificação
de modelos, 111
de modelos ARIMA, 159
formas alternativas, 172
procedimento, 161
Impulso
função, 307
Incrementos
estacionários, 38
independentes, 38
ortogonais, 36, 367
Innovation
outlier, 316
Intervenção
Análise, 307
efeito, 308

Índice

estimação, 314
exemplos, 311
teste, 314
Invertibilidade
condição, 116
de ARMA, 133

Janela
de Bartlett, 378
de Daniell, 380
de Parzen, 379
de Tukey, 378
espectral, 375, 378

Level
shift outlier, 316
Lowess, 59

Mínimos quadrados
estimadores, 53
Médias
móveis, 55
móveis simples, 90
Máxima
verossimilhança, 185
Média, 28
Manchas
solares, 13
Matricial
distribuição normal, 428
Medianas
móveis, 59
Minitab, 12
Modelo
multiplicativo, 68
Modelos
ARFIMA, 284
ARIMA, 2, 40, 43, 111, 144
ARMA, 131, 132
autorregressivos, 43, 116

autorregressivos e médias móveis, 43
com periodicidades múltiplas, 347
com tendência, 98
com uma periodocidade, 335
componentes não observadas, 43
de Box-Jenkins, 111
de espaço de estados, 44
de médias móveis, 43, 126
estocásticos, 4
estruturais, 44
localmente constantes, 89
não estacionários, 142
não lineares, 45
não paramétricos, 40
para séies temporais, 25
para valores atípicos, 316
paramétricos, 40
SARIMA, 252
sazonais, 101, 245
suavização exponencial, 89
Movimento
browniano, 36

Núcleo
de Dirichlet, 378
de Féjer, 368
Núcleos, 378
Não estacionariedade
homogênea, 31

Operadores, 112

Passeio
aleatório, 35
Periodicidades
teste, 380
Periodograma, 208, 369
Poluição, 15
Preliminares, 1
Previsão, 6

atualização, 229
  com modelos ARIMA, 221
  de EQM mínimo, 222
  equação de, 226
  erro de, 222
  formas básicas, 223
  intervalo de confiança, 232
Previsão
  de modelos ARFIMA, 298
Procedimento
  condicional, 186
Processos
  com memória longa, 283
  de segunda ordem, 31
  estacionários, 29
  estocásticos, 2, 25
  gaussianos, 31
  harmônicos, 365
  integrados, 144
  lineares, 113

R, 12
Regressão
  não paramétrica, 41
Representações
  espectrais, 362
RiskMetrics, 109
Ruído
  branco discreto, 34

Série
  temporal, 1, 2, 26
Sazonal
  ajustamento, 68
Sazonalidade, 51, 68
  aditiva, 102
  determinística, 70, 245
  estocástica, 75, 250
  multiplicativa, 101
  testes, 77

Seasonal
  level shift outlier, 317
Sequências
  teste, 67
Sequência
  aleatória, 34
  i.i.d, 34
  independente, 34
Soma
  de quadrados, 190
SPlus, 12
Suavização, 55
  de Holt, 98
  de Holt-Winters, 101
  exponencial, 93

Temporary
  change outlier, 317
Tendência, 51
  polinomial, 52
Tendências, 52
Tendência
  linear, 42
Teste
  da autocorrelação, 204
  de adequação de modelo, 203
  de Box-Pierce-Ljung, 204
  de Dickey-Fuller, 414
  do periodograma acumulado, 208
  modelo aditivo, 86
Testes
  não paramétricos, 78
  para tendência, 66
  paramétricos, 80
Trajetórias, 2, 26
Transferência
  função de, 113
Transformações, 233
Transformações, 8
Transformada

Índice

de Fourier, 367
de Fourier discreta, 367

Ubatuba, 13

Valor atípico
    aditivo, 316
    de inovação, 316
Valores
    atípicos, 315
Variância, 29
    dos estimadores de MV, 195
Verossimilhança
    condicional, 186
    exata, 191
Volatilidade, 36

Wolf, 13

Yule-Walker
    equações, 120